U0187326

Go 职场必备

[美] 海瑟姆 • 巴尔蒂(Haythem Balti)
金伯利 • A. 韦斯(Kimberly A. Weiss) 著

殷海英 译

清華大學出版社

北 京

北京市版权局著作权合同登记号 图字：01-2023-5810
Haythem Balti, Kimberly A. Weiss
Job Ready Go
EISBN：978-1-119-88981-6
Copyright © 2023 by John Wiley & Sons, Inc.
All Rights Reserved. This translation published under license.
Trademarks: WILEY and the Wiley logo are trademarks or registered trademarks of John Wiley & Sons, Inc. and/or its affiliates, in the United States and other countries, and may not be used without written permission. All other trademarks are the property of their respective owners. John Wiley & Sons, Inc. is not associated with any product or vendor mentioned in this book.

本书中文简体字版由 Wiley Publishing, Inc.授权清华大学出版社出版。未经出版者书面许可，不得以任何方式复制或抄袭本书内容。
Copies of this book sold without a Wiley sticker on the cover are unauthorized and illegal.

本书封面贴有 Wiley 公司防伪标签，无标签者不得销售。
版权所有，侵权必究。举报：010-62782989，beiqinquan@tup.tsinghua.edu.cn。

图书在版编目(CIP)数据

Go 职场必备 / (美) 海瑟姆•巴尔蒂 (Haythem Balti)，(美) 金伯利•A. 韦斯 (Kimberly A. Weiss) 著；殷海英译. —北京：清华大学出版社，2024.3
书名原文：Job Ready Go
ISBN 978-7-302-65573-2

I. ①G… II. ①海… ②金… ③殷… III. ①程序语言—程序设计 IV. ①TP312

中国国家版本馆 CIP 数据核字(2024)第 044923 号

责任编辑： 王 军
装帧设计： 孔祥峰
责任校对： 孔祥亮
责任印制： 曹婉颖

出版发行： 清华大学出版社
网 址： https://www.tup.com.cn，https://www.wqxuetang.com
地 址： 北京清华大学学研大厦 A 座 **邮 编：** 100084
社 总 机： 010-83470000 **邮 购：** 010-62786544
投稿与读者服务： 010-62776969，c-service@tup.tsinghua.edu.cn
质 量 反 馈： 010-62772015，zhiliang@tup.tsinghua.edu.cn
印 装 者： 小森印刷霸州有限公司
经 销： 全国新华书店
开 本： 148mm×210mm **印 张：** 17.875 **字 数：** 585 千字
版 次： 2024 年 4 月第 1 版 **印 次：** 2024 年 4 月第 1 次印刷
定 价： 128.00 元

产品编号：101143-01

作 者 简 介

Haythem Balti 博士是 Wiley Edge 的副院长。他创建了许多课程，供数千个软件协会和 Wiley Edge(前身 mthree)校友使用，以学习 Go、Java、Python 和其他编程语言及数据科学技能。

Kimberly A. Weiss 是 Wiley Edge 课程运营的高级经理。她与多所大学以及企业培训机构合作，为学员开发成功的交互式教学内容，特别是软件开发课程。

技术作者简介

Bradley Jones 是 Lots of Software, LLC 的所有者。他通过多种语言和工具编写程序(从 C 到 Unity)，平台的跨度从 Windows 到手机(包括网络和一些虚拟现实技术)。除了编程，他还撰写了有关 C、C++、C#、Windows、Web 以及其他技术主题和一些非技术主题的书籍。Bradley 在业界被视为是一位社区影响者，并被公认为 Microsoft MVP、CODiE 评委、国际技术演讲者、畅销书技术作者等。

技术编辑简介

Michael A. Jarvis 是一名软件行业的资深人士，拥有超过 30 年的从业经验，工作过的公司从小型的网络初创企业到大型的财富 100 强企业。Michael 在 C、C++、Java 和 Python 编程方面有丰富的经验，但自从 2015 年遇到 Go 语言以来，他就开始迷恋这种语言。Michael 多年来为多个开源项目贡献了代码，包括 vim 文本编辑器和 fish shell 等。Michael 目前是一家大型汽车制造商的汽车网络安全小组的首席软件开发人员，他利用自己的 Go 专业知识对嵌入式汽车组件进行自动化安全测试和验证。

致　谢

感谢软件协会和 mthree 的内容开发与指导小组成员的辛勤工作。感谢父母的鼓励，所取得的所有成就都与他们有关，衷心感谢！

前　言

人们可以选择许多编程语言来构建应用程序。Go(也称为 Golang)是一种开源编程语言，由 Google 开发设计，专注于简单性和安全性。Go 于 2009 年首次出现在公众面前并于 2012 年正式发布。Go 在语法和概念上类似于 C 语言。Go 是一种敏捷的轻量级编程语言，可以让你专注于想要构建的解决方案。

Go 还提供了方便开发人员编程的功能。这包括垃圾回收、内存安全和结构类型，还包括内置并发原语、支持轻量级进程、接口系统等特性。

无论你是想构建独立应用程序、构建 Web 应用、进行并发编程还是执行其他任务，Go 都可以帮助你实现目标。Google 之外的其他公司也在使用 Go，包括 Netflix、Ethereum、Splice、Twitch 和 Uber。因此，Go 已成为一种流行的编程语言。

> **Go 与 Golang**
>
> Go 是一种编程语言，但有些人称之为 Golang。Golang 这个名字来自 Go 曾经所用的域名 golang.org。目前，Go 托管在 go.dev 上。

本书中的 Go 课程

本书包含了一个完整的 Go 课程，mthree 全球学院和软件协会使用它来进行 Go 语言的培训。当然 mthree 也提供其他课程，如数据分析和数据科学。

本书特色

如前所述，本书提供了 Go 编程语言(也称为 Golang)的概述，介绍了如何利用 Go 的基础知识来创建可以处理和分析数据的程序。除基础知识外，本书还介绍了 Go 的高级主题，如使用 REST API 和 gRPC。

在阅读本书时，请在自己的环境中练习其中的代码清单。可试着对这些代码进行更改，查看会发生什么。这是一本关于学习如何使用 Go 语言编写代码的书，而做到这一点的最佳方法就是动手编程。通过动手操作的方式来处理代码并完成练习，这将让你更好地了解并运用所学到的知识。

最重要的是，本书(以及本系列的其他书籍)超越了其他许多书籍所提供的内容，它用课程形式帮助你以一种与现实工作更接近的方法，将所学的一切整合在一起。这包括构建一个比大多数书中提供的标准简短示例更全面的示例。如果你完成了综合练习部分，那么将可以胜任许多使用 Go 进行开发的工作。

本书主要内容

如前所述，本书是一个完整的 Go 编程课程。它分为 4 个部分，每个部分包含若干节课。通过学习本书，不仅可以学习 Go 编程，而且将为利用 Go 语言进行编程的工作做好准备。

- 第 I 部分：Go 编程语言的基础知识。本书的第 I 部分主要介绍如何使用 Go 语言。这包括安装 Go 和设置学习本书所需的工具。在这部分中，还将展示如何输入和运行 Go 程序。同时，该部分还概述了 Go 的基础知识，包括语法、基本数据类型和控制语句。
- 第 II 部分：用 Go 组织代码和数据。第 II 部分着重于使用在第 I 部分中介绍的基本语法，并将其应用于通过函数、方法和接口等结构来组织代码。这部分还着重处理和组织应用程序中使用的数据。这包括学习数组、切片、映射和结构体等数据结构。
- 第 III 部分：用 Go 创建解决方案。第 III 部分的重点是了解基础知识以外的内容，学习创建工作中使用的解决方案所需的概念。这包括学习如何处理异常、使用并发，以及处理应用程序之外的文件中的数据。我们还将探索现有的代码，这些代码允许我们为应用程序添加日期、时间和排序等功能。最重要的是，将了解构建可靠、可重用的复杂程序所需的细节。

- 第 IV 部分：Go 开发的高级主题。在本书的最后一部分中，将专注于介绍对 Go 程序员很重要的更高级的概念。这包括使用测试驱动开发来构建 Go 应用程序。它还包括使用 REST API 和 gRPC 来连接应用程序之外的进程和 API 并与之交互。

本书的相关资源

可以通过多种方式获得与本书相关的帮助。

下载配套文件

在阅读本书的示例时，最好手动输入所有代码。这将帮助你学习和更好地理解代码的用途。

但在某些课时中，会引用下载的文件。可以扫描封底二维码下载这些文件。

目　录

第Ⅰ部分　Go 编程语言的基础知识

第 III 部分 用 Go 创建解决方案

第 IV 部分　Go 开发的高级主题

第Ⅰ部分

Go 编程语言的基础知识

第 1 课

初识 Go 语言

Go 是由 Google 开发和发布的开源编程语言。本课将介绍如何在运行微软 Windows 10 或更高版本的计算机上安装 Go。

本课目标

- 在本地计算机上下载并安装 Go
- 对安装结果进行测试
- 创建并运行一个 Hello, World！程序
- 了解基本的故障排除步骤
- 使用 Go 的在线编辑器
- 确保 Go 程序的格式一致

> **注意：**也可以下载适用于 Apple macOS 和 Linux 的 Go 版本。这个过程与本课的内容类似。

1.1 安装 Go

安装 Go 有几个要求。首先，必须拥有计算机的管理员权限。如果这是个人电脑，应该没有什么问题。如果使用的是公司或学校的电脑，并且在安装过程中遇到权限问题，请联系 IT 部门。

> **注意：** 如果过去使用过 Go，并且已在计算机上安装了它，则可以跳过安装说明，直接进入测试步骤。

或者，如果之前安装了较旧版本的 Go，则可能需要在安装新版本之前删除现有版本。

另外还需要一个文本或代码编辑器来创建 Go 程序。Go 程序是使用纯文本编写的，因此如果已经有一个喜欢的编辑器，那么可以继续使用它。如果从未使用过代码编辑器，或者想尝试其他代码编辑器，可以使用下面的代码编辑器。

- Visual Studio Code(下载地址：https://code.visualstudio.com)；
- Atom(下载地址：https://atom.io)。

还可以访问 Go 网站上的 Editor plugins and IDEs 页面，找到支持 Go 的其他编辑器。这个页面地址为 https://go.dev/doc/editors.html。如果你喜欢，也可以使用纯文本编辑器，如“记事本”；不过，支持 Go 的编辑器(如 Visual Studio Code 或 Atom)将提供工具来帮助你处理代码中的错误。

1.1.1　下载安装文件

第一步是下载最新版本的安装文件。可以在 Go 的下载页面 https://go.dev/dl 上找到这些文件。图 1-1 中的说明针对的是用于 Windows 操作系统的 1.17.2 版本 Go 安装包，不过你可能会在页面上看到更新的版本。

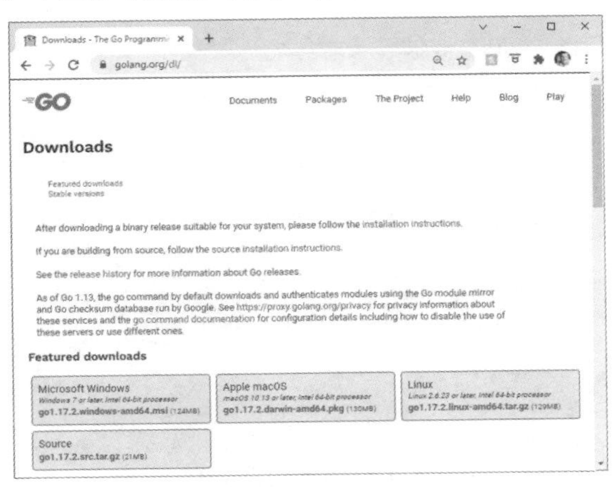

图 1-1　Go 安装程序下载页面

在页面的 Featured downloads 部分单击对应的操作系统链接。这将下载特定操作系统的 Go 安装文件或软件包。

1.1.2　开始安装 Go

下载安装文件后，便可在计算机中打开它。例如，在 Windows 中，只需要单击文件名即可打开。这将启动安装向导，如图 1-2 所示。

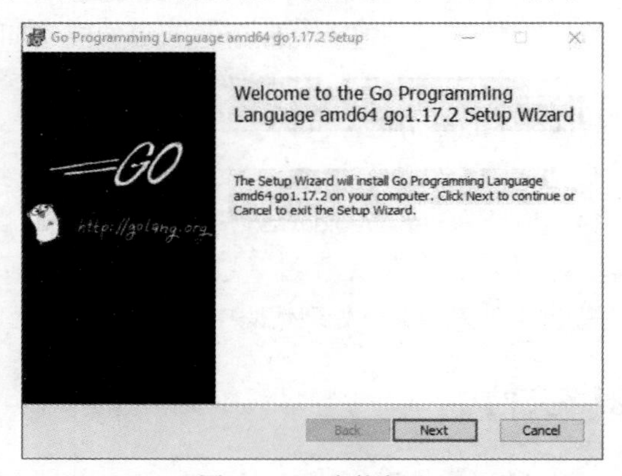

图 1-2　Go 安装向导

单击 Next 按钮开始安装。下一个界面将显示最终用户许可协议，如图 1-3 所示。

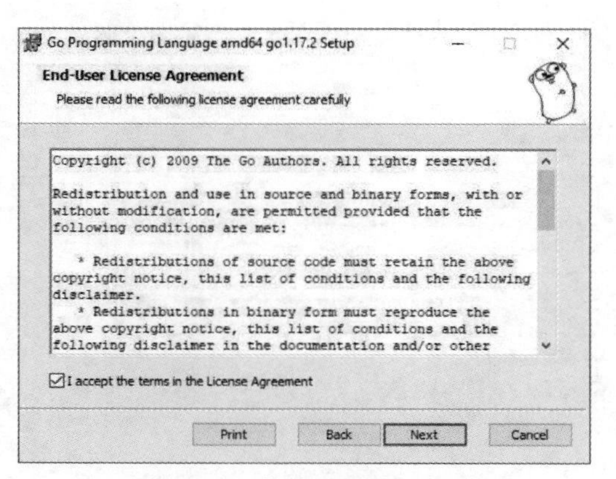

图 1-3　Go 的最终用户许可协议

Go 是在开源许可证下发布的。这意味着如果你愿意，可以修改或重新发布代码，但必须在你发布的任何包中带有相同的版权声明。

应该通读许可协议，然后选择复选框以接受它。单击 Next 按钮继续安装。下一个界面如图 1-4 所示，要求你指定将要安装 Go 的目标文件夹。

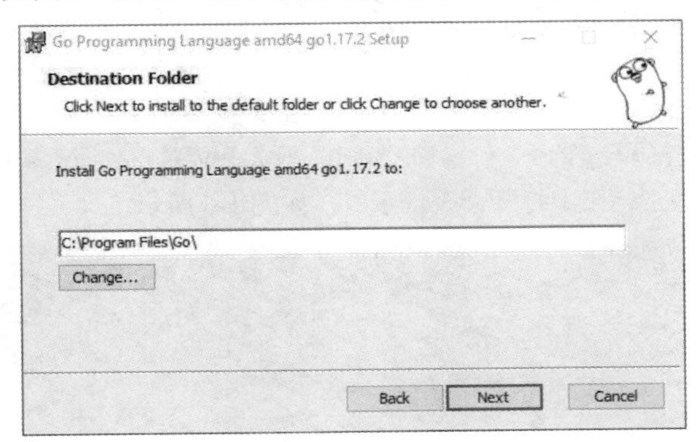

图 1-4　选择 Go 的安装路径

可以接受默认位置，也可以通过输入文件夹的路径来设置新位置，或者通过单击 Change...按钮来选择安装 Go 的新位置。输入目标文件夹后，再次单击 Next 按钮。在下一个界面上，单击 Install 按钮开始安装。注意，Windows 可能会提示你是否允许安装该应用程序。如果出现这样的提示，则单击 Yes 按钮继续安装。

安装完成后，将看到一条确认消息，类似于图 1-5 所示的内容。可以单击 Finish 按钮关闭向导。

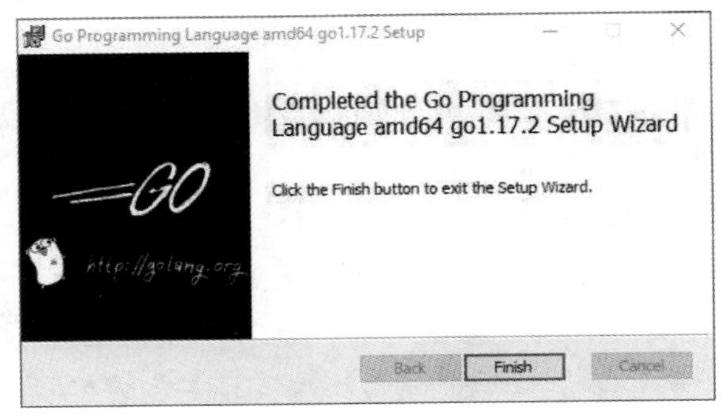

图 1-5　Go 安装完成

> **注意：** 如果你使用这里显示的 MSI 安装程序，它也会在安装期间用所需的环境变量设置你的计算机。

1.2　对安装结果进行测试

完成安装后，应该进行测试以确保 Go 能够正常运行。对于 Windows 环境来说，首先要打开一个命令行窗口。单击“开始”菜单，在搜索框中键入 cmd。然后可以从搜索结果中打开命令提示符，如图 1-6 所示。

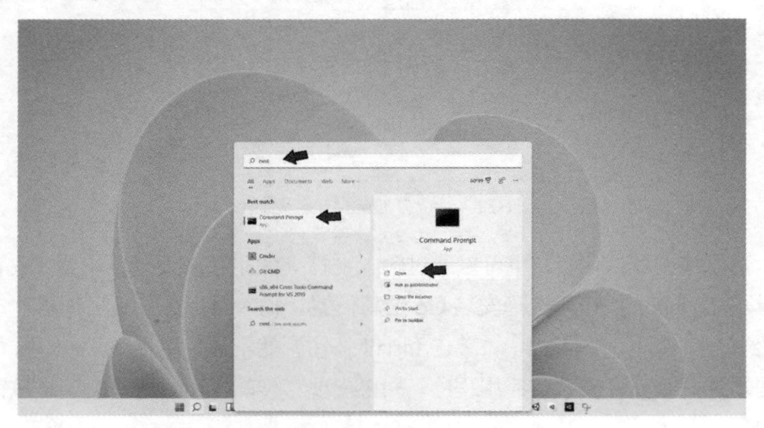

图 1-6　运行命令提示符(Microsoft Windows 11)

> **注意：** 或者，也可以按 Win+R 组合键，输入 cmd，然后单击 OK 按钮打开命令提示符。

命令提示符将打开一个新窗口，如图 1-7 所示。这时将看到以用户名结尾的提示。

在提示符下，输入以下命令并按回车键。

```
go version
```

该命令检查你的计算机上是否安装了 Go，如果已安装，则显示版本号。你应该会看到刚刚安装的 Go 版本。图 1-8 显示已安装了 Go 的 1.17.2 版本。

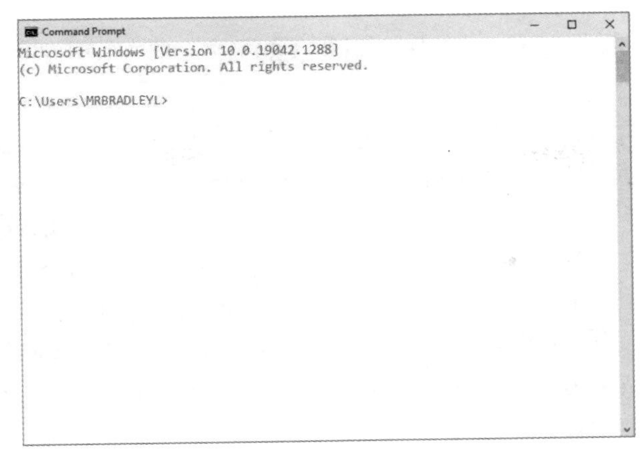

图 1-7　命令行提示

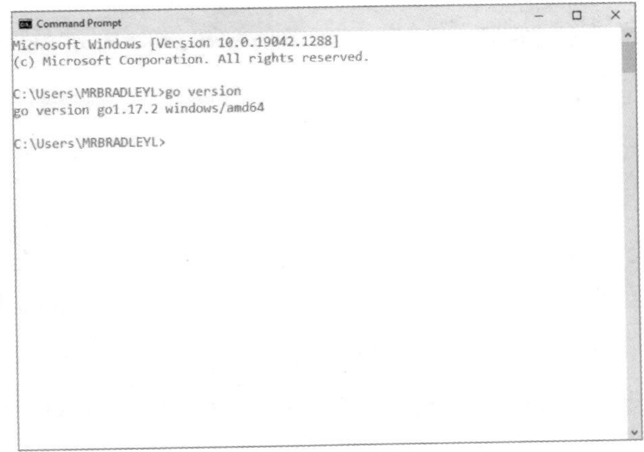

图 1-8　显示 Go 版本

如果出现错误消息而不是版本号，请重复安装并再试一次。

这里显示的默认安装使用的是 MSI 文件。如果输入 go version 命令后显示版本号，那么就可以继续创建第一个程序 Hello,World!。

如果下载的是 ZIP 文件而不是 MSI 文件，则需要在使用 Go 之前手动设置 Windows 环境变量。可以删除从 ZIP 文件解压出的文件并使用 MSI 文件(它在安装期间设置变量)重新安装，或者使用 Go 的下载和安装页面(https://go.dev/doc/install)提供的说明。

1.3　创建 Hello, World！程序

在你的机器上安装 Go 后，就可以编写和运行第一个 Go 程序 Hello, World！。首先使用熟悉的文本编辑器或代码编辑器(例如 Atom 或 Visual Studio Code)创建一个名为 gotest.go 的文件。将其保存到一个已知的位置，例如 Documents 文件夹。在代码清单 1-1 的例子中，文件保存在 Documents\GoLang 中。如果选择不同的位置，则需要修改编译和运行程序的指令。

确保该文件的扩展名是.go。大多数文本或代码编辑器都允许你指定自己的扩展名。确保“另存为”框设置为“所有文件”(或类似的内容)，而不是特定的扩展名(如.txt)。

将代码清单 1-1 中的代码添加到新文件中。

代码清单 1-1　Hello, World!

```
package main
import "fmt"

func main() {
   fmt.Println("Hello, world!")
}
```

此时，你不需要理解代码清单 1-1 中的所有代码；然而，它值得我们仔细研究。首先创建一个 main 包作为程序的起点。接下来，使用 import 语句导入 Go 的格式化包 fmt。fmt 包带有可以将文本打印到屏幕上的代码。

> **注意：**使用 fmt 这样的包的好处是，你可以使用它而不必担心具体编码。在代码清单 1-1 中，可以使用 fmt 而不需要知道实际打印使用的是什么代码。

第 3 行代码创建一个 main()函数，并通过使用 fmt 包中的 Println 打印出短语“Hello, world!”。你现在不需要理解它是如何工作的，只需要知道 fmt.Println("")将把双引号之间的内容打印到屏幕上。

输入这个代码清单后，一定要保存文件。可以用编辑器打开文件，从而可以在运行程序时及时检查代码中的问题。编译器将只读取保存在文件中的内容。

1.3.1　编译并运行程序

下一步是编译文件。编译是将人类可读的代码转换为机器可读的代码的过程。使用 cd 命令导航到 gotest.go 文件所在的文件夹。

```
cd Documents\GoLang
```

对于本例，我们在 Documents 文件夹的子文件夹 GoLang 中创建了文件，因此将切换到该文件夹。如果你将文件保存在不同的文件夹中，那么应该导航到该文件夹。图 1-9 显示了在命令提示符窗口中使用 cd 命令切换到 Documents\GoLang 文件夹的方法。如果正确地执行了这个命令，就会在提示符末尾看到文件夹名。

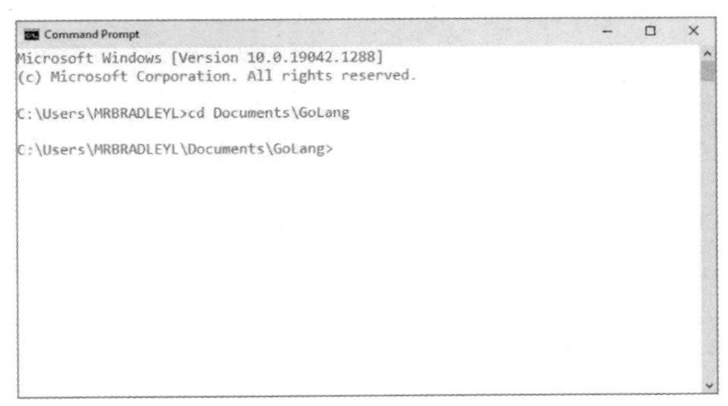

图 1-9　使用 cd 命令切换文件夹

使用下面的命令编译这个程序。

```
go build gotest.go
```

只需要在命令提示符下输入这个命令并按回车键。go build 命令将对 Go 文件进行编译，本例中的 Go 文件是 gotest.go 文件。完成编译可能需要一些时间，因此只要没有看到错误消息，就只需要等待。最终，提示符将返回，如图 1-10 所示。

虽然在屏幕上看不到任何内容，但如果列出目录中的文件，现在应该会看到一个名为 gotest.exe 的扩展名为.exe 的可执行文件。

现在，可以在命令行中输入程序名并按回车键来运行这个程序。

```
gotest
```

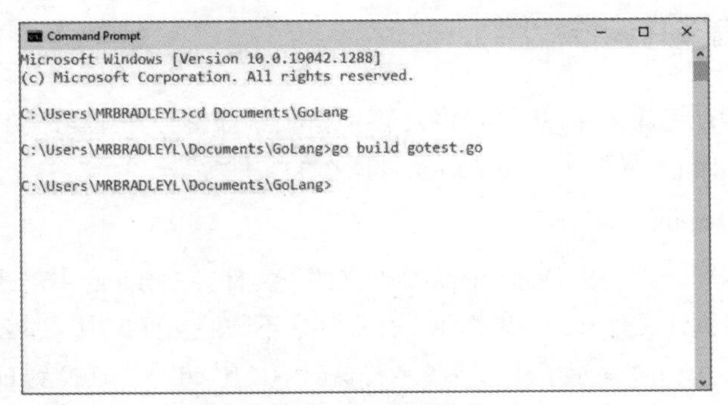

图 1-10　编译 Go 程序

如果程序的编写和编译都没有问题，则将看到显示“Hello, world!”，如图 1-11 所示。

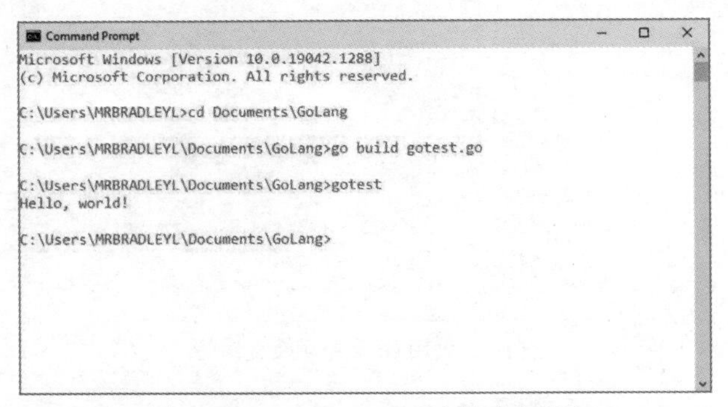

图 1-11　Hello, World！程序的输出结果

1.3.2　其他运行方法

前面的步骤使用程序创建并运行一个单独的可执行文件。如果要在不同的计算机上共享或运行程序，EXE 文件是有帮助的。如果只是想测试一个程序，而不打算在其他地方使用该程序，则没有必要创建 EXE 文件。

另一种选择是使用下面的命令，通过单一步骤进行编译并运行程序。

```
go run program_name.go
```

可以使用如下命令来运行 Hello, World！程序。在命令行窗口中，转到

gotest.go 文件所在目录并执行如下命令。

```
go run gotest.go
```

应该会立即看到下面的输出，而不需要运行另一个命令来执行程序。输出结果与之前相同。

```
Hello, world!
```

1.3.3　调试 Hello,World！程序

如果在运行 Go 程序时遇到问题，则你可能犯了许多人常犯的错误之一。考虑以下问题。

1. 在命令提示符中是否使用正确的文件夹

如果没有使用正确的文件夹，当运行 go build 命令时，将看到如下消息。

```
C:\Users\Student Name\Documents>go build gotest.go
can't load package: package gotest.go: cannot find package "gotest.go"
in any of:
        c:\go\src\gotest.go (from $GOROOT)
        C:\Users\Student Name\go\src\gotest.go (from $GOPATH)
```

确保知道 gotest.go 文件的确切位置，并在编译和运行程序之前使用 cd 命令导航到该位置。

2. 输入代码清单 1-1 中的程序时有没有拼写错误

大多数输入错误都会在编译程序时表现出来。如果在运行 go build 命令后看到错误消息，请仔细阅读错误消息，以查看问题出在哪里。例如，查看下面的错误消息。

```
gotest.go:3:8: cannot find package "fnt" in any of:
        c:\go\src\fnt (from $GOROOT)
        C:\Users\Student Name\go\src\fnt (from $GOPATH)
```

在本例中，第 3 行的第 8 个字符(即 3:8)fmt 被错拼为 fnt。

纠正错误后，保存文件并再次尝试编译它。

3. 在命令提示行中输入的命令是否正确

确保输入的 go build 没有任何拼写错误，并且要确保在程序文件名中包

含.go 扩展名。

1.3.4　格式化 Go 代码

输入代码清单 1-1 中的代码时，应该遵循其展示的格式，包括空格和缩进。在运行程序时，使用 3 个空格、4 个空格或制表符缩进都不重要；然而，在大多数工作环境中，都会有统一的标准。

通过保持代码格式的一致性，可以更容易地从一个代码清单跳转到下一个代码清单。此外，在有多名程序员构成的组织中，一致的格式有助于使代码更易于阅读和维护。

与许多编程语言不同，Go 试图减少由于格式问题带来的争议。使用包含的格式选项可以消除所有关于使用 3 个或 4 个空格还是使用制表符的争论。可以使用 go fmt 命令进行格式化，如下所示。

```
go fmt mycode.go
```

这将删除或修复 *mycode*.go 中的代码格式化问题。代码清单 1-2 显示了内容与之前相同的 Hello, World!程序；然而，其格式却非常混乱。输入这个代码清单并将其命名为 gotest2.go。

代码清单 1-2　gotest2.go：格式不佳的 Go 代码

```
package main
import "fmt"
func main() {
fmt.Println("Hello, world!") }
```

创建该代码清单并命名为 gotest2.go 后，在命令行中输入以下代码。

```
go fmt gotest2.go
```

当 Go 程序执行完毕时，将看到显示的程序名称。如果在编辑器中打开 gotest2.go，将看到文件已更新为清晰、整洁的格式。

```
package main

import "fmt"

func main() {
     fmt.Println("Hello, world!")
}
```

注意：不要将 Go 格式化工具与代码清单 1-1 中提到的 Go 的 fmt 包相混淆。虽然包和工具名称相同，但它们是不同的东西。

1.4　安装多个版本的 Go

从技术上讲，可以在单个系统上安装多个 Go 版本。这不仅是可能的，而且大家通常也这样做，例如想用多个版本的编译器测试特定代码时。你可能想要确保代码可以在最新的编译器上运行，但它也可以在当前的稳定版本上运行。有关安装多个版本的内容超出了本书的范围。你可以在 https://go.dev/doc/manage-install 上找到相关的安装说明。

1.5　Go 的在线编辑器：Go Playground

如果想更好地学习 Go 语言，那么建议你在本地计算机上安装一套 Go 环境。不过，也可以选择不在本地安装 Go 工具，如本课所示。如果只是想快速测试一段 Go 代码，那么可能会发现使用在线的 Go Playground 更容易。

Go Playground 的地址为 https://go.dev/play。这个在线工具如图 1-12 所示。如你所见，它主要是一个打开的屏幕，左侧有行号，右上角有几个按钮。

可以在主框的行号旁边输入一段代码。在图 1-13 中，代码清单 1-1 中的 Hello, World!代码已经输入，但有一个错误。此外，在输入代码后，单击右上角的 Format 按钮来格式化代码(类似于使用前面展示的 go fmt 命令)。

将代码输入 Go Playground 后，可以单击 Run 按钮来运行该代码。输出结果将在窗口的下方显示。

在图 1-13 中还可以看到 Hello, World!程序的第 6 行有错误。可以在屏幕底部的错误消息以及高亮显示的第 6 行中看到这一点。Go Playground 可以轻松定位正确的行号进行修复。在本例中，错误的原因是没有结束的双引号。

注意：如网页中所示，Go Playground 有其局限性。不过，在本书前三部分的大多数课时中，你应该都能够使用它。

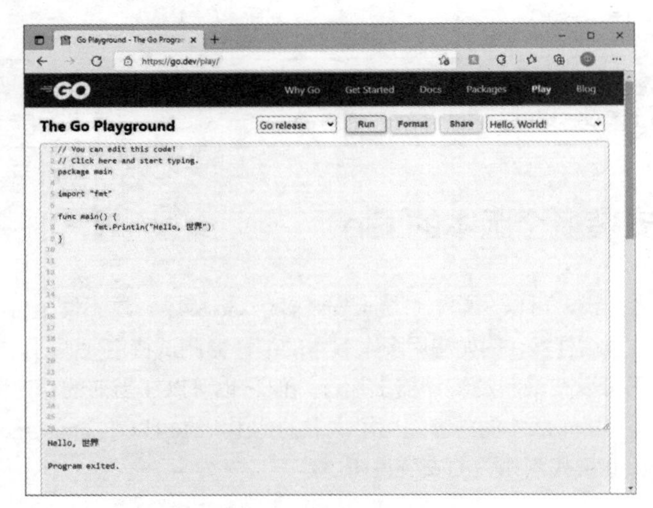

图 1-12　Go Playground

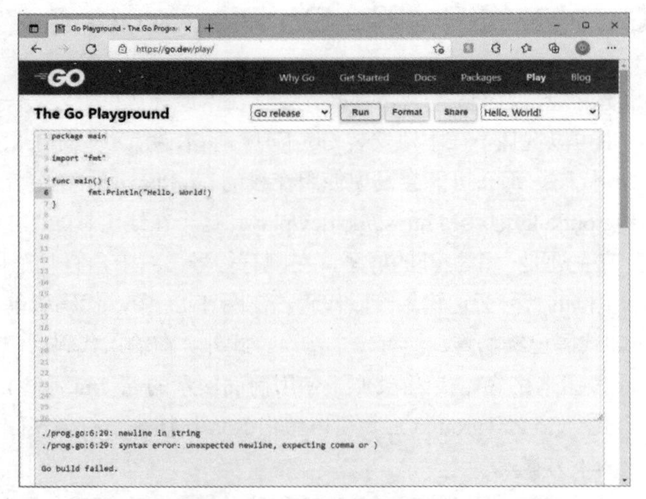

图 1-13　在 Go Playground 中运行 Hello,World！程序

1.6　本课小结

本课的重点是安装 Go 并确认其已成功安装。当能够成功运行 Hello,

World！程序时，就可以开始使用 Go 进行编码了。

以下是一些与 Go 相关的在线资源。

- https://go.dev：Go 的官方主页。
- https://github.com/golang/go：一个基于 GitHub 的学习网站，包括许多视频和练习，可帮助开发人员学习 Go。

1.7　本课练习

学习的最好方法是动手实践，而不只是阅读材料。如果你还没有这样做，请输入、编译并运行本课介绍的程序。为进一步确认你对本课内容的理解，请自行完成以下练习。

练习 1-1：打印数字

就像本课对代码清单 1-1 所做的那样，在编辑器中输入代码清单 1-3 并保存为 countingfun.go。不要担心代码如何工作的细节。相反，请专注于输入代码清单中的代码。

代码清单 1-3　countingfun.go

```
package main

import "fmt"

func main() {
   ctr := 0
   for ctr < 10 {
      fmt.Println("ctr: ", ctr)
      ctr += 1
   }
}
```

在编辑器中输入代码并保存后，使用 go run 命令运行程序。

```
go run countingfun.go
```

如果代码输入正确，应该会看到如下输出。

```
ctr:  0
ctr:  1
```

```
ctr:  2
ctr:  3
ctr:  4
ctr:  5
ctr:  6
ctr:  7
ctr:  8
ctr:  9
```

如果遇到错误，请尝试本课前面介绍的故障排除方法，以确定问题出在哪里。

练习 1-2：打印更多数字

输入代码清单 1-4 中的代码，将其保存为 morecodingfun.go。

代码清单 1-4　morecountingfun.go

```
package main

import "fmt"

func main() {
   ctr := 0
   for ctr < 20 {
      fmt.Println("ctr: ", ctr)
      ctr += 2
   }
}
```

你能找到程序中的不同吗？编译并运行程序，查看修改的效果。这次运行代码时，输出应该如下所示。

```
ctr:  0
ctr:  2
ctr:  4
ctr:  6
ctr:  8
ctr:  10
ctr:  12
ctr:  14
ctr:  16
ctr:  18
```

可以继续修改数字和引号中的文本，查看更改会产生什么效果。同样，如果你在理解代码的功能上遇到困难，也不要担心；我们将在本书的其余课时中介绍它们。

第 2 课
Go 语言基础

本课将了解 Go 的基本构建块，包括标记(token)、语句、注释和标识符。你将使用这些构建块为 Go 程序创建代码。

本课目标

- 解释标记的概念
- 在语句结束时使用适当的换行符和分号
- 为程序添加注释
- 描述标识符的命名约定和限制

> **注意：**本课涵盖了许多主题。如果这些信息对你来说都是陌生的，没有关系。我们将在本书的其他课时中详细介绍这些主题。本节课的目的是提供一个介绍性的概述，帮你将后面课时中的内容联系起来。

2.1 理解语句和标记

Go 程序由一系列语句组成，而 Go 语句由一系列标记组成。这里，标记指的是语句中任何有意义的对象，包括如下。

- 关键字：用于特殊 Go 功能的保留字。
- 操作符和标点符号：用于数学运算或执行特殊操作的符号。
- 标识符：用于标识诸如存储位置或执行操作的函数等事物的标记。

- 字面值：特定的值或数字，如 123 或" Hello, world "。

我们将在本课和后续课时中更详细地介绍这些类型的标记。现在，考虑来自上一课的 Hello, World！示例的下列语句。

```
package main
```

这条语句包含两个标记：package 和 main。package 标记是 Go 中的关键字。main 标记是包的标识符。来自 Hello, World！程序的另一条语句如下所示。

```
fmt.Println("Hello, world!")
```

该语句包含以下标记。

- fmt：这是一个标识符，告诉 Go 使用什么库。
- .：点是表示层次结构的标记。这让 Go 知道 Println 是 fmt 的一部分。
- Println：这是一个引用函数的关键字。
- (...)：括号是操作符，将程序要打印的字面值括起来。
- "..."：引号是将文本字符串括起来的操作符。
- Hello, world!：这是 Println 函数要显示的字面值。

Go 需要通过这些标记才能理解整个语句并知道如何解释它。

2.2　语句

如前所述，程序由一系列语句组成。关于语句，你需要知道几件事。在 Go 中，语句必须以分号或以下标记之一结尾。

- 标识符；
- 整数、浮点数、虚数、符文或字符串字面值；
- 关键字 break、continue、fallthrough 或 return 中的一个；
- 操作符或标点符号，如++、--、)、]或}。

有些语句会有额外的规则来取代这里给出的规则。例如，声明变量时，var 语句必须包含该变量的数据类型，以表明可以存储什么类型的值。随着对本书后面课时内容的学习，这些规则会越来越清晰。

让我们通过示例来具体了解语句是如何呈现的。代码清单 2-1 中的每条语句都以恰当的最终标记结束。

代码清单 2-1　语句结束标记示例

```
package main         // main   : identifier

import "fmt"         // "fmt" : identifier

func main() {        // {      : punctuation
   var x int         // int    : identifier
   x = 10            // 10     : integer
   fmt.Println(x)    // )      : punctuation
}                    // }      : punctuation
```

> **注意：**每组双斜杠(//)表示注释，双斜杠右侧的信息将不被执行。语句在双斜杠之前结束。

根据语句的结束规则，可以将第 4 行改为如下。

```
var x
```

这里，x 是一个标识符，每行可以将标识符作为结尾。然而，当尝试运行这个程序时，编译器会报错(更确切地说，程序存在语法错误)，因为没有为变量指定类型。

```
.\main.go:6:9: syntax error: unexpected newline, expecting type
```

在这个例子中，程序不知道 x 中可以存储什么类型的信息，因为我们没有告诉它。别担心，第 3 课将介绍如何定义类型以避免这种错误。

让我们再次查看 Hello,World！程序。许多其他编程语言在每条语句末尾使用分号表示语句的结束。我们最初编写的 Hello, World！程序没有使用分号。代码清单 2-2 再次展示了 Hello, World！程序。

代码清单 2-2　Hello, World！程序

```
package main

import "fmt"

func main() {
   fmt.Println("Hello, world!")
}
```

这个程序中的每条语句都以前面给出的列表中的一个恰当标记结束。不过，可以重写这个程序，在每一行的末尾加上正式的分号，如代码清单 2-3 所示。

代码清单 2-3　带有分号的 Hello, World！程序

```
package main;

import "fmt";

func main() {;
   fmt.Println("Hello, world!");
};
```

这里明确使用分号表明语句已经结束。然而，在 Go 中，这些分号不是必须使用的。

你可能想知道为什么要在末尾包含一个分号。如果想在同一行中编写多条语句，可以使用分号进行分隔。例如，代码清单 2-3 中的程序可以写成一行代码，每条语句后面都加上分号，如代码清单 2-4 所示。

代码清单 2-4　单行代码实现 Hello, World！程序

```
package main; import "fmt"; func main() { fmt.Println("Hello, World!");
fmt.Println("My name is John."); };
```

由于本书篇幅有限，这里将代码写成两行。不过在你的编辑器中，可以在一行中输入它。在本书后面的内容中，我们通常会使用换行符而不是分号，因为每行只有一条语句可以让代码更具可读性。

> **注意：**一组语句通常被称为代码块。

2.3　注释

注释可让开发人员正确地为代码编写文档。如果添加正确，编译器将忽略注释中的内容。注释有助于记录代码开发的生命周期(包括开发人员的姓名、日期、版权信息以及其他内容)，也有助于向其他开发人员解释特定的代码。Go 语言支持两种注释格式：单行注释和块注释。

2.3.1　单行注释

单行注释可以使用//，后跟一个空格，之后是注释的内容。编译器将忽略该行代码中双斜杠右侧的所有文本。代码清单 2-5 展示了一个单行注释，它单独在一行中使用。

代码清单 2-5　单行注释

```
package main

import "fmt"

func main() {
  // Display the message Hello World to the user
  fmt.Println("Hello, World!")
}
```

在编译和运行这个代码清单时，编译器会忽略以//开头的那行代码，因此对程序的运行没有实际影响。当使用单行语句时，注释的开头最好与注释所描述的语句的缩进级别相同。如代码清单 2-6 所示，这有助于提高代码的可读性。

代码清单 2-6　单行注释的缩进

```
// Declare the main package
package main

// Import the fmt package
import "fmt"

// The main function
func main() {
  // Display the message Hello World to the user
  fmt.Println("Hello, World!")
}
```

除单行注释外，还可以在语句的末尾添加注释。在前面的代码清单(包括代码清单 2-1)中已见过此类注释的例子。代码清单 2-7 展示了另一个例子。

代码清单 2-7　行尾注释

```
package main

import "fmt"  // needed for Println

func main() {
  fmt.Println("Hello, World!") // Display the message Hello World
}
```

在这段代码清单中，编译器会忽略任何一行中从双斜杠开始到行末的所有内容。

注释的目的应该是帮助记录和解释代码。它们应该使刚接触代码的人或对代码不熟悉的人更容易理解代码。因此，过多的行内注释会使代码难以阅读，甚至难以看清代码本身。如果使用标准语法和命名良好的变量，注释应该只用于解释代码本身不能解释的事情。

2.3.2　块注释或多行注释

如果注释跨越多行，可以在每行前面使用//，也可以在/*和*/之间使用块注释。编译器将忽略这些块注释标记之间的所有文本。代码清单 2-8 在开头包含一个块注释。

代码清单 2-8　多行注释

```
/* The purpose of this computer program is to display Hello, World!
   to the user.
   The program is written in Go and can be simply built using go
   build program.go. Additionally, you can run the program using
   go run program.go
*/

package main

import "fmt"

func main() {
  fmt.Println("Hello, World!")
}
```

在编译这个代码清单时，将忽略前几行中以/*开始并以*/结束的所有内容。即使在此区域内放置 Go 语句，它们也将被忽略。

2.4　标识符

标识符是标识函数、类型和变量等事物的标记。许多情况下，我们将使用现有的标识符，例如导入包中的函数。其他情况下，我们将使用 Go 的命名规则创建自己的函数和变量。

Go 中标识符的命名规则是，它们必须以字母或下画线开头，然后是一系列字母、下画线或数字。以下是 Go 中有效的标识符示例。

- Age

- age_15
- _age20

代码清单 2-9 展示了如何使用这些标识符。

代码清单 2-9　使用标识符

```
package main

import "fmt"

func main() {
  var Age int = 10
  var age_15 int = 15
  var _age20 int = 20

  fmt.Println(Age)
  fmt.Println(age_15)
  fmt.Println(_age20)
}
```

在这个代码清单中，创建了 3 个标识符并为它们赋值。这些标识符是 Age、age_15 和_age20。它们分别被赋值为 10、15 和 20。然后，通过将标识符名称传递给之前使用过的 Println 函数，这些值将被打印出来。如果输入并运行这个代码清单，会看到如下输出。

```
10
15
20
```

应该小心避免使用无效的标识符。下面是无效标识符的例子。

- 0_age
- 1_age
- \#age
- $age

代码清单 2-10 展示了 Hello, World！程序由于无效标识符而无法运行的情况。输入代码并运行它以确定哪些标识符命名错误。

代码清单 2-10　错误使用标识符

```
package main

import "fmt"

func main() {
```

```
    var ^output string = "Hello world!"
    var 2022 string = "The year is 2022."
    fmt.Println(^output, " ", 2022)
}
```

上述代码清单创建了两个变量标识符并为它们赋值。然后，这些值被传递给一个 Println 函数并在屏幕上显示结果，它们之间有一个空格。运行程序时，会看到类似下面这样的错误。

```
.\TestScan.go:6:8: syntax error: unexpected ^, expecting name
.\TestScan.go:7:8: syntax error: unexpected literal 2022, expecting
name
```

尝试纠正标识符的问题，并再次运行代码以验证它是否有效。修改这些标识符后，应该会看到如下输出。

```
Hello world!  The year is 2022.
```

这时应该已发现第一个标识符^output 以一个无效符号开始。可以简单地删除这个符号来解决问题。第二个标识符为 2022，它是无效的标识符，因为它以数字开头。标识符必须以下画线或字母开头。在上面的程序中，定义和赋值的代码以及 Println 语句都需要进行修改。

2.4.1 大小写

Go 是区分大小写的，因此在创建标识符时保持其一致性很重要。例如，代码清单 2-11 无法编译，因为它没有对 fmt.Println 函数使用正确的大小写格式。

代码清单 2-11 错误使用大小写

```
package main

import "fmt"

func main() {
    // The following statement will throw an error
    fmt.println("Hello, World!")
}
```

编译器返回如下错误。

```
.\main.go:7:4: cannot refer to unexported name fmt.println
.\main.go:7:4: undefined: fmt.println
```

这个错误是使用 println 而不是 Println 造成的。如果将 println 中的 p 大写并重新编译这个代码清单，它应该可以顺利地运行。代码清单 2-12 说明了在创建标识符时必须使用一致的大小写。因为 Go 是区分大小写的，所以 Year 和 year 表示两个不同的对象，你可以尝试编译并运行代码清单 2-12。

代码清单 2-12　多处错误使用字母大小写

```
package Main

import "fmt"

func main() {
   var mainGreeting string = "Hello world!"
   var year string = "The year is 2022."
   fmt.println(MainGreeting, " ", Year)
}
```

运行代码以识别并纠正错误。在完成所有修正后，验证程序是否按预期运行。修改后的代码清单 2-12 如下所示。

```
package main

import "fmt"

func main() {
   var mainGreeting string = "Hello world!"
   var Year string = "The year is 2022."
   fmt.Println(mainGreeting, " ", Year)
}
```

2.4.2　命名约定

根据 Go 的标准，如果标识符包含两个或两个以上的英文单词，则该标识符应该使用 PascalCase(每个单词的首字母都大写)或 camelCase(第一个单词首字母小写，但其他单词首字母大写)形式，而不要使用下画线来分隔单词。以下所有标识符都符合 Go 中的标准命名约定。

```
FirstName
firstName
LastName
lastName
HomeAddress
homeAddress
```

因为 Go 是区分大小写的，所以我们建议选择这些选项之一，并在整个代码中始终使用相同的标准。camelCase 的用法现在似乎越来越流行。如果你在团队中与他人一起编写代码，那么团队应该就命名约定达成一致，以确保每个人都遵循相同的编写规则。

注意：在大多数多人开发的组织中，都会有他们希望使用的编码标准。这些标准应该包括一些约定，例如代码中标识符的命名规则和注释规则。

2.5 关键字

Go 语言中的关键字是不能用作标识符的保留标记。下面列出了 Go 语言中的关键字。

- break
- case
- chan
- const
- continue
- default
- defer
- else
- fallthrough
- for
- func
- go
- goto
- if
- import
- interface
- map
- package
- range

- return
- select
- struct
- switch
- type
- var

因为这些关键字在 Go 中具有特殊意义，所以不能用于命名你创建的变量或函数。例如，不能创建名为 select 的函数或变量，因为 select 函数已作为 Go 语言的一部分存在。在阅读本书后续内容的过程中，你将了解这些关键字的作用。

2.6　本课小结

本课是对 Go 编程的几个重要主题的快速概述。这包括对标记、语句、注释和标识符的简要介绍。你将使用这些构建块为 Go 程序创建代码。从下一课开始，将开始应用这些构建块，学习如何创建用于存储信息的变量。

2.7　本课练习

下面的练习可以让你尝试本课介绍的工具和概念。对于每个练习，请编写一个满足指定要求的程序并验证程序是否按预期运行。

> **注意：** 这些练习很有用，可以帮助你应用在课中所学到的知识。我们还鼓励你在完成练习时尝试使用给出的这些代码。

练习 2-1：修复问题

代码清单 2-13～代码清单 2-15 中的每个代码块都至少包含一个错误，导致程序无法运行。修复错误并进行测试，以确保代码按预期运行。每个代码块顶部的注释会告诉你这段代码的目的。

代码清单 2-13　代码块 A

```
// output the text in quotation marks
package main

import "fmt"

func main() {
   fmt.println("Hello, world!")
}
```

代码清单 2-14　代码块 B

```
// display the text in quotation marks to an output block
// without moving any of the existing code to a different line
package main

import "fmt"

func main() {
  Println("Go is fun!") Println("Go is also easy.")
}
```

代码清单 2-15　代码块 C

```
// create separate variables for first name and last name
// print each name on a separate line
package main

func main() {
  var 1_Name string = "Rebecca" // first name
  var &_Name string = "Roberts" // last name

  fmt.Println("1_Name")
  fmt.Println("&_Name")
}
```

练习 2-2：创建语句

以代码清单 2-2 中的程序作为模板，编写一个显示以下文本的程序。每个条目都应该在一个单独的行中以完整的语句呈现。

- 你的名字；
- 你的家乡；
- 你最喜欢的食物。

例如，程序的输出应该类似于下面这样。

```
My name is Barbara Applegate.
I live in Augusta, Georgia.
My favorite food is apple pie.
```

练习 2-3：Go 语言很有趣

将代码清单 2-16 提供的代码作为基础，根据需要添加代码，修改程序，使其只输出文本“Go is fun!”。你应该添加必要的代码，但不应删除任何现有的代码。

代码清单 2-16　Go is fun!

```
// Change this program so that it outputs only the text Go is fun!
// Do not delete any of the existing code
package main

import "fmt"

func main() {
  fmt.Println("Go is fun!")
  fmt.Println("Go is also easy!")
}
```

注意：可以通过多种方式修改代码清单 2-16 中的代码来完成这个任务。请尝试用多种方法来完成这个练习。

练习 2-4：无重复打印

在代码清单 2-17 的基础上，添加显示引号中出现的文本所需的代码并输出，而无须重新输入引号中的文本。虽然你可以添加必要的代码，但不应删除任何现有代码。

代码清单 2-17　无重复打印

```
// Add one line of code that displays the text in quotation marks to
// an output block without repeating the text in quotation marks.
package main

import "fmt"
```

```
func main() {
  var output string = "I love Go!"

}
```

注意：在代码清单 2-17 中声明变量 output 时，可以删除 string。

```
var output = "I love Go!"
```

这是可行的，因为 Go 可以确定等号右边的内容是一个字符串并将推断出 output 的类型。

练习 2-5：对代码进行标记

复习本课的程序。在编辑器中输入这些程序并保存它们。然后，对于每个代码清单在 package main 语句的上方添加如下信息的注释。

- 你的名字(单行注释)；
- 当前日期(单行注释)；
- 程序的简短描述(多行注释)。

编译并运行这个程序，确保没有错误，也确保输出中没有注释的内容。

第 3 课

使用变量

第 2 课提出了很多主题。本课将开始深入挖掘其中的一些主题。具体来说，本课将概述如何在 Go 中创建变量，包括静态类型变量和动态类型变量以及全局变量和局部变量。

本课目标

- 创建字符串变量和整型变量
- 显示变量的内存地址
- 使用静态和动态类型创建变量
- 折叠变量声明语句以简化代码
- 创建局部变量和全局变量
- 描述 Go 支持的数字类型，包括独立于体系架构的整数、特定于实现的整数和浮点数

3.1 变量

Go 中的变量是标识符。例如，我们可能需要存储客户的电子邮件地址，但还需要确保它是有效的。这种情况下，可以创建一个名为 email 的变量来存储电子邮件的值。电子邮件地址可以分配给 email 变量。

变量引用一个内存地址，赋值给变量的实际值存储在该地址中。当编译器需要变量的值时，它使用命名的内存地址来获取它。

创建变量时，必须包含变量的类型，可以显式定义变量的类型，也可以当在同一条语句中为变量赋值时指定可识别的类型。创建变量的基本语法如下所示。

```
var identifier type [= value]
```

变量名即这里的 *identifier*。对于电子邮件地址，我们使用 email 作为标识符。如前一课所述，*type* 表示要存储的信息的类型，可以是数字、字母或其他值。例如，要创建一个可以存储简单整数的变量，可以按如下所示声明。

```
var myNumber int
```

这段代码创建一个名为 myNumber 的变量并将其类型设置为 int，用于存储基本的整数。

> **注意：**本课将重点介绍使用一些基本类型来设置和存储信息。第 4 课将介绍 Go 为存储信息提供的不同类型。

除了设置变量的类型，还可以在同一条语句中赋值。例如，下面的代码再次声明变量 myNumber，并将其设置为 42。

```
var myNumber int = 42
```

还可以在程序后面的单独语句中赋值(或改变它的值)。声明 myNumber 后，可以通过简单地赋值来改变它的值。

```
myNumber = 84
```

代码清单 3-1 展示了一个完整的代码清单，它创建了一个变量，存储字符串“Hello,World！”。输入这个代码清单，运行它查看结果。

> **注意：**字符串就是一组字符，例如 Hello, World!、John Doe 或 333-44-5555。

代码清单 3-1　创建一个变量来存储字符串

```
package main

import "fmt"

func main() {
    var message string = "Hello, World!"
    fmt.Println(message)
}
```

在这个代码清单中，可以看到一个变量被声明为标识符(名称为 message)。

此外，可以看到这个变量被赋值为等号之后的字符串值("Hello, World!")。然后可以打印变量的内容，就像下一行代码使用 fmt.Println 所做的那样。运行这个代码清单的输出如下所示。

```
Hello, World!
```

3.1.1　命名变量

因为变量是标识符，所以它们遵循与 Go 中标识符相同的命名约定。也就是说，变量名以字母或下画线开头，然后是一系列字母、数字或下画线。代码清单 3-2 展示了一个无效变量定义的例子。

代码清单 3-2　使用无效的变量名

```
package main

import "fmt"

func main() {
   // the variable declaration below is invalid due to invalid
   // naming convention
   var 0_email string = "john@john.com"

   fmt.Println(0_email)
}
```

在这个代码清单中，可以看到变量 0_email 被声明为 string 类型。它被赋值为 john@john.com。运行这个代码清单时，编译器会针对标识符 0_email 产生如下语法错误。

```
syntax error: unexpected literal 0_e, expecting name
```

这个变量名无效，因为标识符必须以字母或下画线开头。

3.1.2　声明和初始化变量

如前所述，Go 中的变量必须具有类型，该类型表示将存储的信息的类型。更重要的是，类型定义了在变量中存储数据所需的内存量。第 4 课会更详细地介绍类型，但现在可以继续了解适用于变量的独立于其类型的概念。

1. 声明和初始化一个变量

在前面的例子中，我们在同一步骤中定义并初始化变量。可以把这个过程分成两步，如代码清单 3-3 所示。

代码清单 3-3　声明和初始化变量

```
package main

import "fmt"

func main() {
   var message string       // declare the variable

   message = "Hello, World!" // assign a value to the variable

   fmt.Println(message)
}
```

代码清单 3-3 的输出与代码清单 3-1 相同，但该代码清单没有在创建标识符的同时给它赋值，而是分两步完成这个过程。可以看到，在第一步中，变量 message 被创建为字符串，然后在第二步中，将变量赋值为"Hello,World!"。每一个步骤都是作为单独的语句完成的。

2. 声明多个变量

可以通过简单地为每个变量创建一条语句来定义多个变量。

```
var message string  // declare variable called message as string
var email string    // declare variable called email as string
```

此外，还可以在同一条语句中定义多个同类型的变量，如代码清单 3-4 所示。

代码清单 3-4　在一条语句中声明多个变量

```
package main

import "fmt"

func main() {
    var message, email string  // declare two string variables
    message = "Hello, World!"  // assign a value to one variable
    email = "john@john.com"    // assign a value to the second variable

    fmt.Println(message)
    fmt.Println(email)
```

在这个代码清单中，在同一行中将 message 和 email 声明为字符串类型变量。要在同一行中声明多个变量，可以用逗号分隔它们。声明这两个变量后，代码清单继续为它们赋值，然后打印它们的内容。如果输入并运行这个代码清单，会看到输出结果如下。

```
Hello, World!
john@john.com
```

3. 声明和初始化多个变量

还可以初始化多个同类型的变量并在同一条语句中为每个变量赋值，如代码清单 3-5 所示。

代码清单 3-5 在一行中声明和初始化多个变量

```
package main

import "fmt"

func main() {
   // initialize two string variables in the same statement
   var message, email string = "Hello, World!", "john@john.com"

   fmt.Println(message)
   fmt.Println(email)
}
```

这个代码清单的输出与前面的代码清单相同。这段代码的不同之处在于，变量 message 和 email 是在声明它们的同一行语句中初始化的。如你所见，等号右边列出了用于初始化变量的值。值是从左到右赋值的，因此第一个字符串"Hello,World!"被赋给左边的第一个变量 message。第二个字符串"john@john.com"被赋给第二个变量 email。

3.2 静态和动态类型声明

当我们在 Go 中声明具有特定类型的变量时，实际上创建了一个静态类型变量。如果使用静态类型，编译器不必确定与变量关联的类型。代码清单 3-6 是一个静态类型声明的例子，在同一条语句中进行初始化。

代码清单 3-6　创建一个静态类型变量

```
package main

import "fmt"

func main() {
    // initialize a variable and assign a value in the same statement
    var message string = "Hello, World!"

    fmt.Println(message)
}
```

在该代码清单中可以看到声明了静态类型，因为名为 message 的变量被声明为 string 类型。

Go 也支持动态类型。如果使用动态类型，编译器将根据赋给变量的值推断出类型。Go 使用: =操作符进行动态类型设定，使用的语法如下所示。

```
identifier := initialValue
```

代码清单 3-7 展示了一个动态类型声明的例子。

代码清单 3-7　使用:=操作符的动态类型变量

```
package main

import "fmt"

func main() {
    // dynamic declaration using the := operator
    email := "john@john.com"

    fmt.Println(email)
}
```

在这个例子中，编译器将推断 email 是字符串类型，因为赋给它的是字符串。代码清单 3-8 提供了另一个例子。

代码清单 3-8　动态类型化 age 变量

```
package main

import "fmt"

func main() {
    // dynamic declaration using the := operator
    age := 42

    fmt.Println(age)
}
```

注意，这一次声明的变量是age。赋的值不是字符串，而是数字。Go将使用动态类型把age设置为整数。这个代码清单的输出很简单。

```
42
```

3.2.1 混合声明类型

只要编译器能够清楚地识别标识符(变量名)和与变量相关联的类型，则Go在类型赋值方面是相当灵活的。例如，代码清单3-9中的代码块展示了如何在同一个代码清单中使用=操作符和:=操作符。

代码清单3-9 混合类型的声明

```
package main

import "fmt"

func main() {
    var message = "Hello, World!" // initialize with a string value
    email := "john@john.com"      // initialize with a string value

    fmt.Println(message)
    fmt.Println(email)
}
```

在这个代码清单中，message和email的声明都赋值了一个字符串。因为没有声明类型，所以Go将string类型动态分配给变量。

需要注意的是，必须使用var ... =或:=形式，不能混搭。例如代码清单3-10，其中的变量声明都是Go不支持的。

代码清单3-10 无效的变量声明

```
package main

import "fmt"

func main() {
    message = "Hello, World!" // missing var
    var email := "john@john.com" // cannot use var and := together

    fmt.Println(message)
    fmt.Println(email)
}
```

首先查看给message赋值的第一种情况。

```
message = "Hello, World!"
```

在这个例子中，没有包含关键字var。因为message不是关键字，所以Go无法识别它的目的。因此会显示一个错误。

在第二种情况下，email被赋值。

```
var email := "john@john.com"
```

这个声明和赋值也会导致错误，因为同时使用了var和:=，这违反了Go的语法规则。

3.2.2 在单条语句中混合类型声明

通过使用动态类型推断，可以在同一条语句中声明多个不同数据类型的变量。在代码清单3-11的代码示例中，使用=操作符在同一条语句中定义了一个字符串和一个数字。

代码清单3-11 在一个声明中为多个类型的变量赋值

```
package main

import "fmt"

func main() {
    var message, year = "Hello, World!", 2022

    fmt.Println(message)
    fmt.Println(year)
}
```

如你所见，message和year在一行代码中声明。还可以看到，每个变量都被赋值。值"Hello, World!"被赋给message。因为这个值是字符串，所以message被声明为字符串类型。值2022赋给year。因为这个值是整数，所以year被动态声明为整数。上述代码清单的输出很简单。

```
Hello, World!
2022
```

3.3 变量作用域

变量作用域定义了程序的哪些部分可以访问变量。一般来说，在计算机程序中，一个变量可能在整个程序中都可以访问，也可能只能在某个区域访问。Go 支持局部变量作用域和全局变量作用域。

局部变量只能在定义它的代码块或函数中访问。代码清单 3-12 展示了一个在 main 函数中定义的局部变量，该变量只能在 main 函数内部访问。

代码清单 3-12 局部变量作用域

```
package main

import "fmt"

unc main() {
    // local variable
    var message string = "Hello, World!"

    fmt.Println(message)
}
```

虽然可以使用函数本身来返回一个可以在程序的其他地方使用的值，但在 main 函数之外对名为 message 的变量的任何引用都将发生错误。

全局变量在程序开始时声明，位于任何代码块或函数之外。这些变量在程序的任何地方都可以访问，而且在程序的整个生命周期中都是可用的。代码清单 3-13 是一个在 main 代码块之外定义全局变量的例子。

代码清单 3-13 全局变量作用域

```
package main

import "fmt"

// global variable
var message string = "Hello, World!"

func main() {
    // local variable
    var email string = "john@john.com"

    fmt.Println(message)
    fmt.Println(email)
}
```

在这个例子中，message变量在main函数的外部。因为这使得message在程序中的任何地方都可用，所以main函数可以访问message并显示其值作为函数活动的一部分。

在只有一个函数的例子中，很难看出局部变量和全局变量之间的区别。随着程序越来越大，变量的局部作用域和全局作用域的存在将变得越来越有意义。在第7课中，当学习将程序组织成函数时，将看到局部变量与全局变量的价值。

目前要记住的是，除非有充分的理由使用全局变量，否则应该尽可能使用局部变量。这限制了程序的哪些部分可以访问这些变量，从而更容易排除问题。

3.4 获取用户输入

在许多程序中，我们希望允许用户输入程序将要使用的值。虽然Go可以接收各种数据类型用于用户输入，但本课中将使用字符串输入。字符串是一种用途广泛的数据类型；如果需要，只包含数字字符的字符串值可以很容易地转换为数字类型。

3.4.1 内存地址

在了解如何从用户那里获取值并将其存储在变量中之前，重要的是了解变量和计算机内存。如前所述，变量是一种用于存储数据的标识符类型。当声明变量时，会根据声明的类型留出足够的内存来存储数据。变量名与计算机内存中的一个地址相关联。

如果需要访问变量的地址，可以使用&操作符和变量名。代码清单3-14展示了如何获取和显示两个变量的内存地址。

代码清单3-14 访问变量在内存中的地址

```
package main

import "fmt"

func main() {
    var myVar string = "Hello, World!"
    var myAge int = 99
```

```
    fmt.Println(myVar)
    fmt.Println(&myVar)
    fmt.Println(myAge)
    fmt.Println(&myAge)
}
```

可以看到，声明和初始化两个变量(myVar 和 myAge)的方式与本课之前使用的相同。为了说明没有什么特别的事情发生，前两次调用 fmt.Println 时将这两个变量打印出来。可以在输出中看到预期显示的值。后两次调用 fmt.Println 时包含了取地址操作符，它返回 myVar 和 myAge 所在的十六进制内存地址。这些地址由 fmt.Println 打印出来。输出看起来如下所示。

```
Hello, World!
0xc00010a050
99
0xc000100028
```

后两次调用后看到的实际值将是系统中的地址。

3.4.2 扫描值

接收输入也有许多不同的选项。使用取地址操作符是使用 fmt.Scanln 函数从脚本的用户那里获取值的一部分。此处显示的模式很简单，但你可能会在继续使用 Go 工作时看到其他模式。基本语法如下。

```
var variableName string
fmt.Scanln(&variableName)
```

第一行将变量声明为字符串。第二行使用 Scanln 函数读取用户的输入并将其放入变量中。*variableName* 可以是任何有效的标识符名称。重要的是要注意，我们在扫描条目时在变量名称之前包含&符号。&是取地址操作符，它帮助 Go 知道将输入放入命名变量(*variableName*)的位置。代码清单 3-15 提供了一个使用两个输入值的示例。

代码清单 3-15 输入两个变量

```
package main

import "fmt"

func main() {
  fmt.Print("Enter your first name: ")   //Print function displays
```

```
                                            //output in same line
    var firstName string
    fmt.Scanln(&firstName)    // take input from user

    fmt.Print("Enter your last name: ")
    var lastName string
    fmt.Scanln(&lastName)

    fmt.Print("Your first name is: ")
    fmt.Println(firstName)

    fmt.Print("Your last name is: ")
    fmt.Println(lastName)
}
```

执行这个程序时，提示用户输入他们的名字和姓氏，然后显示出来。可以输入任何名字和姓氏。

```
Enter your first name: Grace
Enter your last name: Hopper
Your first name is: Grace
Your last name is: Hopper
```

让我们回顾代码并进行一些观察。之前使用 Println 将输出打印到新行中。在这个代码清单中，我们单独使用 Print。通过使用 Print 而不是 Println，语句执行后不会生成新行。

我们使用打印语句来显示提示。接着是使用 Scanln 函数来读入(或扫描)用户输入的字符。然后将这些保存到括号里指定的变量中。可以看到，我们读入名字并将其保存到变量 first_name 中。我们读入姓氏并将其保存到变量 last_name 中。

> **注意：** 如果代码不能正确运行，首先要确认的是变量名之前包含了取地址(&)操作符。缺少它将导致程序不等待用户输入值。

如代码清单 3-15 所示，Print 和 Println 可以组合起来控制输出行。还可以使用+操作符来连接字符串，如代码清单 3-16 所示，它只不过是前一个代码清单中的同一个程序的另一个版本。在这个新代码清单中，使用连接以一种更简洁的方式显示了输出结果。

代码清单 3-16　连接字符串

```
package main
```

```
import "fmt"

func main() {
  fmt.Print("Enter your first name: ")  // Print function displays output
                                        // in same line
  var firstName string
  fmt.Scanln(&firstName)    // take input from user

  fmt.Print("Enter your last name: ")
  var lastName string
  fmt.Scanln(&lastName)

  fmt.Println("Your name is: " + firstName + " " + lastName)
}
```

输出看起来如下所示。

```
Enter your first name: Grace
Enter your last name: Hopper
Your name is: Grace Hopper
```

一般来说，用户提示(如文本"Enter your first name:")应该清楚地说明程序希望从用户那里得到什么样的输入。因为用户会看到这个文本，所以应该仔细检查它，避免拼写错误造成观感不佳。

3.5 将字符串转换为数字

当使用 fmt.Scan 接收用户输入时，输入的内容被存储为一个字符串。问题是字符串值不能用于数学运算，因此必须先将值转换为数字，然后才能将用户输入用作数字。此过程大概由以下几个步骤组成。

(1) 接收用户输入并将其存储在一个字符串变量中。

(2) 将输入转换为数字。

(3) 将转换后的值存储在数字变量中。

我们使用 fmt.Scan 或 fmt.Scanln 函数来接收用户输入。例如，如代码清单 3-17 所示，我们可能会提示用户输入两个单独的数字，然后使用+操作符将两个输入值相加以获得总和。

代码清单 3-17　尝试将两个值相加

```
package main
```

```
import "fmt"

func main() {
  var firstNumber string
  var secondNumber string

  fmt.Print("Enter the first integer: ") // user prompt
  fmt.Scan(&firstNumber)                  // store input

  fmt.Print("Enter the second integer: ")
  fmt.Scan(&secondNumber)

  fmt.Println(firstNumber + secondNumber) // addition of two strings
}
```

如果运行该程序并在提示符处输入值 3 和 7，输出将如下所示。

```
Enter the first integer: 3
Enter the second integer: 7
37
```

如果用户确实输入了两个数字，我们会将输入值存储为字符串，因此结果是连接而不是加法。

因为不能使用 fmt.Scan 函数直接从用户那里接收数字，所以必须首先以单独的步骤将输入值转换为数字，并将转换后的值存储为单独的变量。Go 专门为此提供了 strconv 包。可以通过将它添加到代码清单顶部的 import 语句中来包含这个包。

```
import (
  "fmt"
  "strconv"
)
```

如你所见，可以通过在 import 语句后添加括号并列出所有包来添加多个包。

当转换扫描的字符串值时，需要有新的数值变量来存储转换后的值。可以添加声明来创建两个 int 类型的新变量。

```
var firstInt int
var secondInt int
```

一旦包含新包并声明变量来存储转换后的值，就可以使用 strconv 包中的适当函数将字符串转换为 int。虽然有多个选项可供选择，但我们将在示例中使用 Atoi 函数。这个函数有两个参数——它要转换的原始值和一个错误符号。

```
originalValue, error = strconv.Atoi(integerValue)
```

这里将使用_作为 nil 错误快捷方式(也可以称为“空白标识符”)，而不是定义特定的错误输出。因此，要将两个字符串(firstNumber 和 secondNumber)转换为整数(firstInt 和 secondInt)，我们将以下面的方式调用 Atoi。

```
firstInt, _ = strconv.Atoi(firstNumber) // convert to int
secondInt, _ = strconv.Atoi(secondNumber)
```

注意：有关处理错误和使用 nil 错误快捷方式的更多信息请参阅第 17 课。

最后，添加一条加法语句，使用转换后的值。代码清单 3-18 更新了将输入值转换为整数的代码。然后将这些值相加并显示结果。

代码清单 3-18 将字符串转换为整数

```
package main

import (
  "fmt"
  "strconv"
  )

func main() {
  var firstNumber string
  var secondNumber string

  var firstInt int
  var secondInt int

  fmt.Print("Enter the first integer: ") // user prompt
  fmt.Scan(&firstNumber)  // store input

  fmt.Print("Enter the second integer: ")
  fmt.Scan(&secondNumber)

  firstInt, _ = strconv.Atoi(firstNumber) // convert to int
  secondInt, _ = strconv.Atoi(secondNumber)

  fmt.Println(firstNumber + secondNumber) // addition of two strings

  fmt.Println(firstInt + secondInt) // addition of two ints
}
```

当使用与以前相同的值运行此代码清单时，输出应如下所示。

```
Enter the first integer: 3
Enter the second integer: 7
37
10
```

如你所见，转换后的值被加在一起并显示正确的总和。在以后的代码清单中，可以使用同样的方法从运行程序的用户那里获取数值。

3.6 数值数据类型

到目前为止，我们已经接触了 Go 中的数据类型，但还没有真正深入研究这个主题。声明变量后，其类型就确定了。我们在例子中一直使用整数和字符串；然而，Go 提供的远不止这两种类型。Go 中的数值类型包括整数、浮点数和复数。

虽然可以使用动态类型将数字类型分配给变量，但类型是分配给变量本身，而不是分配给变量中的值。一旦定义了变量类型，就不能更改。

注意：值得强调的是，一旦将类型赋给变量，该变量的类型就不能改变。

例如，假设像下面所示使用:=操作符声明一个变量 quantity。

```
quantity := 100
```

Go 会将类型 int 分配给 quantity 变量。可以使用以下语句进行检查。

```
fmt.Printf("quantity type: %T\n", quantity)
```

输出将如下所示。

```
quantity type: int
```

然而，在 Go 中类型本身并不是动态的。一旦将类型分配给变量，该变量的类型就不能改变。这意味着如果以后想在 quantity 变量中存储一个浮点值，例如

```
quantity = 99.5
```

编译器会将值截断为 99 并抛出错误，因为它无法将浮点数存储在声明为 int 类型的变量中。代码清单 3-19 显示了一个尝试将浮点数存储在整数中的示例。

代码清单 3-19 试图将浮点数存储在整数中

```
package main

import "fmt"
```

```
func main() {
   quantity := 100       // assigns int type to variable
   fmt.Printf("quantity type: %T\n", quantity)
   quantity = 99.5       // store float in same variable: error
   fmt.Println(quantity)
}
```

如果构建并运行该代码，它会报错。输出看起来如下所示。

```
.\main.go:8:11: constant 99.5 truncated to integer
```

在代码清单 3-19 中，值 100 被赋给变量 quantity(由于 100 是一个整数，因此 quantity 是作为一个整数变量动态生成的)。当程序试图将浮点值 99.5 赋给 quantity 时，编译器知道类型不匹配。程序遇到这个错误时会停止运行，不会继续执行打印语句。

因为数据类型不能改变，所以了解 Go 中可用的各种类型很重要。这包括整数类型和浮点值类型。我们还需要了解哪些类型是独立于体系结构的和哪些是特定于实现的。

3.6.1　独立于体系结构的整数类型

Go 支持多种整数类型，包括独立于体系结构的类型和特定于实现的类型。所谓独立是指类型不依赖于运行 Go 程序的计算机的体系结构或实现。使用这些数据类型使得 Go 程序在不同架构之间更具可移植性。例如，可以在 32 位机器或 64 位机器上使用 int32。表 3-1 列出了 Go 中可用的整数类型。

表 3-1　Go 中的整数数据类型

类型	描述
uint8	所有无符号 8 位整数的集合(0～255)
uint16	所有无符号 16 位整数的集合(0～65535)
uint32	所有无符号 32 位整数的集合(0～4294967295)
uint64	所有无符号 64 位整数的集合(0～18446744073709551615)
int8	所有有符号 8 位整数的集合(–128～127)
int16	所有有符号 16 位整数的集合(–32768～32767)
int32	所有有符号 32 位整数的集合(–2147483648～2147483647)

(续表)

类型	描述
int64	所有有符号 64 位整数的集合(–9223372036854775808～9223372036854775807)
byte	uint8 的别名
rune	int32 的别名

byte 类型相当于 uint8，而 rune 相当于 int32。

根据数字标准，无符号类型只接受正值，而有符号类型可以是正数或负数。无符号和有符号的允许值集长度相同，但下限和上限不同。代码清单 3-20 显示了独立于体系结构的整数示例。

代码清单 3-20　独立于体系结构的整数

```
package main

import "fmt"

func main() {
    var age int8 = 20                 // signed 8-bit integer
    var port int16 = 80               // signed 16-bit integer
    var zipcode int32 = 90000         // signed 32-bit integer
    var phone int64= 7322335624       // signed 64-bit integer
    var phone2 uint64 = 7322335624    // unsigned 64-bit integer
    var score int64 = -1 // signed 64-bit integer w/ negative value

    // The next var is illegal because unsigned integers can
    // only represent positive integers

    // var score uint64 = -1

    fmt.Println("age int8",age)
    fmt.Println("port int16", port)
    fmt.Println("zipcode int32", zipcode)
    fmt.Println("phone int64", phone)
    fmt.Println("phone2 uint64", phone2)
    fmt.Println("score int64", score)
}
```

此代码清单仅使用各种独立于体系结构的数据类型来定义诸如年龄、邮政编码和分数的示例变量。选择的数据类型应该足够大以容纳变量类型的值。例如，假定年龄永远不会超过 127 岁，因此使用 int8。同样，五位数的邮政编码总是适合 int32 数据类型。输出应如下所示。

```
age int8: 20
port int16: 80
zipcode int32: 90000
phone int64: 7322335624
phone2 uint64: 7322335624
score int64: -1
```

3.6.2 超出范围的值

虽然选择数据类型大小的能力可以带来提高程序性能的优势，但代价是要冒使用超出所选类型定义范围的值的风险。例如，int8 的范围是–128～127。这对于落在该范围内的一组值来说是理想的，但如果尝试将一个超出范围的值添加到一个 int8 变量中，将看到类似运行代码清单 3-21 时出现的那种编译错误。

代码清单 3-21 分配一个超出范围的值

```
package main

import "fmt"

func main() {
    // architecture-independent integers
    var age int8 = 200 // signed 8-bit integer
    fmt.Println("age int8:",age)
}
```

运行此代码清单将产生一个错误，因为正试图将值 200 赋给一个 int8 类型的变量，该变量的最大值为 127。该错误类似于以下内容。

```
.\main.go:7:6: constant 200 overflows int8
```

出于这个原因，应该仅在确定将分配给变量的值不会超过变量大小的情况下使用独立于体系结构的类型。如果不确定，可以使用更大的类型或特定于实现的类型。

3.6.3 特定于实现的整数类型

Go 还支持具有特定于实现的大小的数字类型，这意味着数据类型的大小取决于运行程序的体系结构。表 3-2 显示了 Go 中可用的特定于实现的整数类型。

表 3-2　Go 中特定于实现的整数数据类型

类型	描述
int	与 uint 大小相同
uint	32 位或 64 位
uintptr	一个无符号整数，大到足以存储指针值的未解释位

表中的 3 种数据类型都是特定于实现的大小，这意味着允许的值范围取决于计算机的体系结构。例如，如果代码在 32 位机器上运行，则 int 类型将是一个 32 位整数(范围为–2147483648～2147483647)；如果代码在 64 位机器上运行，将表示一个 64 位整数(范围为–9223372036854775808～9223372036854775807)。

大多数情况下，可以使用 uint 或 int 而不是指定位大小，除非知道需要使用特定的数据大小。例如，在数字可能较小的情况下使用 int8 以缩短处理时间并减少内存负载。

假设通过:=操作符使用动态类型，如果初始值为整数，Go 会自动将 int 分配给变量，而不管数字的大小。代码清单 3-22 提供了 uint 和 int 类型的示例。

代码清单 3-22　特定于实现的整数类型

```
package main

import "fmt"

func main() {
    var aaa uint = 20; // unsigned implementation-specific data type
    fmt.Println("aaa uint:", aaa)

    var bbb int = -30; //signed implementation-specific data type
    fmt.Println("bbb int:", bbb)
}
```

在此代码清单中，变量 aaa 被声明为特定于实现的无符号整数(uint)。变量 bbb 声明为有符号的特定于实现的数据类型(int)。运行代码后的输出如下。

```
aaa uint: 20
bbb int: -30
```

3.6.4　浮点类型

浮点类型是一种可以包含小数值作为数字一部分的类型，例如 3.14。浮点类型都是独立于体系结构的，这意味着必须指定值的位大小。表 3-3 列出了可以在 Go 程序中使用的 4 种浮点类型。

表 3-3　Go 中的浮点类型

类型	描述
float32	所有 IEEE-754 的 32 位浮点数的集合
float64	所有 IEEE-754 的 64 位浮点数的集合
complex64	具有 float32 实部和虚部的所有复数的集合
complex128	具有 float64 实部和虚部的所有复数的集合

可以看到该表包括两种类型的数字：浮点数和复数。浮点数是有符号的值，允许数字位于小数点右边。复数包含两部分：实数和虚数。

注意：复数在特定情况下很有用，但在其他情况下并未广泛使用。要了解更多信息，请参阅 Cloudhadoop 的 Complex Types Numbers Guide With Examples 页面，网址为 www.cloudhadoop.com/2018/12/golang-tutorials-complex-types-numbers.html。

代码清单 3-23 显示了使用这些独立于体系结构的类型定义的变量示例。与前面的代码清单一样，声明了几个变量并赋了值。然后打印这些值。

代码清单 3-23　使用浮点类型

```
package main

import "fmt"

func main() {
   var tax float32 = 0.065 // IEEE-754 32-bit floating point number
   var i float64 = 0.000006 // IEEE-754 64-bit float
   var cnumber complex64 = 1 + 4i //a complex number with float 32
   //real and imaginary numbers

   fmt.Println("tax float32:", tax)
   fmt.Println("i float64:", i)
   fmt.Println("cnumber complex64:", cnumber)
}
```

如果构建并运行该程序，将看到以下输出。

```
tax float32: 0.065
```

```
i float64: 6e-06
cnumber complex64: (1+4i)
```

3.7 本课小结

学完本课后，你应该能够使用变量在程序的全局和局部范围内存储基本信息。通过使用取地址操作符访问内存位置，可以向应用程序用户显示提示并调用 fmt.Scan 函数从他们那里获取数据。本课还介绍了如何将字符串输入转换为数值，以便可以执行数学运算。

本课最后展示了可供使用的各种数值数据类型。在下一课中，将学习如何使用已创建的数据类型在 Go 程序中执行各种操作。

3.8 本课练习

下面的练习可以让你尝试本课介绍的工具和概念。对于每个练习，请编写满足指定要求的程序并验证程序是否按预期运行。

练习 3-1：修复问题

代码清单 3-2 中的代码包含了一个错误，导致程序无法运行。修复错误并进行测试，以确保代码按预期运行。每个代码块顶部的注释会告诉你代码应该做什么。

练习 3-2：创建变量

用 Go 编写一个包含 3 个不同变量的程序。

- 你的名字；
- 你的街道地址；
- 你的出生年份。

练习使用各种变量名，了解哪些有效和哪些无效。使用 fmt.Println 语句将每个值打印到屏幕上。

练习 3-3：使用更少的行

重构在练习 3-2 中编写的程序。它仍应包括如下相同的 3 个变量。

- 你的名字；
- 你的街道地址；
- 你的出生年份。

在此版本中，将字符串变量折叠成一条语句。在本练习中，确保对出生年份使用整数类型(int)。同样，使用 fmt.Println 语句将每个值打印到屏幕上。

练习 3-4：如何赋值

重构练习 3-3 中的程序，在每个变量的声明语句中使用:=操作符。查看本课中的各种代码清单并重写它们以使用:=操作符(如果尚未使用)。

练习 3-5：转换

从代码清单 3-17 中的代码块开始，尝试修改代码。考虑以下内容。

- 如果用户输入文本内容而不是数字会怎样？
- 如果用户输入浮点数而不是整数会怎样？浮点数是具有小数值的数字，如 3.14159。

研究将字符串值转换为浮点数的方法。然后使用研究结果更新代码清单 3-17 中的代码以允许用户输入浮点数而不是整数。

练习 3-6：获取用户输入

创建一个脚本，提示用户输入他们出生所在州的名称和他们现在居住的州的名称。将每个值保存在自己的变量中并向用户显示输入值。

练习 3-7：汇总信息

编写一个程序，将用户的姓名和地址收集为一系列离散的字符串。

- 名字
- 姓氏

- 门牌号码
- 街道名称
- 城市
- 州的缩写
- 邮政编码

使用此输入在一个标准地址块中显示信息。最终输出应该如下所示。

```
Grace Hopper
4872 Main St
City ST 12345
```

练习 3-8：计算盒子体积

编写一个程序，提示用户输入宽度、长度和高度。确保按照在本课中学到的那样将它们从字符串转换为整数。

转换值后，使用它们来确定盒子的总体积。要计算体积，将使用乘法运算符，即星号(*)。该运算将是宽度*长度*高度。

练习 3-9：分配类型

创建一个程序，定义并显示至少 5 个可在同一场景中使用的数字变量。可以为所选场景选择任何类型合适的变量。下面是一些示例场景。

- 跟踪储蓄或投资账户金额的银行应用程序。
- 包括员工的工资以及退休账户存款和健康计划等福利数据的薪资应用程序。
- 跟踪用户、球队、球员、输赢和总排名的体育应用程序。

请尝试使用有符号和无符号类型，以及独立于体系结构和特定于实现的整数。

第 4 课

执 行 运 算

上一课介绍了变量以及基本数据类型。本课将介绍如何对值和变量执行运算，还将回顾可用于每种数据类型的一些运算。

本课目标

- 在算术运算和关系运算中使用数值。
- 使用各种数学函数。
- 使用布尔类型和复杂的布尔运算。

Go 编程语言支持类似于其他编程语言的多种运算。这些包括算术运算、关系运算、赋值等。

4.1 算术运算

Go 支持所有数值类型的大多数算术运算，包括二元运算和一元运算。

- 二元运算符需要两个操作数。
- 一元运算符需要一个操作数。

算术运算允许进行常见的数学计算，如加、减、乘、除。表 4-1 列出了 Go 中常用的算术运算符。

表 4-1　常用算术运算符

运算符	描述
+	将两个操作数相加
-	从第一个操作数中减去第二个操作数
*	将两个操作数相乘
/	分子除以分母
%	模运算符；给出整数除法后的余数
++	自增运算符；将整数值加 1
--	自减运算符；将整数值减 1

在编写算术运算的代码语句时，运算符前后的空格是可选的。在本书中，通常会在运算符前后添加空格，以提高可读性。

要理解如何使用算术运算符，最好的方法就是亲身实践。代码清单 4-1 展示了各种算术运算的实际效果。

代码清单 4-1　使用算术运算符

```
package main

import "fmt"

func main() {
    var a, b, c int32 = 20, 10, 8

    fmt.Println("a =", a)
    fmt.Println("b =", b)
    fmt.Println("c =", c)
    fmt.Println("a + b =", a + b)   // addition (20 + 10 = 30)
    fmt.Println("a - b =", a - b)   // subtraction (20 - 10 = 10)
    fmt.Println("a * b =", a * b)   // multiplication (20 * 10 = 200)
    fmt.Println("a / b = ", a / b)  // division (20 / 10 = 2)
    fmt.Println("a % c =", a % c)   // modulus (20 % 8 = 4)

    a++ //increment by 1
    fmt.Println("a++ =", a)  // a + 1 = 20 + 1 = 21

    b-- //decrement by 1
    fmt.Println("b-- =", b)  // b - 1 = 10 - 1 = 9
}
```

这个程序创建 3 个类型为 int32 的简单变量，分别是 a、b 和 c。作为声明的一部分，将值 20、10 和 8 赋给这 3 个变量。这些值将在运算中使用。

通过使用 fmt.Println，每个变量的值都显示在屏幕上，以便查看每个变量包含的内容。然后使用 fmt.Println 函数显示各种运算的输出。注意，运算将被执行并显示结果。这个程序的输出如下所示。

```
a = 20
b = 10
c = 8
a + b = 30
a - b = 10
a * b = 200
a / b = 2
a % c = 4
a++ = 21
b-- = 9
```

> **注意：**自增和自减运算符只能用在变量名的右侧，如代码清单 4-1 所示，使用 a++和 b++。因为放在变量的右侧，所以它们可以被称为后缀运算符。在其他编程语言(如 C、C++和 C#)中，也可以将运算符放在变量的左边，称为前缀运算符。然而，Go 不支持这些运算符的前缀版本。试图在 Go 中将它们作为前缀运算符使用将产生错误。

4.1.1　混合数字类型

在代码清单 4-1 中，用于运算的 3 个变量的类型是相同的。Go 不接受使用不同数据类型的计算。即使当你尝试使用不同但等效类型的整数时也是如此。例如，给定以下变量。

```
a int = 10
b int32 = 20
c byte = 15
```

下列每条语句都会引发错误。

```
fmt.Println(a + b)
fmt.Println(b + c)
fmt.Println(a + c)
```

也不能使用混合了整数和浮点数的表达式。假设给定相同的变量和一个新的浮点型变量。

```
a int = 10
b int32 = 20
```

```
c byte = 15
d float32 = 0.05
```

以下每条语句都会引发错误。

```
fmt.Println(a + d)
fmt.Println(b * d)
fmt.Println(c / d)
```

可以自己尝试创建代码清单 4-2 中的程序。

代码清单 4-2　在运算中混合数据类型

```
package main

import "fmt"

func main() {
    var a int = 10
    var b int32 = 20
    var c byte = 15
    var d float32 = 0.05

    // fmt.Println(a + b) // int & int32
    // fmt.Println(b + c) // int32 & byte
    // fmt.Println(a + c) // int & byte
    // fmt.Println(a + d) // int & float32
    // fmt.Println(b * d) // int32 & float32
    // fmt.Println(c / d) // byte & float32
}
```

每次取消一条打印语句的注释。每次修改后保存并运行程序，查看错误消息。打印语句能正常工作吗？

如果取消所有行的注释并运行这个代码清单，会看到类似下面的错误。

```
.\Listing0401.go:11:19: invalid operation: a + b (mismatched types int
and int32)
.\Listing0401.go:12:19: invalid operation: b + c (mismatched types
int32 and byte)
.\Listing0401.go:13:19: invalid operation: a + c (mismatched types int
and byte)
.\Listing0401.go:14:19: invalid operation: a + d (mismatched types int
and float32)
.\Listing0401.go:15:19: invalid operation: b * d (mismatched types
int32 and float32)
.\Listing0401.go:16:19: invalid operation: c / d (mismatched types byte
and float32)
```

尝试改变变量的数据类型，查看是否可以在不改变任何初始值的情况下让代码正常工作。

4.1.2　数字类型转换

你可能认为，避免类型不匹配错误的一种方法是简单地将所有变量声明为诸如 float64 的大型变量。虽然这听起来像是一个简单的解决方案，但它并不可行。浮点数比整数需要更多的内存，因此一个包含大量不必要浮点数的大型程序的效率会很低。其实有一个更好的解决方案。

在编写包含不同类型数字的运算时，必须使用类型转换来转换这些数字，使它们在程序执行计算时具有相同的类型。在编写运算时，只需要简单地命名要使用的类型，就可以很容易地做到这一点。

例如，如果要将声明为 int 类型的变量 num1 与声明为 float 类型的变量 num2 相乘，表达式将如下所示。

```
result = float32(num1) * num2
```

使用 float32()可以将 num1 中的值转换为 float32 值。转换后的值与 num2 的类型相同，因此运算会成功。转换类型时请遵循以下原则。

- 将整数转换为浮点数，以避免丢失小数点右侧的值。
- 转换为较大的数据类型，而不是较小的数据类型，以确保所有值都适合所选类型。例如，如果要使用 int8 和 int16，则将 int8 转换为更大的 int16。

另外，显示指定每个操作数的数据类型也是一个好主意，以确保它们在运算中是相同的，即使有一个或多个变量已经是该类型。例如，前面的语句可以写成如下。

```
result = float32(num1) * float32(num2)
```

代码清单 4-3 重写了代码清单 4-2。这种情况下可以看到，通过使用类型转换，每个运算都可以正常工作，不会报错。

代码清单 4-3　为运算转换数据类型

```
package main

import "fmt"

func main() {
    var a int = 10
    var b int32 = 20
```

```
    var c byte = 15
    var d float32 = 0.05

    fmt.Println( int32(a) + int32(b) )       // int & int32
    fmt.Println( int32(b) + int32(c) )       // int32 & byte
    fmt.Println( int(a) + int(c) )           // int & byte
    fmt.Println( float32(a) + float32(d) )   // int & float32
    fmt.Println( float32(b) * float32(d) )   // int32 & float32
    fmt.Println( float32(c) / float32(d) )   // byte & float32
}
```

现在再运行这个代码清单，应该能看到每个运算的结果。

```
30
35
25
10.05
1
300
```

> **注意：**与其他编程语言不同，Go 有一个强大的类型系统。这意味着它不会自动为你转换类型，而是需要你指定何时需要转换值的类型。显式声明何时需要转换类型的要求称为显式类型转换。隐式类型转换(也称为强制转换)是指编译器将自动转换类型，而 Go 不支持这种转换。通过强制显式的类型转换，将有效降低错误的概率。

4.1.3　PEMDAS 运算规则

考虑以下数学运算。

```
3 + 2 * 5
```

这个问题的答案会因先做乘法还是先做加法而不同。如果先相加，结果是 25。如果先乘，结果是 13。因此，知道执行运算的正确顺序很重要。

像许多其他数学系统一样，在计算包含多个运算的语句时，Go 遵循 PEMDAS 规则。PEMDAS 表示每个运算的求值顺序如下。

(1) 括号(Parenthese)：首先执行括号内的运算；如果有嵌套的括号，则 Go 从最里面的一组括号开始，然后逐步向外计算。

(2) 指数(Exponent)：指数在括号中的所有运算之后及所有其他运算之前计算。

(3) 接下来是乘法(Multiplication)和除法(Division)。

(4) 最后计算加法(Addition)和减法(Subtraction)。

如果有多个相同类型的运算，编译器将在执行优先级较高的运算之后，按从左到右的顺序计算它们。

让我们看几个实际使用的 PEMDAS 示例。首先看下列表达式。

```
a + b * c
```

如果不包含括号，Go 将按以下顺序计算该表达式。

(1) b 乘以 c。

(2) b 和 c 相乘后的结果加上 a。

根据这个运算顺序，可以计算 3 + 2 * 5 的结果。因为乘法在加法之前，所以 2 乘以 5 得到 10。然后将 10 与 3 相加，得到结果 13。

如果想先执行加法运算，那么加法运算必须在括号中。

```
(a + b) * c
```

另一个例子是 a 除以 b 的余数乘以 c。

```
a % b * c
```

如果不包含括号，Go 会从左到右计算这个表达式：求模是除法的一种类型，而除法的运算级别与乘法相同。

(1) a 除以 b。

(2) 结果乘以 c。

如果想让程序先执行乘法运算，就必须把这个运算放在一对括号中。

```
a % (b * c)
```

程序将按照下面的顺序执行计算。

(1) b 和 c 相乘。

(2) 将 b 和 c 的乘积作为除数，a 作为被除数，计算除法的余数。

下面在程序中查看这是如何运行的。代码清单 4-4 展示了几个运算。

代码清单 4-4　PEMDAS 运算顺序

```
package main

import "fmt"

func main() {
    var a, b, c int = 10, 20, 30
    fmt.Println("a =", a, "\nb =", b, "\nc =", c)
```

```
    var d, e, f, g int // create empty variables for results

    d = a - b * c
    fmt.Println("a - b * c =", d)

    e = (a - b) * c
    fmt.Println("a - (b * c) =", e)

    f = a % b * c
    fmt.Println("a % b * c =", f)

    g = a % (b * c)
    fmt.Println("a % (b * c) =", g)
}
```

上述代码清单创建了 3 个用于运算的整数。这些值会被打印出来，以便可以看到它们是什么。然后，该代码清单创建了另外 4 个整数，用于保存算术运算的结果。每个运算都会在输出结果之前执行。你应该使用 PEMDAS 运算顺序检查清单中的每个运算，以查看是否得到相同的结果。最终的输出结果如下。

```
a = 10
b = 20
c = 30
a - b * c = -590
a - (b * c) = -300
a % b * c = 300
a % (b * c) = 10
```

一般来说，在较长的数学运算语句中，即使没有必要，也最好使用括号。这将能够更好地描述希望程序执行的数学运算，也让团队中的其他人更容易理解想要执行的语句。假设有如下这样的语句。

```
a % b * c
```

因为求模和乘法的优先级相同，所以编译器会先求模。但是，为更好地表达要计算的内容，最好将语句写成如下。

```
(a % b) * c
```

4.2 赋值运算

截至目前，已经在许多代码清单中看到简单的赋值。Go 还支持一些赋值运算符，如表 4-2 所示。

表 4-2　基本的 Go 赋值运算符

运算符	描述
=	简单赋值运算符；将右操作数或表达式的值赋给左操作数
+=	加法赋值运算符；将右操作数和左操作数相加并将结果赋给左操作数
-=	减法赋值运算符；从左操作数中减去右操作数并将结果赋给左操作数
*=	乘法赋值运算符；将右操作数与左操作数相乘并将结果赋给左操作数
/=	除法赋值运算符；将左操作数除以右操作数并将结果赋给左操作数
%=	求模赋值运算符；求左操作数和右操作数的模并将结果赋给左操作数

4.2.1　加法和减法赋值运算

简单赋值运算符给等号左侧的变量赋值，而其他赋值运算符做的事情更多。例如，加法赋值运算符(+=)将等号右边的运算的值与左边的变量相加，然后将结果放入左边的变量。例如

```
x += 3
```

这条语句将 x 的值加 3，然后将结果放回 x。如果 x 在运算之前是 5，那么在运算执行之后，x 将等于 8。

代码清单 4-5 展示了如何使用加法和减法赋值运算符。查看这段代码时，注意 a 和 b 中的值是如何变化的。

代码清单 4-5　使用加法和减法赋值运算符

```
package main

import "fmt"

func main() {
    var a, b, c int = 100, 70, 50
    fmt.Println("a =", a, "\nb =", b, "\nc =", c)

    a += b   // a + b = 70 + 100 = 170 (a = 170)
    fmt.Println("a += b =", a)

    b -= c   // b - c = 90 - 50 = 20 (b = 20)
    fmt.Println("b -= c =", b)

    fmt.Println("\nc =", c)
}
```

通过查看代码清单中的代码，可以看到 a、b 和 c 再次被赋值，用于数学运算。在声明和初始化变量后，变量中的值会被打印出来。接下来是加法赋值运算符，用于将 b 的值与变量 a 相加。从之后的 Println 语句可以看出，a 确实从 100 变成 170，即增加的值与存储在 b 中的值相等。

b 中存储的值随后通过减法赋值运算符进行更新。通过从中减去 c 的值，b 中的值发生变化。结果是，当打印 b 时，可以看到 b 从 70 减少到 20。

最后，代码清单打印 c 的值。从输出可以看出，c 保持不变，因为没有新赋值给它。完整输出如下所示。

```
a = 100
b = 70
c = 50
a += b = 170
b -= c = 20
c = 50
```

4.2.2 乘法、除法和求模赋值运算

乘法、除法和求模赋值运算与加法和减法运算符的工作方式相同。代码清单 4-6 展示了这些运算符的实际效果。

代码清单 4-6 使用乘法、除法和求模赋值运算符

```
package main

import "fmt"

func main() {
    var a, b, c, d int = 100, 50, 25, 4
    fmt.Println("a =", a, "\nb =", b, "\nc =", c, "\nd = ", d)

    a *= b  // a * b = 100 * 50 = 5000 (a = 5000)
    fmt.Println("a *= b =", a)

    b /= c  // b / c = 50 / 25 = 2 (b = 2)
    fmt.Println("b /= c =", b)

    c %= d  // c % d = 25 % 4 = 1 (c = 1)
    fmt.Println("c %= d =", c)

    fmt.Println("d =", d)
}
```

这个代码清单的运算与前一个代码清单类似，只是使用了乘法、除法和求模运算符。运行这个代码清单时，会看到如下输出。

```
a = 100
b = 50
c = 25
d = 4
a *= b = 5000
b /= c = 2
c %= d = 1
d = 4
```

4.3　使用布尔值

Go 中还有一种可用的类型尚未介绍，但它非常重要——布尔值。布尔变量的值可以是 true 也可以是 false。Go 支持使用 true 和 false 常量的布尔类型，如代码清单 4-7 所示。

代码清单 4-7　使用布尔类型变量

```
package main

import "fmt"

func main() {
   var myBool bool = true
   fmt.Println("myBool =", myBool)

   var anotherBool bool = false
   fmt.Println("anotherBool =", anotherBool)
}
```

这个代码清单非常简单。它首先声明一个名为 myBool 的新变量为 bool 类型。这个新变量被初始化为 true。注意，true(以及 false)是 Go 中预定义的关键字常量。运行这个代码清单时，myBool 的值会被打印出来，显示为 true。

```
myBool = true
```

此外还声明了另一个布尔变量 anotherBool，但这次将其初始化为 false。可以看到，当它被打印出来时，它的值显示为 false。

```
anotherBool = false
```

运行代码清单时看到的完整输出如下。

```
myBool = true
anotherBool = false
```

4.4　关系运算

布尔变量经常与关系运算符一起使用。关系运算符通常用于值的比较。表 4-3 展示了 Go 支持的用于数值类型的二元关系运算符。

表 4-3　Go 关系运算符

运算符	描述
==	检查两个操作数的值是否相等；如果是，则结果为 true
!=	检查两个操作数的值是否相等；如果两个值不相等，则结果为 true
>	检查左操作数的值是否大于右操作数的值；如果是，则结果为 true
<	检查左操作数的值是否小于右操作数的值；如果是，则结果为 true
>=	检查左操作数的值是否大于或等于右操作数的值；如果是，则结果为 true
<=	检查左操作数的值是否小于或等于右操作数的值；如果是，则结果为 true

关系运算符的结果要么为 true，要么为 false。代码清单 4-8 中的代码展示了应用于各种数值类型的不同关系运算。

代码清单 4-8　使用关系运算符

```
package main

import "fmt"

func main() {
    var a, b int8 = 100, 70 // int8 cannot be larger than 128

    fmt.Println("a =", a)
    fmt.Println("b = ", b)
    fmt.Println("a == b:", a == b) //checks for equality
    fmt.Println("a != b:", a != b) //checks for inequality
    fmt.Println("a > b:", a > b)
    fmt.Println("a < b:", a < b)
    fmt.Println("a >= b:", a >= b)
}
```

这声明了两个变量(a 和 b)，用于关系运算。在显示 a 和 b 的值后，第一个

Println 显示相等运算符(==)的结果。如果 a 和 b 相等，则输出 true。在这个例子中，100 不等于 70，因此输出 false。

下一条语句使用!=运算符。这种情况下，如果 a 和 b 不相等，则将输出 true。如果它们相等，则结果为 false。因为 100 不等于 70，所以返回 true。

接下来的 3 条语句分别检查 a 是否大于 b、a 是否小于 b、a 是否大于或等于 b。每个运算的结果都显示为 true 或 false。运行这个代码清单的完整输出如下。

```
a = 100
b = 70
a == b: false
a != b: true
a > b: true
a < b: false
a >= b: true
```

在第一次运行这个代码后，修改 a 和 b 的值，再次运行这个代码清单。请尝试给 a 和 b 相同的值，然后在运行这个代码清单时比较它们的输出。

4.4.1 为布尔变量赋值

之所以在本节前面介绍布尔值，是因为它们在关系运算中非常好用。事实上，因为关系运算的结果为 true 或 false，所以可以将其结果赋值给布尔变量，如代码清单 4-9 所示。

代码清单 4-9 给布尔变量赋值

```
package main

import "fmt"

func main() {
  var n, m int = 2, 10
  a := n < m // assign the result of n < m to a
  fmt.Println("a =", a)
}
```

在此代码清单中，将 n 的值与 m 进行比较。如果 n 小于 m，则结果为 true，true 值放入布尔变量 a。如果 n 的值不小于 m，则将 false 放入变量 a。可以看到在本例中，n 的值为 2，小于 m 的值(10)，因此将 true 赋值给 a。打印 a 时，可以看到它确实如预期的那样。

```
a = true
```

4.4.2 在关系运算中使用不匹配的类型

与算术运算一样，关系运算不能比较不同类型的变量。代码清单 4-10 展示了这一点。

代码清单 4-10 关系运算中的类型不匹配

```
package main

import "fmt"

func main() {
    var a int8 = 100 // architect-specific type
    var b int = 70 // implementation-specific type

    fmt.Println("a =", a)
    fmt.Println("b =", b)
    fmt.Println("a == b:", a == b) //checks for equality
    fmt.Println("a != b:", a != b) //checks for inequality
}
```

当尝试编译并运行这个程序时，会得到以下错误，表明存在类型不匹配。

```
.\main.go:12:16: invalid operation: a == b (mismatched types int8 and
int)
.\main.go:15:16: invalid operation: a != b (mismatched types int8 and
int)
```

要在关系运算中比较不匹配的类型，做法与在算术运算中使用不匹配的类型一样，应该把变量转换为相同的类型。代码清单 4-11 对代码清单 4-10 进行了类型转换，使它们的数据类型相同。运行这个代码清单，会发现它能像预期那样执行，而且没有改变变量的初始类型。

代码清单 4-11 关系运算中的类型转换

```
package main

import "fmt"

func main() {
    // do not change the variable declarations
    var a int8 = 100 // architect-specific type
    var b int = 70 // implementation-specific type

    fmt.Println("a =", a)
    fmt.Println("b =", b)
    fmt.Println("a == b:", int(a) == b) //checks for equality
```

```
    fmt.Println("a != b:", int(a) != b) //checks for inequality
}
```

如你所见，这一次将 a 转换为 int 值，以匹配 b 的类型。运行上述代码清单时，输出不再发生错误。

```
a = 100
b = 70
a == b: false
a != b: true
```

注意：类型转换在关系语句中的作用与在算术运算中的作用一样。

4.5 布尔运算

Go 支持布尔类型的运算，包括 AND、OR 和 NOT，并使用表 4-4 中所示的布尔运算符。

表 4-4 Go 中的布尔运算符

运算符	描述
&&	AND：二元语句，其中两个值都必须为 true，运算结果才为 true。否则，结果为 false
||	OR：二元语句，其中一个或两个值为 true，运算结果就为 true。只有当两个值都为 false 时，运算结果才为 false
!	NOT：一元语句，返回与原始值相反的值

布尔运算符 AND 和 OR 用于两个值，返回值为 true 或 false。

```
a && b
a || b
```

当使用布尔运算符 AND(&&)时，如果比较的两个值都为 true，则整体结果为 true。当使用 OR(||)运算符时，如果有一个值为 true，则结果就为 true。

布尔运算符 NOT(!)只能用于一个值。这个运算符返回与原始值相反的值。

使用任何一个布尔运算符的结果不是 true 就是 false。代码清单 4-12 给出了使用这些布尔运算符的示例。

代码清单 4-12 使用布尔运算符

```
package main

import "fmt"

func main() {
   var a bool = true
   fmt.Println("a =", a)
   var b bool = false
   fmt.Println("b =", b)

   fmt.Println("a && b =", a && b) // AND operator
   fmt.Println("a || b =", a || b) // OR operator
   fmt.Println("!a =", !a) // NOT operator
}
```

此代码清单中的最后 3 条语句很重要。可以看到，在第一条语句中，AND 运算符(&&)用于变量 a 和 b。在这个例子中，a 为 true, b 为 false。因此，由于两者不同时为 true，运算的结果将为 false。然而，当使用 OR(||)运算符时，结果将为 true，因为只要一个变量包含 true，结果就为 true。最后一条语句使用了 NOT(!)运算符。因为 a 被设置为 true，所以运算返回相反的值，即 false。上述代码清单的完整输出如下。

```
a = true
b = false
a && b = false
a || b = true
!a = false
```

注意： 第 5 课将介绍布尔运算符的真正价值。届时，将能够使用关系运算符和布尔运算符来控制程序的行为。例如，可以为 16 岁以上且信用评分高于 599 的人做一些特别的事情。

```
if (age > 16 && rating > 599 ) {
   // do something...
}
```

4.6 数学函数

Go 有一个提供标准数学函数的 math 包。math 包中包含的一些常用函数如表 4-5 所示。

表 4-5　常用的 Go 数学函数

函数	用途
Abs	返回给定数字的绝对值
Ceil	将小数值向上取整
Floor	将小数值向下取整
Exp	返回数字的指数表示形式
Sqrt	返回数字的平方根
Trunc	返回小数值的整数部分
Round	对小数值进行四舍五入
Round(a, b)	对小数值 a 进行四舍五入，小数点后保留 b 位
Pow(a, b)	返回 a 的 b 次方

通过简单地将 math 包导入 Go 应用程序中，就可以获得这些函数，而不需要编写任何额外的代码。代码清单 4-13 展示了 math 包中的多个函数。

代码清单 4-13　使用 math 包

```
package main

import (
   "fmt"
   "math"
)

func main() {
   var a, b, c float64 = -30.5, 45.6, 4
   fmt.Println("a =", a, "\nb =", b, "\nc =", c)

   fmt.Println("math.Abs(a) =", math.Abs(a))   // \|30.5\|
   fmt.Println("math.Ceil(b) =", math.Ceil(b)) // 46
   fmt.Println("math.Floor(b) =", math.Floor(b)) // 45
   fmt.Println("math.Exp(a) =", math.Exp(a))   // exponential of 46.6
   fmt.Println("math.Sqrt(c) =", math.Sqrt(c)) // 2
   fmt.Println("math.Trunc(a) =", math.Trunc(a)) // -30
   fmt.Println("math.Round(a) =", math.Round(a)) // -31
   fmt.Println("math.Pow(b,c) =", math.Pow(b,c)) // b to the power of c
}
```

这段代码从导入 fmt 和 math 包开始。可以使用两个单独的 import 语句，如下所示。

```
import "fmt"
import "math"
```

这里使用了折叠的导入语句。当在较大的程序中包含较多的包时，这种折叠导入方式可使代码更易于阅读。

在 main 函数中，声明、初始化和打印了一些变量。接着，多次调用 Println 函数，显示使用各种数学函数得到的结果。可以看到，要使用 math 函数，需要在 math 包名后面加上函数名，并用句点将二者分隔开。因此，在第一个调用中，使用 math.Abs(a)来调用 Abs 函数。这种情况下，a 的绝对值将返回给 Println 并打印出来。这个程序的完整输出如下。

```
a = -30.5
b = 45.6
c = 4
math.Abs(a) = 30.5
math.Ceil(b) = 46
math.Floor(b) = 45
math.Exp(a) = 5.675685232632723e-14
math.Sqrt(c) = 2
math.Trunc(a) = -30
math.Round(a) = -31
math.Pow(b,c) = 4.3237380096e+06
```

可以在 Go 的 math 包的页面 https://pkg.go.dev/math 上找到 math 包中函数的完整列表。

4.7　位运算

在 Go 中，还可以进行位运算。这些都是位级别的运算。位(bit)是最小的存储单元，通常被视为开(true)或关(false)。Go 支持的位运算符如表 4-6 所示。

表 4-6　Go 中的位运算符

运算符	描述
&	二元 AND 运算符；如果位在两个操作数中都存在，则将其复制到结果中
|	二元 OR 运算符；如果位存在于任意一个操作数中，则复制该位
^	二元 XOR 运算符；如果位被设置在一个操作数中而不是两个操作数中，则复制该位
<<	二元左移运算符；左操作数的值向左移动右操作数指定的位数
>>	二元右移运算符；左操作数的值向右移动右操作数指定的位数

> **注意：**位运算符的使用被视为一个较高级的话题，因此如果你不熟悉位，那么现在重要的是要知道，这些运算符在你需要时是可用的。位运算的细节超出了本书的范围。

位运算符的用法与许多其他运算符类似。代码清单 4-14 展示了如何使用位运算符。

代码清单 4-14　使用位运算符

```
package main

import "fmt"

func main() {
    var a, b int16 = 10, 200
    fmt.Println("a =",a)
    fmt.Println("b =",b)

    fmt.Println("a & b:", a & b)   // binary AND
    fmt.Println("a | b:", a | b)   // binary OR
    fmt.Println("a ^ b:", a ^ b)   // binary XOR
    fmt.Println("a << b:", a << b) // binary left shift
    fmt.Println("a >> b:", a >> b) // binary right shift
}
```

此代码的运行结果如下所示。

```
a = 10
b = 200
a & b: 8
a | b: 202
a ^ b: 194
a << b: 0
a >> b: 0
```

4.8　随机数

能够生成在程序中使用的随机数通常很有用。我们可以使用 math/rand 包来创建各种随机数。代码清单 4-15 创建了 3 个随机数：一个整数和两个不同大小的浮点数。

代码清单 4-15　创建随机数

```
package main

import (
   "fmt"
   "math/rand"
)

func main() {
   fmt.Println(rand.Float32())
   fmt.Println(rand.Float64())
   fmt.Println(rand.Int())
}
```

用于获取随机数的函数在 math/rand 包中，因此需要在代码清单的开头导入它。导入后，可以调用 rand 中的函数来生成随机数。这包括 Float32()、Float64()和 Int()，它们都会生成相应类型的随机数。上面代码的运行结果如下所示。

```
0.6046603
0.9405090880450124
6129484611666145821
```

注意，随机浮点数的值总是在 0 和 1 之间，而随机整数是 0 以上的任何整数(除非额外设定)。

再次运行代码清单 4-15 时，应该注意到 Go 将生成相同的值集，这似乎违反了所谓的“随机”的想法。然而，虽然你可能想在程序中得到不同的随机数，但如果程序总是生成相同的“随机数”，有时也是非常有用的。本课后面将介绍如何生成更随机的值。

4.8.1　限制值的范围

在前面的例子中，我们使用 Int 函数来生成任何整数，而实际得到的值可能非常大。如果想要生成更小范围的值，可以使用 Intn 来定义一个特定的上限，如代码清单 4-16 所示。

代码清单 4-16　使用 Intn 来限制整数值

```
package main

import (
   "fmt"
   "math/rand"
```

```
)

func main() {
   fmt.Print(rand.Intn(100))
}
```

在这个例子中，我们将最大可能的值限制为99(比100小1)。这是通过调用Intn()函数时将100传递给它来实现的。编译并运行这个程序时，得到的结果是小于100的整数，确切地说是0～99的整数。

如果多次运行这个程序，输出会改变吗？尝试将上限更改为更高和更低的值，以查看对输出的影响。

4.8.2 随机数生成器中的种子

默认情况下，Go使用值1作为任何随机整数的种子。种子是随机数生成器的起点。虽然每个rand函数将使用相同的种子生成不同的随机数，但任何给定的指令都将始终为每个“随机”值生成相同的数字。

当我们希望程序随机生成数字时，必须为随机数生成器创建自定义种子。改变种子意味着我们将得到不同的数字。

要为此创建种子，可以使用带有int64数值的rand.NewSource函数(见代码清单4-17)。如果简单地将一个数字赋值给NewSource，每次程序运行都会得到相同的输出，就像使用默认的种子值1一样。要在每次运行程序时更改种子，可以使用UNIX nano格式的当前时间，它使用int64值来表示当前系统时间。

代码清单4-17 在生成随机数时使用种子

```
package main

import (
   "fmt"
   "math/rand"
   "time"
)

func main() {
   ns := rand.NewSource(time.Now().UnixNano())
   generator := rand.New(ns)

   fmt.Println(generator.Intn(100))
   fmt.Println(generator.Intn(100))
}
```

这个代码清单中出现了一些新内容。首先是导入了 time 包，它包含我们获取当前时间作为随机数种子所需的例程。我们将使用 Now()函数获取时间，它是 time 包的一部分。

Now()从运行程序的计算机中读取当前系统时间，我们使用 UnixNano()将时间值格式化为 int64。因为时间是不断变化的，所以每次程序运行时，我们都会有效地生成一个新种子，从而生成看起来更随机的值。

我们使用 rand.NewSource 生成一个新的种子值，程序将使用该种子值生成随机值。我们只需要在程序中生成一次新种子，而不管程序将生成多少个随机数。

创建代码清单 4-17 中的程序并运行它来查看输出值。你应该看到显示了两个整数，它们的范围是 0～99。如果多次运行程序，应该会看到不同的输出，这是为随机数生成器提供时间作为种子的结果。

这个代码清单将 100 传递给 Intn，以限制可能的结果。可以把 100 换成其他数字。当需要随机浮点数时，也可以将时间作为随机数的种子。

在确认程序按预期工作后，就可以开始使用该代码。

注意：有关 Go 中随机值的更多信息请参阅 Flavio Copes 的文章 Generating random numbers and strings in Go，地址为 https://flaviocopes.com/go-random。

4.9 本课小结

本课的重点是学习 Go 中可用的运算符，包括算术运算符、赋值运算符、关系运算符和其他运算符；还可以看到 math 包中提供的许多数学函数。另外，本课的最后介绍了如何创建和使用随机数。

在下一课中，将继续以所学内容为基础，学习如何控制程序的流程。

4.10 本课练习

下面的练习可以让你尝试本课介绍的工具和概念。对于每个练习，请编写一个满足指定要求的程序并验证程序是否按预期运行。

练习 4-1：结果为 0

更新代码清单 4-18 中的代码块，使其输出为 0，但不改变输出语句中数字或运算符的顺序。

代码清单 4-18　练习 4-1

```
// The program should output 0
package main

import "fmt"

func main() {
  // do not change the order in which the numbers and operators appear
  fmt.Println(5 + 3 % 2 * 9)
}
```

练习 4-2：截断

创建一个程序，提示用户输入一个浮点数并返回该浮点数的整数部分。

练习 4-3：存款余额

编写一个程序，计算并显示给定初始存款的当前存款余额、利率、每年计算利息的次数以及自初始存款后的年数。

此程序应该提示用户输入每一个值并使用下面的公式计算当前的存款余额。

```
V = P(1 + r/n)^nt
```

其中

- V：余额。
- P：初始存款额。
- r：小数形式的利率(例如 0.05)。
- n：每年计算利息的次数。
- t：自首次存款以来的年数。

这个程序应该以合理的方式提示用户输入每个值(让用户很容易了解每个值代表什么)并显示计算的结果。

练习 4-4：单利

编写一个程序，提示用户输入贷款的本金金额、利率和天数，然后计算并返回整个贷款周期的单利(使用如下公式)。

```
利息=本金*利率*天数/365
```

练习 4-5：真与假

创建一个程序，显示 3 条计算结果为 True 的语句和 3 条计算结果为 False 的语句。例如

```
a = 0
b = 1
```

示例输出如下。

```
a < b = True
```

练习 4-6：函数式数学计算

创建一个程序，提示用户输入一个数字并计算如下结果。

- 输入数字的布尔值；
- 输入数字的二进制形式；
- 输入数字的平方根。

该程序应向用户显示以下内容。

- “你输入的数字为 XX”。
- “你输入数字的布尔值为 XX”。
- “你输入数字的二进制形式为 XX”。
- “你输入数字的平方根为 XX”。

练习 4-7：基本数学运算

创建一个程序，完成以下任务。

- 它提示用户输入 5 个整数。

    - 用户必须输入 5 个整数。
- 在用户输入 5 个数字后，不再提示用户输入数字并执行下列计算。
    - 这些整数的乘积；
    - 这些数字的平均数；
    - 这些数字的总和。
- 计算完成后，程序应该向用户显示以下内容。
    - 用户输入的值；
    - 每个计算都使用一个短语来提示计算结果。

练习 4-8：使用关系运算符

确定需要比较值的位置，编写关系语句，根据这些比较操作输出 true 或 false。例如，在银行场景中，了解客户的余额是否低于预定义值是很重要的；在体育电子游戏中，需要比较玩家之间的统计数据。

更新代码后，运行它以验证关系运算是否正常运行。

练习 4-9：随机数限制

创建一个程序，提示用户输入一个整数。生成并显示一个介于 0 和用户输入的数字之间的随机数。提示：可以将用户输入的数字存储在一个变量中，然后传递给 rand.Intn()函数。

请确保在随机数生成器中添加了种子，以便每次都生成一个新数字，即使用户输入的是相同的数字。

第 5 课

用条件语句控制程序流程

如果没有特定的指令，程序会通过线性的方式来执行语句，一条接一条地执行，直到程序结束或出现错误导致程序失败。大多数情况下，我们可以通过条件语句改变程序执行的方向，或者通过循环语句重复执行一组语句，直到满足预期的目标。

本课将重点介绍如何使用条件语句，在程序运行时根据特定条件控制程序的流程。下一课的重点是如何使用循环来重复一组指令。

本课目标

- 使用条件语句改变程序的流程
- 根据变量的值改变程序的流程
- 在其他条件中嵌套条件

5.1 条件语句

在每一种编程语言中，能够根据某种条件执行适当的代码块是很重要的。这就是条件语句的目的。Go 支持各种条件语句，包括以下内容。

- if 语句；
- if-else 语句；
- 嵌套的 if 语句；
- switch 语句；

- select 语句。

本课将介绍前四种，将讲述如何使用它们来更改 Go 程序的流程。select 语句的工作原理与 switch 语句类似，但通常用于通信，因此我们不会在本课中介绍它。

5.2 使用 if 语句

if 语句可以创建一个基本的条件语句，如果条件为 true 则执行代码块，其使用的语法如下。

```
if condition {
   statement
}
```

在这个模型中，*condition* 是一个判断为 true 或 false 的语句。如果条件求值结果为 true, Go 将执行后面的语句。如果条件求值结果为 false, Go 将跳过该语句并继续执行下一组指令。

某些情况下，我们希望测试条件是否为 false，而不只是测试结果是否为 true。因此，我们经常显式地声明条件的结果。例如，可以使用以下语句。

```
if condition == true
```

如果想明确测试结果是否为 false，那么可以使用如下语句。

```
if condition == false
```

我们经常使用流程图来通过可视化的方式表示程序在遇到 if 语句时执行的步骤，用菱形表示条件，如图 5-1 所示。菱形通常有一个输入，即一个求值为是(true)或否(false)的问题，每种可能都有一个输出。

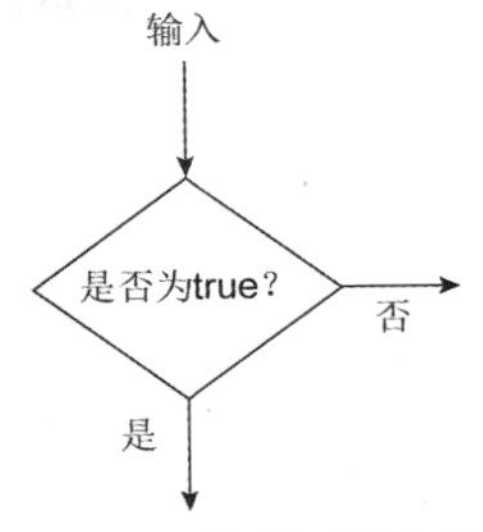

图 5-1 if 语句的可视化表示

> **注意：**如果不想使用流程图也可以不用，但它可以帮助你了解程序执行的每个步骤。无论是在开始编写代码之前，还是在排除产生意外结果的程序故障时，流程图都很有帮助。

代码清单 5-1 是一个 if 语句的例子。在这个例子中，创建了一个名为 age 的变量，测试 age 是否大于 16；如果大于，则输出一条语句。

代码清单 5-1　使用 if 语句

```
package main

import "fmt"

func main() {
   var age int8 = 12;

   if (age > 16){
      fmt.Println("This person can open a bank account.")
   }
}
```

如果age大于16，程序将执行if语句后面大括号内的代码，打印"This person can open a bank account."。但在这个例子中，我们将整数 12 赋给了 age。因为 12 小于 16，所以程序会跳过大括号内的内容，因此 print 语句将不被执行。

要记住的关键点是，条件运算符产生的布尔输出要么为 true，要么为 false。当程序的输出依赖运行时使用的一个或多个条件时，这些运算符将派上用场。

在代码清单 5-2 中，创建了另一个简短的程序，其中只有一条条件语句。在这个代码清单中，我们使用了一个 if 语句，当条件语句结果为 false 时打印相应的消息。

代码清单 5-2　通过 if 语句检查结果是否为 false

```
package main

import "fmt"

func main() {
   var accountBalance int = 0

   if ( (accountBalance > 0) == false ){
      fmt.Println("This person's bank account has no money.")

   }
```

```
    fmt.Println("Balance verification is complete.")
}
```

这个例子判断一个条件，即 accountBalance 是否大于 0。然后检查这个条件的结果是否为 false。如果它为 false，那么我们知道账户余额小于等于 0，因此 if 语句体将被执行。如果账户余额大于 0，则跳过 if 语句体，继续执行 if 语句后的第一行语句，打印 Balance verification is complete.消息。

因为 accountBalance 被设置为 0，所以运行这个代码清单的输出如下。

```
This person's bank account has no money.
Balance verification is complete.
```

如果将 accountBalance 改为一个大于 0 的数字，输出将如下所示。

```
Balance verification is complete.
```

这个代码清单还有一些需要注意的地方。首先，if 语句的条件可以非常复杂，只要最终结果为 true 或 false 即可。此外，代码清单 5-2 中的条件写得比较烦琐。它可以简单地写为

```
if condition {
```

或者在本例中写为

```
if (accountBalance <= 0) {
```

通常，解决同一问题的方法有很多，编程也不例外。我们编写的代码不仅要完成相关的任务，易于他人理解也是十分重要的。

> **注意：**嵌套条件语句的方式与嵌套算术运算的方式相同，因此一条语句可以包含多个运算符。使用括号(如代码清单 5-2 所示)可以让求值的顺序更清晰。不过，在执行本课示例这样的简单运算时，不必使用括号。使用 go fmt 也可能会删除括号。

5.3　使用多个条件

如果想比较同一条语句中的两个布尔表达式，可以使用以下运算符。

- &&(AND)：仅当两个条件语句都为 true 时，结果为 true；否则，结果为 false。

- ||(OR)：如果两个条件语句有一个(或两个)为 true，则结果为 true。仅当两个条件语句都为 false 时，结果才为 false。

代码清单 5-3 通过一个 if 语句将多个条件组合在一起。在这个例子中，我们从用户名和密码开始，然后测试用户名/密码的组合是否正确。

代码清单 5-3　使用多个条件

```
package main

import "fmt"

func main() {
   var username string = "chris";
   var password string = "dsxscg34"

   if (username == "mary" && password == "dsxscg34"){
      fmt.Println("This person has the right credentials.")
   }

   if(username != "mary" || password != "dsxscg34"){
     fmt.Println("This person does not have the right credentials.")
   }
}
```

通过查看这个代码清单，会发现首先创建了两个变量并对它们进行赋值。它们表示用户名和密码。然后，程序提供两个不同的 if 语句来验证这些凭据。

- AND(&&)语句用于验证两个值(用户名和密码)是否正确。为执行 if 语句的主体，用户名必须等于"mary"，密码必须等于"dsxscg34"。
- 如果有一个值不正确，则使用 OR(||)语句给出拒绝的结果。在第二个 if 语句中，如果用户名不等于"mary"或密码不等于"dsxscg34"，则执行 if 语句的主体。

注意，上面的代码中最多只能有一个 if 语句为 true，因此只能有一个输出。然而，Go 将读取并执行这两条语句。运行这个代码清单时，会看到第一个 if 语句的计算结果为 false，语句体被跳过。第二个 if 语句的计算结果为 true。

```
This person does not have the right credentials.
```

可以对这个代码清单进行修改，让第一个 if 语句的计算结果为 true。至少有两种代码修改方法可以实现这一点。

> **注意：** 显然，代码清单 5-3 是一个用于学习的示例程序，你永远不会将密码硬编码到计算机程序中。

5.4　使用 if-else 语句

当使用简单的 if 语句时，我们计算单个条件并根据条件的状态产生结果。虽然可以包含一系列 if 语句(甚至可以通过比较单个 if 条件来构建复杂的条件)，但这种方法有一个缺点，即 Go 在执行代码时将对每个语句进行评估，即使只有一个语句在逻辑上为 true。

另一种方法是使用一个 if-else 语句，而不是两个(或多个)单独的 if 语句。if-else 语句的优点是，只有当 if 条件不满足时，语句中的 else 部分才会被计算。如果满足初始条件，Go 将跳过块中剩余的代码，这可以帮助加快代码的运行。然而，标准的 if-else 代码块只支持两种结果：一种用于条件为 true 时，另一种用于条件为 false 时。

if-else 语句的基本语法如下。

```
if (condition) {
   // output if true
} else {
   // output if initial condition is false
}
```

需要特别注意的是，else 语句块紧跟在 if 语句块的右大括号(})之后。在 Go 中，不能将其放在单独的一行中。代码清单 5-4 展示了一个 if-else 语句的例子，它实现的效果与代码清单 5-3 相同。

代码清单 5-4　使用 if-else 语句

```
package main

import "fmt"

func main() {

   var username string = "chris";
   var password string = "dsxscg34"

   if (username == "john"  && password == "dsxscg34"){
      fmt.Println("This person has the right credentials.")
```

```
    } else {
        // the else must follow the closing bracket of the if statement
        // and NOT appear on a new line
        fmt.Println("This person does not have the right credentials.")
    }
}
```

在这个代码清单中，再次将用户名和密码与特定值进行比较。如果用户名等于"john"，密码等于"dsxscg34"，那么 if 语句的结果为 true，文本将显示这个人拥有正确的凭据。这种情况下，程序会跳转到整个 if-else 语句之后的第一个语句。但是，如果用户名和密码不是分别等于"john"和"dsxscg34"，则显示 else 块中的语句，这种情况下将打印一条消息，表明这个人没有正确的凭据。当运行这个代码清单时，会发现凭据不匹配，因此执行 else 语句。

```
This person does not have the right credentials.
```

可以修改特定值，让 if 语句的计算结果为 true。同样，实现这一点的代码修改方法可以有很多种。

> **注意**：与其他编程语言不同，在 Go 中 else 关键字必须跟在 if 语句的右括号之后，并且不能出现在新行中。

5.5　创建嵌套的 if 语句

虽然 if 和 if-else 是根据程序当前条件生成特定结果的好方法，但它们最适用于结果非黑即白(true 或 false)的情况，而且很难在条件中包含灰色区域。

然而，在现实中，我们经常需要计算机程序在多种结果中做出选择，而不只是一两个结果。例如，可能有这样一个程序，它给出一条基于一个人年龄的特定语句，但我们希望包含年龄范围的选项——例如，他应该属于哪个(学校)年级或在博物馆售票系统中应用与年龄相关的折扣；或者当用户输入的值不能代表年龄时(如姓名或日期)，Go 可以显示一条错误消息。else if 操作符允许我们在条件块中嵌套一系列条件并对条件进行判断。

它的基本语法如下。

```
if (condition_1){
   instruction_1
} else if (condition_2) {
   instruction_2
```

```
} else {
  instruction_3
}
```

如果 *condition*_1 为 true，Go 将执行 *instruction*_1 处的代码并跳过结构中其余的代码。如果 *condition*_1 为 false，则计算 *condition*_1 之后的 else 语句，其中包含 *condition*_2。如果 *condition*_2 为 true，则执行 *instruction*_2，并跳过其余的 if -else 结构。

Go 继续单独计算每个 else if 语句，直到它找到一个为 true 的条件。然后，它执行 else if 语句的指令并跳过结构中其余的代码。如果所有条件都不为 true，Go 就执行 else 块中的指令。

与 else 一样，else if 语句块也紧跟在 if 语句块(或前面的 else if 语句块)的右大括号(})之后。在 Go 中，不能将其放在单独的一行中。

嵌套的 if 语句必须以一个 if 语句块开头，并且可以选择以 else 语句块结尾(用于任何条件都不为 true 的情况)。它可以包含任意数量的 else if 块，以表示所有适当的条件。代码清单 5-5 是一个嵌套的 if 语句的例子。

代码清单 5-5　嵌套的 if 语句

```
package main

import "fmt"

func main() {
  var color string = "Blue"

  if (color == "Blue" ){
      fmt.Println("Blue like the sky")
  } else if (color == "Red") {
      fmt.Println("Red like the sun")
  } else if (color == "Green"){
      fmt.Println("Green like the trees")
  } else {
      fmt.Println("Please choose a valid color.")
  }
}
```

在这个代码清单中，一个名为 color 的字符串被设置为"Blue"。然后 if 和 else if 语句检查 color 的值，看它是否与不同的颜色匹配。

嵌套的 if-else 语句相对于一系列单独的 if 语句的最大优势是，Go 将只读取和执行条件为 true 的块中的指令，并且一旦发现条件为 true，它将跳过其余的 else if 或 else 代码块。在代码清单 5-5 中，Go 会在执行针对蓝色的 Println

指令后停止并跳过其余的条件语句，直接到达程序的末尾。

如果将 color 的值改为"Red"，则执行 if 语句检查颜色是否为"Blue"。因为它不是，所以 else if 将执行并检查 color 是否为"Red"。结果为 true，所以这段代码会被执行并打印消息"Red like the sun"，其余的 else if 和 else 语句会被跳过。

值得注意的是，if 语句还有另一种嵌套方式；不过，前面的方法可读性更好。代码清单 5-6 使用 if 语句体中的 if-else 语句重写了代码清单 5-5。可以看到，这段代码的整齐程度不如代码清单 5-5。

代码清单 5-6　嵌套的 if 语句

```
package main

import "fmt"

func main() {
   var color string = "Blue"

   if (color == "Blue" ){
      fmt.Println("Blue like the sky")
   } else {
      if (color == "Red") {
         fmt.Println("Red like the sun")
      } else {
         if (color == "Green"){
            fmt.Println("Green like the trees")
         } else {
            fmt.Println("Please choose a valid color.")
         }
      }
   }
}
```

Go 的好处之一是，你通常可以多种方式进行操作。代码清单 5-6 做了与代码清单 5-5 完全相同的事情并产生了相同的输出。但是，正如所见，这里有更多的缩进，还有更多的大括号。如果这段代码更复杂，也可能更难阅读。虽然这两种格式都适用于嵌套 if-else 语句，但代码清单 5-5 通常被认为可读性更好。

5.6　使用 switch 语句

我们经常需要将变量与一组预定义的值进行比较。例如，可以在 T 恤打印店询问客户喜欢的颜色，并将该请求与所有可用的颜色进行比对。这种情况下，可以使用嵌套的 else if 语句，但 Go 也支持使用 switch 语句。

switch 语句是另一个控制流语句，它允许我们针对一组有限的可能选项创建一组比较。switch 语句使用的代码比嵌套的 if 语句简单得多。在 Go 中，switch 语句的语法如下。

```
switch(value){
  case condition_1:
    instruction_1
  case condition_2:
    instruction_2
  case condition_n:
    instruction_n
  default:
    instruction_last
}
```

在这个语法中，从一个值(通常以变量的形式)开始，并将该值与一系列其他值进行比较。Go 遍历每个 case 语句，直到找到与初始值匹配的值。然后执行相关的指令集并跳过 switch 中剩余的语句。

default 语句定义了(如果初始值不匹配任何 case 值)Go 应该执行的指令集。它在技术上是可选的，但如果可能没有与初始值匹配的端点，则应该将其作为 switch 语句的默认端点。代码清单 5-7 展示了实际使用的 switch 语句。

代码清单 5-7　使用 switch 语句

```
package main

import "fmt"

func main() {
  var color string = "csgsf"

  switch(color){
  case "Blue":
    fmt.Println("Blue like the sky")
  case "Red":
    fmt.Println("Red like the sun")
  case "Green":
    fmt.Println("Green like the trees")
  default:
    fmt.Println("Please choose a valid color.")
  }
}
```

这个程序做的事情看起来应该很熟悉。它提供了与前面代码清单中一系列嵌套的 if 语句相同的功能，但在处理过程中使用了更简洁的代码。在这个例子中，程序将获取 color 值并将其与每个 case 语句中列出的值进行比较。当找到匹配项时，它将打印结果。因为 color 最初被赋值为"csgsf"，所以它与 case 语句中的任何值都不匹配，因此会打印出默认值。

```
Please choose a valid color.
```

如果将 color 的值改为"Blue"，则会看到"Blue"对应的信息将打印出来。

```
Blue like the sky
```

执行完 case 或 default 语句后，程序退出 switch 语句，继续执行紧跟在后面的语句。

switch 中的 case 语句不一定只是简单值的比较。虽然可以像前面代码清单中那样比较简单的值，但用 case 语句可以做更多事情。例如

- 使用 fallthrough 执行多个 case。
- 在一个 case 中使用多个表达式。
- 在 case 中使用条件语句。

以上每种技术都值得仔细揣摩。

5.6.1　使用 fallthrough 执行多个 case

有时，你可能希望程序从当前 case 进入下一个 case。fallthrough 关键字就是为此而设计的。如果 fallthrough 关键字包含在 case 的最后一行，那么下一个 case 的代码也会执行。代码清单 5-8 展示了使用 switch 语句进行倒计时的过程。

代码清单 5-8　使用 fallthrough

```
package main

import "fmt"

func main() {
  var number int = 4

  switch (number) {
    case 10 :
       fmt.Println("...", number, "...")
       number -= 1
       fallthrough
    case 9 :
```

```
            fmt.Println("...", number , "...")
            number -= 1
            fallthrough
        case 8 :
            fmt.Println("...", number, "...")
            number -= 1
            fallthrough
        case 7 :
            fmt.Println("...", number, "...")
            number -= 1
            fallthrough
        case 6 :
            fmt.Println("...", number, "...")
            number -= 1
            fallthrough
        case 5 :
            fmt.Println("...", number, "...")
            number -= 1
            fallthrough
        case 4 :
            fmt.Println("...", number, "...")
            number -= 1
            fallthrough
        case 3 :
            fmt.Println("...", number, "...")
            number -= 1
            fallthrough
        case 2 :
            fmt.Println("...", number, "...")
            number -= 1
            fallthrough
        case 1 :
            fmt.Println("...", number, "...")
            number -= 1
            fallthrough
        case 0 :
            fmt.Println("*** BOOM ***")
        default:
            fmt.Println("Try a number from 1 to 10!")
    }
}
```

在这个代码清单中，从一个整数 number 开始。我们将这个数字传递给 switch 语句，在 switch 语句中显示当前数字，然后将其减 1。之后进入下一个 case，它实际上做了相同的事情。我们一直执行下去，直到数值为 0，此时显示"*** BOOM ***"。数字最初是 4，因此输出如下。

```
... 4 ...
... 3 ...
... 2 ...
```

```
... 1 ...
*** BOOM ***
```

可以看到，如果将 number 的值更改为 1～10 之间的某个值，会得到倒计时。如果输入 0，不会有倒计时，只显示 BOOM。如果输入 1～10 之外的数字，则会跳到 default 语句。

需要注意的是，如果使用 fallthrough 关键字，它必须位于 case 语句的最后。如果试图把它放在其他地方，会得到一个错误。

注意：虽然代码清单 5-8 很有趣，实现了倒计时，但 case 语句重复了很多相同的代码。下一课将学习如何使用循环，它让代码清单 5-8 这样的程序变得更简单，代码行数更少。不过某些情况下，fallthrough 关键字是一个完美的解决方案。

注意：与 C++、C#和 Java 等语言相比，Go 中的 switch 语句操作方式不同。在其他语言中，必须在 switch 语句的每个 case 语句末尾显式地包含 break 语句。否则，case 语句在默认情况下将贯穿。

5.6.2　在一个 case 中使用多个表达式

case 语句中可以有多个值。例如，代码清单 5-9 继续展示有关颜色的程序；不过，这次使用了 switch 语句，对三原色执行相同的操作，对其他颜色执行不同的操作。要在一个 case 中使用多个表达式，表达式之间需要使用逗号进行分隔。

代码清单 5-9　在一个 case 中使用多个表达式

```
package main

import "fmt"

func main() {
   var color string = "Yellow"

   switch(color){
   case "Red", "Blue", "Yellow":
      fmt.Println(color, "is a primary color")
   case "Orange", "Green", "Violet":
      fmt.Println(color, "is a secondary color")
   default:
      fmt.Println(color, "is not a primary or secondary color.")
```

```
    }
}
```

在这个代码清单中，可以看到每个 case 语句都有 3 个值。如果传递给 switch(color)的值匹配这个 case 中的任何一种颜色，那么就执行对应 case 的代码。在这个例子中，"Yellow"匹配第一个 case，因此输出如下。

```
Yellow is a primary color
```

值得注意的是，代码清单 5-9 中的格式是可以调整的。有时，像代码清单 5-10 所示的那样，把 case 值放在单独的行中可读性更好。这个代码清单的操作与前一个代码清单完全相同，但对很多程序员来说可能更容易阅读。

代码清单 5-10　在单独的行中显示 case 值

```
package main

import "fmt"

func main() {
  var color string = "Yellow"

  switch(color){
  case "Red",
       "Blue",
       "Yellow":
    fmt.Println(color, "is a primary color")
  case "Orange",
       "Green",
       "Violet":
    fmt.Println(color, "is a secondary color")
  default:
    fmt.Println(color, "is not a primary or secondary color.")
  }
}
```

5.6.3　在 case 中使用条件语句

case 语句也可以比只使用值更复杂。具体来说，它们可以包含表达式，例如代码清单 5-11 中用于确定成绩等级的 switch 语句。

代码清单 5-11　在 switch 语句中使用条件来确定成绩等级

```
package main

import "fmt"
```

```
func main() {
   var score int = 88
   var grade string

   switch {
      case score > 90 :
         grade = "A"
      case ( score > 80 ) && ( score <= 90 ) :
         grade = "B"
      case ( score > 70 ) && ( score <= 80 ) :
         grade = "C"
      case ( score > 60 ) && ( score <= 70 ) :
         grade = "D"
      case  score <= 80 :
         grade = "F"
      default:
         grade = "unknown"
   }

   fmt.Println("Your grade is: ", grade )
}
```

这个代码清单将一个学生在考试中获得的分数转换为从"A"到"F"的字母等级。在本例中，88 分被转换为等级"B"。输出如下所示。

```
Your grade is: B
```

仔细查看这个代码清单，会发现 switch 语句中没有传入值。

```
switch {
```

这里使用了条件语句，而不是将值传递给 switch。因为没有收到值，所以每个 case 语句都会被评估以确定它是 true 还是 false。如果为 true，则执行 case 中的代码。

> **注意：**如果多个 case 的计算结果都为 true，则只有第一个 case 会被执行。一旦 case 完成，程序流将退出 switch 语句。

5.7 本课小结

本课介绍了如何使用各种条件语句控制程序流程。我们不仅学习了 if、if-else 和 else if 语句，还学习了如何使用 switch 语句以及各种控制程序流程的方式。

下一课将介绍更多关于控制程序流程的内容，将学习如何重复(循环)代码块，而不是根据条件重定向。

5.8　本课练习

下面的练习可以让你尝试本课介绍的工具和概念。对于每个练习，请编写一个满足指定要求的程序并验证程序是否按预期运行。

练习 5-1：询问钱数

编写一个程序，询问用户钱包里有多少钱。如果用户输入的金额大于等于 20 美元，那么就输出“你真有钱！”，否则输出“你破产啦！”。

练习 5-2：猫和狗

编写一个程序，执行下列步骤。

- 询问用户是否有猫(Yes/No)。
- 询问用户是否有狗(Yes/No)。
- 如果用户的回答表明他们既有猫又有狗，则输出“You must really love pets!”。
- 否则，输出应该是“Maybe you need more pets.”。

为这个程序编写两个不同的版本，一个只使用 if 语句，另一个使用 if-else 语句。

练习 5-3：测验

创建一个程序，问用户一些问题，用户将使用 True 或 False 进行回答。在程序结束时显示所有问题以及正确的答案和用户的答案；同时还要显示用户的得分，表明他们的正确率(正确回答的问题数/问题总数)。

练习 5-4：季节

编写一个程序，使用嵌套的 if 语句，根据用户的一次输入生成 5 种不同的可能结果。

- 询问用户当前是什么季节(fall、winter、spring 或 summer)。
- 如果用户输入 fall，则输出“I bet the leaves are pretty there!”。
- 如果用户输入 winter，则输出“I hope you’re ready for snow!”。
- 如果用户输入 spring，则输出“I can smell the flowers!”。
- 如果用户输入 summer，则输出“Make sure your AC is working!”。
- 如果用户输入的值与季节无关，则输出“I don’t recognize that season.”。

无论用户输入什么样的季节名称，程序都将正常工作。

挑战：在程序按上述方式运行后，修改该程序，让用户无论输入 fall 还是 autumn 都得到相同的结果。

练习 5-5：使用 switch 修改程序

重写上面的程序，使用 switch 语句代替嵌套的 if 语句。

练习 5-6：测验生成器

扩展在练习 5-3 中创建的测验试卷，编写一个程序，模拟一个更强大的测验试卷生成器。

- 该程序将向用户提出一系列问题并接收用户的答案作为输入。
- 程序必须为用户的每个问题提供反馈，包括
  - 答案正确与否；
  - 用户目前回答了多少个问题；
  - 用户当前回答问题的正确率。
- 在回答完所有问题或用户连续提供 3 个错误答案后，程序必须停止向用户询问答案。
  - 如果用户已经回答了所有问题，则结束程序并显示总体统计信息(问题数量、正确/不正确和正确百分比)，并为回答了所有问题发送适当的祝贺消息。

◆ 如果用户连续答错 3 道题，则结束程序并显示总体统计信息，同时提供适当的反馈信息，让用户知道程序提前结束的原因。

练习 5-7：咖啡店

这个练习要求尝试使用到目前为止所有课时中涵盖的技能。你可能会发现，在开始构建程序之前，使用流程图或伪代码来规划程序很有用。在你选择的代码编辑器或 IDE 中编写程序并运行该程序，以确保没有错误。

编写一个程序，根据杯子的尺寸、选择的咖啡类型和可以添加到咖啡中的口味，计算某咖啡店出售咖啡的价格。它应该完成以下步骤。

(1) 询问用户想要什么尺寸的杯子，在小、中、大之间选择。

(2) 询问用户想要什么样的咖啡，在热咖啡、浓缩咖啡和冷萃咖啡之间做选择。

(3) 询问用户想要什么口味，选择包括榛子、香草和焦糖。

(4) 使用下面的数据计算咖啡的价格。

- 尺寸
  - ◆ 小：2 美元
  - ◆ 中：3 美元
  - ◆ 大：4 美元
- 类型
  - ◆ 热咖啡：不加价
  - ◆ 浓缩咖啡：50 美分
  - ◆ 冷萃咖啡：1 美元
- 口味
  - ◆ 无：不加价
  - ◆ 其他选择：50 美分

(5) 显示一条汇总用户订购内容的语句。

(6) 展示一杯咖啡的总价格以及含 15%小费的价格，用短语向用户解释价格构成。把咖啡的费用加上小费四舍五入到小数点后两位。

- 例如，如果用户要一份中杯的榛子口味的浓缩咖啡，总额应该是 4 美元；加上小费总共应该是 4.60 美元。

下面这个例子展示了用户运行这个程序时可能看到的内容。

```
Do you want small, medium, or large? small
Do you want brewed, espresso, or cold press? espresso
Do you want a flavored syrup? (Yes or No) yes
Do you want hazelnut, vanilla, or caramel? vanilla
You asked for a small cup of espresso coffee with vanilla syrup.
Your cup of coffee costs 3.0
The price with a tip is 3.45
```

下面是做这个练习时的一些建议。

- 每次构建一个条件，在添加下一个条件之前检查每个条件是否符合预期。
- 在提示中包含用户的选项，以便用户知道每个问题的可接受答案是什么。
- 测试所有可能的答案，以确保它们有效并产生预期的结果。
- 使用有意义的变量名来清楚地标识程序中的值。
- 用户输入的信息应该是大小写不敏感的(无论用户输入的信息是大写还是小写，程序都能正常运行)。
- 所有的输出都应该清晰且对用户有意义。

第 6 课

用循环控制程序流程

如前一课所述，如果没有特定的指令，程序会线性执行语句，直到程序结束或出现错误导致程序运行失败为止。前一课还介绍了如何根据条件改变程序的执行流程。

本课介绍如何重复一行代码或一组指令。我们将学习如何使用循环在运行时控制程序的流程，以及从循环内部调整程序流程的一些相关内容。

本课目标

- 学习如何重复代码段的执行
- 探索 for 关键字
- 理解如何停止或退出循环
- 了解如何遍历字符串
- 探索永无止境的无限循环的概念

6.1 循环语句

在每一种编程语言中，能够在不重复编写语句的情况下重复语句的内容是很重要的。例如，代码清单 6-1 只使用了到目前为止学过的内容，使用一个变量打印出 1 ~ 10 的值。

代码清单 6-1 从 1 数到 10

```
package main

import "fmt"

func main() {
   var ctr int = 1
   fmt.Println(ctr)
   ctr += 1
   fmt.Println(ctr)
   ctr += 1
   fmt.Println(ctr)
   ctr += 1
   fmt.Println(ctr)
   ctr += 1
   fmt.Println(ctr)
   ctr += 1
   fmt.Println(ctr)
   ctr += 1
   fmt.Println(ctr)
   ctr += 1
   fmt.Println(ctr)
   ctr += 1
   fmt.Println(ctr)
   ctr += 1
   fmt.Println(ctr)
}
```

运行这个代码清单时，创建了一个名为 ctr 的变量并将初始值设置为 1。然后打印这个值。打印后，将 ctr 加 1 并再次打印它的值。然后将 ctr 加 1 并再次打印。继续重复这个过程，直到将 1～10 的数字都打印出来为止，结果如下所示。

```
1
2
3
4
5
6
7
8
9
10
```

从这个代码清单中可以看出，代码相当长，包含很多冗余代码。如果要打印到 100 而不是 10，那么代码就会增加大约 10 倍。此外，还必须记录加了多少次并打印，以确定何时达到 100。

当然，还有更好的办法。这就是循环语句的作用。一般来说，在程序中使用 for 语句来完成循环。

6.2　for 循环

在任何编程或脚本语言中，能够根据某种条件多次重复一段代码是很重要的。这是使用重复语句完成的。Go 只支持一种重复语句，即 for 循环。

for 循环的基本结构是，for 关键字后面跟着一个初始化表达式、一个条件表达式和一个后参数表达式。

- 初始化表达式：这是循环的起点。它会在循环开始时执行一次。
- 条件表达式：每次循环迭代时都会测试这个条件。如果条件求值为 false，循环将停止。如果条件求值为 true，循环将继续迭代。
- 后参数表达式：后参数表达式是在每次迭代结束时执行的表达式。它可以包含一个增量表达式，执行时可以触发条件表达式计算的结果为 false 并终止循环。

之后是一个将在循环中重复执行的代码块。

```
for initialization; condition; post_expression {
  // Instruction set
}
```

代码清单 6-2 展示了 for 循环的基本结构。这个代码清单与代码清单 6-1 的功能相同，但使用了循环。

代码清单 6-2　基本的 for 循环

```
package main

import "fmt"

func main() {
   for ctr := 1; ctr <= 10; ctr++ {
         fmt.Println(ctr)
   }
}
```

运行这个代码清单时，可以看到它确实打印了与前面代码清单相同的结果，即数字 1～10；然而，它只用了极少的代码就完成了这项任务。如果将代码清单中的 10 改为 100，就会看到循环重复 100 次。与代码清单 6-1 不同，对于更大的计数，我们无须使用更多的代码，只需要更改一个参数即可。

让我们仔细查看这段代码，了解它是如何完成循环和计数的。在代码清单 6-2 中，for 语句接收 3 个参数。

- 在第一个参数(初始化表达式)中，将 ctr 变量初始化为 0。我们使用动态类型，以便 Go 将其视为数字。
- 在第二个参数(条件表达式)中，将 ctr 与固定值(在本例中为 10)进行比较。如果此语句为 true，Go 将执行 for 循环中的指令集。
- 在第三个参数(后参数表达式)中，将 ctr 加 1。

初始化表达式只在 for 循环开始时执行。初始化后，Go 将检查条件表达式。如果此时条件为 true，循环就会开始，for 语句体中的代码就会执行。如果此时条件不为 true，那么 for 语句的主体将不会执行。

假设条件为 true，那么在执行主体后，Go 将执行后参数表达式。然后再次检查条件是否仍然为 true。如果条件为 true，循环将继续执行 for 语句体中的语句，直到条件语句不再为 true 为止。在代码清单 6-2 中，它会一直执行下去，直到 ctr 不再小于或等于 10 为止。

因为 for 循环非常重要，所以有必要再举一个例子。代码清单 6-3 是另一个基本的 for 循环，结构与前面的代码清单相同。这次代码使用了一个循环和一个 if 语句来打印偶数。

代码清单 6-3　使用基本的 for 循环打印偶数

```
package main

// we import the strconv package which allows us to parse data
// between different data types
import (
   "fmt"
   "strconv"
)

func main() {
   for a := 0; a < 10; a++ {
      if (a % 2 == 0){
         // the Itoa function converts the int into its
         // equivalent string (UTF-8) value
         fmt.Println(strconv.Itoa(a) + " is an even number")
      }
   }
}
```

执行这个代码清单时，会看到如下输出。

```
0 is an even number
2 is an even number
4 is an even number
6 is an even number
8 is an even number
```

让我们仔细查看代码。如注释所示，这里使用的是 strconv 包。这将允许你将数字变量与另一个数字进行比较，然后将数字值包含在字符串语句中。具体来说，可以使用 Itoa 函数，它将 int 转换为对应的 UTF-8 代码。

在这个例子中，for 语句也接收 3 个参数。

- 在第一个参数中，使用动态类型再次将变量(称为 a)初始化为 0，以便 Go 将其视为数字。
- 在第二个参数中，将变量 a 与固定值 10 进行比较(检查 a 是否小于 10)。只要这个表达式为 true，Go 就会执行 for 循环中的指令集。
- 在第三个参数中，将变量 a 加 1。

然后使用 if 语句确定变量的值是否为偶数。如果是，Go 将执行 if 块中的指令。否则，Go 结束 if 语句并返回到 for 语句中。当条件语句 a < 10 不再为 true 时，Go 将停止循环 for 语句。

6.2.1　for 循环中的可选项

在 for 循环中，初始化表达式和后参数表达式都是可选的。其中一项或两项都可以省略，如代码清单 6-4 所示。

代码清单 6-4　删除初始化表达式和后参数表达式

```
package main

import (
   "fmt"
   "strconv"
)

func main() {
   var a int = 0

   for ; a < 10; {
      if (a % 2 == 0){
         fmt.Println(strconv.Itoa(a) + " is an even number")
```

```
        }

        a++ // we have to increment manually in this case
    }
}
```

这个代码清单的输出与前一个代码清单的输出结果相同。这个代码清单中的代码与前一个代码清单中的代码也非常相似，但有以下区别。

- 在程序开始时将变量 a 初始化为 int 并赋值为 0，而不是在 for 代码块中这样做。
- 在 if 代码块结束后和 for 代码块重启之前增加变量的值，而不是在进入 if 代码块之前增加变量的值。
- 注意 for 关键字后面要加分号，这将告诉 Go 没有包含初始化语句(因为我们在程序前面已经对变量进行了初始化)。

6.2.2 Go 中的 while 语句

在大多数其他编程语言中，都可以使用 while 循环，只要其中的条件为 true，那么会一直执行循环体中的内容。Go 不使用 while 关键字，但我们可以使用 for 循环实现相同的效果。

正如前面的代码清单所示，for 语句必须包含的唯一参数是条件语句。在前面的例子中必须包含分号，通过分号将 3 个参数分隔开，即便参数为空。不过，可以像代码清单 6-5 那样，通过完全删除分号来实现 while 语句的效果。

代码清单 6-5 Go 中的 while 循环

```
package main

import (
    "fmt"
    "strconv"
)

func main() {
    var a int = 0

    for a < 10 {   // remove the semicolons here
        if (a % 2 == 0){

            fmt.Println(strconv.Itoa(a) + " is an even number")

        }
```

```
    a++
  }
}
```

这个代码清单的操作与前一个代码清单完全相同。它们的输出结果相同。

```
0 is an even number
2 is an even number
4 is an even number
6 is an even number
8 is an even number
```

下面再看一个使用 for 创建 while 循环的例子。代码清单 6-6 中的代码计算 2 的 n 次幂，其中 n 为 0～9。

代码清单 6-6　计算 2 的幂

```
package main

import (
  "fmt"
  "strconv"
)

func main() {
  var power2 int64 = 1
  var a int64 = 0
  for a < 10 {
    fmt.Println("2 to the power of " + strconv.FormatInt(a,10) +
                " is equal to " + strconv.FormatInt(power2,10))
    power2 += power2
    a++
  }
}
```

执行上面的代码清单，将得到如下结果。

```
2 to the power of 0 is equal to 1
2 to the power of 1 is equal to 2
2 to the power of 2 is equal to 4
2 to the power of 3 is equal to 8
2 to the power of 4 is equal to 16
2 to the power of 5 is equal to 32
2 to the power of 6 is equal to 64
2 to the power of 7 is equal to 128
2 to the power of 8 is equal to 256
2 to the power of 9 is equal to 512
```

值得注意的是，这里再次使用了 for 关键字，但只包含了一条比较语句。它在 for 循环之前初始化两个变量，然后在 for 循环结束时递增。在这个例子中，使用 int64 而不是 int 定义变量。这意味着必须使用函数 FormatInt 将数字转换为字符串，以用于输出语句。

```
strconv.FormatInt(power2,10)
```

FormatInt 函数采用要转换为整数的值和该数字的基数。由于这里使用的是标准数字，因此基数是 10。在第二个参数中指定数字的基数为 10。

> **注意**：使用 for 循环时，很容易忘乎所以，导致变量溢出。更新代码清单 6-6 中的代码，使用 a < 100 代替 a < 10。运行程序查看会发生什么。

6.2.3　无限循环

使用循环时可能出现的一个问题是创建了无限循环(也称死循环)：for 语句的条件语句结果永远为 true，例如代码清单 6-7。

代码清单 6-7　带有问题的程序

```
package main

import (

   "fmt"
   "strconv"
)

func main() {
   var power2 int64 = 1
   var a int64 = 1

   for {
      fmt.Println("2 to the power of " + strconv.FormatInt(a,10) +
                  " is equal to " + strconv.FormatInt(power2,10))

      power2 += power2
      a++
   }
}
```

创建代码清单 6-7 中的程序并运行它，查看会发生什么。你会发现它确实没有编译错误。事实上，它将一直运行下去。

注意： 可以使用 Ctrl+C 键停止正在执行的程序。

如果仔细观察代码，会发现代码中没有终止循环的条件，因此 for 循环将持续运行。如果不想让循环变成无限循环，就必须包含一个结束循环的条件。

6.3　遍历字符串

循环有多种用途。一种用途就是遍历字符串，字符串实际上是单个字符的集合。代码清单 6-8 展示了每次一个字节/字符遍历字符串的最基本方法。

代码清单 6-8　循环遍历字符串，每次输出一个字符

```
package main

import "fmt"

func main() {

  var message string = "HELLO WORLD"

  fmt.Println(message)

  for idx := 0; idx < len(message); idx ++ {
    fmt.Println(string(message[idx]))
  }
}
```

在这个示例中，将 message 视为字符的集合，并使用集合的长度作为循环的停止点。字符串的起始位置(第一个字符所在)是 0，最后一个字符的位置是字符串的长度减 1。

使用 len 方法可以得到字符串的长度。在这个例子中，len(message)将返回 message 字符串的长度，即 11。空格也算一个字符。

要获取每个字母，可以在字符串名称后面的方括号中使用偏移量(即索引值)。

```
message[idx]
```

这种情况下，message[0]将是第一个字符，即 H。第二个字符(E)将在 message[1]中。使用 for 语句循环遍历索引值并显示每个字母。结果是打印 message 变量中的所有字符。因为使用的是 Println，所以每个字符都显示在单独的一行中。

```
H
E
L
L
O

W
O
R
L
D
```

> **注意：**第 9 课介绍数组和索引时会更详细地介绍这个主题。

6.4　range 函数

我们还可以利用 range 关键字为字符串创建索引，以便对其进行迭代。代码清单 6-9 给出了一个使用 range 的简单示例。第 9 课介绍数组时将更详细地介绍这个关键字。

在代码清单 6-9 中，将 message 转换为一个 range(范围)，然后遍历 message，打印出每个索引值和 range 中的每个字符。

代码清单 6-9　使用 range

```
package main

import "fmt"

func main() {
   var message string = "HELLO WORLD"
   fmt.Println(message)

   for idx, c := range message {
      fmt.Println(idx) //index
      fmt.Println(string(c)) //value
   }
}
```

在这个代码清单中，再次创建了一个名为 message 的字符串变量，并将文本"HELLO WORLD"赋值给它。然后打印 message 中的值。

接着使用带有 range 的 for 循环。

```
for idx, c := range message {
```

for 循环中的第一个表达式是将在循环中使用的索引值。第二个表达式将值赋给一个变量(在本例中称为 c)。变量 c 得到的值是 message 中索引(idx)对应的值。在本例中，它将是字符串中该索引位置对应的字符。

循环中有两个 Println 语句。第一个打印出索引值(idx)。这将是循环的计数器。第二个打印出该位置偏移量处的值。因为 Println 将字符视为数值，所以要在打印之前使用 string 函数将字符转换为字符串。运行这个代码清单时，会看到打印出的每个索引值后面都跟着一个字符。

```
HELLO WORLD
0
H
1
E
2
L
3
L
4
O
5
 
6
W
7
O
8
R
9
L
10
D
```

注意，如果注释掉第一个 Println 语句，那么输出将与前面的代码清单相同。

6.5 循环控制语句

Go 支持 3 种不同的语句，允许在循环内改变执行流程。例如，你可能想在单词列表中搜索一个单词。一旦找到它第一次出现的地方，就不想继续遍历该列表。或者，你可能只想停止循环并显示“单词已被找到”。找到单词后，就不需要继续循环和搜索了。Go 提供的 3 个选项如下。

- break 语句；
- continue 语句；
- goto 语句。

下面分别举例说明。

6.5.1　break 语句

Go 提供了 break 关键字来结束循环。在遇到 break 语句后，程序流程会转到循环后的第一个语句。在代码清单 6-10 的例子中，将再次使用“计算 2 的幂”程序。

代码清单 6-10　使用 break

```
package main

import (
  "fmt"
  "strconv"
)

func main() {
    var power2 int64 = 1
    var a int64 = 0

    for {
        if (a >= 10){
            break // exit the loop when we reach 10
        }

    fmt.Println("2 to the power of " + strconv.FormatInt(a,10) +
                " is equal to "+ strconv.FormatInt(power2,10))

    power2 += power2
    a++
  }
}
```

在这个版本中，使用 break 语句在 a 的值达到 10 时停止 for 循环。除检查 a 是否大于等于 10 的 if 语句外，这个代码清单和代码清单 6-6 是一样的。输出结果如下。

```
2 to the power of 0 is equal to 1
2 to the power of 1 is equal to 2
2 to the power of 2 is equal to 4
2 to the power of 3 is equal to 8
2 to the power of 4 is equal to 16
```

```
2 to the power of 5 is equal to 32
2 to the power of 6 is equal to 64
2 to the power of 7 is equal to 128
2 to the power of 8 is equal to 256
2 to the power of 9 is equal to 512
```

6.5.2 continue 语句

关键字 continue 用于结束本次循环。这不会重新开始所有循环，而是结束本次循环，来到下一次循环。代码清单 6-11 通过使用 continue 命令告诉 Go 跳过偶数来打印 0～10 之间的奇数。

代码清单 6-11　使用 continue 打印奇数

```
package main

import (
   "fmt"
   "strconv"
)

func main() {
   for ctr := 0; ctr < 10; ctr ++{

      if (ctr % 2 == 0){
        continue // continue to next iteration; i.e., ignore even values
      }

      fmt.Println(strconv.Itoa(ctr) + " is an odd number")

   }
}
```

如果仔细观察代码，会发现这里使用了一个简单的 for 循环。在循环开始时，ctr 被设置为 0 并随着每次迭代而递增，直到其不再小于 10。在 for 语句中，会检查 ctr 的值是否为偶数。如果 ctr 除以 2 返回 0，那么便知道它是偶数，因此调用 continue 语句立即开始下一次循环迭代。if 语句结果为 false 时，将执行 for 循环体中其余的语句，在这里就是用打印语句打印数字。最终输出如下。

```
1 is an odd number
3 is an odd number
5 is an odd number
7 is an odd number
9 is an odd number
```

6.5.3　goto 语句

Go 支持的另一个循环控制语句是 goto。goto 关键字将程序流发送到由标签标识的不同位置。这个跳转没有任何条件。虽然 goto 语句可以在任何地方使用，但代码清单 6-12 展示了一个使用 if 语句的例子。

代码清单 6-12　使用 goto

```
package main

import (
   "fmt"
   "strconv"
  )

func main() {
   var a int = 20
   var b int = 30
   fmt.Println("a = " + strconv.Itoa(a))
   fmt.Println("b = " + strconv.Itoa(b))

   if (a > b){
      goto MESSAGE1 //this will jump the execution to where MESSAGE1 is defined
   } else {
      goto MESSAGE2
   }

   MESSAGE1: // We define a label that we can use in a goto statement
      fmt.Println("a is greater than b")

   MESSAGE2:
      fmt.Println("b is greater than a")
}
```

在这个例子中，使用了两个 goto 语句。每个语句引用不同的标记代码块。然后使用 if-else 根据初始条件是 true 还是 false 来定义哪个代码块应该运行。这种情况下，当程序运行时，a 不大于 b，因此执行 else 语句，它使用 goto 语句将程序流发送到 MESSAGE2 并打印一条消息。

```
b is greater than a
```

尽管 goto 语句很有用，但通常应该避免使用。如果使用不当，它们可能会导致程序流程出现问题，而且由于执行的代码与循环本身是分离的，因此故障排除会更复杂。

> **注意：** 如果修改代码清单 6-12 中的代码，让它检查 a<b 而不是 a>b，那么 goto 语句会指向 MESSAGE1 而不是 MESSAGE2。这种情况下，将看到两条消息都会被打印，这可能不是你所期望的。由于这是可能出现的意外结果，因此程序员通常会避免使用 goto 语句。

6.6　本课小结

我们现在已经介绍了 Go 中的主要程序控制关键字。上一课学习了如何根据条件控制程序的运行。本课进一步学习了如何使用 for 循环语句来重复执行代码行。

我们还学习了用于控制循环的其他关键字，包括 continue 和 break 命令；了解了 goto 关键字，它可以让你无条件地跳转到一个新位置。当然，应该谨慎使用 goto，因为它可能导致代码中难以发现的错误。

6.7　本课练习

下面的练习可以让你尝试本课介绍的工具和概念。对于每个练习，请编写一个满足指定要求的程序并验证程序是否按预期运行。

> **注意：** 你应该看到本节课的练习比前几节课都多。理解到目前为止所学的 Go 关键字以及使用条件和循环控制程序流的关键字是很重要的。利用目前学到的知识可以做很多事情。这些练习不仅有助于证明和确认你的学习成果，而且还向你展示了利用所学知识所能完成的工作。当然，还有很多东西需要学习。

练习 6-1：字母表

使用 for 循环和字符串函数创建一个程序，显示从 A 到 Z 的字母表。

练习 6-2：汇总计算

创建一个程序，计算 0～100 之间所有数字的和。

练习 6-3：50 的倍数

编写两个程序，让它们显示 100 ~ 1000(包括 1000)之间所有能被 50 整除的数。两个程序应该有相同的输出。

- 在一个程序中使用关键字 range 和 for。
- 在另一个程序中只使用 for 而不使用 range。

练习 6-4：数值探索

创建一个程序，提示用户输入一个整数并显示有关该整数的以下信息。

- 这个数的位数；
- 这个数的第一位和最后一位；
- 将这个数拆解后，所有单个数字的总和；
- 将这个数拆解后，所有单个数字的乘积；
- 这个数是不是质数。
- 这个数的阶乘。

练习 6-5：反转

编写一个程序，让用户输入一个整数，然后反转这个整数。例如

- 输入：12456。
- 输出：65421。

练习 6-6：不使用 len 来计算长度

编写一个程序，不使用 len 函数来计算一个字符串的长度。

练习 6-7：猜谜游戏

编写一个程序，生成 0 ~ 10 之间的一个随机整数，让用户猜这个数字是什么。

- 如果用户猜的比这个随机数大，程序应该显示“值太大了，再试一次”。
- 如果用户猜的比这个随机数小，程序应该显示“值太小了，再试一次”。

- 如果用户输入的数字与这个随机数相同，程序应该显示“你猜对了”。

该程序应该使用一个循环不断重复，直到用户猜对了这个随机数。

练习 6-8：URL 缩短器

创建一个模仿 URL 缩短器的程序。这个程序接收一个 URL 作为用户的输入并返回这个 URL 的简短版本。例如，如果用户输入一个 URL。

```
www.thisisalongurl.com/somedirectory/somepage
```

该程序将生成一个短 URL，如下所示。

```
http://surl.com/se04
```

这个程序的要求如下。

- 使用虚构的域，但保持简短。
- 为网页生成一个四字符的标识符。
    - 使用原始页面名称的第一个字符和最后一个字符。
    - 分配一个随机的两位数。
- 通过注释来说明如何缩短 URL 的逻辑。

练习 6-9：验证电话号码

创建一个验证电话号码的程序，该程序应满足以下要求。

- 这个程序接收用户输入的代表电话号码的字符串。
- 它应该检查输入值是否符合美国电话号码形式。
- 如果用户输入的电话号码无效，它应该显示一条消息，其中包含它发现的问题信息。
- 如果用户输入有效，则将用户输入的电话号码格式化为标准电话号码格式，例如 999-999-9999。

练习 6-10：验证电子邮件地址

创建一个验证电子邮件地址的程序，该程序应满足以下要求。

- 这个程序应该接收一个字符串输入作为电子邮件地址。

- 这个程序应检查该地址是否满足电子邮件地址的格式要求并提供适当的反馈。
- 获得格式正确的电子邮件后，这个程序应该输出以下内容(包含适当的输出消息)。
  - 电子邮件地址的域名。
  - 电子邮件地址的标识符。

例如，如果输入 someperson@somedomain.com，输出应该类似于如下。

```
Valid format: True
Domain: somedomain
Identifier: someperson
```

挑战：修改这个程序，使得如果用户输入一个无效的字符串作为电子邮件地址，程序会通知用户他的输入有问题并提示重新输入地址，然后再继续。

练习 6-11：Fizz Buzz 程序

编写一个程序，遍历一系列值并使用这些值确定要显示给用户的输出。该程序应执行下列步骤。

(1) 请用户输入一个数字。

(2) 输出一个从 0 开始的计数。

- 如果计数不能被 3 或 5 整除，则显示该计数。
- 将 3 的每一个倍数都替换为单词 fizz。
- 将 5 的每一个倍数都替换为单词 buzz。
- 用 fizz buzz 替换 3 和 5 的共同倍数。

(3) 继续计数，直到用 fizz、buzz 或 fizz buzz 替换的整数个数达到输入的数字。

(4) 最后一行输出应该是"TRADITION!!"。

例如

```
How many fizzing and buzzing units do you need in your life? 7
0
1
2
fizz
4
buzz
```

```
fizz
7
8
fizz
buzz
11
fizz
13
14
fizz buzz
TRADITION!!
```

第 7 课

综合练习：个税计算器

本课将把前面几课中的许多概念结合在一起。通过使用一个真实的应用程序，将之前学习的内容串联起来，而不展示有关 Go 的新信息。本课将介绍如何创建一个根据收入确定个人所得税的计算器。

注意： 本节课的信息是基于美国 2020 年的税法。如果为不同的年份计算个人所得税，请参考相关的税务信息。本课介绍的计算器只适用于收入相对简单的个人，其收入仅包含工资和小费。对于更复杂的收入构成和税收抵免，需要一个更高级的计算器。具体信息请咨询税务专家或业务分析师，从而满足报税要求。

本课目标

- 尝试 Go 的基本工具(包括使用基本语法、定义变量和获取用户输入的信息)
- 解释基本的 Go 数据类型并描述每种数据类型之间的差异
- 在 Go 应用程序中使用数字和数字运算
- 在 Go 应用程序中(特别是在条件语句中)使用布尔值
- 使用条件语句确定程序的结果

7.1 准备工作

要完成这一课，需要一个支持 Go 的 IDE，例如

- GoLand
- Visual Studio

虽然可以使用像 Replit 这样的在线工具来测试小块代码，但我们建议养成使用已安装的 IDE 来测试大型程序的习惯。

在学习本课的过程中，要确保先理解了每一个步骤，然后再进行下一个步骤。对于涉及编写代码的步骤，在进行下一步之前，所有代码都应该能够正常运行。要经常运行代码以检查问题并在发现问题后尽快修复它们。

7.2 第一步：收集需求

在开始为任何程序编写代码之前，都应该花时间确定该应用程序的需求和预期用途。当与客户合作时，须在早期就需求达成一致，以确保了解客户的期望并确保最终程序满足这些期望。

在本例中，客户想要一个简单的个人所得税计算器，它将根据美国 W-2 表中所列的工资和小费收入，计算单个申报者需要缴纳的个人所得税。记住，对很多人来说，计算所得税可能会因为其他形式的收入而变得复杂，例如股息和利息支付。因此，如果想创建一个计算器来计算更复杂的个人所得税，应该咨询税务专家，了解其他形式的收入会如何影响纳税额。

7.2.1 使用的值

在本例中，使用的值来自美国 2020 年税法。如果想计算下一年的所得税，则需要更新计算中使用的值。

具体来说，假设使用如下方法计算应税收入(需要纳税的那部分收入)。

- 所有纳税人的标准免征税额为 12 200 美元。
- 针对每个受抚养人，纳税人可以额外抵除 2 000 美元。

美国的税率根据收入的多少而不同。表 7-1 中为 2020 年用于根据应税收入计算个人所得税的税率。

表 7-1 2020 年税率

税率	个人收入
10%	小于等于 9 875 美元
12%	9 876～40 125 美元
22%	40 126～85 525 美元
24%	85 526～163 300 美元
32%	163 301～207 350 美元
35%	207 351～518 400 美元
37%	518 401 美元及以上

7.2.2 用户界面

我们希望程序接收以下由用户输入的值。

- 总收入；
- 受抚养人的人数。

同时还假设用户将通过终端窗口而不是表单访问程序。

7.2.3 其他标准

数值标准如下。

- 总收入精确到美分。
- 应税收入用十进制数表示。
- 应缴税款以整数表示。

所有展示给用户的文本都应该使用正确的语法并保证没有拼写错误。

7.3 第二步：设计程序

在确定程序的目标后，应该花时间来设计它。设计一个程序时可以包含伪代码或流程图。让我们从描述程序将要执行的操作的伪代码开始。

```
User Input: gross income
User Input: number of dependents

taxable income = gross income - $12,200 - ($2,000 * number of dependents)
tax due = amount calculated from tax table

print tax due
```

你可能会发现为自己创建一个标识这些步骤的流程图很有用。记住，创建流程图只需要铅笔和纸，但它可以帮助你想象程序将做什么并确定程序中需要的步骤。

7.4 第三步：创建输入

编写程序时，将程序分解为更小的部分是一个好习惯。然后，可以单独构建各个部分，测试它们是否按预期运行。如果尝试一次编写完整的程序(即使是像这里编写的相对较短的程序)，可能会以难以跟踪的错误结束。如果在进行下一个部分之前每个部分都能正常运行，那么当问题发生时，就更容易排除故障。

在本课中，假设总收入是 35 987.65 美元，有 2 位受抚养人(除非另有说明)。使用输入值测试代码时，可以使用不同的值来查看会发生什么。

让我们从创建用户输入开始。你希望用户输入他们的总收入，并且需要将输入的数据保存在一个变量中，如代码清单 7-1 所示。另外还将包含一条打印语句，以便确认存储的值是否正确。

代码清单 7-1　提示用户输入他们的收入

```
package main

import "fmt"

func main() {
```

```
    // ask user for the gross income
    fmt.Print("Enter your gross income from your W-2 for 2020:")

    var grossIncome float64
    fmt.Scanln(&grossIncome) // take input from user
    fmt.Print("Your gross income is: ")
    fmt.Println(grossIncome)
}
```

将代码清单 7-1 中的代码添加到 IDE 中并运行程序。它应该会提示你输入一个值并在你输入后立即显示这个值。

```
Enter your gross income from your W-2 for 2020: 35987.65
35987.65
```

此代码运行成功后，就可以让用户输入受抚养人的数量并将该提示添加到代码中，如代码清单 7-2 所示。

代码清单 7-2　添加另一个提示

```
package main

import "fmt"

func main() {

    // ask user for the gross income
    fmt.Print("Enter your gross income from your W-2 for 2020:")

    var grossIncome float64
    fmt.Scanln(&grossIncome) // take gross income input from user
    fmt.Print("Your gross income is: ")
    fmt.Println(grossIncome)

    fmt.Print("How many dependents are you claiming? ")
    var numDep int
    fmt.Scanln(&numDep) // take number of dependents input from user
    fmt.Print("Your claimed number of dependents is: ")
    fmt.Println(numDep)
}
```

输出的结果应该如下所示。

```
Enter your gross income from your W-2 for 2020:35987.65
Your gross income is: 35987.65
How many dependents are you claiming? 2
Your claimed number of dependents is: 2
```

7.5　第四步：计算应税收入

从之前的假设可知，应税收入的公式如下。

```
应税收入 = 总收入-12 200美元 -(2 000美元*受抚养人人数)
```

12 200 美元和 2 000 美元这两个值来自美国 2020 年的税收计算表。

记住，使用变量不仅可以将值保存到指定的内存位置，而且如果命名正确，还可以帮助你更好地将公式与运算进行映射。在代码清单 7-3 中，变量 grossIncome 和 numDep 被插入语句中，并将计算结果赋给一个新变量。我们还可以将结果打印出来，以确保这个值是正确的。

代码清单 7-3　添加应税收入公式

```
package main

import "fmt"

func main() {

  // ask user for the gross income
  fmt.Print("Enter your gross income from your W-2 for 2020:")

  var grossIncome float64
  fmt.Scanln(&grossIncome) // take gross income input from user
  fmt.Print("Your gross income is: ")
  fmt.Println(grossIncome)

  fmt.Print("How many dependents are you claiming? ")
  var numDep int
  fmt.Scanln(&numDep) // take number of dependents input from user
  fmt.Print("Your claimed number of dependents is: ")
  fmt.Println(numDep)

  //calculate taxable income

  var taxableIncome float64
  taxableIncome = grossIncome - 12200 - (2000 * numDep)
  fmt.Print("Your taxable income is: ")
  fmt.Println(taxableIncome)
}
```

但是，如果运行这个程序，Go 将返回一个错误。

```
# command-line-arguments
./main.go:24:40: invalid operation: grossIncome - 12200 - 2000 * numDep
(mismatched types float64 and int)
```

问题是 numDep 变量被定义为 int，而 grossIncome 变量被定义为 float，这导致了类型不匹配。为避免这个错误，需要在计算应税收入之前将 numDep 变量转换为一个浮点数。

让我们更新代码以包含这些转换并使用新变量。代码清单 7-4 展示了修改后的代码清单。

代码清单 7-4　添加转换

```
package main

import "fmt"

func main() {

   // ask user for the gross income
   fmt.Print("Enter your gross income from your W-2 for 2020:")

   var grossIncome float64
   fmt.Scanln(&grossIncome) // take gross income input from user
   fmt.Print("Your gross income is: ")
   fmt.Println(grossIncome)

   fmt.Print("How many dependents are you claiming? ")
   var numDep int
   fmt.Scanln(&numDep) // take number of dependents input from user
   fmt.Print("Your claimed number of dependents is: ")
   fmt.Println(numDep)

   //calculate taxable income

   var taxableIncome float64
   taxableIncome = grossIncome - 12200 - (2000 * float64(numDep))
   fmt.Print("Your taxable income is: ")
   fmt.Println(taxableIncome)
}
```

注意，在计算应税收入之前，float64 函数用于将 numDep 从 int 转换为 float64。如果使用与本课前面相同的输入，将得到以下值。

```
19787.65
```

7.6　第五步：计算税率

下一步是计算应缴税款。根据第一步给出的表 7-1 中的值，可知所得税税率取决于应税收入。

然而，这就是事情变得复杂的地方。根据美国税法，按表 7-1 所示对应税收入进行分段缴税，每一档都使用不同的税率。例如，一个人的应税收入为 80 000 美元，应缴税款的计算方法如下。

(1) 前 9 875 美元的税率为 10%。

```
9875 * .1 = 987.6
```

(2) 从 9 876 美元到 40 125 美元的金额按 12%征税。

```
40145 - 9875 = 30270
30270 * .12 = 3632.4
```

(3) 其余部分按 22%征税。

```
80000 - 40125 = 39875
39875 * .22 = 8772.5
```

(4) 然后将 3 个值相加以获得应缴税款总额。

```
应缴税款 = 987.6 + 3632.4 + 8772.5
应缴税款 = 13392.5
```

让我们学习如何编码，将其分解为“档”。第一档是应税收入低于 9 875 美元的部分。因为这是第一档，所以只需要将应税收入乘以 10%就可以计算应缴税款。将它添加到程序中，如代码清单 7-5 所示。

代码清单 7-5　添加第一档的所得税计算

```
package main

import "fmt"

func main() {

   // ask user for the gross income
   fmt.Print("Enter your gross income from your W-2 for 2020:")

   var grossIncome float64
   fmt.Scanln(&grossIncome) // take gross income input from user
   fmt.Print("Your gross income is: ")
   fmt.Println(grossIncome)

   fmt.Print("How many dependents are you claiming? ")
   var numDep int
   fmt.Scanln(&numDep) // take number of dependents input from user
   fmt.Print("Your claimed number of dependents is: ")
```

```
    fmt.Println(numDep)

    //calculate taxable income

    var taxableIncome float64
    taxableIncome = grossIncome - 12200 - (2000 * float64(numDep))
    fmt.Print("Your taxable income is: ")
    fmt.Println(taxableIncome)

    // calculate tax due

    var taxDue float64
    taxDue = taxableIncome * 0.1
    fmt.Print("Your tax due is: ")
    fmt.Println(taxDue)
}
```

如果以总收入20 000美元和2位受抚养人进行测试，应该会得到以下输出。

```
Enter your gross income from your W-2 for 2020:20000
Your gross income is: 20000
How many dependents are you claiming? 2
Your claimed number of dependents is: 2
Your taxable income is: 3800
Your tax due is: 380
```

7.6.1 添加条件语句

既然理解了所得税的计算方法，那么可以让程序变得更灵活。具体来说，你希望程序查看应税收入，确定要使用的正确税率，并使用该税率来计算应纳税额。这需要使用条件语句。因为这一步有点复杂，所以现在只考虑应税收入。一旦理解了其中的原理，就可以将代码合并到程序的早期版本中。

创建一个新程序，包括基于应税收入计算应缴税款的基本内容，但忽略相关的扣除额。从 4 000 美元开始，如代码清单 7-6 所示，它属于 10%的那一档。

代码清单 7-6　4000 美元的应税收入

```
package main

import "fmt"

func main() {

    var taxableIncome float64 = 4000
    var taxDue float64 = taxableIncome * 0.1
    fmt.Print("Your tax due is: ")
```

```
    fmt.Println(taxDue)
}
```

结果应该是 400.0，也就是 4000 美元的收入乘以 0.1 的税率。

现在更新代码，计算 12%那一档的应税收入。这种情况下，首先需要为 10%那一档添加一个 if 子句。

```
if taxableIncome <= 9875 {
     taxDue = taxableIncome * 0.1
}
taxDue = (9875 * .1) + ((taxableIncome - 9875) * .12)
```

计算有点复杂。首先计算前 9 875 美元的 10%。

```
9875 * .1
```

然后从应税收入中减去 9 875，计算剩余部分的 12%。

```
(taxableIncome - 9875) * .12
```

之后把这些值加在一起，计算应缴税款。

```
taxDue = (9875 * .1) + ((taxableIncome - 9875) * .12)
```

更新代码清单 7-6 中的代码，加入这个计算并使用属于 12%那一档的应税收入值。代码清单 7-7 展示了修改后的代码。

代码清单 7-7　添加第二档的计算逻辑

```
package main

import "fmt"

func main() {

   var taxableIncome float64 = 35000
   var taxDue float64

   if taxableIncome <= 9875 {
      taxDue = taxableIncome * 0.1
   } else {
   taxDue = (9875 * .1) + ((taxableIncome - 9875) * .12)
   }
   fmt.Print("Your tax due is: ")
   fmt.Println(taxDue)
}
```

如果应税收入值为 35 000，结果应该如下。

```
4002.5
```

现在已了解了从一档到另一档的税额运算，接下来可以添加下一档税额计算。

7.6.2 创建嵌套条件

要在条件结构中处理两个以上的选项，可以使用嵌套条件语句。因为税率表提供了各个档位的上限值，所以可以简单地使用小于等于(<=)条件语句来对应当前档位中的最高值。

在 Go 中，可以使用 else if 在初始条件和 else 值之间创建嵌套条件。先把 12%这一档改为 else if 语句，如代码清单 7-8 所示。

代码清单 7-8 第二档使用 else if 语句

```
package main

import "fmt"

func main() {

   var taxableIncome float64 = 35000
   var taxDue float64

   if taxableIncome <= 9875 {
      taxDue = taxableIncome * 0.1
   } else if taxableIncome <= 40125 {
      taxDue = (9875 * .1) + ((taxableIncome - 9875) * .12)
   }

   fmt.Print("Your tax due is: ")
   fmt.Println(taxDue)
}
```

运行这段代码，确保得到和之前一样的结果。

```
4002.5
```

现在添加 22%这一档，如代码清单 7-9 所示。

代码清单 7-9 添加 22%档位的税率

```
package main

import "fmt"

func main() {

   var taxableIncome float64 = 50000
```

```
   var taxDue float64

   if taxableIncome <= 9875 {
      taxDue = taxableIncome * 0.1
   } else if taxableIncome <= 40125 {
      taxDue = (9875 * .1) + ((taxableIncome - 9875) * .12)
   } else if taxableIncome <= 85525 {
      taxDue = (9875 * .1) + ((40125 - 9875) * .12) + ((taxableIncome
- 40125) * .22)
   }

   fmt.Print("Your tax due is: ")
   fmt.Println(taxDue)
}
```

现在程序变得更复杂了，因此要查看代码，确保可以理解它。

要计算值在 40 125 和 85 525 之间的税率，需要执行以下步骤。

(1) 计算第一档的最大值的 10%。

```
9875 * .1
```

(2) 计算第二档的最大值的 12%。

```
(40125 - 9875) * .12
```

(3) 计算剩余部分的 22%。

```
(taxableIncome - 40125) * .22
```

(4) 将 3 个值加在一起。

现在，对 24%这一档进行同样的处理，如代码清单 7-10 所示。

代码清单 7-10　添加 24%档位的税率

```
package main

import "fmt"

func main() {

   var taxableIncome float64 = 140000
   var taxDue float64

   if taxableIncome <= 9875 {
      taxDue = taxableIncome * 0.1
   } else if taxableIncome <= 40125 {
      taxDue = (9875 * .1) + ((taxableIncome - 9875) * .12)
   } else if taxableIncome <= 85525 {
      taxDue = (9875 * .1) + ((40125 - 9875) * .12) + ((taxableIncome
- 40125) * .22)
```

```
    } else if taxableIncome <= 163300 {
        taxDue = (9875 * .1) + ((40125 - 9875) * .12) + ((85525 - 40125)
* .22) + ((taxableIncome - 85525) * .24)
    }

    fmt.Print("Your tax due is: ")
    fmt.Println(taxDue)
}
```

注意，这里有很多重复内容。你知道 9 875 的 10%总是 987.5，然后会不断地重用像 40 124 和 9 875 这样的值。事实上，你可能会从一个程序复制粘贴代码到下一个程序，然后根据需要进行更新。

每当看到这样的重复内容时，你也应该会想到引入变量。使用变量不仅可以通过消除重复内容来简化代码，而且变量本身也使代码更易于阅读。变量还可以使代码更灵活。

在 2020 年，你为每个所得税档位设置了固定的范围，但这些范围在其他年份可能会有所不同。如果使用变量而不是常量，则只需要在一个地方更新这些值，而不用在程序中更新所有引用这些值的代码。

首先创建变量来引用每一档中的最高值。如代码清单 7-11 所示，在 if 代码块上方创建它们，以便在计算中使用它们。

代码清单 7-11　声明代表取值范围上限的变量

```
var taxableIncome float64 = 140000
var max10 float64 = 9875
var max12 float64 = 40125
var max22 float64 = 85525
var max24 float64 = 163300
var max32 float64 = 207350
var max35 float64 = 518400

var taxDue float64

 if taxableIncome <= max10 {
    taxDue = taxableIncome * 0.1
}
// etc
```

> **注意：**代码清单 7-11 并不是一个完整的代码清单，但它说明了在哪里添加变量。

还可以计算每一档的最高应缴税额并将这些值赋值给变量，如代码清单 7-12 所示。同样，这不是一个完整的代码清单，因此代码不会运行。

代码清单 7-12　使用变量表示每一档的税额上限

```
var taxableIncome float64 = 140000
var max10 float64 = 9875
var max12 float64 = 40125
var max22 float64 = 85525
var max24 float64 = 163300
var max32 float64 = 207350
var max35 float64 = 518400

var tier10_tax float64 = max10 * .1
var tier12_tax float64 = tier10_tax + ((max12 - max10) * .12)
var tier22_tax float64 = tier12_tax + ((max22 - max12) * .22)
var tier24_tax float64 = tier22_tax + ((max24 - max22) * .24)
var tier32_tax float64 = tier24_tax + ((max32 - max24) * .32)
var tier35_tax float64 = tier32_tax + ((max35 - max32) * .35)

var taxDue float64

if taxableIncome <= max10 {
   taxDue = taxableIncome * 0.1
}
```

这里，通过加上前一档的最高税额并基于当前档计算剩余税率来计算每一档的最高税额。

现在可以用适当的变量替换计算中硬编码的值，如代码清单 7-13 所示。

代码清单 7-13　用变量更新所得税计算

```
package main

import "fmt"

func main() {

  var taxableIncome float64 = 140000
  var max10 float64 = 9875
  var max12 float64 = 40125
  var max22 float64 = 85525
  var max24 float64 = 163300
  //var max32 float64 = 207350
  //var max35 float64 = 518400

  var tier10_tax float64 = max10 * .1
  var tier12_tax float64 = tier10_tax + ((max12 - max10) * .12)
  var tier22_tax float64 = tier12_tax + ((max22 - max12) * .22)
  //var tier24_tax float64 = tier22_tax + ((max24 - max22) * .24)
  //var tier32_tax float64 = tier24_tax + ((max32 - max24) * .32)
  //var tier35_tax float64 = tier32_tax + ((max35 - max32) * .35)

  var taxDue float64
```

```
    if taxableIncome <= max10 {
        taxDue = taxableIncome * 0.1
    } else if taxableIncome <= max12 {
        taxDue = tier10_tax + ((taxableIncome - max10) * .12)
    } else if taxableIncome <= max22 {
        taxDue = tier12_tax + ((taxableIncome - max12) * .22)
    } else if taxableIncome <= max24 {
        taxDue = tier22_tax + ((taxableIncome - max24) * .32)
    }

    fmt.Print("Your tax due is: ")
    fmt.Println(taxDue)
}
```

应该很容易看出代码变得更简洁，但也值得花时间去检查代码，了解它在做什么。首先，每个 if-else 子句引用该档的最大值。适当的最大值也被用来计算当前档位的应税收入。

```
else if taxableIncome <= max24 {
        taxDue = tier22_tax + ((taxableIncome - max24) * .32)
    }
```

其次，在定义每一档税值时，else if 方法所需的大部分数学运算都已经完成，因为这些表达式计算了每一档可能需要缴纳的最高税。然后，当计算应缴税款时，可以将该值包括在下一档中。

```
else if taxableIncome <= max24 {
        taxDue = tier22_tax + ((taxableIncome - max24) * .32)
    }
```

最后，如果将来要修改给定范围的最大值，则只需要修改赋给 max 变量的值，这比替换代码中使用该值的每个位置要高效得多。

现在，添加剩下的档的代码。试着自己完成这个工作，然后与代码清单 7-14 中的代码进行核对。

代码清单 7-14　增加剩余所得税档位的计算

```
package main

import "fmt"

func main() {

    var taxableIncome float64 = 2000000
    var max10 float64 = 9875
    var max12 float64 = 40125
```

```
    var max22 float64 = 85525
    var max24 float64 = 163300
    var max32 float64 = 207350
    var max35 float64 = 518400

    var tier10_tax float64 = max10 * .1
    var tier12_tax float64 = tier10_tax + ((max12 - max10) * .12)
    var tier22_tax float64 = tier12_tax + ((max22 - max12) * .22)
    var tier24_tax float64 = tier22_tax + ((max24 - max22) * .24)
    var tier32_tax float64 = tier24_tax + ((max32 - max24) * .32)
    var tier35_tax float64 = tier32_tax + ((max35 - max32) * .35)

    var taxDue float64

    if taxableIncome <= max10 {
        taxDue = taxableIncome * 0.1
    } else if taxableIncome <= max12 {
        taxDue = tier10_tax + ((taxableIncome - max10) * .12)
    } else if taxableIncome <= max22 {
        taxDue = tier12_tax + ((taxableIncome - max12) * .22)
    } else if taxableIncome <= max24 {
        taxDue = tier22_tax + ((taxableIncome - max22) * .24)
    } else if taxableIncome <= max32 {
        taxDue = tier24_tax + ((taxableIncome - max24) * .32)
    } else if taxableIncome <= max35 {
        taxDue = tier32_tax + ((taxableIncome - max32) * .35)
    } else if taxableIncome > max35 {
        taxDue = tier35_tax + ((taxableIncome - max35) * .37)
    }

    fmt.Print("Your tax due is: ")
    fmt.Println(taxDue)

}
```

注意，最后一个 else if 语句块只使用了大于符号，而没有使用小于等于符号。这是因为任何超过 518 400 美元的收入都按 37%的税率纳税。这个范围没有设置最大值，因此不能将其与可能的最大值进行比较(这也是没有初始化 max37 变量的原因)。

可以用不同范围内的应税收入来测试此代码，结果应该与表 7-2 中的结果一致。

表 7-2　基于档位的应缴税款

应税收入	应缴税款
9 000 美元	900.00 美元
35 000 美元	4 002.50 美元

(续表)

应税收入	应缴税款
50 000 美元	6 790.00 美元
100 000 美元	18 079.50 美元
200 000 美元	45 015.50 美元
400 000 美元	114 795.0 美元
700 000 美元	223 427.00 美元

7.7 第六步：更新应用程序

现在已经完成了应缴税款的计算，可以将它们合并到原始程序中。因为在计算中使用了相同的 tax_income 变量，所以只需要将新代码添加到现有程序中，替换原来的税款计算，如代码清单 7-15 所示。

代码清单 7-15 更新后的个税计算程序

```
package main

import "fmt"

func main() {

  var max10 float64 = 9875
  var max12 float64 = 40125
  var max22 float64 = 85525
  var max24 float64 = 163300
  var max32 float64 = 207350
  var max35 float64 = 518400

  var tier10_tax float64 = max10 * .1
  var tier12_tax float64 = tier10_tax + ((max12 - max10) * .12)
  var tier22_tax float64 = tier12_tax + ((max22 - max12) * .22)
  var tier24_tax float64 = tier22_tax + ((max24 - max22) * .24)
  var tier32_tax float64 = tier24_tax + ((max32 - max24) * .32)
  var tier35_tax float64 = tier32_tax + ((max35 - max32) * .35)

  // ask user for the gross income
  fmt.Print("Enter your gross income from your W-2 for 2020:")

  var grossIncome float64
  fmt.Scanln(&grossIncome) // take gross income input from user
```

```
    fmt.Print("Your gross income is: ")
    fmt.Println(grossIncome)

    fmt.Print("How many dependents are you claiming? ")
    var numDep int
    fmt.Scanln(&numDep) // take number of dependents input from user
    fmt.Print("Your claimed number of dependents is: ")
    fmt.Println(numDep)

    //calculate taxable income

    var taxableIncome float64
    taxableIncome = grossIncome - 12200 - (2000 * float64(numDep))
    fmt.Print("Your taxable income is: ")
    fmt.Println(taxableIncome)

    // calculate tax due

    var taxDue float64

    if taxableIncome <= max10 {
        taxDue = taxableIncome * 0.1
    } else if taxableIncome <= max12 {
        taxDue = tier10_tax + ((taxableIncome - max10) * .12)
    } else if taxableIncome <= max22 {
        taxDue = tier12_tax + ((taxableIncome - max12) * .22)
    } else if taxableIncome <= max24 {
        taxDue = tier22_tax + ((taxableIncome - max22) * .24)
    } else if taxableIncome <= max32 {
        taxDue = tier24_tax + ((taxableIncome - max24) * .32)
    } else if taxableIncome <= max35 {
        taxDue = tier32_tax + ((taxableIncome - max32) * .35)
    } else if taxableIncome > max35 {
        taxDue = tier35_tax + ((taxableIncome - max35) * .37)
    }

    fmt.Print("Your tax due is: ")
    fmt.Println(taxDue)
}
```

注意，在这个代码清单中，我们在应用程序的开头添加了变量。通常的做法是在应用程序早期定义变量，以确保在应用程序内需要它们时可以使用。如果需要查看变量最初是如何声明和初始化的，就可以这样做；并且将变量放在一起还可以帮助调试程序。

代码更新后，应该多测试几次以确保它产生预期的结果。记住，完整的代码从总收入开始并计算扣除额以确定应税收入。

7.7.1 如何处理负的应税收入

我们的个税计算器无法解决的另一个问题是应税收入小于0的情况。例如，如果一个人的总收入为10 000美元，并且有2位受抚养人，他的应税收入为-6 200美元。注意，这是一个逻辑错误，而不是语法错误。在我们的程序中，如果针对初始收入值输入10 000和2，不会导致Go抛出错误。事实上，它会清楚地指出缴税额为-620美元，但这个数字并不合理。

在美国税法中，应税收入小于0的人无须缴税。可以修改程序，让它考虑到这一点，如代码清单7-16所示。

代码清单 7-16　为低收入者调整所得税计算

```
package main

import "fmt"

func main() {

   var max10 float64 = 9875
   var max12 float64 = 40125
   var max22 float64 = 85525
   var max24 float64 = 163300
   var max32 float64 = 207350
   var max35 float64 = 518400

   var tier10_tax float64 = max10 * .1
   var tier12_tax float64 = tier10_tax + ((max12 - max10) * .12)
   var tier22_tax float64 = tier12_tax + ((max22 - max12) * .22)
   var tier24_tax float64 = tier22_tax + ((max24 - max22) * .24)
   var tier32_tax float64 = tier24_tax + ((max32 - max24) * .32)
   var tier35_tax float64 = tier32_tax + ((max35 - max32) * .35)

   // ask user for the gross income
   fmt.Print("Enter your gross income from your W-2 for 2020:")

   var grossIncome float64
   fmt.Scanln(&grossIncome) // take gross income input from user
   fmt.Print("Your gross income is: ")
   fmt.Println(grossIncome)

   fmt.Print("How many dependents are you claiming? ")
   var numDep int
   fmt.Scanln(&numDep) // take number of dependents input from user
   fmt.Print("Your claimed number of dependents is: ")
   fmt.Println(numDep)
```

```
    //calculate taxable income

    var taxableIncome float64
    taxableIncome = grossIncome - 12200 - (2000 * float64(numDep))
    fmt.Print("Your taxable income is: ")
    fmt.Println(taxableIncome)

    // calculate tax due

    var taxDue float64

    if taxableIncome <= 0 {
        taxDue = 0
    } else if taxableIncome <= max10 {
        taxDue = taxableIncome * 0.1
    } else if taxableIncome <= max12 {
        taxDue = tier10_tax + ((taxableIncome - max10) * .12)
    } else if taxableIncome <= max22 {
        taxDue = tier12_tax + ((taxableIncome - max12) * .22)
    } else if taxableIncome <= max24 {
        taxDue = tier22_tax + ((taxableIncome - max22) * .24)
    } else if taxableIncome <= max32 {
        taxDue = tier24_tax + ((taxableIncome - max24) * .32)
    } else if taxableIncome <= max35 {
        taxDue = tier32_tax + ((taxableIncome - max32) * .35)
    } else if taxableIncome > max35 {
        taxDue = tier35_tax + ((taxableIncome - max35) * .37)
    }

    fmt.Print("Your tax due is: ")
    fmt.Println(taxDue)
}
```

使用较小的数字运行此程序，以确保产生正确的结果而没有错误。

7.7.2　核实代码

作为最后的检查，将代码与预期的标准进行比较。具体数值标准如下。

- 总收入精确到美分。
- 应税收入用十进制数表示。
- 应缴税款以整数表示。

你允许用户输入浮点值作为总收入，并且让程序将应税收入表示为十进制数。然而，你应该注意到至少有一个例子中应缴税款不是整数。

可以通过将计算值转换为整数来解决这个问题。在 Go 中，这种转换将导致数字使用标准舍入(四舍五入)。将应缴税款的打印语句更新为如下。

```
fmt.Print("Your tax due is: ")
fmt.Println(int(taxDue))
```

使用不同的输入运行几次代码，以确保应缴税款为整数。

7.8　第七步：完善用户界面

一旦让程序能够按预期运行，就应该花时间改进用户界面(UI)。你已经清楚地说明了用户应该输入什么数据，但也应该对输出结果进行优化。

在本例中，你希望程序能够清楚地说明需要用户输入什么值以及程序输出了什么值。现在，可以优化之前用于测试的打印语句并对它们进行修饰，使它们更有意义。

```
fmt.Print("Your gross income is: $")
   fmt.Println(grossIncome)

fmt.Print("Your claimed number of dependents is: ")
   fmt.Println(numDep)
```

这里在第一个打印语句中包含了$符号，因此符号出现在数字前面，这样输入的数据更有意义。程序运行结果如下所示。

```
Your gross income is: $100000
Your claimed number of dependents is: 2
```

此外还需要清楚地说明应税收入。

```
fmt.Print("Your taxable income is: $")
   fmt.Println(taxableIncome)
```

现在对应缴税款做类似的事情。

```
fmt.Print("Your tax due is: $")
   fmt.Println(int(taxDue))
```

接下来，让我们按逻辑顺序在程序末尾完成所有打印语句，如代码清单 7-17 所示。这不是必需的，但它有助于使代码更有条理。如果相似的代码片段聚集在一起，更新程序也会更容易。

代码清单 7-17　完整的个税计算程序

```
package main

import (
```

```
    "fmt"
)

func main() {

    var max10 float64 = 9875
    var max12 float64 = 40125
    var max22 float64 = 85525
    var max24 float64 = 163300
    var max32 float64 = 207350
    var max35 float64 = 518400

    var tier10_tax float64 = max10 * .1
    var tier12_tax float64 = tier10_tax + ((max12 - max10) * .12)
    var tier22_tax float64 = tier12_tax + ((max22 - max12) * .22)
    var tier24_tax float64 = tier22_tax + ((max24 - max22) * .24)
    var tier32_tax float64 = tier24_tax + ((max32 - max24) * .32)
    var tier35_tax float64 = tier32_tax + ((max35 - max32) * .35)

    // ask user for the gross income
    fmt.Print("Enter your gross income from your W-2 for 2020:")

    var grossIncome float64
    fmt.Scanln(&grossIncome) // take gross income input from user

    fmt.Print("How many dependents are you claiming? ")
    var numDep int
    fmt.Scanln(&numDep) // take number of dependents input from user

    //calculate taxable income

    var taxableIncome float64
    taxableIncome = grossIncome - 12200 - (2000 * float64(numDep))

    // calculate tax due

    var taxDue float64

    if taxableIncome <= 0 {
        taxDue = 0
    } else if taxableIncome <= max10 {
        taxDue = taxableIncome * 0.1
    } else if taxableIncome <= max12 {
        taxDue = tier10_tax + ((taxableIncome - max10) * .12)
    } else if taxableIncome <= max22 {
        taxDue = tier12_tax + ((taxableIncome - max12) * .22)
    } else if taxableIncome <= max24 {
        taxDue = tier22_tax + ((taxableIncome - max22) * .24)
    } else if taxableIncome <= max32 {
        taxDue = tier24_tax + ((taxableIncome - max24) * .32)
    } else if taxableIncome <= max35 {
        taxDue = tier32_tax + ((taxableIncome - max32) * .35)
    } else if taxableIncome > max35 {
```

```
        taxDue = tier35_tax + ((taxableIncome - max35) * .37)
    }
    fmt.Print("Your gross income is: $")
    fmt.Println(grossIncome)
    fmt.Print("Your claimed number of dependents is: ")
    fmt.Println(numDep)
    fmt.Print("Your taxable income is: $")
    fmt.Println(taxableIncome)
    fmt.Print("Your tax due is: $")
    fmt.Println(int(taxDue))
}
```

将 100 000 美元和 2 位受抚养人作为输入，输出应该如下所示。

```
Enter your gross income from your W-2 for 2020:100000
How many dependents are you claiming? 2
Your gross income is: $100000
Your claimed number of dependents is: 2
Your taxable income is: $83800
Your tax due is: $14226
```

7.9 自己动手实践

完成这一课的程序后，可使用各种输入值(较大的值和较小的值)检查结果并抽查结果的准确性。

要考虑到每年的税率可能发生变化。我们学习了如何使用变量来存储每一档的最大值以及每一档应缴纳的最高税额，但仍然有一些硬编码的值可能会发生变化并在整个程序中重复出现。例如

- 如何使用变量表示每一档的百分比？
- 如何使用变量表示个人扣除额和相关扣除额？
- 如何处理每一档的范围或百分比税值的变化？

还要记住，不同开发人员的代码风格可能有很大差异。这里的程序给出了一个解决方案，但还有其他许多方法可以同样解决这个问题。需要注意的是以下几点。

- 理解你希望代码解决手头的什么问题。
- 理解代码是如何解决这个问题的。
- 编写易于阅读的代码，尤其是对其他开发人员而言。
- 编写没有重用值和重复计算的代码。

7.10　本课小结

本课将前几课中学到的许多概念整合到一个应用程序中。我们介绍了如何创建一个根据个人收入确定个人所得税的计算器。其中使用了变量，以便将来可以根据不同的税率来更新程序。

第 II 部分

用 Go 组织代码和数据

第 8 课

使 用 函 数

对于任何编程语言来说，函数都是一个重要内容，因为它允许我们创建可重用的代码块，并且可以使用不同的输入值。在前几课中已使用过函数，包括 main 和 Println。本课将详细介绍函数并学习如何创建自己的函数。

本课目标

- 创建自己的函数
- 向函数传递参数
- 使用带有返回值和忽略返回值的函数
- 使用变长函数
- 将函数赋值给变量并使用闭包

8.1 定义函数

函数是一个有组织的、可重用的代码块，使用一个或多个 Go 语句来完成一个特定的操作。可以使用函数来提高代码的可重用性，增加可读性，并消除冗余检查(用于确保不会在应用程序中一遍又一遍地使用相同的代码行)。

Go 提供了许多内置函数，例如本书中一直使用的 fmt.Println()函数；但是，也可以创建或定义自己的函数。在Go程序中自己定义的函数称为用户定义函数。

在学习本课的过程中应该了解以下几个关键术语。

- 函数是经过组织的、可重用的代码块。

- 用户定义函数是用户自己创建的函数。这些函数使用 def 关键字来定义。
- 内置函数是内置在 Go 中的函数。
- 参数是传递给函数的信息片段，是函数被调用时发送给函数的值。

函数允许组织代码片段，然后使用(调用)这些代码片段来执行特定的功能。函数的核心价值之一是“一次编写，多次执行”。

可使用关键字 func 定义函数，并且可以将函数所需的任何值定义为该函数的参数。定义函数的基本语法如下。

```
func funcName (arg1 type, arg2 type) returnType {
   [function instructions]
}
```

一个函数可以接收 0 个或多个参数，这取决于你想要它做什么，因此可以定义一个没有任何参数的函数，就像 main()一样。让我们看一个简单的函数，它将两个数字相加。代码清单 8-1 给出了一个名为 add 的函数。

> **注意：**实参是在调用函数时传递给函数的值。形参是函数定义的变量，在调用函数时用来接收值。实参是传递给形参的值，通常是一个变量。

代码清单 8-1　简单的 add 函数

```
package main

import (
   "fmt"
)

//  add takes as input a and b of type int and returns an int
func add(a int, b int) int {
   return a + b
}

func main() {
   fmt.Println("add function results:", add(4, 6))
}
```

代码清单 8-1 中有两个方面值得仔细研究。首先是 add 函数的定义。可以看到这个定义以 func 关键字开始，后面跟着要定义的函数名称 add。然后可以看到该函数有名为 a 和 b 的两个形参，它们都被定义为 int 类型。在函数声明行的末尾，可以看到 int 类型，这意味着 add 函数的返回值将是一个整数。

add 函数的函数体包含在一组括号({})之间。在 add 函数的例子中，函数体只有一行代码。

```
return a + b
```

这行简单的代码将 a 和 b 中的值相加并返回结果。注意，a 和 b 是形参，因此在调用 add 函数时应该提供它们。类似地，return 语句将结果返回给调用函数的代码。

实际上，可以看到 add 函数是在代码清单的 main 函数中的 Println 函数中调用的。正如预期的那样，还可以看到值 4 和 6 作为参数传递给函数。然后在 Println 语句中使用调用 add 返回的值。结果输出如下所示。

```
add function results: 10
```

注意，add 函数是在 main 函数之外创建的。这使得它成为一个全局函数。因此，可以从 main 函数内部或代码清单中的其他任何地方访问它。

8.1.1　使用多个函数

一个程序可以包含多个函数，并且可以在多个函数中使用相同的值。代码清单 8-2 是前一个程序的变体，使用了一个简化的 add2 函数和一个新的 multiply 函数。

代码清单 8-2　使用多个函数

```
package main

import (
  "fmt"
)

//  add takes as input a and b of type int and returns an int
func add(a int, b int) int {
  return a + b
}

// add2 is a short version of add
func add2(a, b int) int {
  return a + b
}

// multiply takes as input a and b of type int and returns an int
func multiply(a int, b int) int {
  return a * b
}
```

```
func main() {
  c := 5
  d := 6
  fmt.Println("c =", c)
  fmt.Println("d =", d)

  fmt.Println("add result:", add(c, d))
  fmt.Println("add2 result:", add2(c, d))
  fmt.Println("multiply result:", multiply(c, d))
}
```

该程序的运行结果如下。

```
c = 5
d = 6
add result: 11
add2 result: 11
multiply result: 30
```

在这个例子中，add2 函数的签名比原来的 add 函数更简单。具体来说，add2 使用(a, b int)来定义参数。这样做只是因为这两个参数的类型相同。如果函数使用不同类型的参数，则必须使用 add 函数中的语法。

还可以在 main 函数中使用变量而不是硬编码的值。这样可以轻松地在多个函数中重用这些数字。在上面的程序中，每个函数中都使用了 c 和 d 的值。

注意： 这里值得对代码清单中:=操作符的用法作一个回顾。

```
c := 5
d := 6
```

在这些语句中，使用:=操作符来声明 c 和 d 变量并对它们进行初始化。Go 将根据分配的值确定 c 和 d 的类型，在本例中为 int。这种声明和初始化的快捷方法是 Go 编程语言的一个很有用的特性。

8.1.2　没有返回值的函数

在前面两个代码清单中创建的函数中，我们返回了单个计算值。其实，函数可以没有返回值，特别是那些以打印输出为目的的函数。

在代码清单 8-3 中，该函数将字符串转换为大写，并在函数内部将结果打印出来。注意，该清单包括名为 strings 的包，其中包含我们在自定义函数中要使用的 Go 内置函数。

代码清单 8-3　创建没有返回值的函数

```
package main

import(
  "fmt"
  "strings"
)

func DisplayUpper(x string) {
  fmt.Println("Original text:", x)
  fmt.Println("Revised text:", strings.ToUpper(x))
}

func main() {
  a := "elizabeth"

  DisplayUpper(a)
}
```

在这个代码清单中，创建了一个名为 DisplayUpper 的函数，它接收一个名为 x 的字符串。可以看到，在参数后面没有列出函数返回类型，因此不期望函数返回任何东西。函数本身只是对原始文本进行打印，然后使用 strings 包中的 ToUpper 函数将字符串转换为大写并打印。当执行此清单时，应该显示以下输出。

```
Original text: elizabeth
Revised text: ELIZABETH
```

可以将 a 的值从 elizabeth 更改为任何其他字符串并再次运行程序；也可以直接将字符串字面值传递给新函数来进行转换。

8.1.3　带有多个返回值的函数

现在已经了解了如何从函数返回单个值以及如何创建不返回值的函数，我们还可以创建返回多个值的函数。

如果要返回单个值，需要在函数声明中包含返回的数据类型。

```
func funcName (arg1 type, arg2 type) returnType {
```

其中，*returnType* 是要返回的数据的类型。如果要返回多个值，可以将每个返回类型放在用逗号分隔的括号中。

```
func funcName (arg1 type, arg2 type) (returnType, ..., returnType) {
```

然后，创建的函数需要用 return 语句返回所有值。每个值应该用逗号分隔，如代码清单8-4所示。

代码清单8-4 使用带有多个返回值的函数

```
package main

import "fmt"

func rectStuff(length int, width int) (int, int) {
   a := length * width
   c := length + length + width + width
   return a, c
}

func main() {
  area, perimeter := rectStuff(3, 5)

  fmt.Println("area:", area)
  fmt.Println("perimeter:", perimeter)
}
```

虽然这不是使用函数的最佳方式，但它提供了一个返回多个值的简单示例。函数rectStuff被声明为接收两个参数(length和width)。更重要的是，它还将返回两个整数值。如果查看函数内部，可以看到声明了两个变量，并根据传递给函数的内容为其赋值。执行计算并将结果赋值给变量a和c。然后，使用一条return语句将这两个值返回给函数的调用者。

在main函数中，可以看到调用rectStuff函数时传入了两个参数3和5。在赋值操作符(:=)的左侧，可以看到有两个用逗号分隔的变量(area和perimeter)，它们准备接收函数返回的两个整数值。

执行这个代码清单时，会得到如下输出。

```
area: 15
perimeter: 16
```

1. 返回不同类型

当从一个函数返回多个值时，并不要求返回值的类型一定要一致。在代码清单8-4中，两个返回值的数据类型都是int。事实上也可以让函数返回其他数据类型。重要的是函数必须返回指定类型的值。代码清单8-5是一个返回两种不同数据类型的函数。

代码清单 8-5　带有不同返回值类型的函数

```
package main

import "fmt"

func circleStuff(radius int) (int, float32) {
   d := radius * 2
   c := 2 * 3.14 * float32(radius)
   return d, c
}

func main() {
  diameter, circumference := circleStuff(5)

  fmt.Println("diameter:", diameter)
  fmt.Println("circumference:", circumference)
}
```

这次不再计算矩形的相关特征，而是计算圆的直径和周长。通过查看 circleStuff 函数的细节，会发现它按顺序返回了一个 int 类型的值和一个 float32 类型的值。函数本身只是计算直径(d)和周长(c)，然后用一条 return 语句返回这两个值。注意，因为使用整数计算浮点数，所以需要对半径使用强制转换函数以避免类型不匹配的错误。如果传入半径为 5，则运行这个代码清单的结果如下。

```
Diameter: 10
Circumference: 31.400002
```

> **注意：** 在代码清单 8-5 中，我们将圆周率设为 3.14。如果想进行更精确的计算，可以导入 Go 的 math 包，其中包含一个定义为 math.Pi 的常量。
>
> ```
> c = 2 * math.Pi * float32(radius)
> ```

2. 定义返回值名称

在 Go 中，还可以定义返回值的名称。代码清单 8-6 重写了 circleStuff 函数，使用了命名的返回值。

代码清单 8-6　定义返回值名称

```
package main

import (
    "fmt"
    "math"
)
```

```
func circleStuff(radius int) (d int, c float32) {
   d = radius * 2
   c = 2 * math.Pi * float32(radius)
   return
}

func main() {
  diameter, circumference := circleStuff(5)

  fmt.Println("diameter:", diameter)
  fmt.Println("circumference:", circumference)
}
```

当为返回值命名后，这些名称就可以在函数内使用了。从代码清单中可以看到，circleStuff 函数返回两个值：一个是 int 类型，另一个是 float32 类型。更重要的是，可以看到每个返回值在类型之前都有一个名称。返回变量 d 定义为 int 类型，返回变量 c 定义为 float32 类型。这个程序中也使用了 math.Pi，而不是 3.14，因此输出将更精确。

在代码中给这些返回变量赋值。因为已经设定了返回变量，所以没有必要在 return 语句后面列出它们。代码清单 8-6 的输出与前面的代码清单类似。

```
Diameter: 10
Circumference: 31.415928
```

> **注意：**如果在代码清单 8-6 的 return 语句后面添加其他值，这些值将覆盖命名变量中的值。

3. 忽略返回值

调用返回多个值的函数时，可以选择忽略某些返回值。事实上，可以使用空白标识符(_)来表示需要跳过的返回值。代码清单 8-7 是在代码清单 8-6 基础上进行修改的。这里只需要计算直径，因此忽略周长。

> **注意：**空白标识符也可以称为“跳过操作符”，因为它标识了可以忽略或跳过的内容。

代码清单 8-7 忽略返回值

```
package main

import (
    "fmt"
    "math"
```

```
)

func circleStuff(radius int) (d int, c float32) {
   d = radius * 2
   c = 2 * math.Pi * float32(radius)
   return
}

func main() {
  diameter, _ := circleStuff(5)

  fmt.Println("diameter:", diameter)
}
```

执行上面代码的输出结果如下。

```
diameter: 10
```

注意，在 main 函数中，周长使用了空白标识符而不是变量。这允许在不获取周长的情况下只获取直径。

为什么调用这个清单时一定要使用空白标识符，而不是直接忽略不想使用的那个变量？原因是如果在函数返回值中声明了一个变量但不使用它，Go 会报错。

8.2　变长函数

一般来说，函数被设计为接收固定数量的参数，但某些情况下，可能事先不知道需要多少个参数，特别是当使用数组和映射等可以具有不同长度的数据结构时。使用变长函数(参数数量可变的函数)时，所有参数值的类型必须相同。可以使用下面的语法定义参数。

```
func funcName (parameterName ... type) [returnType] {
    // function instructions
}
```

代码清单 8-8 展示了一个名为 sumN 的函数，它接收可变数量的参数作为输入。该函数将接收到的所有参数值相加并返回它们的总和。

代码清单 8-8　使用变长函数计算数字的总和

```
package main

import (
   "fmt"
```

```
)

// this function accepts a variable number of input values
func sumN (numbers ... int) {
  sum := 0
  for i, num := range numbers {
    // display values to the user
    fmt.Println("Current element:", num, "; Current index:", i)
    sum += num
  }

  // print sum of all input values
  fmt.Println("Sum of values:", sum)
  return
}

func main() {
   sumN(4, 6, 5)
   sumN(4, 6, 5, 6, 7, 8)
}
```

上面的代码清单执行后的结果如下。

```
Current element: 4 ; Current index: 0
Current element: 6 ; Current index: 1
Current element: 5 ; Current index: 2
Sum of values: 15
Current element: 4 ; Current index: 0
Current element: 6 ; Current index: 1
Current element: 5 ; Current index: 2
Current element: 6 ; Current index: 3
Current element: 7 ; Current index: 4
Current element: 8 ; Current index: 5
Sum of values: 36
```

在这个例子中，sumN 函数接收一个范围的值而不是固定数量的值，并且没有返回值。它包含一个 for 循环，使用 range 迭代所输入的值，将每个值与当前的总和相加，并在循环过程中打印每个值及其索引号。

最后，它打印调用函数时提供的数字之和。在第一种情况下，它只有 3 个数字需要处理，但在第二种情况下，它有 6 个数字需要处理。

8.3 递归

Go 也支持递归函数。递归函数是调用自己的函数。代码清单 8-9 展示了递归最常见的一种用法，即计算给定数字的阶乘。

代码清单 8-9　递归

```
package main

import "fmt"

func factorial(n int) int {
    if n == 0 {
        return 1
    }
    return n * factorial(n-1)
}

func main() {
    a := 5

    fmt.Println(factorial(a))
}
```

在这个例子中，创建了一个名为 factorial 的函数，该函数在计算给定数字的阶乘的过程中调用自己。仔细观察后会发现该函数接收一个整数。如果该整数为 0，则返回 1。如果传递给函数的数字不是 0，那么在执行 return 语句时，函数会再次调用自己。

在 main 函数中，将值 5 传递给 factorial 函数。结果输出为 120。

8.4　将函数作为值

在 Go 中，可以将函数分配给变量，然后在需要函数时引用该变量。在代码清单 8-10 中，使用了前面介绍的 circleStuff 函数，但这次没有在 main 函数外部定义这个函数，而是创建了一个名为 circleStuff 的变量，并将函数赋值给该变量。

代码清单 8-10　将函数作为值

```
package main

import (
    "fmt"
    "math"
)

func main() {
```

```
    circleStuff := func(radius int) (d int, c float32) {
        d = radius * 2
        c = 2 * math.Pi * float32(radius)
        return
    }

    fmt.Println(circleStuff(5))
}
```

这个程序的工作方式与之前的版本相同，输出也完全相同。

```
10 31.415928
```

一旦定义了这个变量，就可以在 main 函数的任何地方使用它来引用相应函数。

8.5 闭包

Go 支持匿名函数。匿名函数是没有名称的函数。某些情况下，我们只是希望某函数作为 main 程序的一部分运行一次；不需要给它命名，因为不打算重用它。或者，可以将匿名函数赋值给一个变量或将其作为一个更复杂函数的一部分，然后通过该变量或父函数调用该函数，而不是直接调用它。

闭包是一种特殊类型的匿名函数，它引用在函数外部声明的变量。在普通函数中，是在 main 程序中使用常量或变量并将这些值传递给函数中定义的参数。函数本身使用自己的参数作为变量。

然而在闭包中，可以重用在其他地方初始化的变量，并直接在闭包中调用它们。例如，代码清单 8-11 回到了之前使用过的简单的 add 函数，并将其作为匿名函数使用。

代码清单 8-11 简单的匿名 add 函数

```
package main

import (
   "fmt"
)

func main() {
  a := 4
  b := 10
```

```
    add := func() int {
      return a + b
    }

    fmt.Println(add())
  }
```

在这个程序中，创建了一个将两个值相加的匿名函数，并将该函数赋值给一个变量。这个函数本身是一个闭包，因为它调用了在 main 函数中定义的变量，而且它自己没有定义任何参数。

使用变量 add 来调用函数。因为函数已经知道要使用什么值，所以调用函数时不需要提供这些值。

代码清单 8-12 包含了一个作为 passGenerator 函数一部分的闭包。

代码清单 8-12　嵌入式函数

```
package main

import (
    "fmt"
    "math/rand"
)

func passGenerator() func() string {
    length := 10
    return func() string {
        pwd := ""
        for i := 0; i < length; i++ {
            // generate a number between 0 and 255 and convert it
            // into its equivalent in UTF-8
            randomChar := string(rand.Intn(256))
            pwd += randomChar
        }
        return pwd
    }
}

func main() {
    passGen := passGenerator()
    fmt.Println(passGen())
    fmt.Println(passGen())
    fmt.Println(passGen())
}
```

passGenerator 函数被配置为使用一系列随机字符来生成密码。得到的密码保存在 pwd 变量中，该变量在生成密码的匿名函数之外定义。

注意： 因为这个程序是根据 UTF-8 生成字符的，所以如果使用 Windows CLI 来运行这个程序，可能会看到乱码。可以使用 https://go.dev/play 上基于 Web 的 Go Playground 来运行该程序。

8.6　本课小结

本课介绍了用于组织代码的一个重要特性。在使用 Go 编写程序时，对要实现的功能进行组织是很重要的。可以用函数来做到这一点。

我们不仅学习了如何创建自己的函数，还学习了如何通过各种方式将值传递给函数，以及如何从自己创建的函数中返回和接收信息。本课最后介绍了一些更高级的主题，包括递归、将函数赋值给变量和闭包。

下一课将开始深入研究可用于存储信息的特殊数据结构，将学习数组。

8.7　本课练习

下面的练习可以让你尝试本课介绍的工具和概念。对于每个练习，请编写一个满足指定要求的程序并验证程序是否按预期运行。

练习 8-1：创建自己的函数

编写一个程序，使用至少两个自定义函数，对用户输入的至少两个值执行操作。例如，可以创建一个函数，比较输入值和固定值，以确定它们是否相同。作为一种更复杂的方法，可以创建一个登录函数，将输入的用户名和密码与已知的用户名和密码进行比较，根据匹配性给出适当的反馈。

练习 8-2：球体面积计算

将本课中的 circleStuff 函数重命名为 sphereStuff。修改这个函数，让它除返回周长和直径外，还返回球体的面积。

练习 8-3：测试宠物叫声

创建一个新函数 petSound。这个函数应该接收宠物的名称作为形参。它应该返回一个字符串，表示宠物发出的声音。

例如，如果用 dog 调用函数，如下所示。

```
fmt.Println("A dog says", petSound("dog"))
```

那么，返回值将是 woof，输出如下所示。

```
A dog says woof
```

练习 8-4：使用递归

研究其他可以使用递归解决的问题。编写一个程序，包含至少两个递归函数。

练习 8-5：斐波那契函数

实现一个斐波那契函数，它返回一个函数(闭包)，该函数返回连续的斐波那契数(0, 1, 1, 2, 3, 5, ...)。

> **注意：** 可以通过 https://mathworld.wolfram.com/FibonacciNumber.html 了解更多关于斐波那契数列的信息。

练习 8-6：计算器

创建一个从命令行运行的计算器应用程序。该计算器应该执行下列任务。

- 在任何提示符下都接收像 quit 或 exit 这样的词来结束程序。
- 接收两个来自用户的输入数值。
- 允许用户对两个输入值选择一种数学运算，至少包括加法、减法、乘法、求模(%)、平方根和阶乘。如果你愿意，还可以包括其他运算。
- 将输出显示为完整的数学表达式。例如，如果用户想要两个数字相加，输出应该如下所示。

```
8 + 9 = 17
```

- 提示用户在完成计算后重新开始。

附加要求：

- 在代码中使用及调用适当的函数。
  - 每种运算都应该是一个单独的函数。
  - 适当地包含额外的函数。
- 如果用户输入了无效值，或者输出导致了错误(例如除以 0)，程序应该显示适当的反馈并提示用户再试一次。
- 程序应该尽可能对用户友好，为每个操作提供明确的说明，并让用户知道如何退出程序。

第 9 课

访 问 数 组

第 3 课通过使用变量介绍了存储基本数据类型。有时，我们需要将多个相同的内容存储在一起，例如数字、姓名或联系人列表。

数组是一种包含有限个元素的数据结构。在 Go 中，数组中的所有值都必须具有相同的数据类型，数组的大小是数组类型的一部分。本课将了解数组在 Go 程序中的使用。

本课目标

- 声明自己的数组
- 初始化数组
- 修改数组中的值
- 使用循环语句访问数组中的元素
- 了解如何在数组中使用 range
- 使用多维数组
- 复制数组
- 比较相似数组

> **注意：**数组只是可用于存储类似数据的一种结构。第 12 课还会介绍切片，它与数组有关，但更灵活。然而，就目前而言，重要的是了解数组以及如何在 Go 中使用它。

9.1 声明数组

作为 Go 中的一般规则，不可能更改任何已声明变量的数据类型。对于数组来说，不能修改数组的数据类型和大小(数组中元素的个数)。不过，在本课中将介绍如何修改数组中的单个值。

声明数组时，可以指定数组包含的值的数量以及这些值的数据类型。数组的大小由数组名称后面的方括号中的数字决定。例如，下面的语句将创建一个可以容纳 5 个整数的数组。

```
var array_1 [5]int
```

可以看到，数组声明的格式与普通变量类似，只是增加了方括号以及数组可以容纳的元素数量。如果想声明一个用于保存名字的变量，可以使用如下语句。

```
var name string
```

如果想声明一个数组来保存名字，可以使用如下语句。

```
var names [10]string
```

9.1.1 给数组元素赋值

声明数组后，就可以访问其中的值。数组中的每个值都由索引值标识，第一个值的索引为 0。可以使用这些索引为数组中的每个元素分配特定的值。例如，下面的语句将值 143 赋给 array_1 的第一个元素。

```
array_1[0] = 143
```

> **注意：** Go 程序员常犯的一个错误是忘记数组的第一个元素的索引是 0 而不是 1。索引为 1 的元素其实是第二个元素。记住，数组从 0 开始。

代码清单 9-1 创建了一个整数数组并在其中添加了 3 个值。然后通过最后一条语句打印这个数组。

代码清单 9-1 声明数组

```
package main

import "fmt"
```

```
func main() {
  // create an array of three integers
  var numbers [3]int

  // assign a value to each position in the array
  numbers[0] = 1
  numbers[1] = 34
  numbers[2] = 3455

  // display the array
  fmt.Println(numbers)
}
```

在这个例子中，创建了一个名为 numbers 的空 int 数组，它有 3 个元素。然后为数组中的每个元素赋值。运行 Println 时，会看到显示出的 3 个数字。

```
[1 34 3455]
```

可以在输出中看到，因为将数组传递给了 Println，所以数字打印在括号中，表明它是一个数组。在代码清单 9-2 中，可以使用各个索引访问并打印数组中的每个数字。

代码清单 9-2　打印数组中的元素

```
package main

import "fmt"

func main() {
  // create an array of three integers
  var numbers [3]int

  // assign a value to each position in the array
  numbers[0] = 1
  numbers[1] = 34
  numbers[2] = 3455

  // display the array
  fmt.Println(numbers[0], numbers[1], numbers[2])
}
```

这个代码清单中唯一的不同是 fmt.Println 语句。这回不再传递整个数组，而是传递每个元素及其索引。这次运行代码清单时可以看到相同的数字；不过，每一个都是单独打印的，没有括号。

```
1 34 3455
```

9.1.2　数组的基本规则

代码清单 9-1 和代码清单 9-2 中的代码声明了一个包含 3 个 int 类型元素的数组。通过对代码清单进行一些修改，可以得到一些观察结果。

例如，清单中的代码按顺序向数组添加值。顺序必须是连续的吗？如果在向索引 1 中添加一个值之前，先在索引 2 中添加一个值，会怎么样？这重要吗？现在试着把代码清单 9-2 中的 3 条赋值语句改成下面这样，再运行这个代码清单。

```
numbers[2] = 3455
numbers[0] = 1
numbers[1] = 34
```

可以发现，给索引赋值的顺序并不重要。但是，如果数组中的元素没有被填满，会发生什么？如果有一个元素没有赋值呢？代码清单 9-3 重复了代码清单 9-2，但它没有给 numbers[1]赋值。

代码清单 9-3　没有对一个数组元素赋值

```
package main

import "fmt"

func main() {
  // create an array of three integers
  var numbers [3]int

  // assign a value to each position in the array
  numbers[0] = 1

  numbers[2] = 3455

  // display the array
  fmt.Println(numbers[0], numbers[1], numbers[2])
}
```

正如所见，numbers[0]和 numbers[2]被赋值，而 numbers[1]没有被赋值。不过，打印输出中包含 numbers[1]。结果是为 numbers[1]输出值 0。当数组被声明时，它被初始化为默认值。

关于数组还有一件事需要考虑。如果添加的值数超出了数组的容量，会发生什么？在前面的代码清单中，给数组 numbers 赋了 3 个值。在这 3 个元素中，每个元素都有一个值。代码清单 9-4 为不存在的索引赋值。索引会简单地增长以适应这些值，还是会发生其他事情？

代码清单 9-4 为索引不存在的元素赋值

```
package main

import "fmt"

func main() {
  // create an array of three integers
  var numbers [3]int

  // assign a value to each position in the array
  numbers[0] = 1
  numbers[1] = 34
  numbers[2] = 3455
  numbers[3] = 30
  numbers[4] = 40
  numbers[99] = 990

  // display the array
  fmt.Println(numbers[0], numbers[1], numbers[2])
}
```

你可能认为这只是增加了数组的大小，从而保存更多的值；然而，这是错误的。运行这个代码清单会报错。

```
.\ Listing0904.go:13:11: invalid array index 3 (out of bounds for
3-element array)
.\ Listing0904.go:14:11: invalid array index 4 (out of bounds for
3-element array)
.\ Listing0904.go:15:11: invalid array index 99 (out of bounds for
3-element array)
```

之前介绍过，数组声明之后，其大小和数据类型都是无法更改的。

> **注意：** Go 程序员常犯的另一个错误是使用错误的索引值来访问数组的最后一个元素。如果声明一个包含 n 个元素的数组，则最后一个元素的索引为 $n-1$。因此，一个包含 10 个元素的数组的最后一个元素的索引将是 9。

9.1.3 数组元素和变量的相似性

除了上一节提到的基本规则，使用数组时还需要考虑以下两点。

- 如果在同一个索引上添加不同的值会发生什么？
- 如果将字符串值添加到数字数组中(或反之)会发生什么？

这些问题的答案都与操作普通变量相同。多次为同一个元素赋值不会导致问题。这与给变量反复赋值一样，最后赋的值会覆盖之前的值，如代码清单 9-5 所示。

代码清单 9-5　多次为同一个数组元素赋值

```
package main

import "fmt"

func main() {
  // create an array of three integers
  var numbers [3]int

  // assign a value to each position in the array
  numbers[0] = 1
  numbers[1] = 34
  numbers[2] = 3455

  numbers[0] = 999
  numbers[0] = 50000

  numbers[1] = numbers[2]

  // display the array
  fmt.Println(numbers)
}
```

这个代码清单修改了代码清单 9-1，增加了 3 条赋值语句。可以看到，numbers[0]第二次被赋值为 999，然后又重新赋值为 50000。数组元素 numbers[1]被赋值为 numbers[2]。这会将 numbers[2]中的值赋值给 numbers[1]。上述代码清单的最终输出如下。

```
[50000 3455 3455]
```

如你所见，数组中的值可以像普通变量一样被覆盖，但数据类型呢？如果试图用不同数据类型的值给数组赋值，例如将 string 类型的数据赋值给 int 数组，结果将与给变量提供错误数据类型的数据一样，如代码清单 9-6 所示。

代码清单 9-6　使用错误类型的数据给数组赋值

```
package main

import "fmt"

func main() {
```

```
    // create an array of three integers
    var number int
    var numbers [3]int

    // assign a value to the basic variable
    number = "one"
    // assign a value to each position in the array
    numbers[0] = "one"
    numbers[1] = "two"
    numbers[2] = "three"

    // display the int
    fmt.Println(number)
    // display the array
    fmt.Println(numbers)
}
```

运行这个代码清单时，会发现给 number 和 numbers 赋值字符串会导致相同类型的错误。

```
.\List0906.go:11:11: cannot use "one" (type untyped string) as type
int in assignment
.\List0906.go:13:15: cannot use "one" (type untyped string) as type
int in assignment
.\List0906.go:14:15: cannot use "two" (type untyped string) as type
int in assignment
.\List0906.go:15:15: cannot use "three" (type untyped string) as type
int in assignment
```

9.2 对数组进行声明和初始化

在前面的例子中，创建了一个空数组，然后在其中添加值。我们也可以选择在声明数组时赋值。正如在上一节中看到的，当声明空数组时，Go 会将默认值分配给数组中的每个元素。默认值取决于数据类型。

- 对于数值型数组，默认值为 0。
- 对于字符串，默认值为空字符串(经常用 null 表示)。

代码清单 9-7 展示了在一条语句中声明和初始化数组的不同方式。

代码清单 9-7 声明并初始化数组

```
package main

import "fmt"

func main() {
```

```
    // declare an empty array
    var empty [6]int

    // declare an int array and initialize its values
    var numbers = [5]int {1000, 2, 3, 7, 50}

    // declare an array without the var keyword
    words := [4]string {"hi","how","are","you"}

    fmt.Println(empty)
    fmt.Println(numbers)
    fmt.Println(words)
}
```

对于第一个名为 empty 的数组，创建了一个数组，但没有在程序的任何地方给它赋值。Go 将根据数组的数据类型为数组中的每个元素分配默认值。对于整数数组，默认值为 0，因此数组如下所示。

```
[0 0 0 0 0 0]
```

对于第二个名为 numbers 的数组，使用关键字 var 并在声明后给出一组整数。这些值将从左到右添加到数组中，因此最终数组如下所示。

```
[1000 2 3 7 50]
```

在最后一个名为 words 的数组中，使用:=操作符代替 var 关键字，并提供一组要添加到数组中的字符串值。可以看到，这个数组被定义为包含 4 个元素。打印数组 words，结果如下所示。

```
[hi how are you]
```

> **注意：** 记住，:=操作符在为变量赋值的同时设定数据类型。其数据类型是从右边给出的数据推断出来的。在使用:=操作符声明和初始化数组时，请确保右边的所有值都是相同的数据类型。

9.3　推断数组大小

在同一个语句中声明和初始化数组时，可以选择不指定数组的大小。这种情况下，Go 将创建一个数组，其大小等于初始化时添加到数组中的元素的数量。

代码清单 9-8 在声明数组时没有指定数组的大小。因为用 4 个值初始化该数组，所以数组的大小将是 4。

代码清单 9-8　推断数组的大小

```
package main

import "fmt"

func main() {
   numbers := [...]int {5, 6, 7, 9}

   fmt.Println(numbers)
   fmt.Println(len(numbers))
}
```

注意以下事项。

- 这里包含了一个表示数组大小的占位符：[...]。
- 程序结束时，可以使用 len 函数来确定数组中元素的个数(即数组的长度)。

然而，即使没有显式声明数组的长度，数组的长度也是固定的。在这个代码清单中创建 numbers 数组后，不能再添加第五个值。

需要注意的是，如果声明数组时给出了数组的大小，但没有给出足够的值，缺失值将使用默认值代替。例如，下面的语句将创建一个包含 5 个元素的数组，但最后一个元素的值将为默认值 0。

```
numbers := [5] int {5, 6, 7, 9}
```

9.4　使用 for 循环填充数组

可使用 for 循环为空数组赋值，而不是单独为数组中的每个元素赋值。代码清单 9-9 首先定义了一个 int 数组，然后使用 for 循环依次向该数组添加数字。

代码清单 9-9　使用 for 循环填充数组

```
package main

import "fmt"

func main() {
   var numbers [20]int

   for x := 0; x < 20; x++ {
```

```
        numbers[x] = x
    }

    fmt.Println(numbers)
}
```

在这段代码中，将x初始化为0。然后将x与数组中控制循环的值(在这个例子中是20)进行比较，并在每次循环迭代后增加x的值。在这个循环中，将x的值赋给索引为x的数组元素，因此结果如下。

```
[0 1 2 3 4 5 6 7 8 9 10 11 12 13 14 15 16 17 18 19]
```

9.5 在数组中使用range

在前面的代码清单中，我们知道这个数组包含20个元素，并且可以在for循环中使用这个值(20)。可以使用前面提到的len函数来获取数组的长度，如代码清单9-9所示，然后使用这个值来迭代数组。然而，还有另一种选择。

如代码清单9-10所示，range函数可以遍历一个定义好的元素集合，并获取索引值或存储在其中的值。在for循环中使用range时，它根据数组集合中的元素数量有效地限制了循环的次数。

代码清单9-10 使用range

```
package main

import "fmt"

func main() {
    numbers := [4] int {1,3,5,7}

    fmt.Println("Printing numbers:")
    fmt.Println(numbers)
    fmt.Println("Starting for loop...")
    for index, value := range numbers{
        fmt.Println(index)
        fmt.Println(value)
        fmt.Println("---")
    }
}
```

在这个例子中，创建了一个名为numbers的数组，其中包含4个整数。首先打印出数组numbers，以便看到其中的值。然后使用range遍历数组，输出数组中每个元素的索引值(存储在变量 index 中)，以及值本身(存储在变量 value 中)。完整的输出如下。

```
Printing numbers:
[1 3 5 7]
Starting for loop...
0
1
---
1
3
---
2
5
---
3
7
---
```

代码清单 9-10 在 for 循环中使用了名为 index 和 value 的变量，其实可以使用任何想用的名称。不过，之所以选择这样的变量名，是因为它们代表了它们所存储的内容。

9.6　创建多维数组

Go 支持多维数组。多维数组是一种至少将一个数组嵌套在另一个数组中的数据结构。本质上，可以将数组用作更大数组中的值。代码清单 9-11 创建了一个二维数组——一个大型数组，数组的值本身也是数组。

代码清单 9-11　二维数组

```
package main

import "fmt"

func main() {
  // declare a two-dimensional array with two sizes instead of one
  matrix := [3][3]int {
       {1, 2, 3},
       {4, 5, 6},
       {7, 8, 9},
    }

  fmt.Println(matrix)
  fmt.Println(matrix[0][0])
```

```
  fmt.Println(matrix[1][2])
}
```

让我们查看上述代码。

- 要创建两个维度，需要在声明数组时包含两个尺寸值。这里声明了一个包含3个元素的数组，其中每个元素都是一个由3个元素组成的数组。
- 与其他数组一样，多维数组中的所有值都必须具有相同的数据类型。在这个例子中，数组的数据类型为int。

程序结束时，对数组进行打印。输出结果如下所示。

```
[[1 2 3] [4 5 6] [7 8 9]]
```

从上面的数组中检索数据需要使用一对索引。这两个索引值分别表示数组的维度索引。例如[0][0]将得到第一个数组中的第一个值1，[1][2]将得到第二个数组中的第三个值6。图9-1给出了代码清单9-11创建的矩阵中每个元素的索引位置。

在这个例子中，每个嵌套数组的大小相同，但实际上嵌套数组的大小可以不同。不过，它们也必须是相同的类型。

	第0列	第1列	第2列
第0行	matrix[0][0]	matrix[0][1]	matrix[0][2]
第1行	matrix[1][0]	matrix[1][1]	matrix[1][2]
第2行	matrix[2][0]	matrix[2][1]	matrix[2][2]

图9-1 数组matrix的索引位置图

> **注意：**本课介绍了如何使用二维数组。可以通过添加额外的方括号将数组扩展到二维以上。三维数组的形式为matrix[][][]。不过，一般来说，使用的维度越多，代码看起来就越复杂。因此，尽可能限制维度的数量通常是一种好做法。

9.7 复制数组

Go中的数组可以像变量一样进行复制。这意味着，如果将数组分配给新变量，Go将创建数组的新副本。代码清单9-12创建了一个数组的副本，然后修改了新数组中的一个值。

代码清单 9-12　复制数组

```
package main

import "fmt"

func main() {
   numbers_1 := [3]int {5, 6, 7}
   fmt.Println(numbers_1)

   // copy the array to a new variable
   numbers_2 := numbers_1
   fmt.Println(numbers_2)

   // change a value in the new array
   numbers_2[0]=100

   // output both arrays
   fmt.Println(numbers_1)
   fmt.Println(numbers_2)
}
```

在这个代码清单中，可以看到创建了一个名为 numbers_1 的数组并赋值为 5、6 和 7。然后创建第二个数组 numbers_2，并将其设置为与 numbers_1 相等。设置之后，numbers_1 中的数字将被复制到 numbers_2 中。这一点很重要，因为它意味着当 numbers_2 的值被修改为 100 时，不会影响 numbers_1 中的值。每个数组都有自己的值副本，从代码清单最后两行的打印输出可以清楚地看到这一点。

```
[5 6 7]
[100 6 7]
```

这清楚地表明，更新数组副本中的值不会影响原始数组中的值。

9.8　比较数组

在大多数编程语言中，要比较两个数组是否相同，需要遍历数组并比较位于相同位置的每个元素，查看它们是否相等。在 Go 中，可以直接比较两个大小和数据类型相同的数组是否相等，而无须遍历它们。代码清单 9-13 使用了前面的 matrix 数组，并将其与另两个数组进行比较。

代码清单 9-13 比较数组

```
package main

import "fmt"

func main() {

  matrix := [3][3]int {
      {1, 2, 3},
      {4, 5, 6},
      {7, 8, 9},
  }

  matrix_2 := [3][3]int {
      {1, 2, 3},
      {4, 5, 6},
      {7, 8, 9},
  }

  matrix_3 := [3][3]int {
      {9, 9, 9},
      {9, 9, 9},
      {9, 9, 9},
  }

  // Compare matrix to matrix_1
  if( matrix == matrix_2 ) {
    fmt.Println("matrix equals matrix_2")
  } else {
     fmt.Println("matrix does NOT equal matrix_2")
  }

  // Compare matrix to matrix_3
  if( matrix == matrix_3 ) {
    fmt.Println("matrix equals matrix_3")
  } else {
     fmt.Println("matrix does NOT equal matrix_3")
  }

  // Print out the three arrays
  fmt.Println(matrix)
  fmt.Println(matrix_2)
  fmt.Println(matrix_3)
}
```

可以看到，matrix 和 matrix_2 是相同的，因此当进行比较时，结果为 true。当比较 matrix 和 matrix_3 时，两个值不相同，因此输出为 false。

```
matrix equals matrix_2
matrix does NOT equal matrix_3
[[1 2 3] [4 5 6] [7 8 9]]
```

```
[[1 2 3] [4 5 6] [7 8 9]]
[[9 9 9] [9 9 9] [9 9 9]]
```

需要注意的是，这种比较只在两个数组的大小和类型相同时才有效。如果不是，就会报错。

9.9 本课小结

本课介绍了数组，包括如何声明、初始化和使用它。学完本课后，应该能够修改数组中的值、遍历数组、复制数组，甚至可以比较两个大小和类型相同的数组。此外还学习了如何使用多维数组。

9.10 本课练习

下面的练习可以让你尝试本课介绍的工具和概念。对于每个练习，请编写一个满足指定要求的程序并验证程序是否按预期运行。

练习 9-1：两个数组

创建一个带有两个不同数组的程序。创建两个数组，添加值并打印这两个数组。

- 第一个数组至少包含 10 个不同的整数。
- 第二个数组至少包含 5 个不同的字符串值。

练习 9-2：3 个数组

编写一个程序，至少包含 3 个独立的数组。该程序应该完成以下任务。

- 在一个语句中声明数组，并在另一个语句中为数组赋值。
- 声明一个指定大小的数组，并在同一个语句中为该数组赋值。
- 声明数组时不指定大小，并在同一个语句中为数组赋值。

可以使用任何想使用的数组，包括重用本课代码清单中的数组。对于每个数组，显示数组的内容及其长度。

练习 9-3：用 for 循环填充偶数数组

从代码清单 9-9 的代码开始，创建一个包含 10 个值的数组，其中每个值都是 1～20 之间的偶数。你的解决方案中必须使用 for 循环，但如果你愿意，也可以使用其他 for 循环的变体。

练习 9-4：数组间的值传递

编写一个程序，包含一个至少有 10 个值的数组。该程序还应该带有第二个可以包含 10 个值的空数组。使用 for 循环和 range 函数将第一个数组中的值填充到第二个数组中。

挑战：更新程序，使第二个数组包含第一个数组中的值，但顺序相反。例如，如果原始数组是[5 6 7]，第二个数组应该是[7 6 5]。

练习 9-5：颠倒顺序

创建一个程序，遍历数组中的值，用相同的值按相反的顺序替换原始值。例如，如果原始数组是[5 6 7]，则更新后的数组(具有相同名称)应该是[7 6 5]。

练习 9-6：创建二维数组

创建一个程序，带有一个不小于 4×4 的二维数组。完成后的程序应该显示以下内容。

- 第一维数组的值以及第一维数组的长度；
- 第二维数组中的值以及第二维数组的长度；
- 二维数组形成的矩阵中最右下角的值。

练习 9-7：复制数组

创建一个程序，并创建一个带有 6 个整数的数组。复制并更新数组，使新数组中偶数位置的元素与它前面的元素相同。

例如，如果原始数组是[7 5 10 15 30 50]，那么新数组的最终版本是[7 7 10

10 30 30]。不要对原始数组作任何更改。

练习 9-8：个人数据

创建一个执行下列任务的程序。

- 提示用户回答一系列关于他自己的问题，如他的名字、生日、住在哪里、最喜欢的事情/运动等；包含至少 10 个问题，但在回答至少 5 个问题后，向用户提供退出程序的选项。
- 将问题保存在数组中。
- 将结果以友好的格式显示给用户。例如，如果其中一个问题是“What is your name?”，该回答的输出应该类似于“Your name is Mary.”。
- 显示所有答案后，提示用户可以更改一个或多个答案。
- 用新的答案更新数组并重新显示结果。
- 提供允许用户在任何时候退出程序的选项。

第 10 课
使 用 指 针

Go 支持指针。指针是一个变量，它存储的是数据在内存中的地址，而不是值本身。本课将介绍指针的使用。

本课目标

- 定义自己的指针
- 通过解引用指针查看值
- 通过指针改变另一个变量的值
- 比较指针以确定它们是否相同
- 创建一个指针数组并为其赋值
- 将指针传递给函数

10.1 创建指针

Go 中除映射和切片外的所有变量都是值类型。这意味着，如果将一个变量传递给函数，并且想在函数外部对该变量进行修改，则不能直接修改该变量。每当将一个变量发送给函数时，都会传入该变量的一个副本。

如果想修改变量，一般的方法是使用一个指向内存地址的指针，而不是试图修改变量本身。换句话说，可以使用一个指向变量地址的指针，而不是值本身的副本。当向函数传入一个指针时，原始值和函数中使用的值都指向内存的同一地址。因为它们指向内存中的同一个位置，当改变一个值时，另一个值也会跟着改变。

指针也可以用于传递较大的变量。如果有一个很大的结构体，那么应用程序将需要时间和内存来将结构体及其所有字段复制到一个函数中，而如果传递一个指针，函数将只接收结构体的内存地址。内存地址的体积将比结构体小得多，因此应用程序的效率将更高。

注意：此处提到的结构体、切片和映射将分别在第 11 课～第 13 课中详细介绍。

定义指针的语法如下。

```
var pointerName  *dataType
```

pointerName 是保存指针的变量的名称。*dataType* 是指针中存储的值的类型。在代码清单 10-1 中，创建了两个变量。

- 变量 a 是一个普通的 int 变量，可将其赋值为 20。
- 变量 b 是一个 int 指针，用*int 指定。

代码清单 10-1　声明两个变量

```
package main

import "fmt"

func main() {
   var a int = 20 // a stores the value 20
   var b *int // create a pointer variable b

   fmt.Println(a)
   fmt.Println(b)

}
```

执行上面的代码清单后，输出结果如下所示。

```
20
<nil>
```

变量 b 没有被赋值，因此它的内容为空。虽然 Go 默认情况下将 0 分配给 int 变量，但它根本没有分配任何值给指针。因而会看到 b 等于 nil。

注意：nil 是一个特殊值，只适用于指针。在 Java 和 C++等其他语言中，可以将 0 或 null 赋值给指针，使其不指向任何东西；然而，在 Go 中没有这样做。

10.1.1 初始化指针

一旦定义了指针，就可以使用下面的语法将其初始化为指向另一个变量的内存地址。

```
pointerName = &variableName
```

在代码清单 10-2 中，指针 b 指向变量 a 的内存地址。

代码清单 10-2 初始化指针

```
package main

import "fmt"

func main() {
   var a int = 20 // a stores the value 20
   var b *int     // create a pointer variable b
   b = &a         // b stores the memory address of variable a

   fmt.Println(a)
   fmt.Println(b)
}
```

运行上面的代码后，将得到如下输出。

```
20
0xc0000100b0
```

第二个值是存储 a 值的十六进制内存地址。根据可用内存空间的不同，这个值在每次运行程序时很可能都不同。

10.1.2 声明和初始化指针

我们还可以在一个步骤中同时定义和初始化指针。代码清单 10-3 展示了在一条语句中声明指针 b，并将变量 a 的内存地址赋给它。

代码清单 10-3　在一条语句中声明和初始化指针

```
package main

import "fmt"

func main() {
   var a int = 20  // a stores the value 20
   var b *int = &a // b stores the memory address of variable a

   fmt.Println(a)
   fmt.Println(b)
}
```

这里再次将 a 声明为 int 并将值 20 存储在其中。然后将 b 声明为指向 int 的指针。同时在声明中，将 a 的内存地址赋值给指针 b。运行这个代码清单时，可以看到与前一个代码清单类似的输出。第二条打印语句中打印的地址可能会发生变化。

```
20
0xc0000aa058
```

10.1.3　使用动态类型

就像声明其他类型的变量一样，也可以使用动态类型创建指针变量。前面讲过，动态类型是指创建变量并赋值时没有指定其类型。代码清单 10-4 演示了动态类型，变量 b 在定义时没有指定类型。编译器会根据初始值推断出类型。

代码清单 10-4　动态类型

```
package main

import "fmt"

func main() {
   var a int = 20 // a stores the value 20
   var b = &a     // b stores the memory address of variable a

   fmt.Println(a)
   fmt.Println(b)
}
```

这个代码清单的操作与前面的代码清单相同。唯一的区别是，编译器会推断 b 是一个指向 int 的指针。

10.1.4　不同类型的指针

到目前为止，我们一直在使用指向 int 类型的指针。其实可以使用指向任何其他数据类型的指针，如代码清单 10-5 所示。

代码清单 10-5　各种类型的指针

```
package main

import "fmt"

func main() {
  var a int = 20  // a stores the value 20
  b := &a        // b stores the memory address of variable a

  var c float32 = 10.3
  var d *float32 = &c

  var e string = "My string"
  var f *string = &e

  var g uint = 42
  var h *uint = &g

  fmt.Println(a)
  fmt.Println(b)
  fmt.Println("-------------")
  fmt.Println(c)
  fmt.Println(d)
  fmt.Println("-------------")
  fmt.Println(e)
  fmt.Println(f)
  fmt.Println("-------------")
  fmt.Println(g)
  fmt.Println(h)
  fmt.Println("-------------")
}
```

这个代码清单只是在前一个代码清单的基础上添加了一些变量声明，定义了 float32、string 和 uint 类型的变量以及指向它们的指针。运行这个代码清单时，会看到这些变量的值都出现在打印结果中，而且每个指针变量都有一个唯一的地址。

```
20
0xc000014098
-------------
10.3
```

```
0xc0000140b0
-------------
My string
0xc00003a230
-------------
42
0xc0000140b8
-------------
```

在代码清单 10-5 中可以看到，每个指针声明的类型都与赋值的类型相匹配。如果试图将一种类型的变量赋值给另一种类型的指针，如将 float32 类型的变量赋值给 int 类型的指针，会发生什么？修改代码清单 10-5，将变量 c 的值(一个 float32 类型的值)赋给一个名为 h 的指针，h 被定义为一个指向 uint 的指针。当这样做时会发生什么？代码清单 10-6 展示了这种修改。

代码清单 10-6 将指针指向其他类型

```
package main

import "fmt"

func main() {
   var a int = 20 // a stores the value 20
   b := &a        // b stores the memory address of variable a

   var c float32 = 10.3
   var d *float32 = &c

   var e string = "My string"
   var f *string = &e

   var g uint = 42
   var h *uint = &c // Assigning a type float32 value to *uint

   fmt.Println(a)
   fmt.Println(b)
   fmt.Println("-------------")
   fmt.Println(c)
   fmt.Println(d)
   fmt.Println("-------------")
   fmt.Println(e)
   fmt.Println(f)
   fmt.Println("-------------")
   fmt.Println(g)
   fmt.Println(h)
   fmt.Println("-------------")
}
```

如果这样修改代码并运行这个新代码清单，会出现错误。

```
# command-line-arguments
.\Listing1006.go:16:9: cannot use &c (type *float32) as type *uint in
assignment
```

虽然指针可以保存地址，但存储在指针中的值仍然需要与变量的数据类型保持一致。

10.2 通过指针访问变量值

要访问指针对应的内存地址中的值，可以使用*运算符(解引用运算符)，如代码清单 10-7 所示。

代码清单 10-7 访问指针所指的值

```
package main

import "fmt"

func main() {
   var myVar int = 20
   b := &myVar

   fmt.Println(b) // print the memory address
   fmt.Println(*b) // print the value stored in the memory address
}
```

在这个代码清单中，声明了一个名为 myVar 的 int 类型变量，并将其值设置为 20；还声明了第二个变量 b，并将其设置为 myVar 的地址。因为声明 b 时没有包含类型，所以编译器会动态地将 b 的类型设定为一个指向 int 类型的指针。

声明两个变量后，会执行两条打印语句。首先打印出 b 的值，也就是 myVar 所在的内存地址。在第二条打印语句中，使用*b 而不是 b。解引用运算符没有打印地址，而是打印了该内存地址中保存的值，也就是变量 myVar 中的值。基于上述解引用，本次的输出结果如下所示。

```
0xc0000100b0
20
```

> **注意：**解引用运算符和乘法运算符是同一个字符(*)。Go 会根据代码的上下文推断是想使用星号进行乘法还是解引用。

10.3 了解 nil 指针

之前讲过，当定义一个指针而不初始化它时，它将默认包含一个 nil 值。代码清单 10-8 声明了一个指针，但没有初始化它。

代码清单 10-8 创建一个 nil 指针

```
package main

import "fmt"

func main() {
   var b *int // create a pointer variable b

   fmt.Println(b)
}
```

该程序的输出结果如下。

```
<nil>
```

nil 值意味着指针本身是空的，不包含任何实际值。换句话说，它不指向任何东西。如果添加一条打印语句来解引用存储在 b 中的值，会发生什么？

```
fmt.Println(*b)
```

如果试图访问 nil 指针中的值，会得到类似下面的错误。

```
panic: runtime error: invalid memory address or nil pointer dereference
[signal 0xc0000005 code=0x0 addr=0x0 pc=0x2ec5d5]
```

为避免这种错误，可以使用 if 语句来验证指针是否为 nil。代码清单 10-9 在试图访问名为 b 的指针的值之前检查它是否为 nil。

代码清单 10-9 检查指针是否为 nil

```
package main

import "fmt"

func main() {
   var b *int // create a pointer variable b

   fmt.Println(b)
   if b == nil {
      fmt.Println("b is nil")
   } else {
```

```
        fmt.Println(*b)
    }
}
```

可以看到，为判断 b 中是否有值，只需要将其与 Go 关键字 nil 进行比较。如果 b 等于 nil，那么就知道它没有指向任何东西，因此可以避免执行可能导致错误的操作。

10.4 使用指针改变变量值

因为解引用运算符(*)将变量的值赋给指针，所以也可以通过它为变量本身赋新值。代码清单 10-10 演示了这一点。

代码清单 10-10 通过指针修改变量的值

```
package main

import "fmt"

func main() {
   var a int = 20
   b := &a

   fmt.Print("The value stored in a: ")
   fmt.Println(a)  // print a

   fmt.Print("Memory address: ")
   fmt.Println(b)  // print the memory address

   fmt.Print("Value stored in a (via pointer): ")
   fmt.Println(*b)  // print the value stored at the memory address

   *b = 30  // use the *b to change the value stored at the
          // memory address (or in variable a)
   fmt.Print("New value of a: ")
   fmt.Println(a) // see that the value changed
}
```

在这个代码清单中，将值 20 赋给变量 a；还创建了一个名为 b 的变量，并将其作为指向 a 的指针。接着打印了 a、b(内存地址)和*b(存储在 b 对应的内存地址中的值，即 a 的值)。

打印这些值后，执行下面的代码。

```
*b = 30
```

这条语句改变了存储在 b 的内存地址中的值。由于在指针变量 b 上使用了*，因此改变了赋给 a 的值。可以通过查看程序的输出来确认这一点。

```
The value stored in a: 20
Memory address: 0xc0000ae058
Value stored in a (via pointer): 20
New value of a: 30
```

与以前一样，内存地址将会不同，但可以看到 a 的值从 20 更改为 30。

10.5 比较指针

可以使用==运算符检查两个指针是否相等。如果指针指向相同的存储位置，则它们是相等的，这通常意味着它们指向同一个变量。在代码清单 10-11 中，创建了两个指向变量 a 的指针和一个 nil 指针。

代码清单 10-11　比较指针

```
package main

import "fmt"

func main() {
   var a int = 20
   b := &a
   c := &a
   var x *int

   fmt.Print("Is c == b? ")
   fmt.Println(c == b) // compare c and b

   fmt.Print("Is x == b? ")
   fmt.Println(x == b) // compare x and b
}
```

b 和 c 都被声明为变量 a 的指针，还将指针 x 声明为 int 类型的指针。因为没有给 x 赋值，所以它的值为 nil。

然后互相比较指针。首先比较 c 和 b，然后比较 x 和 b，输出如下。

```
Is c == b? true
Is x == b? false
```

注意：不要将比较指针与比较存储在指针中的值相混淆。比较指针将比较存储在指针中的内存地址。另外也可以使用解引用运算符(*)来比较指针指向的值。

10.6　使用指针数组

上一课介绍了数组。在 Go 中，还可以创建指针数组。指针数组中的每个元素都包含一个指向存储在内存中的值的地址。可以像使用传统数组一样使用这类数组。代码清单 10-12 演示了如何使用指针数组。

代码清单 10-12　创建指针数组

```
package main

import "fmt"

func main() {
  // create a simple array
  numbers := []int{100,1000,10000}

  // print each value in the array
  var ctr int
  for ctr = 0; ctr < len(numbers); ctr++ {
    fmt.Println(numbers[ctr])
  }

  // create an array of pointers
  var numbersptr [3] *int;

  // assign a pointer to each value in the original array and
  // store them in the new array
  for  ctr := 0; ctr < len(numbersptr); ctr ++ {
    numbersptr[ctr] = &numbers[ctr]
  }

  fmt.Println(numbersptr) // print the pointer array

  // print the values the pointers point to
  fmt.Println(*numbersptr[0])
  fmt.Println(*numbersptr[1])
  fmt.Println(*numbersptr[2])
}
```

在这个示例中，创建了一个名为 numbers 的 int 数组，其中包含 3 个元素：100、1000 和 10000。然后使用 for 循环将这些值打印出来。

接着创建了第二个数组 numbersptr，其中保存了 3 个指向 int 类型变量的指针。

```
var numbersptr [3]*int
```

使用第二个 for 循环为原始数组中的每个值分配一个指针。这个赋值操作使用相同的索引偏移量完成。

```
numbersptr[ctr] = &numbers[ctr]
```

完成这些赋值后，打印新数组，它显示 numbersptr 数组中指针的地址。

最后，打印数组中指针所指向的各个值。可以使用*运算符来做到这一点。完整代码清单的输出如下。

```
100
1000
10000
[0xc00000a3c0 0xc00000a3c8 0xc00000a3d0]
100
1000
10000
```

改变数组中的值

可以使用指针数组操作数组中的值。代码清单 10-13 中的代码在前面例子的基础上进行重构，使用指针更新原始数组中的值。

代码清单 10-13　改变数组中的值

```
package main

import "fmt"

func main() {
  // create a simple array
  numbers := []int{100,1000,10000}

  // print each value in the array
  var ctr int
  for ctr = 0; ctr < len(numbers); ctr++ {
    fmt.Println(numbers[ctr])
  }

  // create an array of pointers
  var numbersptr [3] *int

  // assign a pointer to each value in the original array and
  // store them in the new array
  for  ctr := 0; ctr < len(numbersptr); ctr++ {
    numbersptr[ctr] = &numbers[ctr]
  }
```

```
    fmt.Println(numbersptr) // print the pointer array

    *numbersptr[0]=200   // change value of first element in array
    fmt.Println(numbers) // view the current array
}
```

这个代码清单的大部分内容与前一个代码清单相同。但是，这里没有打印指针数组的各个元素，而是将值 200 赋给 numbersptr 的第一个元素(位置 0)中被解引用的指针。

```
*numbersptr[0]=200
```

从输出中可以看到，numbers 数组的第一个元素的值确实从 100 变成了 200。

```
100
1000
10000
[0xc00000a3c0 0xc00000a3c8 0xc00000a3d0]
[200 1000 10000]
```

10.7　在函数中使用指针

可以将指针传递给函数。通过将指针传递给函数，可以访问和使用存储在指针指向的变量中的值。代码清单 10-14 带有一个名为 isupper 的函数，它接收一个指向字符串的指针作为输入，并在字符串为大写时返回 true，否则返回 false。

代码清单 10-14　检查大小写

```
package main

import(
  "fmt"
  "strings"
)

// create a function that main will call
// function checks that string is uppercase
func isupper(x *string) bool {
  if strings.ToUpper(*x) == *x {
    return true
  }
  return false
}
```

```
func main() {
   var message string = "HELLO WORLD"
   messageptr := &message

   // return true if string is all uppercase
   fmt.Println(isupper(messageptr))
}
```

这里没有直接将 message 变量传递给 isupper 函数，而是将该函数设置为接收一个指向该变量的指针，如*string 参数所示。因为保存在 message 中的原始字符串全是大写的，所以程序返回 true。

顺便说一句，这个代码清单导入了 strings，其中包括处理和操作字符串的例程。在这个例子中，使用了 strings.ToUpper 方法，它接收一个字符串参数并返回该字符串的所有字母大写的副本。然后将全大写的字符串副本与原始字符串(*x)进行比较，查看它们是否相同。

注意： 因为原来的字符串在 isupper 函数中没有改变，所以你可能想知道为什么不简单地按值传递字符串。前面曾提到过使用指针而不是值传递的原因。事实上，使用指针所需的内存可能比将字符串值传递给函数要少得多，从而使程序更高效。

通过函数来更改值

前面提到过，变量是按值传递给函数的，这意味着传递的是变量的副本。通过将指针传递给函数，可以访问和使用变量的值。前面的例子获取了一个存储在内存中的值，但没有改变这个值。不过，如你所见，也可以使用指针来改变存储在变量中的值。

代码清单 10-15 将字符串转换为大写。其中的 upper 函数被定义为使用指针而不是变量的值作为参数。不过这一次，函数用原始值的大写版本替换了变量的值。

代码清单 10-15　将字符串转换为大写

```
package main

import(
   "fmt"
   "strings"
```

```
)

// create a function that main will call
// upper function takes as input a pointer of string
func upper(x *string)  {
   *x = strings.ToUpper(*x)
}

func main() {
   var message string = "hello world"

   messageptr := &message

   upper(messageptr)

   fmt.Println(message)
}
```

在这段代码中，用一个小写的字符串初始化 message。然后在 upper 函数中使用 messageptr 将字符串转换为大写。最终输出(HELLO WORLD)表明，变量的值发生了变化，而不只是以大写形式显示原始字符串。

10.8　本课小结

本课介绍了指针，所谓指针是包含另一个变量内存地址的变量；如果指针未赋值，则为 nil。我们不仅学习了如何声明和初始化指针，还看到了如何使用指针访问和操作其他变量的值；甚至进一步了解了如何在数组和函数中使用指针。通过将指针传递给函数，可以在函数外部更改变量中的值。

10.9　本课练习

下面的练习可以让你尝试本课介绍的工具和概念。对于每个练习，请编写一个满足指定要求的程序并验证程序是否按预期运行。

练习 10-1：姓名、年龄和性别

创建一个包含 3 个变量的程序：name、age 和 gender。为每个变量赋值，将这些变量设置为不同的数据类型。创建指向每个变量的指针。使用 fmt.Println

语句并通过原始变量和解引用指针打印出这 3 个变量的值。

练习 10-2：用户输入

在前一课中，我们提示用户输入值。可以通过 fmt.Scanln 函数实现此功能。输入并运行代码清单 10-16，提示用户输入姓名、年龄和性别。

代码清单 10-16 获取用户输入

```
package main

import "fmt"

func main() {
  fmt.Print("Enter your name: ")

  var name string
  fmt.Scanln(&name)

  fmt.Print("Enter your age: ")
  var age string
  fmt.Scanln(&age)

  fmt.Print("Enter your gender: ")
  var gender string
  fmt.Scanln(&gender)

  fmt.Print("Your first name is: ")
  fmt.Println(name)

  fmt.Print("Your age is: ")
  fmt.Println(age)

  fmt.Print("Your gender is: ")
  fmt.Println(gender)
}
```

运行此代码清单后，将其更改为使用指向 3 个变量的指针，而不是直接传递每个变量的地址。

练习 10-3：使用指针

输入并运行代码清单 10-14 中的程序。对这个代码清单作如下修改，查看会发生什么。

- 将赋给 message 的值改为"Hello World"。输出是什么？

- 将赋给 message 的值改为"HELLO 123 WORLD"。输出是什么？
- 如果函数在最后一行代码中使用message而不是messageptr，会发生什么？

```
fmt.Println(isupper(message))
```

练习 10-4：全名

创建一个带有 3 个参数的函数。第一个参数应该是指向将保存全名的字符串变量的指针。第二个和第三个参数应该是分别包含名字和姓氏的字符串。该函数应首先将名字和姓氏字符串组合起来，并在两者之间添加一个空格以创建一个全名，同时将其应用于传递给函数的指针所在位置的变量。

除编写函数外，还可以创建一个主程序来创建“全名”变量和一个指向“全名”的指针。将这些连同名字和姓氏字符串一起传递给函数。调用函数后，打印全名。

练习 10-5：它在做什么

代码清单 10-17 中的大部分代码与本课的内容类似。如果不运行代码，请试着猜测清单中的最后 3 条语句会做什么。

代码清单 10-17　它在做什么

```
package main

import "fmt"

func main() {
  numbers := []int {123,111,333,777, 222,999,555,888,666,444}

  // print each value in the array
  var ctr int
  for ctr = 0; ctr < len(numbers); ctr++ {
    fmt.Println(numbers[ctr])
  }

  var numbersptr [10] *int;
  for  ctr := 0; ctr < len(numbersptr); ctr ++ {
    numbersptr[ctr] = &numbers[ctr]
  }

  tmp := *numbersptr[9]
  *numbersptr[9] = *numbersptr[0]
```

```
    *numbersptr[0] = tmp
}
```

练习 10-6：反转

扩展练习 10-5 中的代码清单，以便使用指针更改数组的顺序。通过使用指针对值进行反转，以便在显示数组时使结果如下。

```
[444 666 888 555 999 222 777 333 111 123]
```

练习 10-7：排序

重写练习 10-6 中的代码清单，以便使用指针来改变数组的顺序。这一次使用指针及其指向的值对列表进行从大到小的排序。

第 11 课

使用结构体

到目前为止，我们已经使用了各种单独的变量。当涉及分组或关联变量时，可以使用数组，它使用一个变量名代表具有相同数据类型的一组数据。不过有时还需要将多个不同类型的变量关联到一个组中。例如，可以用表示银行账户信息的字段创建一个银行账户条目，其中包括账户持有人姓名、账户号码和余额。

结构体是一种包含字段列表的数据结构。结构体在任何编程语言中都非常重要，因为它允许将一组变量组织成一个相关的单元，如账户。本课将详细介绍在 Go 中如何使用结构体。

本课目标

- 理解如何使用结构体
- 创建自己的结构体
- 从结构体中获取元素
- 修改结构体中的值
- 在函数或方法中使用结构体
- 对结构体进行比较

11.1 声明和初始化结构体

结构体允许创建复杂的数据类型。Go 中的结构体可以包含一个或多个字段。结构体中的每个字段都必须有一个数据类型。可以使用 struct 关键字来创建结构体，语法如下。

```
type structName struct {
   field1 string
   field2 float64
[...]
}
```

代码清单 11-1 创建了一个名为 account 的结构体(它包含两个字段 accountNumber 和 balance)，并为每个字段赋值。

代码清单 11-1　创建结构体

```
package main

import "fmt"

// create the struct
type account struct {
   accountNumber string
   balance float64
}

func main() {
   var a account

   a.balance = 140
   a.accountNumber = "C14235345354"

   fmt.Println(a)
}
```

要定义结构体，可使用 type 关键字，后跟结构体名称和 struct 关键字。这里之所以使用关键字 type，是因为要创建一个在代码清单中使用的新数据类型。本例中创建的数据类型是名为 account 的结构体。在 account 结构体中，accountNumber 表示账号并被定义为一个字符串，而 balance 表示当前账户的余额(使用 float64)。

在这个代码清单的 main 函数中，使用定义的 account 类型定义了一个变量。声明变量 a 的方式与声明其他变量的方式相同；不过，这里将 account 作为数据类型。

```
var a account
```

要访问新创建的结构体中的各个字段，可使用“.”运算符(一个句点)。更具体地说是在结构体的名称后面跟上句点，再后跟字段的名称。为访问 account

结构体 a 中的字段并为其赋值，需要执行以下操作。

```
a.balance = 140
a.accountNumber = "C14235345354"
```

最后，打印结构体，它将显示所有字段的值。

```
{C14235345354 140}
```

11.1.1　从结构体中获取值

我们也可以使用赋值时采用的格式打印结构体中的各个字段。代码清单 11-2 说明了这一点，它在前面的代码清单基础上增加了两条打印语句。

代码清单 11-2　从结构体中获取值

```
package main

import "fmt"

type account struct {
  accountNumber string
  balance float64
}

func main() {
  var a account

  a.balance = 140
  a.accountNumber = "C14235345354"

  fmt.Println(a)

  fmt.Println("The account number is", a.accountNumber)

  fmt.Println("The current balance is", a.balance)
}
```

在这个例子中，a.accountNumber 只用来检索账号，而 a.balance 只用来检索账户余额。输出如下所示。

```
{C14235345354 140}
The account number is C14235345354
The current balance is 140
```

11.1.2 在声明结构体变量时对它进行初始化

与其他变量一样，可以在单个语句中声明并初始化结构体变量。在代码清单11-3中，在创建结构体变量a的同时为它进行赋值。只需要使用大括号将结构体中各个字段的值按照创建结构体时的顺序给出即可。

代码清单11-3 在声明结构体变量时进行初始化

```
package main

import "fmt"

type account struct {
  accountNumber string
  balance float64
}

func main() {
  var a = account{"C14235345354",140}

  fmt.Println(a)
}
```

在这个例子中，大括号中的值按它们在结构体中出现的顺序赋值给结构体的相应字段。因此，C14235345354将被分配给字符串accountNumber，140将被分配给浮点数balance。执行这个代码清单时，输出结果如下所示。

```
{C14235345354 140}
```

11.1.3 使用短赋值运算符

另一种选择是对结构体变量使用短赋值运算符(:=)。在声明基本数据类型的变量时，我们使用过这种方式。代码清单11-4展示了在结构体中使用短赋值运算符的方法。

代码清单11-4 使用短赋值运算符

```
package main

import "fmt"

type account struct {
  accountNumber string
```

```
    balance float64
}

func main() {
    a := account{"C13242524", 140.78}
    fmt.Println(a)

    b := account{}
    fmt.Println(b)
}
```

这个代码清单再次使用字符串和 float64 类型创建 account 结构体。然后在 main 函数中使用该结构体声明两个新变量。通过使用短赋值运算符，第一个变量 a 被定义为一个 account，并使用 C13242524 和 140.78 对 a 中的字段进行赋值。可以在输出的第一行看到这些值。

第二个变量 b 也使用短赋值运算符来创建，在声明它的同时对它进行初始化。不过，应该注意到，大括号之间没有值。这意味着 b 中的字段会被赋予默认值。默认情况下，字符串类型的默认值是空字符串，而数值型字段的默认值为 0。从输出的第二行也可以看出这一点。

```
{C13242524 140.78}
{ 0}
```

注意：以下是 Go 的默认值。

- 数值型变量的默认值为 0。
- 字符串变量会被赋值为空字符串("")。
- 布尔变量的默认值为 false。

11.2　在结构体中使用键值对

当使用大括号对结构体进行初始化赋值时，必须按照创建结构体时字段的顺序为所有字段赋值，如我们之前使用的 account 结构体。

```
type account struct {
    accountNumber string
    balance float64
}
```

初始化时，让我们查看如果先给出余额再给出账号会发生什么。

```
a := account{140.78, "C13242524"}
```

在这个例子中，一个数字被赋值给一个字符串，而一个字符串被赋值给一个数字，因此会发生错误。

```
# command-line-arguments
.\listing.go:11:17: cannot use 140.78 (type untyped float) as type
string in field value
.\listing.go:11:25: cannot use "C13242524" (type untyped string) as
type float64 in field value
```

如果想创建一个只有账号而没有分配余额的账户，你可能会这样做。

```
a := account{"C13242524"}
```

这种情况下，提供了账号，但没有提供余额。虽然你可能认为这将默认余额为 0，但事实并非如此。相反，这会产生一个错误，指出初始化时给出的元素不足。

```
# command-line-arguments
.\listing.go:11:17: too few values in account{...}
```

在一个只有两个字段的小型结构体中，很容易确保事情有序进行，并且所有字段都将被赋值；然而，随着程序变得更复杂，结构体变得更大，情况可能就不是这样。Go 提供了一种方法来突破这种限制，那就是使用键值对。

使用键值对初始化结构体时，字段赋值的顺序不必按照创建结构体时字段的顺序，并且也不必为所有字段都进行初始化。在使用键值对进行结构体初始化时，“键”就是字段名，“值”就是要初始化的字段值。在“键”和“值”之间使用冒号进行分隔。

```
字段名:值
```

键值对之间使用逗号进行分隔。代码清单 11-5 再次展示了结构体 account，这次使用键值对进行赋值。

代码清单 11-5 使用键值对

```
package main

import "fmt"

type account struct {
  accountNumber string
  balance float64
}
```

```
func main() {

  a := account{ balance: 140.78, accountNumber: "C13242524"}

  b := account{ accountNumber: "S12212321"}

  fmt.Println(a)
  fmt.Println(b)
}
```

这个代码清单的独特之处在于 account 结构体 a 和 b 的创建和初始化。在第一个声明中，a 使用键值对进行初始化。可以看到列出了字段名，后面跟着一个冒号，然后是要赋的值。在本例中，分配的顺序是颠倒的，因此首先设定余额，然后设定账号。当对结构体进行打印时，可以看到字段已被正确初始化。

```
{C13242524 140.78}
```

在创建结构体 b 时，只分配了账号。可以看到没有对余额进行初始化。因此，默认情况下余额将被设置为 0。在打印结构体 b 时也可以看到这一点。

```
{S12212321 0}
```

11.3　使用 new 关键字

我们也可以使用 new 关键字创建结构体。代码清单 11-6 展示了如何使用 new 关键字声明之前使用过的 account 结构体。

代码清单 11-6　使用 new 创建结构体

```
package main

import "fmt"

type account struct {
  accountNumber string
  balance float64
}

func main() {
  a := new(account)
  a.accountNumber = "C14235345354"
  a.balance = 140

  fmt.Println(a)
```

```
}
```

在这个代码清单中，可以看到通过 new 关键字创建了一个新结构体，并将其赋值给一个变量。将要创建的结构体类型放在 new 关键字后面的圆括号中。在本例中，将创建一个新的 account 结构体，并将其赋值给变量 a。关于此代码清单的所有其他内容(包括如何赋值)都与之前的代码相同。

> **注意：**可以使用 new 关键字通过以下格式声明结构体。
>
> ```
> var a = new(account)
> ```

需要注意的是，new 关键字返回的是一个指向被创建的结构体的指针。这意味着，如果将代码清单 11-6 中的结构体 a 传递给一个函数，那么该函数将不会使用该结构体的副本，而是会引用被创建的原始对象。代码清单 11-7 通过在一个函数中修改账号内容说明了这一点。

> **注意：**内置函数 new()在运行时为变量动态分配存储空间，并将其归零，然后返回指向该变量的指针。这与其他编程语言(如 Java 或 C++)不同。

代码清单 11-7　向函数传递一个用 new 创建的结构体

```
package main

import "fmt"

type account struct {
  accountNumber string
  balance float64
}

func closeAccount(CurrentAccount *account) {
  CurrentAccount.accountNumber = "CLOSED-" + CurrentAccount. accountNumber;
}

func main() {
  var a = new(account)

  a.accountNumber = "C13242524"
  a.balance = 140.78

  fmt.Println(a.accountNumber)

  closeAccount(a)
```

```
    fmt.Println(a.accountNumber)
}
```

在这个代码清单中，在 main 函数中再次使用了相同的 account 结构体。这里创建一个名为 a 的新账户，它被分配了账号和余额。账号被打印出来，看起来和之前见过的一样。

```
C13242524
```

这个代码清单还包含一个名为 closeAccount 的函数，它接收一个 account 结构体作为参数。这个结构体在函数中被称为 CurrentAccount。然而，可以看到 CurrentAccount 是一个 account 类型的指针。

在这个函数中，使用 CurrentAccount 的方式与之前使用 account 结构体对象的方式相同。账号被赋了一个新值，即在原始值前面加上"CLOSED-"。

在调用 closeAccount 并传入结构体 a 后，程序流返回到 main 函数。当打印 a.accountNumber 的值时，可以看到该结构体确实是通过引用而不是通过值进行传递，因为账号的内容已经更新。

```
CLOSED-C13242524
```

> **注意：** 如果不使用 new 关键字创建结构体，那么调用该结构体名称时，它将不代表结构体的指针。因此，将这种结构体传递给函数是通过值来完成的——传递的是该结构体的副本。有关这方面的例子可参阅本课最后的练习 11-3。

11.4　指针和结构体

上一节中介绍了 new 关键字可用于创建指向结构体的指针。可以像第 10 课那样创建指针。代码清单 11-8 创建了一个指针，可以访问和更新 account 结构体中各字段的值。

代码清单 11-8　创建指向函数的指针

```
package main

import "fmt"

type account struct {
    accountNumber string
    balance float64
```

```
}

func main() {
   a := account{"C21345345345355", 15470.09}
   p := &a

   (*p).balance = 220
   fmt.Println(a)

   p.balance = 320
   fmt.Println(a)
}
```

在这个代码清单中，创建了一个名为 a 的结构体并给它赋值。然后，声明了一个名为 p 的变量并将 a 的内存地址赋给它。这意味着 p 将是一个指向结构体的指针，或者更具体地说，是一个指向 account 结构体的指针。之后在余下的代码清单中，给结构体的 balance 赋值并打印出来。

注意，下面两条语句都可以为字段赋值。

```
(*p).balance = 220
```

和

```
p.balance = 320
```

在第一条语句中，使用*显式地将 p 表示为一个指针。因为已经将 p 定义为指针，所以可以像引用结构体本身一样简单地引用它。在第二条语句中，使用更简单的代码来完成相同的工作。当执行上述代码清单时，会发现余额确实以两种方式被分配并被打印。

```
{C21345345345355 220}
{C21345345345355 320}
```

11.5　嵌套结构体

Go 支持嵌套结构体，这允许创建一个结构体，然后将这些结构体作为其他结构体的数据类型字段。在代码清单 11-9 的示例中，创建了一个新的 entity 结构体，表示拥有账户的个人或企业。然后在原始的 account 结构体中包含一个 entity 结构体。

代码清单 11-9　使用嵌套结构体

```
package main

import "fmt"

type account struct {
  accountNumber string
  balance float64
  owner entity
}

type entity struct{
  id string
  address string
}

func main() {
  e := entity{"000-00-0000", "123 Main Street"}
  a := account{}
  a.accountNumber ="C21345345345355"
  a.balance = 140609.09

  // assign the entity struct as a value in the account struct
  a.owner = e

  fmt.Println(a)
}
```

在这个代码清单的 main 函数中，创建了一个名为 e 的 entity 结构体，并在声明时对它进行初始化。然后创建一个名为 a 的 account 结构体，并为 a 中的字段进行赋值。注意，对 account 结构体的 owner 字段进行赋值时，等号右边是表示 entity 结构体的变量 e。

```
a.owner = e
```

当对结构体 a 进行打印时，可以看到其中包含嵌套的结构体。

```
{C21345345345355 140609.09 {000-00-0000 123 Main Street}}
```

值得注意的是，如果只想打印 account 中存储在 entity 结构体中的 id 字段值，则需要通过“.”逐级进行标定。首先给出 account 结构体对象的名称(a)，然后是 entity 结构体对象的名称(owner)，最后是字段的名称(id)，具体代码如下所示。

```
fmt.Println(a.owner.id)
```

11.6　向结构体中添加方法

到目前为止，我们已经介绍了包含字段的结构体，这些字段类似于通过结构体创建的对象的属性。结构体还可以包含函数，这些函数也可以称为方法。

> **注意：**结构体中的方法类似于面向对象编程中的类中的方法。Go 语言没有许多其他编程语言拥有的“类”结构。向结构体中添加方法的方式与其他编程语言中向类中添加方法的方式不同。

代码清单 11-10 为 account 结构体添加一个方法。这里创建了 HaveEnoughBalance 方法，在 main 函数中使用它来检查账户是否有足够的钱可以提取。

代码清单 11-10　在结构体中使用函数

```
package main

import "fmt"

type account struct {
   accountNumber string
   balance float64
   owner entity
}

type entity struct{
   id string
   address string
}

// method uses value from account struct
func(acct account) HaveEnoughBalance(value float64) bool{
   if acct.balance >= value{
      return true
   }
   return false
}

func main() {
   e := entity{"000-00-0000","123 Main Street"}
   a := account{}
   a.accountNumber = "C21345345345355"
   a.balance = 140609.09
   a.owner = e

   // check if the account has 150 dollars to withdraw
   fmt.Println(a.HaveEnoughBalance(150))
```

```
    fmt.Println(a)
}
```

在这个代码清单中，account 结构体再次被创建，它包含了在前面的代码清单中看到的 entity 结构体。这个清单的不同之处在于包含了 HaveEnoughBalance 方法。因为使用了 func 关键字，所以可以知道这是一个函数。总的来说，这个方法与第 8 课中介绍的非常相似。

不同的是，在函数声明中，包含了 account 的接收器类型。

```
func(acct account) HaveEnoughBalance(value float64) bool{
    if acct.balance >= value{
        return true
    }
    return false
}
```

这告诉 Go 该方法绑定到 account 结构体，因此对创建的任何 account 结构体都可用。在这个方法中，可以访问已经创建的结构体中的字段。在本例中，该方法将提供的 value 值(在 main 函数中设定为 150)与结构体 account 中的当前值(acct.balance)进行比较，以确定结果。在这个例子中，因为账户余额大于 150，所以输出如下。

```
true
{C21345345345355 140609.09 {000-00-0000 123 Main Street}}
```

在 main 函数中，HaveEnoughBalance 方法的调用方式是在结构体名称后面跟上点运算符和方法名称。另外还传递了适当的参数，在这个例子中，参数为数值 150。

```
a.HaveEnoughBalance(150)
```

注意，就像将 150 对应到 HaveEnoughBalance 方法中的 value 参数一样，结构体 a 与方法中的 acct 接收器类型相对应。

注意： 在代码清单 11-10 中，我们在函数中使用了比较运算符。还可以在函数中执行其他运算，包括数学运算和字符串运算。例如，可以设置一个方法来接收存款金额，并更新账户余额以加入该存款。

11.7 类型和值

通过导入 Go 的 reflect 包，可以使用 TypeOf 和 ValueOf 函数检查结构体的类型和值。代码清单 11-11 展示了如何使用这些函数。

代码清单 11-11 类型和值

```
package main

import (
   "fmt"
   "reflect"
)

type account struct {
   accountNumber string
   balance float64
   owner entity
}

type entity struct{
   id string
   address string
}

func(a account) HaveEnoughBalance(value float64) bool{
   if a.balance >= value{
      return true
   }
   return false
}

func main() {
   e := entity{"000-00-0000","123 Main Street"}
   a := account{}
   a.accountNumber = "C21345345345355"
   a.balance = 140609.09
   a.owner = e

   fmt.Println("Type and value of a:")
   fmt.Println(reflect.TypeOf(a))
   fmt.Println(reflect.ValueOf(a))

   fmt.Println("\nType and value of e:")
   fmt.Println(reflect.TypeOf(e))
   fmt.Println(reflect.ValueOf(e))
}
```

前面讲过，struct 关键字用于创建结构体，这些结构体被视为新类型。在这个代码清单中，更新了之前的代码清单，增加了对 reflect 包中 TypeOf 和 ValueOf 函数的调用。可以使用它们来打印代码清单中定义的变量 a 和 e 的类型和值。可以看到，它们打印了两个结构体的类型和值。输出结果如下。

```
Type and value of a:
main.account
{C21345345345355 140609.09 {000-00-0000 123 Main Street}}

Type and value of e:
main.entity
{000-00-0000 123 Main Street}
```

11.8　对结构体进行比较

可以使用==操作符来比较两个结构体。这个操作符将比较结构体中的每个元素，以验证它们是否相同。在代码清单 11-12 中，使用 entity 结构体创建了 3 个不同的变量，然后对它们进行比较。

代码清单 11-12　对结构体进行比较

```
package main

import (
  "fmt"
)

type account struct {
  accountNumber string
  balance float64
  owner entity
}

type entity struct{
  id string
  address string
}

func main() {
  e1 := entity{"000-00-0000", "123 Main Street"}
  fmt.Println(e1)

  e2 := entity{"000-00-0000", "123 Main Street"}
  fmt.Println(e2)

  fmt.Println(e1 == e2)
```

```
    e3 :=entity{"000-00-0000", "124 Main Street"}
    fmt.Println(e3)

    fmt.Println(e1 == e3)
}
```

因为赋给 e1 和 e2 的值相同，所以第一条比较语句返回 true。

```
{000-00-0000 123 Main Street}
{000-00-0000 123 Main Street}
true
```

然而，e3 的“地址”稍有不同，因此 e1 和 e3 是不同的。

```
{000-00-0000 124 Main Street}
false
```

简化布尔表达式

在本课以及本书其他许多课中都会用到布尔表达式。许多情况下，表达式可以进行简化。例如，考虑下面这个本课使用的代码。

```
if accountBalance >= value {
      return true
}

return false
```

因为表达式 accountBalance >= value 返回一个布尔值，所以可以简单地使用表达式的结果，而不是执行 if 语句。这 4 行代码可以简化为 1 行。

```
return accountBalance >= value
```

对于大多数正在学习一门新编程语言的人来说，这 4 行代码清楚地表明了正在发生的事情。4 行代码和 1 行代码在执行速度上没有明显的差异。

类似地，if 语句也可以这样做。

```
if value == true {
```

可简化为如下。

```
if value {
```

不过，对于新手开发人员来说，使用 if 语句进行条件判断将使代码更易于理解。

11.9　本课小结

本课介绍了如何将一组字段和方法关联到一个包中，然后用于创建新类型。通过使用结构体，能够更好地组织程序中使用的信息。

我们现在应该能够创建自己的结构体(包括嵌套结构体)，以及在代码中使用它们；应该能够对结构体进行赋值、更新以及读取结构体中的值，还能够确定它们的类型、比较它们，甚至创建指针来访问它们。

> **注意：**开发人员可能使用各种术语。结构体中的变量也可以称为字段或属性。“方法”是结构体中的函数。结构体可以被视为一种“用户定义类型”，可以像基本类型一样用来创建变量。结构体创建的变量也可以称为对象。

11.10　本课练习

下面的练习可以让你尝试本课介绍的工具和概念。对于每个练习，请编写一个满足指定要求的程序并验证程序是否按预期运行。

练习 11-1：在信封上写地址

创建一个 address 结构体，包含以下条目。

- 名字；
- 姓氏；
- 地址行 1；
- 地址行 2；
- 城市；
- 州；
- 国家；
- 邮政编码。

编写一个程序，使用该结构体创建并初始化一个变量。先赋值，然后使用 fmt.Print 和 fmt.Println 在信封上打印标准格式的地址。要避免打印地址行 2(如

果它是空的)，同时在城市和州之间添加逗号进行分隔。例如

```
John Doe
123 My Street
Chicago, IL 12345
```

练习 11-2：name 结构体

创建一个保存名字的结构体。它应该包括名、姓和中间名。重写练习 11-1 中的解决方案，使用这个 name(嵌套)结构体代替单个字段。

练习 11-3：全名

更新前面代码清单中创建的保存名字的结构体。在 name 结构体中添加一个 GetFullName 方法，它不接收任何参数，但从该方法中返回一个字符串，其中包含当前 name 结构体中的人的“全名”。全名的格式应依次为名、中间名首字母、句点和姓。如果没有中间名，则不应包括句点。

练习 11-4：通讯录

通过使用前面代码清单中创建的 address 结构体，创建一个名为 Address Book 的地址数组。为该数组至少分配 4 个地址，然后以用于信封的格式打印这些地址。

练习 11-5：传递结构体

将代码清单 11-13 与本课前面的代码清单 11-7 进行比较。两者有什么区别？在运行代码清单 11-13 之前，请预测 a.ccountNumber 的最终值是多少。运行代码，验证你的判断。

代码清单 11-13　传递结构体

```
package main

import "fmt"

type account struct {
```

```
    accountNumber string
    balance float64
}

func closeAccount(CurrentAccount account) {
  CurrentAccount.accountNumber = "CLOSED-" + CurrentAccount.account Number;
}

func main() {
    var a account

    a.accountNumber = "C13242524"
    a.balance = 140.78

    fmt.Println(a.accountNumber)

    closeAccount(a)

    fmt.Println(a.accountNumber)
}
```

练习 11-6：嵌套结构体

考虑不同的适合嵌套结构体的场景。在这种场景下，创建一个至少包含一个嵌套结构体的结构体。编写一个程序，使用这些结构体创建并显示至少两个不同的变量。例如

- 拥有多个账户的银行客户；
- 学习多门课程的学生；
- 有多名学生的课程。

练习 11-7：汉堡店

在这个练习中，将为一家汉堡店创建一个在线订购系统。这个练习需要用到目前为止在书中所学到的知识。该程序将执行以下任务。

- 从用户那里获得订单信息，包括汉堡、饮料、配餐或套餐。
- 定制选定的条目，包括汉堡的配料。
- 向用户显示完成的订单。
- 计算并显示订单总额。
- 允许用户在任何情况下取消订单并退出程序。
- 如果用户输入了一个意外的值，提供适当的反馈并提示他们再试一次。

该程序必须包含以下功能。

(1) 创建一个表示汉堡的结构体，包含以下属性。

- Bun：布尔值(如果想要带小面包的汉堡，则为 True，否则为 False)。
- Price：float64。
- Dressed：布尔值(如果想向汉堡添加所有调料，则为 True，否则为 False)。

首先使用上面的基本选项，当程序可以顺利运行后，再添加其他选项。

(2) 创建一个表示饮料的结构体，包含以下属性。

- Price：float64。
- Type：string。

(3) 创建一个表示配餐的结构体，包含以下属性。

- Price：float64。
- Type：string。

(4) 创建一个名为 Combo 的嵌套结构体，表示汉堡、配餐和饮料的组合。

- Burger。
- Side。
- Drink。
- Price：组合商品的价格是 3 件商品打八折后的价格。

(5) 接下来，实现以下函数。

- user_input_burger 函数，用于询问用户想要的汉堡，并将其存储在结构体类型中。汉堡的价格计算如下。
    - ◆ 带有小面包的汉堡：7 美元。
    - ◆ 不带小面包的汉堡：6 美元。
    - ◆ 是否添加调料不影响价格。
- user_input_drink 函数，用于询问用户想要的饮料。它为用户提供有限数量的饮料选择(包括 3～4 种选择)。
    - ◆ 冰水：1 美元。
    - ◆ 其他饮料：2 美元。
- user_input_side 函数，用于询问用户想要的配餐。它为用户提供有限数量的配餐选择，如炸薯条、洋葱圈、沙拉和凉拌卷心菜。
    - ◆ 薯条：2 美元。
    - ◆ 其他配餐：3 美元。

- user_input_combo 函数，用于询问用户对套餐的偏好。
- take_order_from_user 函数，具有以下功能。
  - 要求用户输入下单人的名字。
  - 重复接受订单，直到用户完成下单。
  - 显示订单细节。
  - 显示“感谢惠顾”之类的信息。

挑战：一旦这里列出的基本程序可以正常运行，就可以考虑重写程序并对程序进行改进。例如

- 允许用户为汉堡选择特定的配料，包括奶酪、生菜、西红柿、洋葱、泡菜、芥末和番茄酱，以及提供小面包选择。
- 允许非汉堡的选择，如鱼肉三明治、玉米卷或单人份比萨。
- 允许用户选择饮料的大小(不同容量的饮料价格不同)。
- 允许用户自定义，例如低盐或添加更多的泡菜。
- 添加甜点菜单。

第 12 课

访 问 切 片

在定义数组时，我们不但给出了数据类型，还规定了数组的大小。这意味着一旦创建了数组，就不能改变它的大小。不过某些情况下，固定长度的数组可能会带来不便。

Go 通过使用切片支持可变大小的数据结构。与数组不同，切片数据类型不依赖其长度，因此切片是一个动态而强大的工具，比数组更灵活。本质上，切片是数组中值的子集。本课将深入了解切片的工作原理。

本课目标

- 创建切片
- 解释切片和数组之间的区别
- 在切片内更改值
- 遍历切片
- 向切片中添加值
- 复制切片

12.1　切片的工作原理

切片是建立在数组类型之上的抽象。这意味着它允许使用与数组相同的逻辑，但具有更强大的功能和灵活性。

切片是数组的一部分；也就是说，可以创建一个数组，然后再创建一个切片，切片只引用该数组中的一些元素。由于数组中的每个元素必须是相同的数据类型，因此切片中的每个元素也必须是相同的数据类型。

切片包括指向数组中的元素的指针、切片的长度以及它的容量(切片能够容纳的最大元素数量，这取决于底层数组的大小)。要理解这 3 个要素，可以参考图 12-1 中的可视化展示。

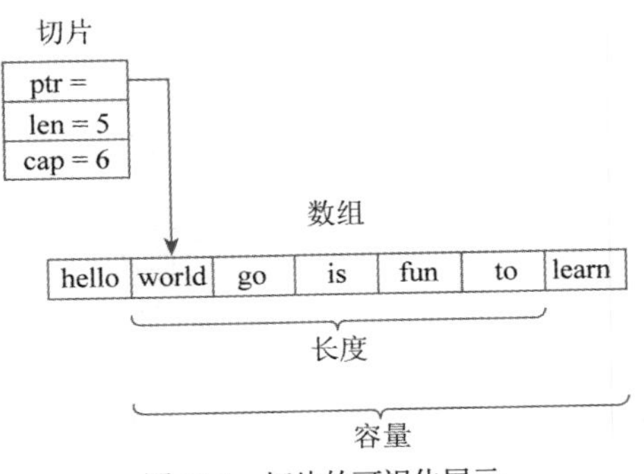

图 12-1　切片的可视化展示

在图 12-1 中，我们从一个包含 7 个字符串元素的数组开始，它们的索引值为 0~6。该切片引用了包含 3 个值的数组。

- 指针(ptr)指向原始数组中的一个特定元素，使用该元素的索引值。在图中，它的值为 1，因此指向数组中的第二个元素。
- 切片的长度(len)是 5。这意味着它引用了数组中的 5 个元素(1～5)，从指针的值开始计算。
- 容量(cap)指的是基于指针值和数组大小的切片的最大长度。在这个例子中，因为数组包含 7 个元素，而切片从第二个元素开始，所以容量为 6。

12.2　对数组进行切片

为更好地理解切片和数组之间的关系，可以看一个例子。在这个例子中，首先创建一个包含 7 个整数的数组，然后创建该数组的一个切片。代码清单 12-1 展示了这个过程，它通过使用原始数组位置 0～4 的值来创建一个切片。

代码清单 12-1 对数组进行切片

```
package main

import (
  "fmt"
  "reflect"
)

func main() {
  // define an array with 7 elements
  numbers := [7]int{0,1,2,5,798,43,78}
  fmt.Println("array value:", numbers)
  fmt.Println("array type:", reflect.TypeOf(numbers))

  // define a slice s based on the numbers array
  s := numbers[0:4]
  fmt.Println("slice value:", s)
  fmt.Println("slice type:", reflect.TypeOf(s))
}
```

这个代码清单首先定义了一个名为 numbers 的数组(它包含 7 个 int 类型的元素)，并在声明时进行了赋值。然后打印出这个数组，接着使用 reflect 包中的 TypeOf 方法来证明 numbers 确实是一个数组。

```
array value: [0 1 2 5 798 43 78]
array type: [7]int
```

下面的代码将 s 声明为 numbers 数组的一个切片。

```
s := numbers[0:4]
```

该切片包括指针 0(引用数组中的第一个元素)和接下来的 3 个元素。定义切片后，再使用两条打印语句。这一次打印的是 s 的值和类型。

```
slice value: [0 1 2 5]
slice type: []int
```

注意，在输出中数组类型显式包含数组的大小(7)，而切片类型则不包含大小。上述代码清单的完整输出如下。

```
array value: [0 1 2 5 798 43 78]
array type: [7]int
slice value: [0 1 2 5]
slice type: []int
```

12.2.1　使用 len 和 cap

代码清单 12-1 中创建了一个名为 s 的切片，其长度为 4。然而，我们并没有提到它的容量。要计算切片的长度和容量，可以使用 len 和 cap 函数。代码清单 12-2 演示了如何使用这些函数来确定切片的长度和容量。

代码清单 12-2　使用 len 和 cap 函数

```
package main

import (
  "fmt"
)

func main() {
  // define an array with 7 elements
  numbers := [7]int{0,1,2,5,798,43,78}
  fmt.Println(numbers)

  // define a slice mySlice based on numbers in the array
  mySlice := numbers[1:5]
  fmt.Println(mySlice)

  fmt.Println("Length of slice:", len(mySlice))

  fmt.Println("Slice capacity:", cap(mySlice))
}
```

在本例中，创建了一个名为 mySlice 的切片，它从数组的第二个元素开始，包含从该点开始的 4 个元素。

- 指针为 1，因为它是原始数组中包含的第二个元素。
- 长度是 4，因为包含了 4 个元素。从数组的索引位置 1 开始，到索引位置 5。5 减 1 等于 4。
- 切片的容量是由数组本身的大小决定的。在这个例子中，由于从索引位置 1 开始切片，因此排除了数组中的第一个元素。因为该数组包含 7 个元素，所以该切片的容量为 6。

上述代码清单的输出结果如下所示。

```
[0 1 2 5 798 43 78]
[1 2 5 798]
Length of slice: 4
Slice capacity: 6
```

12.2.2　使用快捷方式

可以使用快捷符号来定义切片的大小和元素，这样可以更简洁。基本的语法包括指针和长度，同时 Go 语言也会为它们提供默认值。代码清单 12-3 演示了 3 种定义切片的方式。

代码清单 12-3　定义切片的其他方式

```
package main

import (
    "fmt"
)

func main() {
    numbers := [7]int{0, 1, 2, 5, 798, 43, 78}
    fmt.Println("Numbers array:", numbers)

    // define a slice with the first 4 elements
    slice_1 := numbers[0:4]
    fmt.Println("slice_1:", slice_1)

    // define slice from the second element through the end of the array
    slice_2 := numbers[1:]
    fmt.Println("slice_2:", slice_2)

    // define a slice with the first 5 elements
    slice_3 := numbers[:5]
    fmt.Println("slice_3:", slice_3)
}
```

这个代码清单展示的每种方式都创建了一个单独的切片。这些切片的创建方式如下。

- slice_1：它使用了[0:4]符号。这个符号告诉 Go 要从索引位置 0 的元素开始，获取索引位置在 4 之前但不包括 4 的所有元素。因此，这个切片有 4 个元素，它们分别位于索引位置 0、1、2 和 3 处(指针为 0)。
- slice_2：符号[1:]将指针定义为 1，因此切片从原始数组的第二个元素开始(即数组的索引位置 1)。由于没有定义长度，因此 Go 将通过 len-1 使用数组中的所有剩余元素。
- slice_3：如果没有定义指针，Go 将默认使用 0。符号[:5]让 Go 从数组的索引位置 0 开始，并检索 5 个值(取到索引值 5 之前，不包含索引值 5)。

执行这个代码清单后，输出结果如下所示。

```
Numbers array: [0 1 2 5 798 43 78]
slice_1: [0 1 2 5]
slice_2: [1 2 5 798 43 78]
slice_3: [0 1 2 5 798]
```

注意： 对于切片[low: high]，切片的长度是 high 减去 low 得到的值。

```
length = high - low
```

12.3 改变切片的大小

由于切片不像数组那样由其大小定义，因此可以从原始数组创建不同长度的切片。在代码清单 12-4 的示例中，使用 numbers 数组中的 4 个元素创建了一个名为 s 的切片。然后，将该切片替换为长度与原始切片容量相同的切片。

代码清单 12-4　改变切片的大小

```
package main

import (
   "fmt"
)

func main() {
  // define an array with 7 elements
  numbers := [7]int{0,1,2,5,798,43,78}
  fmt.Println(numbers)

  // define a slice s based on the numbers array
  s := numbers[1:5]
  fmt.Println(s)

  fmt.Println("Length of slice:", len(s))
  fmt.Println("Slice capacity:", cap(s))

  s = s[:cap(s)]
  fmt.Println("Revised slice:", s)
  fmt.Println("Length of slice:", len(s))
}
```

这段代码的开始部分与之前的代码类似，首先定义了一个数字数组和一个初始切片。初始切片从索引位置 1 开始，到索引位置 5 结束，因此它包含了 4 个元素。当打印出原始数组、初始切片以及切片的长度和容量时，可以看到这些信息。

```
[0 1 2 5 798 43 78]
[1 2 5 798]
Length of slice: 4
Slice capacity: 6
```

打印这些信息后，使用下面的代码给切片赋一个新值。

```
s = s[:cap(s)]
```

注意，当重新定义切片时，如果没有包含一个指针值，那么切片的指针不会改变。在初始切片中，将指针定义为原始数组的第二个元素(索引为 1 的元素)。当重新定义切片时，没有改变指针，只是重新定义了切片应该包含多少元素。这种情况下，使用 cap(s)来确定指向的数组的最高索引值。这成功地将切片的长度从 4 更改为 6，可以通过查看完整输出的最后两行来验证。

```
[0 1 2 5 798 43 78]
[1 2 5 798]
Length of slice: 4
Slice capacity: 6
Revised slice: [1 2 5 798 43 78]
Length of slice: 6
```

12.4 对切片进行迭代

可以使用 for 循环来迭代切片中的元素。代码清单 12-5 创建一个数组，然后创建一个基于该数组的切片。最后使用 for 循环来打印切片的值。

代码清单 12-5 对切片进行迭代

```
package main

import (
  "fmt"
)

func main() {
   numbers := [7]int{0,1,2,5,798,43,78}
   fmt.Println(numbers)

   s := numbers[0:4]
   fmt.Println(s)

   for i := 0; i < len(s); i++{
```

```
        fmt.Println("Element", i, "is", s[i])
    }
}
```

在这个代码清单中，使用了一个简单的 for 循环，将数组中的每个元素打印在单独的一行上。这是在使用打印语句打印整个数组和切片后完成的。输出结果如下所示。

```
[0 1 2 5 798 43 78]
[0 1 2 5]
Element 0 is 0
Element 1 is 1
Element 2 is 2
Element 3 is 5
```

需要注意的是，在访问切片中的每个元素时使用的索引从 0 开始。可以将代码清单 12-5 中的切片更改为以下内容。

```
s := numbers[2:4]
```

如果使用切片[2:4]运行上述代码清单，输出将变成如下。

```
[0 1 2 5 798 43 78]
[2 5]
Element 0 is 2
Element 1 is 5
```

可以看到 s[0]包含切片中的第一个元素。

12.5 make 函数

正如之前所讲的那样，切片总是依赖数组，因此切片中的每个元素必须具有相同的数据类型。另外，虽然在声明时可以定义切片的初始大小，但切片的大小并非其定义的固有部分。

两个或多个切片可以引用相同的数组。如果将一个切片分配给另一个切片，那么这两个切片将引用同一个数组，即便没有明确指出引用自哪个数组。

Go 语言还允许使用内置的 make 函数直接创建切片，而无须先创建一个数组。当使用 make 函数时，编译器会在内部创建一个数组，然后创建一个引用该数组的切片，如代码清单 12-6 所示。

代码清单 12-6 使用 make 创建切片

```
package main

import (
   "fmt"
)

func main() {
   s := make([]int, 10)

   fmt.Println(s)
}
```

在这个例子中，创建了一个包含 10 个元素的 int 类型切片 s。其中，make 函数接收两个参数。第一个参数是与切片关联的数组类型([]int)，第二个是切片的长度(10)。创建完切片后，将其打印输出，结果如下所示。

```
[0 0 0 0 0 0 0 0 0 0]
```

因为没有为切片元素分配任何值，而且切片的类型是 int，所以 Go 自动为切片中的每个元素分配默认值 0。

12.6 使用 var 创建切片变量

我们也可以使用 var 来创建切片变量，语法如下。

```
var variableName[]dataType
```

在代码清单 12-7 中，创建了一个空的切片变量，然后显示了该切片及其类型。这可以使用 var 来实现。

代码清单 12-7 创建切片变量

```
package main

import (
   "fmt"
   "reflect"
)

func main() {
   var s[]int      // define a slice
   fmt.Println(s)  // display an empty slice
   fmt.Println("Slice type:", reflect.TypeOf(s)) // type of the slice
}
```

代码执行结果如下所示。

```
[]
Slice type: []int
```

Go 语言不会为切片分配默认值，如果没有为切片定义长度，那么切片本身为空。但是，必须设定切片的数据类型。该数据类型反映在切片的类型中。这种情况下，即使切片在理论上是空的，但由于切片具有特定的数据类型，因此只能向其中添加整数值。

> **注意：** 在之前的学习中，我们学到了可以通过查看打印结果中是否包含长度来区分数组和切片。

12.7 处理切片元素

切片虽然显式或隐式地依赖数组，但其中每个元素都可以使用基于该切片的索引值进行标识，其中第一个元素的索引值为 0，而不管该元素在原始数组中的索引值为何。

与其他数据结构一样，可以通过引用切片中的索引值来标识单个元素。这在代码清单 12-5 中展示过，在其中打印了名为 s 的切片的值。

12.7.1 替换切片中的元素

通过访问切片中的单个元素，可以对它们进行更改。这包括替换切片中单个元素的值，如代码清单 12-8 所示。

代码清单 12-8 替换切片中的元素

```
package main

import (
   "fmt"
)

func main() {
   s := make([]int, 10)
   fmt.Println("Original slice:", s)
```

```
    s[0]=99
    fmt.Println("Updated slice:", s)
}
```

在这个示例中，使用 make 函数创建一个名为 s 的切片。这个切片中包含 10 个整数元素。由于将切片定义为 int 类型，因此 Go 会将默认值 0 分配给切片中的每个元素。一旦定义了切片，就可以打印存储在切片中的值。

```
Original slice: [0 0 0 0 0 0 0 0 0 0]
```

然后，将第一个值替换为其他值。在这个例子中，我们将值 99 赋给它。在索引位置 0 进行更新后，切片使用值 99 作为第一个元素。完整的输出如下所示。

```
Original slice: [0 0 0 0 0 0 0 0 0 0]
Updated slice: [99 0 0 0 0 0 0 0 0 0]
```

12.7.2 使用空切片

值得一提的是，如果切片为空，则无法使用索引向其中添加元素。在代码清单 12-8 中，我们指定了切片应包含 10 个元素，因此该切片不为空。如果未指定切片中元素的数量，则该切片将保持为空，若向其中添加一些内容，将得到错误提示，如代码清单 12-9 所示。

代码清单 12-9 使用空切片

```
package main

import (
    "fmt"
)

func main() {
    var s []int    // create an empty slice
    fmt.Println(s)
    s[0]=10        // this won't execute
}
```

在代码清单 12-9 中，可以看到 s 被创建为空切片，用于保存 int 值。当试图给切片添加值时(即使是使用索引 0)，程序会抛出一个运行时错误。运行上述代码清单时，可以从输出中看到这一点。

```
[]
panic: runtime error: index out of range [0] with length 0
```

12.7.3 使用切片的部分元素

前面已经学习了如何使用切片名称和索引值来打印切片中的单个元素。例如，下面的代码将打印 mySlice 中的第一个元素。

```
fmt.Println(mySlice[0])
```

也可以通过使用起始元素和结束元素的索引来获取切片中的部分元素，元素索引之间用冒号分隔。例如，下面的代码将打印 mySlice 中从索引位置 0 到 3 的所有元素。

```
fmt.Println(mySlice[0:3])
```

注意：在前面的 Println 语句中，实际上代码创建了一个未命名的切片，其范围是从 mySlice 中的索引位置 0 到 3(不包括索引位置 3)。然后，该未命名切片被打印，之后被丢弃。这等价于以下代码，不过 Go 会为你自动完成这些步骤。

```
newSlice := mySlice[0:3]
fmt.Println(newSlice)
```

代码清单 12-10 创建了一个字符串切片。在这个代码清单中，首先打印整个切片，然后打印切片中的一个元素，最后是一个索引范围内的切片。

代码清单 12-10 打印切片的一部分

```
package main

import (
  "fmt"
)

func main() {
  mySlice := make([]string, 8)

  mySlice[0] = "Happy"
  mySlice[1] = "Sneezy"
  mySlice[2] = "Grumpy"
  mySlice[3] = "Bashful"
  mySlice[4] = "Doc"
  mySlice[5] = "Sleepy"
  mySlice[6] = "Dopey"
  mySlice[7] = "Fred"

  fmt.Println(mySlice)
  fmt.Println(mySlice[2])
```

```
   fmt.Println(mySlice[2:5])
}
```

这个代码清单展示了之前展示过的内容。它使用 make 创建了一个可以包含 8 个字符串的空切片。然后，在打印之前，将值分别分配给切片中的元素。第一个打印显示了切片中的所有值。第二个打印显示了一个单独的元素——mySlice[2]中的元素，值为"Grumpy"。最后，第三个打印使用了[2:5]，它显示了切片的一个部分，从第二个索引位置的元素开始，一直到第五个索引位置的元素，但不包括这个元素。完整输出如下所示。

```
[Happy Sneezy Grumpy Bashful Doc Sleepy Dopey Fred]
Grumpy
[Grumpy Bashful Doc]
```

12.7.4　在切片中使用 range

在代码清单 12-5 中，我们使用 for 循环遍历了一个名为 numbers 的切片，并打印了其中的每个元素。为确定循环的结束条件，我们使用了切片的长度属性。除此之外，还可以使用 range 关键字来遍历切片，如代码清单 12-11 所示。

代码清单 12-11　使用 range 遍历切片

```
package main

import (
   "fmt"
)

func main() {
   numbers := [7]int{0,1,2,5,798,43,78}
   fmt.Println(numbers)

   s := numbers[0:4]
   fmt.Println(s)

   for i, v := range s {
      fmt.Println("Element", i, "is", v)
   }
}
```

从这个代码清单中可以看出，使用 range 简化了 for 循环。在这个例子中，range 返回两个值：i 和 v。变量 i 包含切片元素的索引值，而 v 将包含元素的值。

注意： 下面的 for 循环也可以只捕获 range 返回的索引值。

```
for i := range s {
fmt.Println("Element", i, "is", s[i])
}
```

12.8 使用 append 函数向切片追加值

虽然不能将值追加到数组，但是可以将值追加到切片中。使用 append 函数可以在切片的末尾添加一个新元素。如果切片是空的，新元素将被放置在索引 0 处。如果切片不为空，append 会将元素添加到第一个可用位置。代码清单 12-12 演示了如何创建一个名为 s 的空切片，然后向其中添加两个元素。

代码清单 12-12 向切片添加值

```
package main

import (
   "fmt"
)

func main() {
  // create an empty slice
  var s []int
  fmt.Println(s)
  s = append(s, 10)
  fmt.Println(s)
  s = append(s, 11)
  fmt.Println(s)
}
```

此代码清单的运行结果如下所示。

```
[]
[10]
[10 11]
```

在输出中可以看到，初始切片是空的。附加到切片上的每一个值都会向切片中添加一个新元素，从而改变切片的大小。

12.9 复制切片

可以使用copy函数将一个切片的内容复制到另一个切片中。在代码清单12-13中，创建了一个包含两个元素的切片和一个空切片。然后将第一个切片中的元素复制到第二个切片中。

代码清单 12-13 复制切片

```
package main

import (
   "fmt"
)

func main() {
   var s = []int{10, 11}
   fmt.Println("Slice s: ",s)

   // create a destination slice
   c := make([]int, len(s))

   // copy everything in s to c
   num := copy(c, s) // returns the minimum number of elements in the slices
   fmt.Println("Number of elements copied:", num)
   fmt.Println("Slice c:", c)
}
```

上面的代码清单的执行结果如下所示。

```
Slice s: [10 11]
Number of elements copied: 2
Slice c: [10 11]
```

注意，在创建第二个切片时，要指定它的长度应等于第一个切片的长度。

```
c := make([]int, len(s))
```

可以使用硬编码的值(如2)，但上面的方法可以保证新切片足够大，从而保存复制过来的元素。如果这个值太小(甚至对那些长度为0的空切片来说)，复制操作将无法正常工作。

copy函数本身执行两个独立的任务。

- 它将元素从一个切片复制到另一个切片。
- 它返回成功复制的元素数，该值将等于两个切片长度的最小值。

在这个例子中，copy函数复制两个元素，然后返回值2。但是，如果目标切片的长度小于原始切片的长度，那么只会复制较少数量的元素。例如，如果使用以下指令创建目标切片。

```
c := make([]int, 1)
```

Go 只会将 s 中的第一个元素复制到 c，代码执行结果如下所示。

```
Slice s: [10 11]
Number of elements copied: 1
Slice c: [10]
```

12.10　使用 new 关键字创建切片

我们也可以使用 new 关键字创建切片。这种情况下，可以使用如下语法。

```
var newSlice = new ([capacity] type)(startingElement:length)
```

例如，下面的代码创建了一个指针，指向容量为 10 个 int 元素、长度为 5 个元素的切片。

```
var mySlice = new([10]int)[0:5]
```

通过使用此声明，切片中的元素将带有默认值。这种情况下，因为元素是 int 类型，所以切片的所有元素的值将为 0。

切片的分配和使用方法与之前介绍的类似。可以通过索引值为切片的前两个元素赋值，例如

```
mySlice[0] = 1
mySlice[1] = 2
```

此外，还可以使用 Println 打印切片，只要传入切片的名称即可。

```
fmt.Println(mySlice)
```

代码清单 12-14 与代码清单 12-10 类似。唯一的区别是，这里使用 new 关键字而不是 make 声明 mySlice。

代码清单 12-14　使用 new 关键字

```
package main

import (
   "fmt"
   "reflect"
```

```
)

func main() {
   var mySlice = new ([10]string) [0:8]
   mySlice[0] = "Happy"
   mySlice[1] = "Sneezy"
   mySlice[2] = "Grumpy"
   mySlice[3] = "Bashful"
   mySlice[4] = "Doc"
   mySlice[5] = "Sleepy"
   mySlice[6] = "Dopey"
   mySlice[7] = "Fred"

   fmt.Println("slice type:", reflect.TypeOf(mySlice))
   fmt.Println(mySlice)
   fmt.Println(mySlice[2])
   fmt.Println(mySlice[2:5])
}
```

在这个代码清单中，mySlice 创建了一个新的字符串元素切片。使用 reflect.TypeOf 函数在输出中打印切片的类型可以证实这一点。切片的容量被定义为 10。但是，切片从索引位置 0 开始，包含了 8 个元素。这些元素的赋值方式与之前的代码清单类似，并且还可以使用代码清单 12-10 中的方式打印切片的不同部分。完整的输出如下所示。

```
slice type: []string
[Happy Sneezy Grumpy Bashful Doc Sleepy Dopey Fred]
Grumpy
[Grumpy Bashful Doc]
```

在第 11 课中，我们使用 new 关键字创建了结构体。那时，我们知道 new 关键字实际上创建了一个指向所创建的结构体的指针。使用 new 关键字创建切片也是如此。new 关键字返回一个指向所创建的切片的指针。这意味着，如果切片被传递给一个函数，该函数将不会使用切片的副本，而是引用创建的原始切片。

12.11 从切片中删除元素

Go 中没有一个内置函数允许从切片中轻松删除元素，但你可以使用重新切片的概念。也就是说，从原始切片构建一个新切片，同时删除不想要或不需要的元素。

让我们首先考虑下面的函数 RemoveIndex。该函数接收一个 inSlice 切片和一个索引(要删除元素的索引)作为输入，并返回一个新切片。

```
func RemoveIndex(inSlice []int, index int) []int {
   return append(inSlice[:index], inSlice[index+1:]...)
}
```

在这个函数中，只需要使用 append 函数来连接两个切片。第一个切片是 inSlice[:index]，它将包含要删除的元素之前的所有元素。第二个切片是 inSlice[index+1:]，它包含要删除的元素之后的所有元素。然后通过 append 函数将这两个切片连接起来，并将连接后的结果作为函数的返回值。

代码清单 12-15 使用了 RemoveIndex 函数。这种情况下，切片中的一个元素将被删除。

代码清单 12-15　从切片中删除元素

```
package main

import (
   "fmt"
)

func main() {
var mySlice = new([10]int)[0:5]
   mySlice[0] = 1
   mySlice[1] = 2
   mySlice[2] = 3
   mySlice[3] = 4
   mySlice[4] = 5

   fmt.Println(mySlice)
   newSlice := RemoveIndex(mySlice, 2)
   fmt.Println(newSlice)
}

func RemoveIndex(slice []int, i int) []int {
   return append(slice[:i], slice[i+1:]...)
}
```

这个例子创建了一个名为 mySlice 的新切片，并分配了 5 个不同的值作为其元素。然后使用 RemoveIndex 函数删除第三个元素(索引为 2)。通过打印调用 RemoveIndex 前后的切片可证明确实删除了正确的元素。可以看到，新切片不包含原始切片的第三个元素。

```
[1 2 3 4 5]
[1 2 4 5]
```

> **注意：** 有关 Go 中切片的更多详细信息可参阅 Go Blog 的文章 Go slices: usage and internals(地址为 https://go.dev/blog/slices-intro)。

12.12　本课小结

本课介绍了切片以及它们与数组的不同之处。我们学习了几种创建切片的方法，以及如何在其中操作数据，包括添加、删除和修改值；还学习了使用 new 关键字来创建指向切片的指针。最后，学习了如何从一个切片中删除一个元素。

12.13　本课练习

下面的练习可以让你尝试本课介绍的工具和概念。对于每个练习，请编写一个满足指定要求的程序并验证程序是否按预期运行。

练习 12-1：字母表

创建一个包含整个字母表的数组。创建数组后，再创建两个切片。在第一个切片中，放置字母表数组中的所有辅音。在第二个切片中，放入所有元音。

练习 12-2：数字母

使用练习 12-1 中的切片创建两个函数。这些函数接收一个字符串作为参数，并返回该字符串中包含的元音或辅音字母的数量。可以通过将字符串中的字母与元音切片或辅音切片中的值进行比较来确定字母的属性，进而得到字符串中元音或辅音的数量。

创建一个程序，提示用户输入一个字符串。打印出字符串中的字符、元音和辅音的数量。

练习 12-3：按长度对单词进行分类

创建一个程序，让用户输入一定数量的单词，并将每个单词存储在一个数组中。可以选择数组的长度，但最少应该有 10 个元素。得到单词数组后，进行以下操作。

- 计算数组中单词的平均长度。
- 找出所有长度超过平均长度的单词，并将结果存储在一个切片中。
- 找出所有长度短于平均长度的单词，并将结果存储在一个切片中。
- 显示原始的单词集合以及两个切片，并向用户提供适当的反馈。

附加要求：

- 无论输入的单词是大写还是小写，所有输出单词都应使用小写字母。
- 在适当的地方使用函数。

练习 12-4：学生姓名

创建一个程序，提示用户输入名字。使用 append 函数将这些名字添加到一个切片中。持续添加名字，直到用户输入 quit。

练习 12-5：删除空白元素

将下面的代码添加到一个程序中。

```
mySlice := make([]string, 8)

mySlice[0] = "Happy"
mySlice[1] = "Sneezy"
mySlice[2] = "Grumpy"
mySlice[3] = "Fred"
mySlice[4] = "Doc"
mySlice[5] = "Sleepy"
mySlice[6] = "Dopey"
mySlice[7] = "Bashful"
```

这段代码创建了一个切片，并在其中添加了 8 个值。在程序中编写从切片中删除"Fred"所需的代码。更重要的是，还要从切片中删除任何空白元素。

练习 12-6：将数字切片组合在一起

创建一个包含以下功能的程序。

- 一个函数，它可以创建一个由 0～100 之间的随机数组成的切片。
- 一个对切片进行原地排序的函数(根据输入参数升序或降序排序)。
- 一个函数，它接收两个已排序的切片作为输入，并将它们组合成一个新的排序过的切片。
- 在 main 函数中完成以下操作。
  - 创建两个切片。
  - 对这两个切片进行排序。
  - 合并这两个切片，并对合并后的结果进行排序。

附加要求：

- 向用户显示所有切片，并提供适当的反馈以对每个切片进行说明。
- 不要使用任何内置函数。

第 13 课

操 作 映 射

前几课介绍了几种组织和访问数据的方法，包括数组、结构体和切片。另一种常见的存储数据的结构是哈希映射，或简称为映射。本课将了解如何在 Go 编程中使用映射。

本课目标

- 声明映射
- 描述空映射的限制
- 在映射中添加键值对
- 访问映射中的数据
- 确定映射中是否存在特定的键值对
- 从映射中删除元素

13.1 定义映射

大多数主流编程语言都支持映射，因为它们可以说是存储数据的最重要的数据结构之一。映射是成对值的集合，在每对值中，其中一个称为“键”，另一个则为它对应的“值”。

可以使用映射的键来引用它对应的值，从而避免引用值本身；还可以使用映射来更改与另一个值关联的值。

Go 通过内置的 map 数据类型来提供映射功能，基本使用格式如下所示。

```
map[KeyType]ValueType
```

键的类型和值的类型可以不同，但所有“键”的类型必须相同，所有“值”的类型必须相同。映射中的值可以是任何类型(甚至是其他映射类型)。映射的“键”可以是以下任何一种类型。

- 布尔类型；
- 数值类型；
- 字符串；
- 指针；
- 包含上述类型的结构体或数组；
- 通道(稍后介绍)；
- 接口类型(稍后介绍)。

由于在映射中键是标识符，因此每个键必须在映射中是唯一的。虽然多个键值对中可以出现相同的“值”，但是同一个键不能在多个键值对中同时出现。

可以使用 map 关键字来定义和初始化一个映射。代码清单 13-1 给出一个简单的例子，用于存储单词在文档中出现的次数。

代码清单 13-1　定义并初始化一个映射

```
package main

import (
   "fmt"
)

func main() {
   FreqOccurrence := map[string]int{
      "hi": 23,
      "hello": 2,
      "hey": 4,
      "weather": 1,
      "greet": 35,
   }

   fmt.Println("Map value:", FreqOccurrence)
}
```

上述代码清单的输出包含一系列键值对。

```
Map value: map[greet:35 hello:2 hey:4 hi:23 weather:1]
```

在代码清单中，可以看到一个名为 FreqOccurrence 的映射被声明并初始化。

因为使用了 map 关键字，所以可以清楚地知道这是一个映射。此外，可以看到该声明紧跟在前面显示的内容之后。map 声明的键类型为 string，值类型为 int。

还可以看到，用大括号初始化了一些映射元素。定义每个元素时，首先给出键，然后给出冒号，最后给出值。每个元素都以逗号结尾。可以看到，定义的第一个键是字符串"hi"，对应的值是 23。第二个键是"hello"，对应的值是 2。前面给出的输出显示了映射初始化之后的完整列表。

> **注意：** 元素在映射中存储的顺序可能与它们初始化时的顺序不匹配。

13.1.1　维护类型

与在 Go 中使用其他数据结构一样，也需要小心使用映射。例如代码清单 13-2，这个代码清单会产生一个错误。

代码清单 13-2　定义并尝试初始化一个映射

```
package main

import (
   "fmt"
)

func main() {
  FreqOccurrence := map[string]int{
     "hi": 23,
     "hello": 2,
     "hey": 4,
     "weather": 1.5,
     "greet": 35,
  }

  fmt.Println("Map value:", FreqOccurrence)
}
```

如果仔细查看此代码清单，会发现"weather"被赋值为 1.5，这是一个浮点数而不是整数。正如之前提到的，映射必须包含相同类型的值。1.5 将导致程序出错。

13.1.2　重复的键

在使用映射时需要记住的重要一点是键必须是唯一的。代码清单 13-3 尝试使用重复的键。

代码清单 13-3　映射中的重复键

```
package main

import (
  "fmt"
)

func main() {
   FreqOccurrence := map[string]int{
      "hi": 23,
      "hello": 2,
      "hey": 4,
      "weather": 1,
      "greet": 35,
      "hi": 10,
   }

   fmt.Println("Map value:", FreqOccurrence)
```

如果仔细观察这个代码清单，会发现"hi"作为键使用了两次。运行这个代码清单时，会收到一条错误消息，指出不允许对键进行重复使用。

```
# command-line-arguments
.\Listing1303.go:14:7: duplicate key "hi" in map literal
       previous key at .\ Listing1303.go:9:7
```

13.2　空映射

与其他数据类型一样，可以创建空映射，但这样做没有什么用处。让我们了解如何创建一个空映射，以及为什么不想这样做。代码清单 13-4 使用 var 关键字创建了一个简单的映射。

代码清单 13-4　创建空映射

```
package main

import (
```

```
    "fmt"
)

func main() {
    var m map[string]int
    fmt.Println(m)
}
```

在这个例子中，创建了一个名为 m 的空映射，其中包含 string 类型的键和 int 类型的值。代码运行结果很简单。

```
map[]
```

map 数据类型是一种引用类型，类似于 Go 中的指针和切片。这意味着，当使用代码清单 13-4 中的语法创建映射时，映射的默认值是 nil。

可以创建这个默认值为 nil 的空映射，也可以读取它。不过，代码清单 13-5 说明了这个空映射存在的问题。

代码清单 13-5　向空映射写入数据

```
package main

import (
    "fmt"
)

func main() {
    var m map[string]int

    fmt.Println(m) // (Reading) Displays the nil map as empty
    m["Hi"] = 1    // (Writing) Throws an error
}
```

与代码清单 13-4 类似，在代码清单 13-5 中也声明了一个名为 m 的空映射，然后打印它。打印 m 的输出是一个空映射。不过，这次在这个代码清单中添加了一行新的代码。

```
m["Hi"] = 1
```

这行代码试图在 m 中创建一个新的键值对。在普通的映射中，这个语句将把值 1 与键"hi"一起添加到映射 m 中。当尝试在空映射中执行此操作时，将得到以下输出。

```
map[]
panic: assignment to entry in nil map
```

如你所见，向空映射添加值时会报错。可以读取 nil 映射，但不能写入，因此创建空映射没有什么意义。

13.3 使用 make 创建映射

虽然可以在同一步骤中声明和初始化一个映射，但有时可能想定义一个还没有任何内容的映射，不过正如刚才看到的，不能将映射声明为空变量，然后使用标准语法为其添加值。

对于这些情况，可以使用 make 函数初始化一个映射。make 函数有效地创建了一个虚拟的哈希映射结构，稍后可以在其中添加键值对。在代码清单 13-6 中，使用 make 初始化了一个映射，然后添加了两个键值对。

代码清单 13-6 使用 make 创建映射

```
package main

import (
   "fmt"
)

func main() {
   m := make(map[string]int) // define and initialize a map
   fmt.Println("Map value:", m)

   // add key-value pairs to the map
   m["Hi"] = 20
   m["How"] = 245

   fmt.Println("Updated map:", m)
}
```

在这个代码清单中，make 用于再次声明一个名为 m 的映射。可以看到，make 函数接收映射声明作为其参数。这和前面使用关键字 map 的声明是一样的，后面给出键的类型和值的类型。这里再次创建了一个键类型为 string 和值类型为 int 的映射。

```
make(map[string]int)
```

声明新映射后，接下来就是打印其中的内容。然后通过两条语句向映射添加键值对。这里使用语法[key] = value 在映射中创建元素。

```
m["Hi"] = 20
m["How"] = 245
```

在这个例子中，向映射中添加一个键为"Hi"和值为 20 的元素。另一个元素的键为"How"，值为 245。第二个打印语句的输出显示已成功地将这两个键值对添加到映射中。

```
Map value: map[]
Updated map: map[Hi:20 How:245]
```

13.4　映射的长度

len 函数计算映射中键的数量(进而计算出键值对的数量)。代码清单 13-7 使用 len 来显示映射的大小。

代码清单 13-7　获取映射的长度

```
package main

import (
  "fmt"
)

func main() {
  m := make(map[string]int)
  fmt.Println("Map value:", m)

  // add key-value pairs to the map
  m["Hi"] = 20
  m["How"] = 245
  fmt.Println("Updated map:", m)

  // calculate the map's length
  fmt.Println("Map length:", len(m))
}
```

这个代码清单与代码清单 13-6 类似。不同的是增加了一个打印语句来调用 len 函数。可以看到，当上述代码清单执行时，得到 m 映射的长度为 2。

```
Map value: map[]
Updated map: map[Hi:20 How:245]
Map length: 2
```

13.5　检索映射元素

因为键是映射中每个元素的标识符，所以可以使用键来检索与之相关联的值。在代码清单 13-8 中，检索了与一个键相关联的值并将该值存储在变量中。

代码清单 13-8　从映射中检索值

```
package main

import (
   "fmt"
)

func main() {
   m := make(map[string]int)
   fmt.Println("Map value:", m)

   // add key-value pairs to the map
   m["Hi"] = 20
   m["How"] = 245
   fmt.Println("Updated map:", m)

   // Retrieve a value based on its key
   var num int = m["Hi"]
   fmt.Println("Value of num:", num)
}
```

因为使用的是映射，所以表达式 m["Hi"]检索的是与 Hi 相关联的值，而不是 Hi 这个单词本身。num 被定义为 int 变量也反映了这一点。可以看到，值 20 被存储在 num 中。上面的代码清单运行后的结果如下所示。

```
Map value: map[]
Updated map: map[Hi:20 How:245]
Value of num: 20
```

注意，也可以使用打印语句直接打印与键"Hi"相关联的值，如下所示。

```
fmt.Println("Value associated to Hi:", m["Hi"] )
```

无论通过哪种方式从映射中获取值，都可以访问映射中的任何键。但是，如果访问了映射中不存在的键，会发生什么？代码清单 13-9 是对前面代码清单的修改，尝试使用键"BadKey"从 m 映射中检索一个值。结果会怎样？

代码清单 13-9　在映射中使用错误的键来检索值

```
package main
```

```
import (
  "fmt"
)

func main() {
  m := make(map[string]int)

  m["Hi"] = 20
  m["How"] = 245
  fmt.Println("Updated map:", m)

  // Retrieve a value based on its key
  var num int = m["BadKey"]
  fmt.Println("Value of num:", num)
}
```

在这个例子中，将与 m["BadKey"]关联的值赋给了 num，然后将保存在 num 中的值打印出来。虽然你可能预期会出错，但结果实际上是 int 的默认值，即 0。

```
Updated map: map[Hi:20 How:245]
Value of num: 0
```

13.6 检查映射中的键

有时，我们只想知道一个键是否存在于映射中。为此，可以使用布尔表达式来查找给定的键，并返回 true 或 false。下面的结构可用于映射中键的检查。

```
value, okay := mapName[key]
```

这种情况下，如果 *key* 存在，它的值将被赋给 *value*, *okay* 将返回 true。如果 *key* 不存在，*value* 将使用其类型的默认值，*okay* 将返回 false。

如果只是想知道键是否存在，而无须在 *value* 中存储值，可以用下画线(一个空白标识符)替换变量名。

```
_, okay := mapName[key]
```

代码清单 13-10 将检查键值对，并使用 if-else 语句向用户提供该键值对是否存在的信息。

代码清单 13-10　检查映射中的值

```
package main

import (
```

```
    "fmt"
)

func main() {
   m := make(map[string]int)
   m["Hi"] = 20
   m["How"] = 245
   fmt.Println("Map value:", m)

   // check to see if "Hi" exists
   val, ok := m["Hi"]
   fmt.Println("Value of val:", val)
   fmt.Println("Value of ok :", ok)

   if ok == true{
      fmt.Println("The key exists")
   } else{
      fmt.Println("The key doesn't exist")
   }
}
```

上述代码清单再次创建了映射 m。然后使用前面介绍的语法来检查"Hi"的键值是否存在。

```
val, ok := m["Hi"]
```

这行代码获取变量 val 和 ok。赋值后，val 将包含与键"Hi"相关联的值，如果该键不存在，则为 0。变量 ok 是一个布尔值，如果该键存在，它的值为 true；如果该键不存在，它的值为 false。运行这个代码清单，结果如下所示。

```
Map value: map[Hi:20 How:245]
---------------
Value of val: 20
Value of ok : true
The key exists
```

如果将"Hi"替换为另一个单词(例如"Bye")，输出将如下所示。

```
Map value: map[Hi:20 How:245]
--------------
Value of val: 0
Value of ok : false
The key doesn't exist
```

13.7　遍历映射

与其他数据结构一样，可以使用 for 循环来遍历映射中的键值对。代码清单 13-11 使用由映射大小决定的范围来遍历映射。

代码清单 13-11　遍历映射

```
package main

import (
  "fmt"
)

func main() {
  m := make(map[string]int)
  m["Hi"] = 20
  m["How"] = 245
  m["hi"] = 23
  m["hello"] = 2
  m["hey"] = 4
  m["weather"] = 2
  m["greet"] = 35

  for key, value := range m {
    fmt.Println("Key:", key, "Value:", value)
  }
}
```

在这个代码清单中，再次声明了一个名为 m 的映射对象，它的键为 string 类型，值为 int 类型。然后，为“键”赋不同的“值”。同样，应该注意到每个键都是唯一的，但值可以出现重复。如前所述，可以使用 for 语句循环遍历映射，获取每个元素的键和值。此代码清单运行结果如下所示。

```
Key: How Value: 245
Key: hi Value: 23
Key: hello Value: 2
Key: hey Value: 4
Key: weather Value: 2
Key: greet Value: 35
Key: Hi Value: 20
```

由于 Go 对字典中键的管理方式不同，因此每次迭代中键值对出现的顺序可能不同，特别是对于那些较长的映射。另外还可以看到有一个名为"hi"的键和一个名为"Hi"的键。因为字符串区分大小写，所以它们表示不同的键。

13.8　从映射中删除元素

Go 带有一个 delete 函数，可以使用下列语法从映射中删除键值对。

```
delete(mapName, key)
```

代码清单 13-12 展示了 delete 函数的实际用法。

代码清单 13-12　删除映射中的元素

```
package main

import (
  "fmt"
)

func main() {

  months := make(map[string]string)
  fmt.Println("Map value:", months)

  // add key-value pairs to the map
  months["Jan"] = "January"
  months["Feb"] = "February"
  months["Mar"] = "March"
  months["Apr"] = "April"
  months["May"] = "May"
  months["Jun"] = "June"
  months["Jul"] = "July"
  months["Bad"] = "BadMonth"
  months["Aug"] = "August"
  months["Sep"] = "September"
  months["Oct"] = "October"
  months["Nov"] = "November"
  months["Dec"] = "December"

  fmt.Println("Updated map:", months)

  // delete a key-value pair
  delete(months,"Bad")
  fmt.Println("Updated map:", months)
}
```

这段代码创建了一个名为 months 的映射，其中键和值都是字符串类型。创建映射后，向其中添加一些键值对。然后，该代码删除其中一个键值对。可以看到，调用 delete 函数时，首先给出映射的名称，然后再给出要删除的键的名称。在输出中，分别看到映射刚创建好、添加数据后以及调用 delete 函数删除指定键后的样子。

```
Map value: map[]
Updated map: map[Apr:April Aug:August Bad:BadMonth Dec:December
Feb:February
Jan:January Jul:July Jun:June Mar:March May:May Nov:November
```

```
Oct:October Sep:September]
Updated map: map[Apr:April Aug:August Dec:December Feb:February
Jan:January
Jul:July Jun:June Mar:March May:May Nov:November Oct:October
Sep:September]
```

可以看到"Bad"和"BadMonth"已被删除。

13.9　使用字面值声明映射

与其他变量一样，可以在声明映射的同时将字面值添加到其中。代码清单 11-13 在创建 months 映射时直接给出字面值，它的效果与代码清单 11-12 相同。

代码清单 13-13　使用字面值声明 months 映射

```
package main

import (
  "fmt"
)

func main() {

  // add key-value pairs to the map
  months := map[string]string{
    "Jan": "January",
    "Feb": "February",
    "Mar": "March",
    "Apr": "April",
    "May": "May",
    "Jun": "June",
    "Jul": "July",
    "Bad": "BadMonth",
    "Aug": "August",
    "Sep": "September",
    "Oct": "October",
    "Nov": "November",
    "Dec": "December"}

  fmt.Println("Map value:", months)

  // delete a key-value pair
  delete(months,"Bad")
  fmt.Println("Updated map:", months)
}
```

从上面的代码清单可以看出，主要的区别在于，在声明 months 时，还用 12 个月份的键值对来初始化 months(加上一个不正确的月份，这个月份将被删除)。运行这个代码清单时，输出与前一个代码清单相同的结果。

```
Map value: map[Apr:April Aug:August Bad:BadMonth Dec:December
Feb:February
Jan:January Jul:July Jun:June Mar:March May:May Nov:November
Oct:October Sep:September]
Updated map: map[Apr:April Aug:August Dec:December Feb:February
Jan:January
Jul:July Jun:June Mar:March May:May Nov:November Oct:October
Sep:September]
```

13.10 本课小结

本课讨论了映射，不仅介绍了映射的结构，还介绍了如何创建和使用它们。这包括如何添加和删除键值对，以及如何对键进行赋值。本课还讨论了使用 for 循环进行迭代，以及在映射中检查键是否存在。

13.11 本课练习

下面的练习可以让你尝试本课介绍的工具和概念。对于每个练习，请编写一个满足指定要求的程序并验证程序是否按预期运行。

练习 13-1：创建自己的映射

使用代码清单 13-1 中的模型创建一个映射，其中至少包含 5 个键值对。有了能显示映射的程序后，就可以开始编写代码。尝试对键和值使用不同的数据类型。

让程序运行起来后，使用 make 关键字更新代码清单 13-1，使其达到相同的运行效果。

练习 13-2：用户输入

编写一个程序，提示用户为在练习 13-1 中创建的映射输入值。用户应该能够连续输入值，直到输入 quit 为止。程序中需要包含描述性的提示并检查用户的输入，确保他们输入的值是有效的。

确保该程序可以处理用户可能引发的错误。例如，如果用户多次输入一个键会发生什么？

练习 13-3：循环

创建一个至少包含 5 个键值对的映射。使用 for 循环对该映射进行迭代，并多次运行程序。检查结果是否每次都以相同的顺序出现。

练习 13-4：检查键是否存在

创建一个至少包含 5 个键值对的映射。添加一些代码，提示用户输入一个键，并告诉用户这个键是否存在。

- 如果键不存在，程序应该向用户显示一个可用键的列表，并提示用户可以从这些键中进行选择。
- 如果键存在，程序应该显示相应的值，并询问用户是否要删除它。如果用户说“是”，那么就删除这个键值对。

练习 13-5：各州人口数量

创建一个映射，将州的缩写作为键，将该州的人口数量作为值。可以随意给出这些州的人口数量值，也可以在网络上查找这些数据的具体值。使用已创建的映射，编写一个程序来确定以下内容。

- 遍历映射并确定人口数量最多的州。
- 遍历映射并确定人口数量最少的州。
- 确定各个州的平均人口数量。

练习 13-6：关键字搜索

编写一个程序，包含一个映射，其中至少包含 10 个键值对。这些键值对应该是有意义的，但你可以选择任何想要的键值对。可以包括农产品类别(例如 apple:fruit、onion:vegetable)、动物类别(例如哺乳动物、鸟类、鱼类)、城市人口或词汇定义。在该程序中，执行以下操作。

- 提示用户输入搜索词。
- 显示所有包含输入的搜索词的键值对，无论是在键中还是在值中。例如，如果类别是农产品，用户可以输入 apple 或 fruit，并查看所有匹配的映射元素。
- 如果没有找到该搜索词，则显示一条用户友好的错误消息。
- 提示用户重新开始或退出程序。

第 14 课

创建方法

Go 不同于 Java 或 C#，不支持类的概念。但是，Go 提供了一些面向对象编程(OOP)的特性和代码重用方法。其中一个特性是方法的概念，它可以实现 OOP 中的一些基本功能。虽然第 8 课已经简单介绍了方法的概念，但本课将更深入地探讨方法的用法和实现方式。

本课目标

- 理解方法和函数之间的区别
- 定义自己的方法
- 调用自己的方法
- 理解非本地接收器
- 使用同名的多个方法
- 向方法传递值和指针

14.1 使用方法

在 Go 语言中，方法是定义在特定数据类型上的函数。方法和普通函数之间唯一的区别在于方法有一个特殊的接收器类型，可以对其进行操作。为理解函数和方法之间的区别，可查看代码清单 14-1 中的示例。

代码清单 14-1　函数与方法

```
package main

import "fmt"

type account struct {
   Number  string
   Balance float64
}

// HaveEnoughBalance is a method defined on the struct, account.
// The receiver argument is (acct account) which is separate from
// the input argument list (value).
func (acct account) HaveEnoughBalance(value float64) bool {
   return acct.Balance >= value
}

// HaveEnoughBalance2 is a simple function
func HaveEnoughBalance2(acct account, value float64) bool {
   return acct.Balance >= value
}

func main() {
   a := Account{Number: "C21345345345355"}

   // call the method defined on account
   fmt.Println("Method result:", a.HaveEnoughBalance(150))

   // call the function
   fmt.Println("Function result:", HaveEnoughBalance2(a, 150))
}
```

在这段代码中，首先创建了一个名为 account 的结构体。然后，定义了一个函数 HaveEnoughBalance，它的输入为一个数值并返回一个布尔值。如果仔细观察，会发现在 func 关键字后面有一个(acct account)语句。这告诉 Go，这个函数实际上是一个方法，且接收器是 account 类型。接着，又定义了一个传统的函数 HaveEnoughBalance2，它的输入是一个 account 值，而不是一个接收器。

HaveEnoughBalance 和 HaveEnoughBalance2 有着相同的功能，但其实现方式不同。其中一个是一个带有 account 类型接收器的方法，另一个则是一个函数。它们的输出结果都是相同的，如下所示。

```
Method result: false
Function result: false
```

方法和函数之间的区别在于，方法包括一个接收器参数(acct account)，它指示编译器通过 account 类型执行该方法，而函数需要 account 作为参数传递。

使用接收器参数的方法的优点是 HaveEnoughBalance 方法现在可以通过 account 类型来执行。在下面的打印语句中，可以看到方法使用以下语法进行调用。

```
a.HaveEnoughBalance(150)
```

这与使用类(本例中是结构体)和方法的面向对象方法非常相似。可以在 Go 中使用方法来创建各种例程，从而定义接收器结构体的行为。

14.2 定义方法

可以在结构体上定义方法，但不限于此。实际上，可以在任何其他类型上定义方法。在 Go 中，可以使用以下语法基于内置类型创建新类型。

```
type identifier builtin_datatype
```

自定义类型的标识符必须遵循其他标识符使用的相同命名约定。在代码清单 14-2 中，使用关键字 type 基于现有的 string 类型创建了一个名为 s 的新类型。然后，将该类型用作一个方法的接收器。

代码清单 14-2 在自定义类型上定义方法

```
package main

import "fmt"

// Use the type keyword to create a new type, "Text", based
// on the string type
type Text string

// This method has a receiver of type Text, as defined above
func (t Text) IsEmpty() bool {
   return len(t) <= 0
}

func main() {
   text := Text("Hi")

   fmt.Println("type value:", text)
   fmt.Println("method value:", text.IsEmpty())
}
```

这个代码清单的执行结果如下所示。

```
type value: Hi
method value: false
```

为什么要创建一个类似字符串的新数据类型，而不是简单地将字符串类型传递给方法呢？通常，在 Go 中，接收器类型的定义必须与方法在同一个包中。这意味着不能使用字符串作为接收器类型，因为它与正在创建的方法不在同一个包中。

要查看尝试使用字符串作为方法的接收器时会发生什么，可考虑代码清单 14-3 中的代码。

代码清单 14-3 使用非本地接收器

```
package main

import "fmt"

// method attempts to use the string variable as the receiver
func (t string) IsEmpty() bool {
   return len(t) <= 0
}

func main() {
   text := s("Hi")

   fmt.Println(text)
   fmt.Println(text.IsEmpty())
}
```

在这个代码清单中，创建了一个接收器类型为 string 的方法。执行时，输出会产生一个错误。

```
# command-line-arguments
.\main.go:6:5: cannot define new methods on nonlocal type string
.\main.go:14:12: undefined: s
```

在这个版本中，IsEmpty 方法的接收器是 string 类型。这段代码不能运行，因为 string 类型与方法 IsEmpty 不在同一个包中。

14.3 在方法中使用指针

在前面的例子中，使用的方法接收器是值(称为值接收器)，而不是指针。将值传递给方法时，会创建值的副本，而方法会对输入的副本进行操作。这可能是个问题。要理解这个问题，可查看代码清单 14-4 中的代码。

代码清单 14-4 方法和值接收器

```
package main

import "fmt"

type account struct {
  number string
  balance float64
}

// method with value receiver
func(acct account) withdraw(value float64) bool{
  if acct.balance >= value{
    acct.balance = acct.balance - value
    return true
  }
  return false
}

func main() {
  acct := account{}
  acct.number = "C21345345345355"
  acct.balance = 159

  fmt.Println(acct)
  fmt.Println(acct.withdraw(150)) // call the method defined on account
  fmt.Println(acct)
}
```

在这段代码中，创建了一个结构体 account 和一个方法 withdraw(它模拟从账户中取款)。方法接收器是 account 类型的值接收器。当执行此代码时，输出如下所示。

```
{C21345345345355 159}
true
{C21345345345355 159}
```

方法的布尔判断部分正确执行，因为原始余额(159)大于提现金额(150)，但结构体中的 balance 值没有像预期那样改变。这是因为该方法操作的是 acct 的副本，而不是直接使用值。

一种可以正确更新调用者中的更改的解决方法是返回新值 acct，并将其分配给旧版本的 acct，如代码清单 14-5 所示。

代码清单 14-5 重新赋值

```
package main

import "fmt"

type account struct {
   number string
   balance float64
}

func(acct account) withdraw(value float64) account {
   if acct.balance >= value {
      acct.balance = acct.balance-value
   }
   return acct
}
func main() {
   acct := account{}
   acct.number = "C21345345345355"
   acct.balance = 159

   // Show initial values
   fmt.Println(acct)
   // assign the result of withdraw to acct
   acct = acct.withdraw(150)

   // The changes are now properly recorded in the caller acct
   fmt.Println(acct)
}
```

在这个版本中，将 withdraw 方法创建的副本重新赋值给 acct。结果包含了更新后的余额，可以在输出中看到如下结果。

```
{C21345345345355 9}
True
{C21345345345355 9}
```

虽然代码清单 14-5 中的代码可以解决更新 acct 的问题，但有一个更优雅的解决方式(这是通过使用指针作为接收器来完成的)。

可以使用指针类型的接收器来代替值类型的接收器，这样就不需要为方法创建副本。换句话说，使用指针类型的接收器传递的是指向变量的引用，而不是变量的值本身。通过这种方式，可以直接修改内存块的值，从而直接更改赋给调用者的值。代码清单 14-6 与前面的示例相同，只是使用了指针类型的接收器。

代码清单 14-6 使用指针接收器

```
package main

import "fmt"

type account struct {
  number string
  balance float64
}

// the method uses a pointer to account
func(acct *account) withdraw(value float64) bool{
  if acct.balance >= value{
    acct.balance = acct.balance-value
    return true
  }
  return false
}

func main() {
  acct := account{}
  acct.number="C21345345345355"
  acct.balance=159

  fmt.Println(acct)
  fmt.Println(acct.withdraw(150))
  fmt.Println(acct)
}
```

在这个代码清单中，可以看到主要的变化是接收器中使用了一个指针(*account)，而不只是 account 类型。使用指针接收器意味着该方法访问存储值的内存位置，而不是访问值本身。当它更新值时，更新后的值会存储在相同的位置，允许原始变量获取更新后的值。

通过使用指针，现在的输出如下所示。

```
{C21345345345355 159}
true
{C21345345345355 9}
```

在 Go 中，使用值类型的接收器或指针类型的接收器取决于具体情况。如果希望方法所作的更改对调用者可见，则应该使用指针类型的接收器；否则，可以使用值类型的接收器。

14.4 命名方法

在 Go 中，不能创建多个名称相同的函数。不过，可以创建具有相同名称的多个方法，使用它们对不同的数据类型进行操作，这种方式类似于面向对象编程中的重载概念。这是方法比函数灵活的一个表现。代码清单 14-7 演示了这一点，它创建了一个程序，其中包含模拟从支票账户和储蓄账户中提取资金的方法。

代码清单 14-7　两个具有相同名称的方法

```
package main

import "fmt"

type SavingsAccount struct {
   number string
   balance float64
}

type CheckingAccount struct {
   number string
   balance float64
}

func(acct *SavingsAccount) Withdraw(value float64) bool {
   if acct.balance >= value{
      acct.balance = acct.balance - value
      return true
   }
   return false
}
func(acct *CheckingAccount) Withdraw(value float64) bool {
   if acct.balance >= value{
      acct.balance = acct.balance - value
      return true
   }
   return false
}

func main() {
   acct := SavingsAccount{}
   acct.number="S21345345345355"
   acct.balance=159

   fmt.Println("savings balance", acct)
   fmt.Println("withdraw from savings:", acct.Withdraw(150))
   fmt.Println("new savings balance", acct)
```

```
    acct2 := CheckingAccount{}
    acct2.number="C218678678345345355"
    acct2.balance=2000

    fmt.Println("checking balance", acct2)
    fmt.Println("withdraw from checking:", acct2.Withdraw(150))
    fmt.Println("new checking balance", acct2)
}
```

在这个代码清单中，创建了两个结构体类型：一个是用于支票账户的 CheckingAccount，另一个是用于储蓄账户的 SavingsAccount。然后定义了两个方法，名称都为 Withdraw。这些方法使用相同的签名，但接收器类型不同。它们模拟了从储蓄账户和支票账户中进行提款。

在 main 函数中，使用 SavingsAccount 结构体创建了一个名为 acct 的结构体对象。然后赋值并调用 Withdraw 方法。重复这个过程，创建一个名为 acct2 的结构体对象，这次使用 CheckingAccount 结构体，但也调用了它的 Withdraw 方法。上述代码清单的输出如下所示。

```
savings balance {S21345345345355 159}
withdraw from savings: true
new savings balance {S21345345345355 9}
checking balance {C218678678345345355 2000}
withdraw from checking: true
new checking balance {C218678678345345355 1850}
```

14.5 使用值接收器和参数

方法和函数的另一个区别如下。

- 如果函数接收值参数，那么它只能接收值参数。
- 如果方法接收值接收器，那么它可以接收值接收器，也可以接收指针接收器。

为理解这种区别，让我们查看代码清单 14-8 中的代码，其中使用了一个带有值接收器的方法。注意，这个方法被定义为接收一个值接收器，但实际传递的是一个指针。

代码清单 14-8　使用带有值接收器的方法

```
package main

import "fmt"

type account struct {
  number string
  balance float64
}

// method defined with value receiver
func(acct account) withdraw(value float64) bool {
  if acct.balance >= value{
    acct.balance = acct.balance - value
    return true
  }
  return false
}

func main() {
acct := account{number: "C21345345345355", balance: 159.0}

  ptra := &acct // create a pointer

  fmt.Println("Before:", ptra)

  // This is ok because the method can accept both a value and a
  // pointer receiver
  ptra.withdraw(100)

  fmt.Println("After: ", ptra)
}
```

在这个例子中，使用了 withdraw 方法，并提供了一个指针接收器。这个方法接收一个接收器，输出结果如下所示。

```
Before: &{C21345345345355 159}
After: &{C21345345345355 159}
```

虽然这不会引发错误，但是余额(balance)的值不会被更改。即使方法从余额中减去 100，输出仍然显示余额为 159。在使用值类型接收器的方法中，使用指针类型接收器也是可以的。但需要注意，该方法仍然会复制传入的指针，并对其进行操作，而不是对值本身进行操作。如果想要在调用者中看到更改结果，还需要使用指针类型接收器。

如果修改 main 函数，使用 withdraw 函数而不是 withdraw 方法，程序就不会运行，如代码清单 14-9 所示。

代码清单 14-9 向值参数传递一个指针

```
package main

import "fmt"

type account struct {
  number string
  balance float64
}

// function defined with value receiver
func withdraw(acct account, value float64) account {
  if acct.balance >= value{
    acct.balance = acct.balance - value
  }
  return acct
}

func main() {
  acct := account{}
  acct.number="C21345345345355"
  acct.balance=159

  ptra :=&acct // create a pointer

  fmt.Println("Before: ", ptra)

  // This is not ok because the function accepts only value arguments
  // The withdraw statement won't execute and will throw an error
  withdraw(ptra,150)

  fmt.Println("After:" , ptra)
}
```

在这个代码清单中，withdraw 被修改成一个标准函数。可以看到，account 作为参数进行传递，而不是使用接收器类型。如前面的代码清单所示，创建了一个指向账户的指针(ptra)。这个指针被传递给函数。代码运行的结果将是一个错误，如下所示。

```
.\Listing1409.go:29:11: cannot use ptra (type *account) as type account
in argument to withdraw
```

14.6 使用指针接收器和参数

其实，在处理指针接收器和指针参数时也是如此。

- 如果函数接收针参数，那么它只接收指针参数。
- 如果方法接收指针接收器，那么它将同时接收指针接收器和值接收器。

代码清单 14-10 和之前的代码清单类似；不过，这次使用的是带有指针接收器的方法，但在 main 函数中定义并使用了一个值。

代码清单 14-10 向指针传递一个值

```
package main

import "fmt"

type account struct {
   number string
   balance float64
}

// method defined with a pointer receiver
func(acct *account) withdraw(value float64) bool {
   if acct.balance>=value{
      acct.balance=acct.balance-value
      return true
   }
   return false
}

func main() {
   acct := account{number: "C21345345345355", balance: 159.0}


   fmt.Println("Before:", acct)

   // The acct.withdraw will be interpreted by compiler as
   // (&acct).withdraw(). This is ok because the method can
   // accept both value and pointer receivers
   acct.withdraw(100)

   fmt.Println("After:", acct)
}
```

可以看到，withdraw 方法有一个名为 value 的 float64 类型的参数。由于它是一个值类型，因此我们预期该值的副本会被传入方法，而原始值不受影响。然而实际的运行结果却表明并非如此。

```
Before: {C21345345345355 159}
After: {C21345345345355 59}
```

因为该方法使用指针接收器，所以即使提供了值，账户余额也会被更新。

现在让我们看一个同样的例子，使用一个带有指针形参而不是值形参的函数。结果如代码清单 14-11 所示。

代码清单 14-11　将一个值传递给指针参数

```
package main

import "fmt"

type account struct {
  number string
  balance float64
}

// Function defined with pointer parameter
func withdraw(acct *account, value float64) account {
  if acct.balance >= value{
    acct.balance = acct.balance - value
  }
  return *acct
}

func main() {
  acct := account{}
  acct.number="C21345345345355"
  acct.balance=159

  ptra :=&acct // create a pointer
  fmt.Println(&ptra)

  fmt.Println("Before:", acct)
  // This statement will not execute and will throw an error
  withdraw(acct,150)
  fmt.Println("After:", acct)
}
```

在这个代码清单中，withdraw 函数接收一个指向账户的指针作为参数。在 main 函数中，定义了一个指针，但没有使用它。相反，向 withdraw 函数提供了一个 acct(一个 account 结构体)。运行这段代码时，会抛出如下错误。

```
.\Listing1411.go:27:12: cannot use a (type account) as type *account
in argument to withdraw
```

可以改为通过指针来调用 withdraw 函数。

```
withdraw(ptra,150)
```

这种情况下，函数会得到它所期望的指针，因此可以正常运行。

```
0xc000006028
Before: {C21345345345355 159}
After: {C21345345345355 9}
```

然而，这种情况下要记住的关键是，如果函数需要指针，则不能向其传递值类型。

14.7 本课小结

本课讨论了方法和函数，不仅介绍了方法和函数之间的区别，还介绍了面向对象编程的一些内容，例如代码重用的方式。我们知道 Go 不支持类，但它支持方法的概念，并且了解了如何使用同名方法。

我们还介绍了指针类型和值类型的方法接收器的使用。为得到想要的结果，理解接收器类型是很重要的。在构建自己的方法和函数时，请记住以下规则。

- 如果函数接收值参数，那么它只能接收值参数。
- 如果方法接收值接收器，那么它可以接收值接收器，也可以接收指针接收器。
- 如果函数接收指针参数，那么它只接收指针参数。
- 如果方法接收指针接收器，那么它将同时接收指针接收器和值接收器。

14.8 本课练习

下面的练习可以让你尝试本课介绍的工具和概念。对于每个练习，请编写一个满足指定要求的程序并验证程序是否按预期运行。

练习 14-1：处理整数的函数

创建一个函数，它接收一个 int 值(n)作为输入，并返回一个长度为 *n* 的数组，其中包含-100～100 之间的随机整数。然后为以下每个条目实现一个函数。测试每个函数将返回一个包含 100 个整数的输入数组。不要使用 sort 包或任何内置函数(如 min 或 max)。

- 计算 int 数组的最大值。
- 计算 int 数组中最大值对应的索引值。
- 计算 int 数组的最小值。

- 计算 int 数组中最小值对应的索引值。
- 对 int 数组进行降序排序并将排序后的数组作为另一个数组返回。
- 对 int 数组进行升序排序并将排序后的数组作为另一个数组返回。
- 计算数组的均值。
- 计算数组的中位数。
- 识别数组中的所有正数并使用切片返回所有正数。
- 识别数组中的所有负数并使用切片返回所有负数。
- 计算数组中已排序数字的最长序列(降序或升序)并返回一个新数组。例如，输入为[1 45 67 87 6 57 0]，输出应为[1 45 67 87]。
- 从 int 数组中删除重复的元素并通过切片返回那些唯一的元素。

练习 14-2：处理整数的方法

修改练习 14-1 的代码，为数组添加方法，而不是创建独立的函数。方法的接收器类型应为创建的整数数组。

练习 14-3：计算固体的体积

创建一个程序来计算一个固体的体积，从下面的结构体开始。

- Cube：表示一个只有一个属性的立方体，length 为 float64 类型。
- Box：表示一个具有 3 个属性的长方体，length、width、height 都是 float64 类型。
- Sphere：表示一个只有一个属性的球体，radius 为 float64 类型。

为上面定义的每个结构体实现一个 volume 方法。volume 方法返回立方体、长方体或球体的体积。使用 main 函数创建不同形状的物体，并计算它们的体积。

在验证程序满足要求并可以正常运行后，添加其他的形体。例如，可以添加圆锥体和棱锥体等。

练习 14-4：银行终端

在这个练习中，将创建一个银行终端，让用户能够管理他们的银行账户。首先创建以下结构体，为每个结构体使用适当的名称。

1. 银行账户(account)

创建一个表示账户的结构体，包括以下信息。

- 账号：string。
- 账户所有者：entity 类型的结构体，包括
  - ID。
  - 地址。
  - 账户所有者类型：string(个人账户或企业账户) 。
- 余额：float64。
- 利率：float64。
- 账户类型：string(支票账户、储蓄账户或者投资账户)。

2. 钱包(wallet)

创建一个结构体，按账户所有者进行分组。

- 钱包 ID：string。
- 账户：钱包中的不同账户(选择合适的数据结构)。
- 钱包所有者：entity 类型的结构体。

3. 定义方法

为 account 结构体实现以下方法。

- withdraw 方法：在提现前执行必要的逻辑来验证余额。
  - 检查 balance 是否大于要提取的金额，并且余额不是负数。
  - withdraw 方法应将要提取的金额作为输入。
- deposit 方法：此方法应将要存入的金额作为输入。
- interest 方法：此方法应将利率应用于账户余额，如下所示。

  对于个人账户
  - 支票账户 APR 为 1%。
  - 投资账户 APR 为 2%。
  - 储蓄账户 APR 为 5%。

  对于企业账户
  - 支票账户 APR 为 0.5%。
  - 投资账户 APR 为 1%。

  - ◆ 储蓄账户 APR 为 2%。
- wire 方法：此方法应模拟将钱电汇到另一个账户。
  - ◆ 账户可以由同一实体拥有，也可以由不同的实体拥有。
  - ◆ 该方法需要源账户和目标账户。
  - ◆ 该方法需要转账的目标金额。
  - ◆ 该方法将从源账户中扣除金额(在检查金额的有效性后)，并将其添加到目标账户中。

为 entity 账户实现以下方法。

- changeAddress：更改实体的地址。

为 wallet 结构体实现以下方法。

- displayAccounts：迭代并显示钱包中每个账户的信息。这个方法应按照以下顺序显示账户。
  - ◆ 首先是支票账户。
  - ◆ 然后是投资账户。
  - ◆ 最后是储蓄账户。
- balance：遍历所有账户，返回所有账户的总余额。
- wire：这个方法将模拟源账户和目标账户之间的电汇操作。
  - ◆ 源账户必须在钱包中。
  - ◆ 目标账户可以在钱包中，也可以在钱包外。
  - ◆ 如果账户余额过低，则显示错误消息。

4. main 函数

创建一个 main 函数，实现如下功能。

- 创建账户、实体和钱包类型。
- 根据用户与账户的交互，展示实现的不同方法。

挑战：完成以上基本功能后，添加以下功能。

- 创建一个美观的银行终端，让用户可以进行如下操作。
  - ◆ 查看账户。
  - ◆ 与账户进行交互(存款、取款等)。
  - ◆ 查看钱包。
  - ◆ 与钱包进行交互。

- 至少找出一种设计上的改变，使结构体和程序更优雅、更高效，例如
  - 添加新属性。
  - 添加新结构体。
  - 创建新方法。
- wire 方法应该推荐钱包中有足够余额的另一个账户，而不是错误消息。
- 对 account 和 wallet 结构体进行修改，以便计算支付给钱包中所有账户的总体利率。
  - 每次给某个账户付息时，都需要把利息存到某个地方。
  - 使用适当的数据结构和逻辑来实现它。

第 15 课

添加接口

前面介绍了 Go 支持的许多不同类型。Go 还支持另一种类型：接口。Go 中接口的基本形式是一个命名的方法签名集合，其中没有任何具体实现。

本课目标

- 创建接口
- 使用具有多种类型的接口
- 使用静态和动态接口类型
- 应用多个接口
- 嵌入接口

15.1 创建接口

如果你以前使用过面向对象语言，那么可能已经熟悉接口的概念。在 Go 中，可以使用 type 和 interface 关键字来定义接口类型。

```
type Name interface {
    // methods
}
```

创建接口后，可以基于该接口创建变量。存储在这些变量中的值实现了接口的方法。

在其他编程语言(如 Java)中，通常使用 implements 关键字来实现接口。在

Go 编程中，我们使用简单的约定，即接口类型的值只能保存实现接口方法的类型的值。要理解接口的概念，可参考代码清单 15-1 中的代码。

代码清单 15-1　创建接口

```
package main

import "fmt"

type AccountOperations interface{
  // methods
  withdraw(value float64) bool
  deposit(value float64) bool
  displayInfo()
}

type account struct {
  number string
  balance float64
}

func (acct *account) withdraw(value float64) bool {
  if acct.balance >= value{
    acct.balance = acct.balance - value
    return true
  }
  return false
}

func (acct *account) deposit(value float64) bool {
  if value > 0 {
    acct.balance = acct.balance + value
    return true
  }
  return false
}

func (acct *account) displayInfo() {
  fmt.Println("Account Balance:", acct.balance)
  fmt.Println("Account Number: ", acct.number)
}

func main() {
  var ao AccountOperations
  fmt.Println("initial value:", ao)

  // Assign a pointer to an account value that is created to ao
  // We can only do this because the account type implements
  // all the methods of AccountOperations interface

  ao = &account{"C13443533535",1500}
```

```
    //withdrawal amount
    ao.withdraw(150)
    ao.displayInfo()

    // deposit amount
    ao.deposit(1000)
    ao.displayInfo()
}
```

继续运行这个代码清单，应该能看到如下结果。

```
initial value: <nil>
Account Balance: 1350
Account Number:  C13443533535
Account Balance: 2350
Account Number:  C13443533535
```

让我们仔细查看代码在做什么。

首先，创建一个名为 AccountOperations 的接口，它有 3 个方法签名：withdraw、deposit 和 displayInfo。这里只是列出接口将使用的方法，而没有提供它们的实现细节。

接下来，创建一个结构体类型 account，其中包含两个字段：number 和 balance。这表示一个基本的银行账户。

另外还在 account 结构体上定义了接口中包含的 3 个方法：withdraw、deposit 和 displayInfo。在这里定义每个方法的具体实现。注意，这 3 个方法都使用了 account 类型的指针接收器，这允许每个方法直接修改结构体中的值；也可以使用值接收器，但必须添加额外的步骤来更新存储在结构体中的值。

最后，在 main 函数中，首先创建一个 AccountOperations 类型的名为 ao 的变量，它最初将保存接口类型的 0 值。在输出中可以看到，接口的默认值是 nil。

创建接口变量后，该变量可以保存实现接口中定义的方法的任何类型。在本例中，因为 account 类型实现了所有这 3 个方法，所以可以将 account 值的指针赋值给变量 ao。这里使用账号 C13443533535 和余额 1500 创建 account 类型。

然后，可以执行 AccountOperations 接口中的方法，使用 withdraw 或 deposit 来更新账户余额。通过使用 displayInfo 方法，可以看到结构体中的 balance 更新以反映所使用的方法。

15.2　接口和代码可重用性

接口提高了代码可重用性，因为可以跨不同的包使用相同的接口，并且允许每个包拥有自己的接口实现。为理解接口的强大功能，可查看代码清单 15-2。

代码清单 15-2　代码可重用性

```
package main

import "fmt"

type AccountOperations interface{
  // Methods
  computeInterest() float64
}

type SavingsAccount struct {
  number string
  balance float64
}

type CheckingAccount struct {
  number string
  balance float64
}

func(acct *SavingsAccount) computeInterest() float64{
  return 0.005
}

func(acct *CheckingAccount) computeInterest() float64{
  return 0.001
}

func main() {
  acct := SavingsAccount{}
  acct.number="S21345345345355"
  acct.balance=159

  var ao1 AccountOperations
  ao1 = &acct
  fmt.Println("savings interest:", ao1.computeInterest())

  acct2 := CheckingAccount{}
  acct2.number = "C218678678345345355"
  acct2.balance = 2000

  var ao2 AccountOperations
  ao2 = &acct2
```

```
    fmt.Println("checking interest:", ao2.computeInterest())
}
```

在这个代码清单中，创建了两个实现 AccountOperations 接口中相同方法的结构体。这有助于确保 SavingsAccount 和 CheckingAccount 的行为是相同的。这个例子只包含接口中的一个方法，但实际可以包含更多方法。执行这个代码清单时，输出结果如下所示。

```
savings interest: 0.005
checking interest: 0.001
```

在 main 函数中，创建了两个变量(acct 和 acct2)，类型分别为 CheckingAccount 和 SavingsAccount。通过使用与前面示例相同的逻辑，将 acct 和 acct2 的值存储在两个接口变量(ao1 和 ao2)中。这允许你通过接口执行 displayInterest 方法。

这是一个如何使用接口在不同结构体类型和其他类型之间强制执行某种行为的示例。在本例中，要确保不同类型的账户支持类似的方法。

15.3 静态和动态接口类型

现在你可能想知道使用特定类型(例如 AccountOperations)创建的接口如何保存其他类型(如 SavingsAccount 或 CheckingAccount)。原因是 Go 中的接口有两种不同的类型：一种是静态的，另一种是动态的。静态类型是接口本身的类型。例如，接口 AccountOperations 的静态类型为 AccountOperations。动态类型是实现接口的类型。

在内部，接口由元组表示，元组又表示接口的动态类型和动态类型的值。要了解这种内部表示，可查看代码清单 15-3。

代码清单 15-3 接口的内部表示

```
package main

import "fmt"

type AccountOperations interface{
   // Methods
   computeInterest() float64
}
```

```
type SavingsAccount struct {
   number string
   balance float64
}

type CheckingAccount struct {
   number string
   balance float64
}

func(a *SavingsAccount) computeInterest() float64{
   return 0.005
}

func(a *CheckingAccount) computeInterest() float64{
   return 0.001
}

func describe(ao  AccountOperations) {
   // we use %T to display the dynamic type of ao
   // and %v to display the dynamic value

   fmt.Printf("Interface type %T value %v\n", ao, ao)
}

func main() {
   acct := SavingsAccount{}
   acct.number = "S21345345345355"
   acct.balance = 159

   var ao1 AccountOperations
   ao1 = &acct
   fmt.Println("ao1 type:")
   describe(ao1)

   acct2 := CheckingAccount{}
   acct2.number = "C218678678345345355"
   acct2.balance = 2000

   var ao2 AccountOperations
   ao2 = &acct2
   fmt.Println("ao2 type:")
   describe(ao2)
}
```

这个代码清单包含另一个函数 describe，它显示接口 ao1 和 ao2 的内部表示。如代码清单中的注释所示，describe 函数调用了 Printf 来显示所提供接口的信息。注意，这里使用的是 Printf，而不是 Println。Printf 函数允许在输出中添加转义字符。在本例中，使用%T 来显示 ao 的动态类型，使用%v 来显示动态值。输出结果如下所示。

```
ao1 type:
Interface type *main.SavingsAccount value &{S21345345345355 159 0}
ao2 type:
Interface type *main.CheckingAccount value &{C218678678345345355 2000 0}
```

可以在结果中看到以下内容。

- ao1 的动态类型是 SavingsAccount。
- ao2 的动态类型是 CheckingAccount。
- 存储的动态值实际上是 acct 和 acct2 的值。

15.4　空接口

Go 中的空接口是没有任何方法的接口，称为 interface{}。默认情况下，Go 中的所有类型都实现了空接口。代码清单 15-4 展示了一个例子。

代码清单 15-4　空接口

```
package main

import "fmt"

func main() {
   var s interface{}
   fmt.Println(s)
   fmt.Printf("s is nil and has type %T value %v\n", s, s)
}
```

在这个代码清单中，定义了一个名为 s 的空接口。然后使用 Println 显示空接口的内容。最后，使用 Printf 来显示 s 的类型和值。通过值 nil 可以看出，在任何情况下，类型和内容都是空的。输出如下所示。

```
<nil>
s is nil and has type <nil> value <nil>
```

15.5　检查接口类型

如果要检查变量的类型，可以使用 reflect 包。事实上，Go 支持对值使用 switch 语句(通常的 switch)，但它也支持使用 switch 语句来检查各种其他数据类型(内置的和自定义的)。

换句话说，可以使用 switch 语句来检查接口的底层类型。代码清单 15-5 用 SavingsAccount 和 CheckingAccount 结构体以及 AccountOperations 接口展示了这个过程。

代码清单 15-5 检查接口类型

```
package main

import "fmt"

type AccountOperations interface{
  // Methods
  computeInterest() float64
}

type SavingsAccount struct {
  number string
  balance float64
}

type CheckingAccount struct {
  number string
  balance float64
}

func(a *SavingsAccount) computeInterest() float64{
  return 0.005
}

func(a *CheckingAccount) computeInterest() float64{
  return 0.001
}

func CheckType(i interface{}) {
  switch i.(type) {
    case *SavingsAccount:
      fmt.Println("This is a savings account")
    case *CheckingAccount:
      fmt.Println("This is a checking account")
    default:
      fmt.Println("Unknown account")
  }
}

func main() {
  a := SavingsAccount{}
  a.number = "S21345345345355"
  a.balance = 159
```

```
    var ao1 AccountOperations
    ao1 = &a
    fmt.Println("Result for ao1")
    CheckType(ao1)

    b := CheckingAccount{}
    b.number = "C218678678345345355"
    b.balance = 2000

    var ao2 AccountOperations
    ao2 = &b
    fmt.Println("Result for ao2")
    CheckType(ao2)
}
```

这个代码清单的大部分内容与前一个代码清单相同；不过，这里添加了一个名为 CheckType 的新函数，main 函数将使用它来打印 ao1 和 ao2 的类型。在 CheckType 中，接收到的变量在 switch 语句中使用。switch 接收变量的类型。

```
switch i.(type)
```

switch 中的分支指向想要比较的不同类型。在这个代码清单中，将传入值的类型与 SavingsAccount 和 CheckingAccount 进行了比较。最终输出如下所示。

```
Result for ao1
This is a savings account
Result for ao2
This is a checking account
```

记住，语句 i.(type)只能在 switch 语句中使用，不能单独使用。如果想检查变量的类型，可以使用 reflect 包。

15.6　多接口

Go 中的一个类型可以实现多个接口。代码清单 15-6 展示了如何通过同一个变量使用多个接口。

代码清单 15-6　多接口

```
package main

import "fmt"

// create first interface
type AccountOperations interface{
```

```
    computeInterest() float64
    displayInfo()
}

// create second interface
type UserOperations interface{
    changeANumber(number string)
}

// create a struct type
type SavingsAccount struct {
    number string
    balance float64
    interest float64
}

// implement method from first interface
func(a *SavingsAccount) computeInterest() float64{
    return 0.005
}

// implement method from first interface
func(a *SavingsAccount) displayInfo() {
    fmt.Println(a.number)
    fmt.Println(a.balance)
    fmt.Println(a.interest)
}

// implement method from second interface
func(a *SavingsAccount) changeANumber(number string) {
    a.number=number
}

func main() {
    // create a SavingsAccount variable
    acct := SavingsAccount{}
    acct.number = "S21345345345355"
    acct.balance = 159

    // Declare an interface variable for AccountOperations
    var ao1 AccountOperations

    // acct implements the method of interface AccountOperations
    ao1 = &acct
    fmt.Println("ao1 info:")
    ao1.displayInfo()

    fmt.Println("--------------") // print divider for output

    // Declare an interface variable for UserOperations
    var uo1 UserOperations

    // acct also implements the methods of interface UserOperations
```

```
    uo1 = &acct
    // execute the account number change
    uo1.changeANumber("2345353453")

    fmt.Println("updated ao1 info:")
    ao1.displayInfo()
}
```

在这个代码清单中，再次关注创建银行账户。这里创建了之前创建过的 SavingsAccount 结构体，其中包含账号和余额，但添加了利率。然后创建两个将要使用的不同接口。第一个是 AccountOperations 接口，用 computeInterest 方法计算利率，用 displayInfo 方法显示账户信息。第二个是 UserOperations 接口，使用名为 changeANnumber 的方法更改账号。

main 函数用之前使用过的方法创建了一个名为 acct 的 SavingsAccount，并为它分配账号和余额 159。然后声明一个 AccountOperations 类型的接口 ao1，并将其应用到账户上。之后调用接口的 displayInfo 方法，显示账户信息。到目前为止，一切都与本课前面所讲的完全一样。

接着，该代码清单打印了一条简单的虚线，以便更容易查看前后的数据。然后创建了第二个接口(类型为 UserOperations 的 uo1)。与 ao1 一样，接口 uo1 被分配给 acct。

```
uo1 = &acct
```

通过使用 uo1，现在可以访问 changeANumber 来更改账号。我们仍然可以访问原始接口 ao1 中的方法，这可以从再次调用 displayInfo(打印账户信息)中得到验证。上述代码清单的完整输出如下所示。

```
S21345345345355
159
0
0.005
--------------
X9999999999
159
0
```

需要注意的是多个接口同时应用于 acct。acct 有提供访问的 Account Operations 接口(ao1)和 UserOperations 接口(uo1)。

15.7 嵌入式接口

Go 通过使用嵌入式接口支持类似于面向对象编程中的继承的概念。也就是说，可以使用其他接口的定义来定义接口。代码清单 15-7 展示了它的工作原理。

代码清单 15-7 嵌入式接口

```
package main

import "fmt"

// create first interface
type AccountOperations interface{
   // Methods
   computeInterest() float64
   displayInfo()
}

// create second interface
type UserOperations interface{
   changeANumber(number string)
}

// create a third interface that uses the first and second interface
type BankingOperations interface{
   AccountOperations
   UserOperations
}

// create a struct type
type SavingsAccount struct {
   number string
   balance float64
   interest float64
}

// implement method from interface 1
func(a *SavingsAccount) computeInterest() float64{
   return 0.005
}

// implement method from interface 2
func(a *SavingsAccount) changeANumber(number string) {
   a.number=number
}

// implement method from interface 1
func(a *SavingsAccount) displayInfo() {
```

```
    fmt.Println(a.number)
    fmt.Println(a.balance)
    fmt.Println(a.interest)
}

func main() {
    // create a SavingsAccount variable
    acct := SavingsAccount{}
    acct.number = "S21345345345355"
    acct.balance = 159

    // create a variable of type BankingOperations
    var ao1 BankingOperations
    // implement the methods in BankingOperations
    ao1 = &acct
    ao1.displayInfo()
    fmt.Println(ao1.computeInterest())
}
```

在这段代码中，首先创建两个接口：AccountOperations 和 UserOperations。然后创建第三个接口 BankingOperations。因为第三个接口调用了前两个接口，所以它的方法是前两个接口方法的组合。

然后创建一系列方法，执行适当的接口来处理结构体中定义的账户。

在 main 函数中，使用 acct 来实现 BankingOperations 接口的方法，从而有效地实现了 AccountOperations 和 UserOperations 接口。这允许你从 Account Operations 中使用 displayInfo，而不必通过 AccountOperations 类型调用它。运行这个代码清单的输出如下所示。

```
S21345345345355
159
0
0.005
```

注意，以这种方式使用多个接口类似于面向对象编程中的继承，其中继承的类包括其父类的所有属性，即便在调用子类时没有指定这些属性。

15.8　本课小结

在面向对象的编程语言中，接口是一种常见的概念。在 Go 语言中，同样也支持接口。Go 语言中的接口是一个没有具体实现的方法签名集合。本课介绍了如何创建和使用接口，包括在结构体中使用多个接口以及嵌入式接口。

15.9 本课练习

下面的练习可以让你尝试本课介绍的工具和概念。对于每个练习，请编写一个满足指定要求的程序并验证程序是否按预期运行。

练习 15-1：矩形的边

创建一个类似于图 15-1 的矩形结构体。

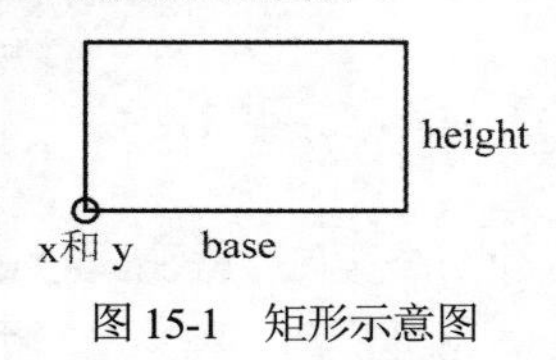

图 15-1 矩形示意图

这个结构体包含 x、y、base 和 height 字段。在结构体中创建一个 display 方法来显示这 4 个字段的值。

创建一个名为 sides 的接口，它列出两个方法，一个用于更新 base，另一个用于更新 height。

在程序中创建两个矩形并给它们赋不同的值。为矩形应用 sides 接口，并使用它将两个矩形的底和高都加倍。打印新值以显示更新后的结果。

练习 15-2：矩形面积

在练习 15-1 的程序中添加第二个接口 area。在该接口中创建一个方法，用于返回矩形的面积(底乘以高)，并创建另一个方法来显示矩形的面积。可以将这两个方法命名为 getArea 和 displayArea。请使用 rectangle 类型的接收器来实现这两个方法。

在 main 程序中，将转接口与之前的旧接口一起应用于两个矩形结构。打印每个矩形的信息及其面积。

练习 15-3：矩形的边长

继续使用练习 15-2 中的代码，创建第三个接口 circumference。使用两个方法定义它，即 getBorder 和 displayBorder。更新主程序，以便在打印每个矩形的面积和其他信息时，同时打印边长。完成后，使用上述 3 个接口来定义矩形结构体。

练习 15-4：三角形和矩形

创建一个新的结构体来保存三角形的信息。与矩形结构体类似，三角形结构体应包含 x、y、base 和 height。将此结构体添加到在练习 15-3 中创建的代码清单中。

在主程序中，使用三角形结构体创建两个变量。使用相同的接口，显示这两个三角形的值以及它们的面积和周长。

> **注意**：虽然使用相同的接口，但是可能需要创建新方法。

练习 15-5：圆形和其他形状

更新练习 15-4 中的程序，使其能够处理其他形状。可以包括圆形、椭圆形和梯形，并使用相同的接口。

第 16 课

综合练习：汉堡店应用程序

本课将构建一个应用程序，把之前学到的许多概念整合起来，重点介绍如何构建一个接受顾客订单的汉堡店应用程序。

本课目标

- 为汉堡店应用程序设计适当的结构体和数据结构
- 了解如何创建更健壮的应用程序

注意： 如果你觉得该程序听起来比较熟悉，那是因为它与第 11 课的练习 11-7 非常相似。

16.1 应用程序需求

这个汉堡店应用程序允许顾客下单购买汉堡和其他商品。在点菜过程中，你希望顾客能够指定他们想要的食物或饮料；然后你需要计算并显示订单的金额，并将完成的订单显示给顾客。更确切地说，该应用程序必须能够执行以下步骤。

- 询问顾客是想要汉堡、配餐、饮料，还是包含汉堡、配餐和饮料的套餐。
- 提示他们关于他们选择的细节，例如汉堡的调味品、饮料的种类和杯子的大小等。
- 根据他们的选择创建订单项。
- 向订单中添加订单项。

- 重复这些步骤，直到顾客不想再选购任何其他东西。
- 显示订单的详细信息，包括总价。
- 打印感谢顾客的文字信息。
- 向顾客提供在订购过程中的任何时间点都可以结束订单的选项。

16.2 代码设计

在任何开发过程中，第一步都是规划应用程序中需要编码的内容。计划阶段可以使用流程图或其他图表，以帮助你了解如何构造程序以及这个程序可以完成哪些工作。这里，将从整体设计开始，然后在完成这些步骤的过程中关注程序的细节。

主程序必须包括下列步骤。

(1) 问候顾客并询问他们的名字。

(2) 询问用户想要选购什么(一次一件)。

(3) 询问用户选购的细节，例如汉堡配料或饮料的大小。

(4) 按要求将每个订单项添加到订单中。

(5) 成功添加一个订单项之后，询问用户继续添加还是完成订单。

当用户完成订单时，程序将显示订单内容和总价。

顾客应能订购下列商品的任意组合。

- 汉堡
- 饮料
- 配餐

你还可以向顾客推荐套餐，套餐包括汉堡、饮料和配餐，并对总价提供折扣。

> **注意：**应用程序的规划和设计中包含了许多与前面提到的需求似乎冗余的信息。其实这是有意义的，因为应用程序的目标是满足需求。如果你的计划包括不属于需求的内容，那么应考虑是否应该包含它们，或者它们是否超出了当前应用程序的范围。

16.3　创建结构体

在本应用场景中，可以创建多个结构体，包括以下内容。

- 订单本身
- 顾客可以选购的订单项，包括
  - 汉堡
  - 饮料
  - 配餐
  - 套餐

可以将订单本身定义为结构体，也可以将每个订单项定义为结构体。然后可以在主程序中使用这些结构体来简化代码。

首先编写结构体本身，如下所示。

- order
- burger
- drink
- side
- combo

16.3.1　创建 burger 结构体

burger 结构体需要跟踪汉堡的名称、价格和调味品。可以使用一个简单的数组来存储调味品。burger 结构体如代码清单 16-1 所示。

代码清单 16-1　burger 结构体

```
type burger struct {
  name        string
  price       int
  condiments  []string
}
```

代码清单 16-1 中的代码创建了一个 burger 结构体，其中包含 3 个字段：name、price 和 condiments。

定义了结构体 burger 后，就可以实现这个结构体的基本方法，如添加调味品或返回汉堡的价格。为此，可以使用代码清单 16-2 中的方法。

代码清单 16-2 burger 的 getName 方法

```
func (b *burger) getName() string {
   return b.name
}
```

在代码清单 16-2 中，创建一个名为 getName 的方法，它返回汉堡的名称。还可以创建一个获取价格的基本方法，如代码清单 16-3 所示。

代码清单 16-3 buger 的 computePrice 方法

```
func (b *burger) computePrice() int {
  b.price = burgerPrice
  return b.price
}
```

这里将在程序中使用几个常量，其中一个是汉堡的价格。

```
const burgerPrice = 6.00
```

将这个常量添加到程序文件的开始部分。这样可以随时轻松地改变汉堡的价格。

下一个要添加到 burger 结构体中的方法是 addCondiment，如代码清单 16-4 所示。这个方法允许为汉堡添加调味品。

代码清单 16-4 buger 的 addCondiment 方法

```
func (b *burger) addCondiment(condiment string) {
  b.condiments = append(b.condiments, condiment)
}
```

如你所见，该方法接收 condiment 作为输入。我们只需要将它追加到现有的 condiments 列表中。

最后，还需要一个 display 方法，让它以用户友好的方式显示有关汉堡的信息。在代码清单 16-5 的方法中，会显示每种 condiment。注意，这个 display 方法接收一个布尔变量作为输入，该变量决定是否显示价格。当价格要在订单或套餐中显示时，这将会派上用场。除此之外，display 方法在输入的布尔值为 true 时显示汉堡的名称、调味品列表和价格。

代码清单 16-5 burger 的 display 方法

```
func (b *burger) display(displayPrice bool) {
  fmt.Println("Item Name: " + b.getName())
  fmt.Print("Condiments: ")
  for _, condiment := range b.condiments {
    fmt.Print(condiment + " ")
  }
  fmt.Println()
  if displayPrice == true {
    fmt.Printf("Item Price: $%d\n", b.computePrice())
  }

}
```

最后，让我们查看 burger 代码的运行效果。将代码清单 16-6 中的 main 函数添加到代码中。

代码清单 16-6 使用 main 函数测试 burger 结构体

```
func main() {
  var b burger
  b.name = "Burger"

  b.addCondiment("Lettuce")
  b.addCondiment("Tomato")
  b.addCondiment("Onion")
  b.addCondiment("Mayo")
  b.computePrice()
  b.display(true)
}
```

我们创建了一个类型为 burger 的变量 b，给它添加了 name 属性和 4 种调味品。最后，使用 display 方法显示出汉堡的信息。如果将代码清单 16-6 中的代码添加到前面的代码中，那么程序应该类似于代码清单 16-7。

代码清单 16-7 使用 burger 结构体

```
package main

import "fmt"

const burgerPrice = 6.00

type burger struct {
  name       string
  price      int
  condiments []string
}
```

```
func (b *burger) getName() string {
  return b.name
}
func (b *burger) computePrice() int {
  b.price = burgerPrice
  return b.price
}
func (b *burger) addCondiment(condiment string) {
  b.condiments = append(b.condiments, condiment)
}

func (b *burger) display(displayPrice bool) {
  fmt.Println("Item Name: " + b.getName())
  fmt.Print("Condiments: ")
  for _, condiment := range b.condiments {
     fmt.Print(condiment + " ")
  }
  fmt.Println()
  if displayPrice == true {
     fmt.Printf("Item Price: $%d\n", b.computePrice())
  }

}

func main() {
  var b burger
  b.name = "Burger"

  b.addCondiment("Lettuce")
  b.addCondiment("Tomato")
  b.addCondiment("Onion")
  b.addCondiment("Mayo")
  b.computePrice()
  b.display(true)
}
```

运行上面的代码清单，结果如下所示。

```
Item Name: Burger
Item Price: $6
Condiments: Lettuce Tomato Onion Mayo
```

16.3.2　创建 drink 结构体

除名称和价格外，饮料还会有大杯和小杯等不同规格。如代码清单 16-8 所示，size 的类型是 int，price 的类型也是 int。允许的杯子大小分别为 12、16 和 24 盎司。这些容量的饮料的相应价格分别为 1、2 和 3 美元。

代码清单 16-8　drink 结构体

```
type drink struct {
  name  string
  size  int
  price int
}
```

接下来，创建支持结构体 drink 的方法。首先，创建 getName 方法，它返回饮料的名称，如代码清单 16-9 所示。

代码清单 16-9　drink 的 getName 方法

```
func (d *drink) getName() string {
    return d.name
}
```

然后，创建 getSize 方法，它将返回饮料规格，如代码清单 16-10 所示。

代码清单 16-10　drink 的 getSize 方法

```
func (d *drink) getSize() int {
    return d.size
}
```

还需要创建 computePrice 方法，如代码清单 16-11 所示，它根据 size 计算价格，并将其赋给结构体 drink 的 price 字段。

代码清单 16-11　drink 的 computePrice 方法

```
func (d *drink) computePrice() int {
  if _, ok := drinks[d.getSize()]; ok {
    d.price = drinks[d.getSize()]
  }
  return d.price
}
```

注意，这个方法使用一个映射中的值，这个映射跟踪了饮料的规格和相关的价格。你还必须在程序中定义这个映射。因为这些值可能会改变，所以应该在代码清单的顶部进行定义(在常量之后)。声明和初始化这个映射的代码如下所示。

```
var drinks = map[int]int{12: 1, 16: 2, 24: 3}
```

最后，需要创建 display 方法，它以用户友好的方式显示结构体 drink 的不同字段。drink 的 display 方法如代码清单 16-12 所示。

代码清单 16-12　drink 的 display 方法

```
func (d *drink) display(displayPrice bool) {
  fmt.Println("Item Name: " + strings.ToUpper(d.getName()))
  fmt.Printf("Item Size: %d\n", d.size)
  if displayPrice == true {
     fmt.Printf("Item Price: $%d\n", d.computePrice())
  }
}
```

这段代码以大写形式打印饮料的名称以及规格。注意，Printf 用于打印规格。在 Printf 中，%d 表示将显示一个数字，该数字将由 d.size 进行填充。最后，如果传递给 display 函数的值为 true，那么饮料的价格将根据当前的饮料规格进行计算，然后使用 Printf 函数显示出来。为查看代码的实际效果，将代码清单 16-13 中的代码添加到 main 函数中。

代码清单 16-13　用于测试 drink 功能的代码

```
func main() {

   var d drink
   d.name = "Sprite"
   d.size = 24
   d.display(true)
}
```

这段代码创建一个名为 d 的变量，类型为 drink，并将饮料的名称和规格赋值给它。然后调用 computePrice，它会根据分配的饮料规格确定价格。

```
Item Name: SPRITE
Item Size: 24
Item Price: $3
```

16.3.3　创建 side 结构体

我们菜单上所有配餐的价格都一样(2 美元)。代码清单 16-14 展示了 side 结构体，它包含两个字段(name 和 price)。

代码清单 16-14　side 结构体

```
type side struct {
  name  string
  price int
}
```

按照之前创建汉堡和饮料结构体的过程，我们来创建几个方法。getName 方法返回配餐的名称，如代码清单 16-15 所示。

代码清单 16-15 side 的 getName 方法

```
func (s *side) getName() string {
  return s.name
}
```

> **注意：** 因为 getName 方法没有修改传递给它的结构体中的任何值，所以从技术上讲，可以省略*。星号表示传递给该方法的是一个指向结构体的指针。省略它表示传递的是结构体本身的一个副本。删除星号不会影响执行，但这样做意味着 getName 方法将无法更改存储在结构体中的值，并且该值将是只读的。这个程序中的许多其他方法也可以进行同样的修改。

computePrice 方法将 2(美元)赋值给配餐的价格并返回它，如代码清单 16-16 所示。

代码清单 16-16 side 的 computePrice 方法

```
func (s *side) computePrice() int {
  s.price = sidePrice
  return s.price
}
```

需要为配餐的价格定义一个常量。下列这段代码和其他定义的常量应该放在代码清单的开始位置。

```
const sidePrice = 2.00
```

最后，display 方法打印两个字段(name 和 price)。side 的 display 方法如代码清单 16-17 所示。

代码清单 16-17 side 的 display 方法

```
func (s *side) display(displayPrice bool) {

  fmt.Println("Item Name: " + s.getName())
  if displayPrice == true {
     fmt.Printf("Item Price: $%d\n", s.computePrice())
  }
}
```

为查看代码的实际效果，将代码清单 16-18 中的代码添加到 main 函数中。

代码清单 16-18　用来测试 side 的 main 函数

```
func main() {
   var s side
   s.name = "Coleslaw"
   s.display(true)
}
```

上面代码执行后的结果如下所示。

```
Item Name: Coleslaw
Item Price: $2
```

16.3.4　创建 combo 结构体

套餐比其他单点食物要复杂得多。除了包含名称和价格，它还包含多个商品以及基于单个商品价格的折扣。

代码清单 16-19 中的代码是 combo 结构体的一个例子。每个套餐都包含一个名称和价格，以及一个汉堡、一杯饮料和一份配餐。

代码清单 16-19　combo 结构体

```
type combo struct {
  name   string
  burger burger
  drink  drink
  side   side
  price  int
}
```

与前面创建的其他结构体一样，我们将创建一些方法来使用 combo 结构体。第一个是 getName 方法(见代码清单 16-20)，它返回套餐的名称。

代码清单 16-20　combo 的 getName 方法

```
func (c *combo) getName() string {
   return c.name
}
```

computePrice 方法计算套餐的价格。在本例中，套餐将包括 1 美元的折扣。因此，套餐的价格是汉堡、配餐和饮料的总价格减去 1 美元。computePrice 方法的代码应该类似于代码清单 16-21。

代码清单 16-21　combo 的 computePrice 方法

```
func (c *combo) computePrice() int {
  c.price = c.burger.computePrice() + c.drink.computePrice() +
c.side.computePrice() - comboDiscount
  return c.price
}
```

这里在 computePrice 方法中使用常量 comboDiscount 来计算折扣，而没有使用 1 美元，因此需要在程序开头定义其他常量的地方定义 comboDiscount。这样做可以在以后必要时更容易进行更改。通过下面的代码来定义 comboDiscount。

```
const comboDiscount = 1.00
```

最后，display 方法打印有关套餐的所有信息。这包括调用结构体 burger、side 和 drink 的 display 方法，如代码清单 16-22 所示。

代码清单 16-22　combo 的 display 方法

```
func (c *combo) display() {
  fmt.Println("Burger For Combo")
  c.burger.display(false)
  fmt.Println("Side For Combo")
  c.side.display(false)
  fmt.Println("Drink For Combo")
  c.drink.display(false)
  fmt.Printf("Price For Combo: $%d\n", c.computePrice())
}
```

为查看套餐的代码如何运行，可以将代码清单 16-23 中的代码添加到 main 函数中。

代码清单 16-23　测试 combo 的代码

```
func main() {
    var c combo
    c.burger = b
    c.side = s
    c.drink = d
    c.display()
}
```

16.3.5　创建 order 结构体

最后，创建 order 结构体。order 结构体有多种设计方法，代码清单 16-24

展示了其中的一种方法。

代码清单 16-24　order 结构体

```
type order struct {
  name     string
  price    int
  burgers  []burger
  drinks   []drink
  sides    []side
  combos   []combo
}
```

可以看到，order 结构体分别跟踪不同的订单项(汉堡、饮料、配餐和套餐)。另一种设计方案是使用单一的数据结构来跟踪所有订单项。在本例子中，使用切片来跟踪汉堡、饮料、配餐和套餐；但也可以使用其他数据结构。

要为 order 实现的第一个方法是 getName 方法，它返回订单的名称，如代码清单 16-25 所示。

代码清单 16-25　order 的 getName 方法

```
func (o *order) getName() string {
   return o.name
}
```

还需要实现一个方法来计算订单的价格。在代码清单 16-26 中，computePrice 方法遍历订单中的所有汉堡、配餐、饮料和套餐，并将相应的价格相加在一起。

代码清单 16-26　order 的 computePrice 方法

```
func (o *order) computePrice() int {
  var price = 0

  for _, b := range o.burgers {
    price = price + b.computePrice()
  }
  for _, s := range o.sides {
    price = price + s.computePrice()
  }
  for _, d := range o.drinks {
    price = price + d.computePrice()
  }
  for _, c := range o.combos {
    price = price + c.computePrice()

  }
```

```
    o.price = price
    return o.price
}
```

要为 order 结构体实现的最后一个方法是 display 方法，它显示订单的所有细节。代码清单 16-27 展示了 order 的 display 方法。

代码清单 16-27　order 的 display 方法

```
func (o *order) display() {
    fmt.Println("========================================")
    fmt.Println("===========ORDER OVERVIEW===========")
    for k, b := range o.burgers {
        fmt.Printf("=====Burger %d\n", k+1)
        b.display(true)
    }
    for k, s := range o.sides {
        fmt.Printf("=====Side %d\n", k+1)
        s.display(true)
    }
    for k, d := range o.drinks {
        fmt.Printf("=====Drink %d\n", k+1)
        d.display(true)
    }
    for k, c := range o.combos {
        fmt.Printf("=====Combo %d\n", k+1)
        c.display()
    }
    fmt.Printf("=====ORDER TOTAL: $%.2f\n", o.computePrice())
    fmt.Println("========================================")
}
```

这段代码利用了 burger、drink、side 和 combo 结构体的 display 方法。它还包含其他几个 print 语句，为订单提供一些显示格式信息，但除此之外，大部分信息都是通过调用各个结构体的 display 方法实现的。

16.4　创建辅助函数

从用户体验(UX)的角度看，需要创建各种可重用的函数，这将使代码更简洁。可创建以下函数来辅助订单操作。

- orderBurger：这个函数首先询问用户是否需要在汉堡中添加调味品。如果他们选择添加，那么就会遍历调味品列表，并询问他们想要添加什么。

- orderDrink：这个函数首先显示可供选择的饮料和杯子大小列表，然后要求用户输入他们想要的饮料，再输入他们想要的杯子大小。
- orderSide：这个函数首先显示所有配餐列表，然后要求用户正确输入他们的配餐。
- orderCombo：这个函数使用前面的函数引导用户完成点套餐的过程，首先点汉堡，然后点配餐，最后点饮料。

这 4 个函数都将返回相应的结构体类型(burger、side、drink 或 combo)。

除用于下订单的辅助函数外，还可以声明一些值，以让应用程序的用户更容易知道哪些值可用于下订单。在程序顶部，在常量之后定义代码清单 16-28 所示的数组。

代码清单 16-28　用于支持用户选择的数组

```
const burgerPrice = 6.00
const sidePrice = 2.00
const comboDiscount = 1.00

var burgerCondiments = []string{"Tomato", "Onion", "Lettuce", "Mayo"}
var drinkTypes = []string{"FANTA", "COKE", "SPRITE", "PEPSI"}
var drinks = map[int]int{12: 1, 16: 2, 24: 3}
var sideTypes = []string{"fries", "coleslaw", "salad"}
var possibleChoices = []string{"b", "s", "d", "c"}
```

注意，前面已经显示了 drinks 和 drinkTypes，因此它们可能已添加到代码清单中。burgerCondiments 定义了一些字符串，用户可以从中为汉堡选择调味品。drinkTypes 是用户可以在应用程序中选择的饮料类型列表。类似地，sideTypes 是可以选择的配餐列表。最后一个数组是 possibleChoices，它是一个选项列表，用户可以用它来选择他们想要的食品。他们可以选择 b 表示汉堡，s 表示配餐，d 表示饮料，c 表示套餐。possibleChoices 数组将在菜单中使用。

在这个程序中，还有一个辅助函数，如代码清单 16-29 所示。contains 函数用于验证用户选择的配餐或饮料是否在代码清单 16-28 中定义的类型数组中。

代码清单 16-29　contains 函数

```
func contains(arr []string, choice string) bool {
  for _, v := range arr {
    if v == choice {
      return true
    }
  }
```

```
    return false
  }
```

在这个函数中，传递了两个值。第一个是一个名为 arr 的字符串数组。这是一个数组，如 drinkTypes 或 sideTypes。第二个是一个字符串(叫做 choice)，在这个例子中，它是程序用户输入的一个值。然后该函数检查 choice 是否在数组中。如果是，则返回 true；否则，返回 false。

16.4.1　买汉堡

让我们从创建第一个函数开始，它将引导用户完成点汉堡的过程。在本例中，我们的函数将返回一个 burger 类型，其中包含与用户的汉堡相关的所有数据。代码清单 16-30 是 orderBurger 函数的一个例子。

代码清单 16-30　orderBurger 函数

```
func orderBurger() burger {
  var b burger
  b.name = "Beef Burger"
  fmt.Print("Do you want condiments on your burger? (type y for yes): ")
  var choice1 string
  fmt.Scanln(&choice1)
  if strings.ToLower(choice1) == "y" {
     for _, condiment := range burgerCondiments {
        var choice2 string
        fmt.Print("Do you want " + condiment + " on your burger? (type y
for yes): ")
        fmt.Scanln(&choice2)
        if strings.ToLower(choice2) == "y" {
           b.addCondiment(condiment)

        }
     }

  }
  return b
}
```

该函数首先询问用户是否需要在汉堡中添加调味品。如果用户回答 y(表示是)，那么将通过一个 for 循环逐一显示调味品，并询问用户是否想要这种调味品。如果是，用户可以输入 y 作为回应。一旦用户指定了想要的所有调味品，函数就会返回创建的 burger 类型。

为查看这个函数的实际效果，将代码清单 16-31 中的代码添加到 main 函数中。

代码清单 16-31　测试买汉堡的代码

```
var b = orderBurger()
b.display(true)
```

16.4.2　买配餐

下一个函数是 orderSide 函数，它引导用户完成订购配餐的过程。代码清单 16-32 中的代码展示了 orderSide 函数的一个例子。

代码清单 16-32　orderSide 函数

```
func orderSide() side {
  fmt.Print("These are the available sides: ")
  fmt.Println(sideTypes)
  var choice bool = false
  var sideTypeChoice string
  for choice == false {
    fmt.Print("What side do you want? ")
    fmt.Scanln(&sideTypeChoice)
    if contains(sideTypes[:], sideTypeChoice) {
      choice = true
    } else {
      fmt.Println("Please enter a valid choice")
    }
  }
  var s side
  s.name = strings.ToLower(sideTypeChoice)
  s.computePrice()
  return s
}
```

该代码首先向用户显示可选的配餐列表，然后要求用户确认他们的配餐选项。注意，此时将进入一个循环，直到用户提供一个有效的配餐选项为止。

16.4.3　买饮料

再下一个函数是 orderDrink 函数，如代码清单 16-33 所示。这个函数引导用户完成点饮料的过程。

代码清单 16-33 orderDrink 函数

```
func orderDrink() drink {
  fmt.Print("These are the available drinks: ")
  fmt.Println(drinkTypes)
  fmt.Print("These are the available sizes: ")
  fmt.Println("[12 16 24]")

  var choice bool = false
  var drinkTypeChoice string
  var drinkSizeChoice int
  for choice == false {
     fmt.Print("What drink do you want? ")
     fmt.Scanln(&drinkTypeChoice)
     if contains(drinkTypes, strings.ToUpper(drinkTypeChoice)) {
        choice = true
     } else {
        fmt.Println("Please enter a valid drink")
     }
  }
  choice = false
  for choice == false {
     fmt.Print("What size do you want? ")
     fmt.Scanln(&drinkSizeChoice)
     if _, ok := drinks[drinkSizeChoice]; ok {
        choice = true
     } else {
        fmt.Println("Please enter a valid size")
     }
  }
  var d drink
  d.name = strings.ToLower(drinkTypeChoice)
  d.size = drinkSizeChoice
  d.computePrice() // equivalent also to d.price = drinks[drinkSizeChoice]
  return d
}
```

如前所述，饮料有 3 种规格(12、16 和 24 盎司)，价格分别为 1、2 和 3 美元。代码提示用户输入饮料的类型，然后循环，直到用户输入有效的饮料信息。之后程序提示输入饮料的规格，并继续循环，直到用户输入有效的值。

16.4.4 买套餐

orderCombo 函数是最后一个要添加到程序中的订单函数。这个函数会引导用户完成订购套餐的过程，如代码清单 16-34 所示。

代码清单 16-34　orderCombo 函数

```
func orderCombo() combo {
    var c combo
    fmt.Println("Let's get you a combo meal!")
    fmt.Println("First, let's order the burger for your combo")
    c.burger = orderBurger()

    fmt.Println("Now, let's order the drink for your combo")
    c.drink = orderDrink()

    fmt.Println("Finally, let's order the side for your combo")
    c.side = orderSide()

    return c
}
```

orderCombo 函数是刚才创建的 3 个函数的组合。它创建一个套餐，并用调用 orderBurger、orderDrink 和 orderSide 的结果来填充值。

16.5　整合代码

现在，剩下要做的就是创建主循环，不断向用户询问订单项并将它们添加到订单中。代码清单 16-35 是一个 main 函数，它将使用到目前为止创建的代码来运行汉堡店应用程序。

代码清单 16-35　汉堡店应用程序的最终 main 函数

```
func main() {
    var ord order
    var name string
    var done bool
    done = false
    fmt.Println("Welcome to Myriam's Burger Shop!")
    fmt.Print("May I have your name for the order?  ")
    fmt.Scanln(&name)
    ord.name = name
    fmt.Println("Let's get your order in " + name + "!")
    for done == false {
        fmt.Println("Enter b for Burger")
        fmt.Println("Enter s for Side")
        fmt.Println("Enter d for Drink")
        fmt.Print("Enter c for Combo: ")
        choice := ""
        for contains(possibleChoices[:], choice) == false {
            fmt.Scanln(&choice)
```

```
            switch choice {
            case "b":
                fmt.Println("Burger it is!")
                var b = orderBurger()
                ord.burgers = append(ord.burgers, b)
            case "s":
                fmt.Println("Side it is!")
                var s = orderSide()
                ord.sides = append(ord.sides, s)
            case "d":
                fmt.Println("Drink it is!")
                var d = orderDrink()
                ord.drinks = append(ord.drinks, d)
            case "c":
                fmt.Println("Combo it is!")
                var c = orderCombo()
                ord.combos = append(ord.combos, c)
            default:
                fmt.Println("Unknown choice")
                fmt.Println("Please enter a valid choice")
            }
        }
        fmt.Print("Do you want to order more items? (Enter n or N to stop.):  ")
        var q1 string
        fmt.Scanln(&q1)
        if strings.ToLower(q1) == "n" {
            done = true
        }
    }
    ord.display()
}
```

让我们来查看 main 函数。这段代码首先向用户显示一条友好的消息，要求他们在订单中输入姓名。获取用户名后，将其分配给订单。然后询问用户是想点汉堡、配餐、饮料还是套餐。根据用户的选择，可以调用之前创建的辅助函数，该函数会引导用户完成对所选订单项的下单过程。

```
Welcome to Myriam's Burger Shop!
May I have your name for the order?  John
Let's get your order in John!
Enter b for Burger
Enter s for Side
Enter d for Drink
Enter c for Combo: b
Burger it is!
Do you want condiments on your burger? (type y for yes): y
Do you want Lettuce on your burger? (type y for yes): y
Do you want Tomato on your burger? (type y for yes): n
Do you want Onion on your burger? (type y for yes): y
Do you want Mayo on your burger? (type y for yes): n
Do you want to order more items? (Enter n or N to stop.):   y
```

```
Enter b for Burger
Enter s for Side
Enter d for Drink
Enter c for Combo: d
Drink it is!
These are the available drinks: [FANTA COKE SPRITE PEPSI]
These are the available sizes: [12 16 24]
What drink do you want? Sprite
What size do you want? 15
Please enter a valid size
What size do you want? 16
Do you want to order more items? (Enter n or N to stop.):  n
```

用户输入一个订单项后，会询问他们是否想订购另一件商品。如果是，继续循环。如果不是，则对订单调用 display 方法，显示最终输出，其中包含订单的概要。

```
====================================
===========ORDER OVERVIEW===========
=====Burger 1
Item Name: Beef Burger
Condiments: Lettuce Onion
Item Price: $6
=====Drink 1
Item Name: SPRITE
Item Size: 16
Item Price: $2
=====ORDER TOTAL: $8
====================================
```

16.6　本课小结

此时，代码应该可以顺利执行了。我们已经创建了允许用户下订单的汉堡店应用程序需要的所有结构体和其他代码。尝试多次运行程序，以确保它能按预期工作(包括对所有可能的商品进行下单)。

程序正常运行后，可尝试使用以下想法对其进行一些调整。

- 如何在汉堡中添加更多的调味品(如芥末或番茄酱)?
- 能添加更多的饮料或配餐吗?
- 可以免费提供水吗?
- 可以增加汉堡的选项吗?例如，添加奶酪可能会使汉堡的价格增加 1 美元，或者顾客可以更高的价格点一个含有两个肉饼的汉堡。

16.7　完整的汉堡店应用程序

汉堡店应用程序的完整代码清单如代码清单 16-36 所示。这个代码清单很长；如果你对某部分存在疑问，可回到前面单独描述该内容的地方。

代码清单 16-36　完整代码清单

```
package main

import (
  "fmt"
  "strings"
)

const burgerPrice = 6.00
const sidePrice = 2.00
const comboDiscount = 1.00

var burgerCondiments = []string{"Lettuce", "Tomato", "Onion", "Mayo"}
var drinkTypes = []string{"FANTA", "COKE", "SPRITE", "PEPSI"}
var drinks = map[int]int{12: 1, 16: 2, 24: 3}
var sideTypes = []string{"fries", "coleslaw", "salad"}
var possibleChoices = []string{"b", "s", "d", "c"}

type burger struct {
  name       string
  price      int
  condiments []string
}

func (b *burger) getName() string {
  return b.name
}
func (b *burger) computePrice() int {
  b.price = burgerPrice
  return b.price
}
func (b *burger) addCondiment(condiment string) {
  b.condiments = append(b.condiments, condiment)
}

func (b *burger) display(displayPrice bool) {
  fmt.Println("Item Name: " + b.getName())
  fmt.Print("Condiments: ")
  for _, condiment := range b.condiments {
     fmt.Print(condiment + " ")
  }
  fmt.Println()
  if displayPrice == true {
```

```
    fmt.Printf("Item Price: $%d\n", b.computePrice())
  }

}

type drink struct {
  name   string
  size   int
  price  int
}

func (d *drink) getName() string {
  return d.name
}
func (d *drink) getSize() int {
  return d.size
}

func (d *drink) computePrice() int {
  if _, ok := drinks[d.getSize()]; ok {
    d.price = drinks[d.getSize()]
  }
  return d.price
}

func (d *drink) display(displayPrice bool) {
  fmt.Println("Item Name: " + strings.ToUpper(d.getName()))
  fmt.Printf("Item Size: %d\n", d.size)
  if displayPrice == true {
    fmt.Printf("Item Price: $%d\n", d.computePrice())
  }
}

type side struct {
  name  string
  price int
}

func (s *side) getName() string {
  return s.name
}
func (s *side) computePrice() int {
  s.price = sidePrice
  return s.price
}
func (s *side) display(displayPrice bool) {

  fmt.Println("Item Name: " + s.getName())
  if displayPrice == true {
    fmt.Printf("Item Price: $%d\n", s.computePrice())
  }
}
```

```
type combo struct {
  name   string
  burger burger
  drink  drink
  side   side
  price  int
}

func (c *combo) getName() string {
  return c.name
}

func (c *combo) computePrice() int {
  c.price = c.burger.computePrice() + c.drink.computePrice() + c.side
.computePrice() - comboDiscount
  return c.price
}

func (c *combo) display() {
  fmt.Println("Burger For Combo")
  c.burger.display(false)
  fmt.Println("Side For Combo")
  c.side.display(false)
  fmt.Println("Drink For Combo")
  c.drink.display(false)
  fmt.Printf("Price For Combo: $%d\n", c.computePrice())
}

type order struct {
  name    string
  price   int
  burgers []burger
  drinks  []drink
  sides   []side
  combos  []combo
}

func (o *order) getName() string {
  return o.name
}

func (o *order) computePrice() int {
  var price = 0

  for _, b := range o.burgers {
    price = price + b.computePrice()
  }
  for _, s := range o.sides {
    price = price + s.computePrice()
  }
  for _, d := range o.drinks {
    price = price + d.computePrice()
  }
```

```
  for _, c := range o.combos {
    price = price + c.computePrice()

  }
  o.price = price
  return o.price
}

func (o *order) display() {
  fmt.Println("======================================")
  fmt.Println("===========ORDER OVERVIEW===========")
  for k, b := range o.burgers {
    fmt.Printf("=====Burger %d\n", k+1)
    b.display(true)
  }
  for k, s := range o.sides {
    fmt.Printf("=====Side %d\n", k+1)
    s.display(true)
  }
  for k, d := range o.drinks {
    fmt.Printf("=====Drink %d\n", k+1)
    d.display(true)
  }
  for k, c := range o.combos {
    fmt.Printf("=====Combo %d\n", k+1)
    c.display()
  }
  fmt.Printf("=====ORDER TOTAL: $%d\n", o.computePrice())
  fmt.Println("======================================")

}

func contains(arr []string, choice string) bool {
  for _, v := range arr {
    if v == choice {
      return true
    }
  }
  return false
}
func orderBurger() burger {
  var b burger
  b.name = "Beef Burger"
  fmt.Print("Do you want condiments on your burger? (type y for yes): ")
  var choice1 string
  fmt.Scanln(&choice1)
  if strings.ToLower(choice1) == "y" {
    for _, condiment := range burgerCondiments {
      var choice2 string
      fmt.Print("Do you want " + condiment + " on your burger? (type
y for yes): ")
      fmt.Scanln(&choice2)
      if strings.ToLower(choice2) == "y" {
```

```
                b.addCondiment(condiment)

            }
        }

    }
    return b

}
func orderSide() side {
    fmt.Print("These are the available sides: ")
    fmt.Println(sideTypes)
    var choice bool = false
    var sideTypeChoice string
    for choice == false {
        fmt.Print("What side do you want? ")
        fmt.Scanln(&sideTypeChoice)
        if contains(sideTypes[:], sideTypeChoice) {
            choice = true
        } else {
            fmt.Println("Please enter a valid choice")
        }
    }
    var s side
    s.name = strings.ToLower(sideTypeChoice)
    s.computePrice()
    return s
}

func orderDrink() drink {
    fmt.Print("These are the available drinks: ")
    fmt.Println(drinkTypes)
    fmt.Print("These are the available sizes: ")
    fmt.Println("[12 16 24]")

    var choice bool = false
    var drinkTypeChoice string
    var drinkSizeChoice int
    for choice == false {
        fmt.Print("What drink do you want? ")
        fmt.Scanln(&drinkTypeChoice)
        if contains(drinkTypes, strings.ToUpper(drinkTypeChoice)) {
            choice = true
        } else {
            fmt.Println("Please enter a valid drink")
        }
    }
    choice = false
    for choice == false {
        fmt.Print("What size do you want? ")
        fmt.Scanln(&drinkSizeChoice)
        if _, ok := drinks[drinkSizeChoice]; ok {
            choice = true
```

```
        } else {
            fmt.Println("Please enter a valid size")
        }
    }
    var d drink
    d.name = strings.ToLower(drinkTypeChoice)
    d.size = drinkSizeChoice
    d.computePrice() // equivalent also to d.price = drinks[drinkSizeChoice]
    return d
}

func orderCombo() combo {
    var c combo
    fmt.Println("Let's get you a combo meal!")
    fmt.Println("First, let's order the burger for your combo")
    c.burger = orderBurger()

    fmt.Println("Now, let's order the drink for your combo")
    c.drink = orderDrink()

    fmt.Println("Finally, let's order the side for your combo")
    c.side = orderSide()

    return c
}

func main() {
    var ord order
    var name string
    var done bool
    done = false
    fmt.Println("Welcome to Myriam's Burger Shop!")
    fmt.Print("May I have your name for the order?  ")
    fmt.Scanln(&name)
    ord.name = name
    fmt.Println("Let's get your order in " + name + "!")
    for done == false {
        fmt.Println("Enter b for Burger")
        fmt.Println("Enter s for Side")
        fmt.Println("Enter d for Drink")
        fmt.Print("Enter c for Combo: ")
        choice := ""
        for contains(possibleChoices[:], choice) == false {
            fmt.Scanln(&choice)
            switch choice {
            case "b":
                fmt.Println("Burger it is!")
                var b = orderBurger()
                ord.burgers = append(ord.burgers, b)
            case "s":
                fmt.Println("Side it is!")
                var s = orderSide()
                ord.sides = append(ord.sides, s)
```

```
            case "d":
               fmt.Println("Drink it is!")
               var d = orderDrink()
               ord.drinks = append(ord.drinks, d)
            case "c":
               fmt.Println("Combo it is!")
               var c = orderCombo()
               ord.combos = append(ord.combos, c)
            default:
               fmt.Println("Unknown choice")
               fmt.Println("Please enter a valid choice")
            }
         }
         fmt.Print("Do you want to order more items? (Enter n or N to stop.):  ")
         var q1 string
         fmt.Scanln(&q1)
         if strings.ToLower(q1) == "n" {
            done = true
         }
      }
      ord.display()
   }
```

第 III 部分

用 Go 创建解决方案

第 17 课

错 误 处 理

不管使用哪种语言，程序代码都可能包含各种错误，例如语法错误、逻辑错误、除 0 错误和文件缺失等。因此，每种编程语言都有处理错误的内置机制。本课将了解 Go 中的错误处理。

本课目标

- 理解不同类型的错误
- 捕获并处理错误
- 创建自定义错误消息
- 格式化错误消息
- 创建多个自定义错误消息

17.1 Go 程序中的错误

需要指出的是，错误有多种类型。语法错误通常是开发人员在编写代码时犯的拼写错误。这些可能只是拼写错误的单词或缺少字符的语句。语法错误通常会使程序无法编译和运行，因此程序员必须在程序运行之前修复它们。像大多数语言一样，Go 编译器会在程序编译或运行时指出语法错误。常见的语法错误包括如下。

- 使用错误的大小写，例如使用 println 而不是 Println。

- 在使用变量之前没有声明变量。
- 试图将一种类型的值赋给另一种类型的变量。

此外还有逻辑错误。如果有逻辑错误，代码通常会编译并运行，但输出可能与预期不同。和语法错误一样，逻辑错误通常是由开发人员引起的。逻辑错误通常表现为以下情形。

- 当你想检查是否为真时，检查的却是“是否为假”；
- 赋值或变量错误；
- 使用不正确的业务规则。

其他一些逻辑错误和类似的错误也会导致程序停止工作。这些错误可能包括如下。

- 被 0 除；
- 试图向一个不存在的文件写入内容；
- 试图将一个太大的值放入数值变量中；
- 使用接收到的错误数据。

这些是需要在 Go 程序中捕获和处理的错误。例如，假设用户被提示以整数形式输入他们的年龄，但实际输入了他们的名字，如果没有包含处理错误的逻辑，则 Go 程序可能会崩溃。

17.2　Go 中的 error 类型

在 Go 中，有一种专用的错误类型称为 error 类型。由于 error 是一种类型，因此我们可以将错误存储在变量中，从函数返回错误，并对任何其他与类型相关的错误执行操作。

例如，代码清单 17-1 包含了一个语法错误，这个错误被成功捕获。

代码清单 17-1　捕获语法错误

```
package main

import (
   "fmt"
   "strconv"
)

func main() {
```

```
    var str string = "10x"

    // the ParseInt function returns the parsed integer or
    // the error if the conversion failed
    nbr, error := strconv.ParseInt(str,10,8)
    fmt.Println(nbr)
    fmt.Println(error)
}
```

当运行上述代码时，会得到以下消息。

```
0
strconv.ParseInt: parsing "10x": invalid syntax
```

在本例中，无法将存储在str中的值10x解析为整数。Go使用分配给ParseInt函数的error参数自动处理错误，向用户提供有关错误的解释。同时，变量nbr接收整数的默认值(0)。按照此程序的编码方式，它将打印分配给nbr的整数，即使ParseInt无法执行转换。

> **注意**：本课最后的练习17-1将要求更新此代码清单，以便它不会产生错误。当错误不是由ParseInt引起时，应该注意存储在变量error中的值。

为更仔细地研究从ParseInt函数中捕获的错误类型，可以使用eflect包，如代码清单17-2所示。

代码清单 17-2　仔细观察错误

```
package main

import (
  "fmt"
  "reflect"
  "strconv"
)

func main() {
  var s string = "10x"

  i, error := strconv.ParseInt(s,10,8)
  fmt.Println(i)
  fmt.Println(error)
  fmt.Println(reflect.TypeOf(error))
}
```

在这个代码清单中，导入了reflect包。然后，使用reflect的TypeOf方法来确定error变量的类型。这告诉我们error变量的类型是strconv包中定义的

NumError 类型，如输出所示。

```
0
strconv.ParseInt: parsing "10x": invalid syntax
*strconv.NumError
```

注意： Go 语言中的每个包都可以实现自己的自定义错误类型，以处理在该特定包中可能发生的各种错误。

17.3 自定义错误处理

虽然 Go 语言有内置的错误处理消息，但它们并不总是易于理解或用户友好。在前面的例子中，错误对开发人员来说是有意义的，但对于最终用户来说可能技术性过强。因此，通常情况下，我们希望在显示值之前检查错误，并让 Go 显示更有意义的错误消息。

在代码清单 17-3 中，使用 if-else 语句来控制 ParseInt 函数的输出。这样做是为了在出现错误时向用户呈现一个更友好的消息。

代码清单 17-3 自定义错误处理

```
package main

import (
   "fmt"
   "strconv"
)

func main() {
   var s string = "10x"

   i,error := strconv.ParseInt(s,10,8)

   if error == nil{
      fmt.Println(i)
   } else {
      fmt.Println("You cannot convert text into a number")
      fmt.Println(error)
   }
}
```

这次我们添加了一个检查，以查看是否在调用 ParseInt 时产生了错误。如果没有发生错误，则将 nil 分配给 error。因此，如果 error 等于 nil，则我们知道没有错误。如果 error 不等于 nil，则发生了错误，因此可以为用户打印一个友好的消息。这个例子中使用了 10x，因此代码清单将产生一个错误。运行代码清单的输出如下所示。

```
You cannot convert text into a number
strconv.ParseInt: parsing "10x": invalid syntax
```

这个输出更有意义，因为它用普通人能理解的语言告诉用户出了什么问题。如果不想让它显示给用户，甚至可以删除 fmt.Println(error)语句。

17.4　错误方法

从内部看，错误类型只是一个具有单个方法 Error 的接口，该方法返回一个字符串。

```
type error interface {
   Error() string
}
```

例如，os 包具有各种错误类型来处理缺失文件、操作系统问题等。这些与 strconv 包中的错误不同。然而，这两个包都实现了相同的错误接口。

任何实现此接口的类型都被视为错误类型。如果你正在构建自己的包，那么可以创建实现错误接口的类型，并使用特定于你的应用程序的自定义错误类型。可以实现针对错误的函数和方法，如代码清单 17-4 所示。

代码清单 17-4　创建自定义错误方法

```
package main

import (
   "errors"
   "fmt"
)

type account struct {
   number string
   balance float64
}

func(a *account) withdraw(value float64) (bool,error) {
   if a.balance >= value{
      a.balance = a.balance - value
      return true,nil
```

```
    }

    // use the errors package to display a new, custom error message
    return false, errors.New("You cannot withdraw from this account.")
}

func main() {
    acct := account{}
    acct.number = "C21345345345355"
    acct.balance = 159
    out,err := acct.withdraw(200)
    fmt.Println(out)

    // output if error
    if err != nil {
        fmt.Println(err)
        return
    }

    // output if no error
    fmt.Println("The withdrawal occurred successfully.")
    fmt.Println("Your new balance is", acct)
}
```

在代码清单 17-4 中，使用了与以前课时中类似的 account 结构体。当为 account 结构体定义 withdraw 方法时，将其设置为返回布尔值以及来自 errors 包的错误类型。注意，这里使用来自 errors 包的 errors.New 函数创建一个新的错误类型。

如果账户余额大于请求的金额(value)，则 withdraw 方法将返回 true 和错误值 nil。否则，如果余额小于请求的金额，则 withdraw 方法将返回 false，并返回带有自定义消息的新错误类型。

在 main 函数中，执行 withdraw 方法并检查错误。如果它不是 nil，则表明发生了错误，我们显示该错误。由于请求取款 200，其大于余额 159，运行代码清单 17-4 会产生以下错误。

```
false
You cannot withdraw from this account.
```

在代码清单中，将取款金额从 200 更改为 100。这样做后，取款金额小于余额，因此不会创建错误消息。

```
true
The withdrawal occurred successfully.
Your new balance is {C21345345345355 59}
```

17.5 Errorf 函数

fmt 包包含 Errorf 函数，该函数可以创建带有方法数据的自定义错误。要理解 Errorf 函数，可参考代码清单 17-5 中的代码。

代码清单 17-5　使用 Errorf

```
package main

import (
   "fmt"
)

type account struct {
   number string
   balance float64
}

func(a *account) withdraw(value float64) (bool, error) {
   if a.balance >= value {
      a.balance = a.balance-value
      return true, nil
   }
   return false, fmt.Errorf("Withdrawal failed, because the requested
amount of %0.2f is higher than balance of %0.2f. ", value,a.balance)
}

func main() {
   acct := account{}
   acct.number = "C21345345345355"
   acct.balance = 159
   out, err :=acct.withdraw(200)
   fmt.Println(out)

   if err!=nil{
      fmt.Println(err)
      return
   }

   fmt.Println("The withdrawal occurred successfully.")
   fmt.Println("Your new balance is", acct)
}
```

该代码与之前的代码清单相同，除了在这里，withdraw 方法使用 fmt.Errorf 函数返回错误消息。这允许通过解析值和余额来添加更多详细信息到错误消息中，包括实际的值。

Errorf 函数查看传递的字符串，并用包括在字符串后面的参数替换任意转义序列。转义序列以百分号(%)开头，并以表示类型的字符结尾。在此代码清单中，传递给 fmt.Errorf 的字符串有两个转义序列。它们都是%0.2f。f 表示将插入数字浮点值。0.2 表示应在小数点右侧显示两位数字。这种情况下，存储在 value 和 a.balance 中的数字将被放入字符串中。最终输出结果如下所示。

```
false
Withdrawal failed, because the requested amount of 200.00 is higher
than balance of 159.00.
```

17.6　空标识符

代码清单 17-5 从 acct.withdraw 方法的调用中返回了 out 和 err。由于在程序中没有使用 out 变量，因此可以将它替换为一个空标识符，即下画线(_)。空标识符是一个未绑定到值的匿名变量。

代码清单 17-6 是前一个示例的更新版本。这一次将空标识符用作 withdraw 函数的第一个参数。

代码清单 17-6　使用空标识符

```
package main

import (
  "fmt"
)

type account struct {
  number string
  balance float64
}
func(a *account) withdraw(value float64) (bool, error) {
  if a.balance >= value{
    a.balance = a.balance-value

    return true, nil
  }
  return false, fmt.Errorf("Withdrawal failed, because the requested
amount of %0.2f is higher than balance of %0.2f ", value,a.balance)
}

func main() {
  acct := account{}
  acct.number = "C21345345345355"
  acct.balance = 159
```

```
    // we use _ to omit out since we don't need it
    _,err := acct.withdraw(200)
    if err!=nil{
       fmt.Println(err)
       return

    }
    fmt.Println("The withdrawal occurred successfully.")
    fmt.Println("Your new balance is", acct)
}
```

除使用空标识符作为第一个参数外，这个代码清单与之前的相同，并且生成相同的输出。

```
Withdrawal failed, because the requested amount of 200.00 is higher than
balance of 159.00
```

17.7　用结构体表示错误消息

可以对前面的示例进行改进，以包括更多有关错误的详细信息，并实现其他自定义机制来处理错误。代码清单 17-7 使用结构体来包含有关错误的更多详细信息。

代码清单 17-7　生成更详细的自定义错误消息

```
package main

import (
   "fmt"
)

// struct for error output
type withdrawError struct {
   err string
   value float64
   balance float64
}

type account struct {
   number string
   balance float64
}

func(a *account) withdraw(value float64) (bool, error) {
   if a.balance >= value{
      a.balance = a.balance - value
```

```
        return true,nil
    }
    return false, &withdrawError{"Withdraw Error", value, a.balance}
}

// implement the method for the withdrawError Type
func (e *withdrawError) Error() string {
    return fmt.Sprintf("%s: withdrawal failed because the requested
amount of %0.2f is higher than balance of %0.2f", e.err, e.value,
e.balance)
}

func main() {
    acct := account{}
    acct.number = "C21345345345355"
    acct.balance = 159

    _, err := acct.withdraw(200)
    if err != nil{
        fmt.Println(err)
        return
    }

    fmt.Println("The withdrawal occurred successfully.")
    fmt.Println("Your new balance is", acct)
}
```

此代码与之前的代码清单大体相同，但也有一些不同之处。

- 创建了一个名为 withdrawError 的结构体，其中包含一个 string 类型的错误消息以及 balance 和 value。本例中是希望记录导致错误的数据信息。
- 在 withdrawError 类型上实现了一个返回有关错误的详细消息的方法。
- 下一个更改是在 withdraw 方法中。不是返回标准的错误消息，而是返回一个对使用导致错误的数据(标准错误消息、balance 和要提取的 value)初始化的 withdrawError 的引用。

这种方法使代码更有条理，同时提供了更有意义的错误消息。

```
Withdraw Error: withdrawal failed because the requested amount of
200.00 is higher than balance of 159.00
```

17.8 多个自定义错误消息

让我们更新之前的示例，以处理客户从账户中提取资金时可能发生的多种错误，包括如下。

- 当账户余额为 0 或负数时，无论提取金额多少，都无法提取任何资金。
- 当要提取的金额为 0 或负数时，用户无法进行逻辑上的提款操作。
- 余额低于要提取的金额。

理想情况下，我们希望 withdraw 方法对每种情况都有自定义错误消息，例如代码清单 17-8 中的更新内容。

代码清单 17-8　使用多个自定义错误消息

```
package main

import (
  "fmt"
)

type withdrawError struct {
  err string
  value float64
  balance float64
}

// implement the method for the withdrawError Type
func (e *withdrawError) Error() string {
  return fmt.Sprintf("%s: withdrawal failed because the requested
amount of %0.2f is higher than balance of %0.2f.", e.err,e.value,
e.balance)
}

func (e *withdrawError) balanceNegativeorZero() bool {
  return e.balance <= 0
}

func (e *withdrawError) AmountNegativeorZero() bool {
  return e.value <= 0
}

func (e *withdrawError) InsufficientFunds() bool {
  return e.balance - e.value < 0
}

type account struct {
  number string
  balance float64
}

func(a *account) withdraw(value float64) (bool,error) {
  if a.balance <=0 {
    return false, &withdrawError{"Withdrawal Error", value, a.balance}
  }
```

```
    if value <=0 {
        return false, &withdrawError{"Withdrawal Error", value, a.balance}
    }
    if a.balance >= value{
        a.balance = a.balance-value
        return true, nil
    }
    return false, &withdrawError{"Withdrawal Error", value, a.balance}
}

func main() {
    acct := account{}
    acct.number = "C21345345345355"
    acct.balance = -100

    _, err := acct.withdraw(46)
    if err != nil{
        if err2, ok := err.(*withdrawError); ok {
            if err2.AmountNegativeorZero() {
                fmt.Println("Amount to be withdrawn is negative")
            }
            if err2.balanceNegativeorZero() {
                fmt.Println("Balance is negative")
            }
            if err2.InsufficientFunds(){
                fmt.Println("Insufficient funds")
            }
            return
        }
    }

    fmt.Println("The withdrawal occurred successfully.")
    fmt.Println("Your new balance is ")
    fmt.Println(acct)
}
```

当运行此版本的程序时，输出结果如下所示。

```
Balance is negative
Insufficient funds
```

更新版本包括 withdrawError 类型的 3 个新方法。

- balanceNegativeorZero：检查错误中记录的余额是否为 0 或负数。
- AmountNegativeorZero：检查错误中记录的取款金额是否为 0 或负数。
- InsufficientFunds：检查取款金额是否高于余额。

接下来，在 withdraw 方法中，遍历这里列出的问题并为每种情况返回错误消息。

真正的“魔法”发生在 main 方法中触发错误时。在检查错误不为 nil 后，程序会进入一系列 if 语句，以确定哪个方法触发了错误，从以下 if 语句开始。

```
if err2, ok := err.(*withdrawError); ok {
```

这似乎比以前使用的更复杂；然而，它是在执行一个两步语句。语句的第一部分如下。

```
err2, ok := err.(*withdrawError);
```

这里，程序在检索错误。由于我们知道 err 不等于 nil(基于代码清单中的前一行)，所以出现了错误，程序将解析该错误。在此语句之后，err2 将包含发生的错误，并且 ok 将是一个布尔值。在该语句的第二步中，检查 ok 以确定它是否为 true。这个两步语句等同于执行以下操作。

```
err2, ok := err.(*withdrawError)
  if ok {
```

因此，如果 ok 为 true，则我们会遍历不同的错误来确定具体发生了哪个。这里，余额为负，这将触发负余额错误，而且由于余额低于取款金额，因此还会收到余额不足错误。通过使用这种技术，可以在同一个方法中创建各种错误消息的场景，同时保持代码优雅和紧凑。

17.9　本课小结

错误是一定会发生的，它们是编程的一部分。作为 Go 开发人员，应该尽可能地防止错误。当你的程序需要向用户显示错误消息时，应该确保消息清晰易懂。本节学习了如何捕获和显示错误，还学习了如何创建自己的自定义错误消息。

17.10　本课练习

下面的练习可以让你尝试本课介绍的工具和概念。对于每个练习，请编写一个满足指定要求的程序并验证程序是否按预期运行。

练习 17-1：没有错误

修改代码清单 17-1，使其不会引起错误。这样做时，将分配给 nbr 和 error 的值是什么？

练习 17-2：贪婪提款

修改代码清单 17-4，在 withdraw 方法中包含第二个检查。如果请求提现超过 1 000 美元，则生成自定义错误消息。使用以下场景测试程序，以确保获得预期的错误消息或账户余额。

- 余额为 159，请求提现 200。
- 余额为 159，请求提现 100。
- 余额为 159，请求提现 2000。
- 余额为 2000，请求提现 100。
- 余额为 2000，请求提现 1500。
- 余额为 2000，请求提现 1000。
- 余额为 2000，请求提现 3000。

练习 17-3：扩展银行应用程序

为银行应用程序实现错误处理，包括以下内容。

- 为所有可能的错误创建适当的错误类型，包括提款、汇款和存款。
- 在程序的所有方法和函数中添加错误处理，以使程序尽可能易于使用。

练习 17-4：自己动手

重新编写本书前面练习中已经完成的代码，以包含适当的错误处理。

第 18 课

并　发

本课将了解并发的概念，并展示如何将其应用于 Go 应用程序。在编写 Go 代码之前，我们将花额外的时间解释并发和并行概念。

本课目标

- 理解并发及其挑战
- 理解并行及其挑战
- 使用协程(goroutine)
- 使用通道
- 迭代通道

18.1　使用并发

在深入了解 Go 如何处理并发之前，先查看并发的概念。在计算机发展的早期阶段，计算机系统只有一个处理器负责执行所有指令。由于这种体系结构，计算机程序被编写成以串行的方式运行，在这种方式下，程序按照预定义的顺序逐个指令地执行。图 18-1 说明了计算机程序的串行编程方式。

图 18-1　串行编程方式

随着计算机程序变得越来越复杂，串行编程的使用带来了一些限制，因为程序在同一时间只能执行一条指令。计算机程序包含的指令越多，执行所需的时间就越长。这就需要用更快、更有效的方法来执行计算机程序。

18.1.1　操作系统的角色

操作系统(OS)是负责管理计算机上运行的不同进程的组件。进程管理可分为三类。

- 多程序：多个进程在同一个处理器上运行，如图 18-2 所示。
- 多处理：多个进程在多个处理器上运行，如图 18-2 所示。
- 分布式处理：多个进程在多台机器上运行。

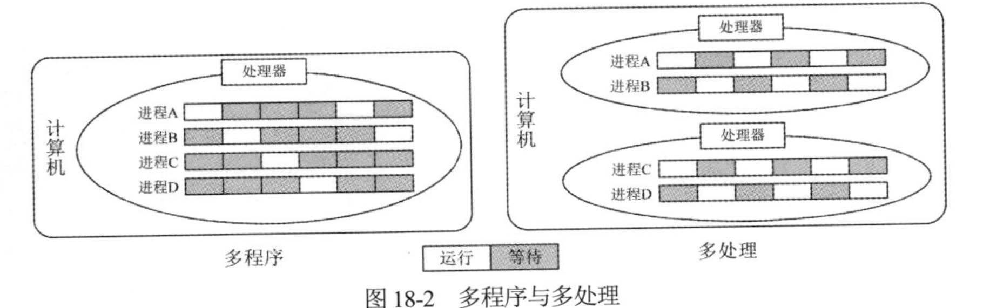

图 18-2　多程序与多处理

不管是哪种处理类型，这些并发进程都必须能够相互合作、竞争相同的资源并相互通信。唯一的区别在于执行进程的方式。在多程序设计中，由于只有一个处理器，因此必须交错执行各种进程。而在多处理设计中，需要在不同的处理器上执行进程。

并发是指在同一个处理器上切换执行多个计算机程序的过程，使得用户产生这些程序同时运行的错觉。例如，操作系统和它所运行的应用程序。从用户角度看，可以同时听音乐、写文档和上网浏览网页。这就是我们所说的并发性。

并发通过允许不同的计算机程序共享一台计算机的 CPU 来营造同时执行的错觉。并发可以实现计算机的多任务处理。虽然它一次只能执行一个任务，但可以在任务之间快速切换。

当计算机上运行的进程彼此独立并且不会访问相同的资源时，并发管理很容易。然而，在实践中，大多数活跃的计算机进程共享并竞争相同的资源。这可能会在编写并发软件时引入一些问题和挑战。在设计软件时，必须考虑并发以及它带来的问题和挑战。

18.1.2　并发带来的问题

为说明并发的问题，假设有两个计算机进程(A 和 B)，它们访问同一个全局变量，并且该全局变量是由操作系统设置的。如果进程 A 和 B 同时访问全局变量，那么进程 A 可能会改变全局变量的值，而进程 B 会检索旧值而不是进程 A 设置的新值。这会导致进程 A 和 B 执行过程中出现错误。

以下是一个带具体数字的例子。假设全局变量以值 6 开始，并且有两个进程，它们各自都要将值加到全局变量上。

- 进程 A 获取值为 6 的全局变量。
- 进程 B 获取值为 6 的全局变量。
- 进程 A 将取得的值加 3，总值为 9。
- 进程 B 将取得的值加 5，总值为 11。
- 进程 A 将全局变量更新为新总值 9。
- 进程 B 将全局变量更新为新总值 11。

结果是全局变量的值为 11，而它本应该为 14(6+3+5)。进程 B 的更新覆盖了进程 A 的更新，如图 18-3 所示。

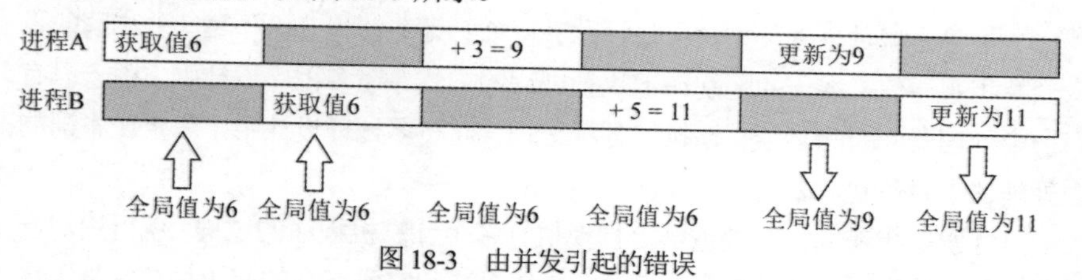

图 18-3　由并发引起的错误

为防止这种情况发生，需要限制对全局变量的访问，规定全局变量在同一时间只能由一个进程访问。这也被称为互斥。也就是说，如果一个进程正在访问共享资源，其他进程对该资源的访问必须被阻止，直到当前进程完成其执行。不同进程之间的共享资源的例子包括打印机、扫描仪和文件。两个进程同时访问一个文件可能会导致意外发生。互斥表示文件一次只能让一个进程访问。

注意：你可能亲身经历过互斥的情况。例如你有一个文件处于打开状态(如一个 Microsoft Word 文档)，并且试图通过操作系统删除或重命名该文件，那么很可能会收到一条错误消息，告诉你必须在完成其他操作之前关闭该文件。这种情况下，使用该文件的应用程序是进程 A，而试图更改该文件的操作系统是进程 B。进程 A 必须在进程 B 进行操作之前释放该文件。

18.1.3 互斥

并发带来了两个主要挑战。

- 为不同的进程分配适当的资源；
- 安全共享全局资源。

如前一个例子所示，为安全地共享全局资源，必须实现互斥，其表明一次只能有一个进程访问共享资源。实现互斥有 3 种主要方法。

- 进程本身处理互斥。编写软件的程序员在软件源代码中实现互斥。由于程序员很容易犯编程错误或忘记实现互斥，因此这种方法往往会导致错误和意外行为。
- 使用特殊的机器指令强制进程访问共享资源。这些机器指令将保证发生互斥。
- 在操作系统和编程语言中实现互斥，以强制进程遵从互斥。操作系统是负责管理不同进程的组件，因此可以强制进程遵从互斥和并发。操作系统实现互斥的技术包括信号量、监视器和消息传递等。

虽然必须使用某种类型的互斥机制来确保在任何给定时间只有一个进程访问特定资源，但这仍然存在缺点。例如，当进程 A 访问共享资源时，所有其他进程必须等待进程 A 完成其工作。这导致了延迟。

另一个潜在的问题是可能会发生死锁。死锁是指一组计算机进程被操作系统永久阻塞。在发生死锁的情况下，这些进程会竞争全局资源并阻止彼此访问资源，直到操作系统决定阻止进程。被阻塞的每个进程会等待被另一个被阻塞进程占用的资源。

要发生死锁，需要满足 3 个条件。

- 进程间互斥：在任何给定的时间，只有一个进程可以使用这些资源。
- 挂起和等待：任何进程都可以在等待其他资源释放的同时持有一些资源。
- 不抢占：任何进程都不能强制释放任何资源。

例如，进程 A 可以持有一个资源并等待进程 B 当前正在使用的另一个资源。进程 B 可能持有进程 A 需要的资源，但在释放该资源之前要等待进程 C 完成。进程 C 本身可能正在等待进程 A 持有的资源。由于它们各自等待其他进程完成并释放其资源，因此这可能导致不同进程之间的死锁。

一个典型的死锁类比是在 eBay 这样的网站上出售商品。假设玛丽想卖掉一台她不再使用的电脑，而彼得想从她那里购买，但他们住在不同的州。玛丽在收到彼得的钱之前不会发货，而彼得在收到电脑并确认它符合他的预期之前不会付款。交易陷入了僵局(死锁)状态，因为彼得和玛丽都在等待对方先完成自己的操作部分。

在执行不同的进程时，死锁会导致意外的行为和错误。然而，有一些技术可以避免死锁。一种是实现一个规则，打破前面所说的 3 个条件之一。例如，操作系统可以实现一个打破“不抢占”条件的规则。也就是说，操作系统可以强制任何进程释放任何资源。这可以避免死锁，因为没有进程可以无限期地持有资源。但是，你不能实现打破互斥的规则，因为这是并发的本质，操作系统必须遵从互斥。

避免死锁的另一种技术是通过检测和恢复。这种情况下，操作系统通过特定的规则识别死锁并进行恢复。

18.2 并行

并行是指同时执行多个任务的过程。例如，如果你有一个可以容纳 6 个汉堡的烤架，那么可以通过并行的方式同时烤制 6 个汉堡。并行假定任务彼此独立。例如，烹饪一个汉堡的过程与烹饪另一个汉堡的过程是独立的。因此，可以同时执行它们而不必担心其中一个依赖另一个。另一个例子是洗衣服。如果你有两台洗衣机，那么可以同时洗两批衣服。

在计算机领域中，并行是指利用多个处理器或硬件资源同时执行多个独立任务的过程。这就是之前提到的多处理。例如，一个四核处理器包含 4 个处理器，可以同时执行 4 个计算机指令。每个处理器负责执行一条指令。同样地，多个处理器可以同时运行一个或多个计算机进程。

18.2.1　实现并行

随着计算机系统的不断演进和计算机硬件价格的下降，计算机系统开始包括多个处理器。这使得指令可以分布在不同的处理器上以加速计算机程序的执行。图 18-4 显示了使用 4 个处理器并行执行一个计算机程序的过程。

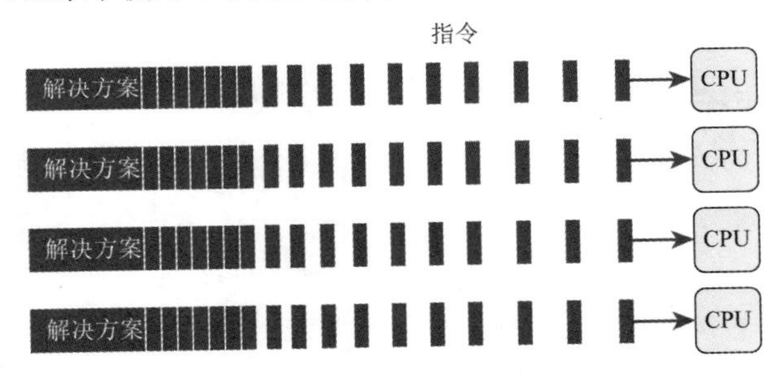

图 18-4　并行执行程序

并行计算主要是将任务分配给多个处理器。真正实现并行处理需要有多个处理器。图 18-5 显示了一个具有多个处理器的 CPU 的例子。

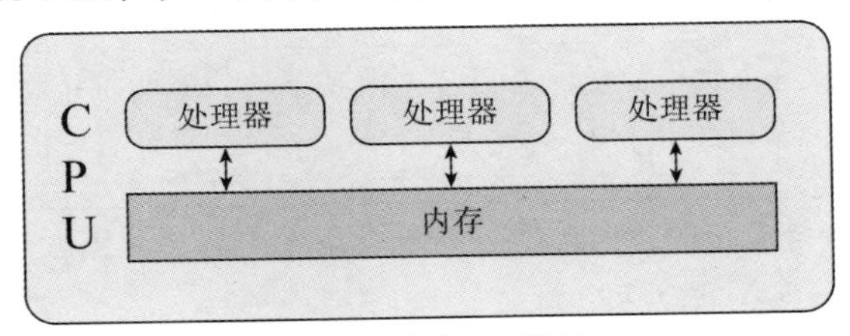

图 18-5　带有多个处理器的 CPU

如图 18-5 所示，不同的处理器共享相同的内存。这可能会导致与并发类似的问题，因此必须确保当处理器 A 正在读取或写入内存位置时，防止其他处理器访问相同的内存位置，直到处理器 A 完成操作。另一个例子是两个处理器(A 和 B)同时访问打印机。

18.2.2 防止由并行引发的问题

为防止并行处理器出现并发问题，有两种可能的选择。

- 为每个处理器创建完全独立的资源，包括内存。
- 实现类似于并发中使用的技术。

并行计算不应与并发混淆。在并行计算中，有独立的处理器同时工作，但彼此之间独立运作。在并发中，有一个处理器会快速地在任务之间进行切换，给人一种并行的错觉。然而，尽管这两种方法非常不同，但由于共享资源的使用，它们会面临一些相同的问题。

18.3 使用协程

Go 语言通过使用协程支持并发。协程是一个与另一个方法或函数同时运行的函数或方法。

其他编程语言依赖线程的概念来实现并发。在 Go 语言中，不是使用实际的线程，而是使用函数或方法来实现并发执行，它们更轻量级，也更紧凑。这使得创建协程的资源成本非常低(与同时执行多个线程相比)。实际上，协程仅使用少量内存，并且会对内存的使用进行动态缩放。另一方面，线程通常具有它们使用的固定数量的内存。

注意：从技术上说，协程仅占用几个千字节的栈空间，并且栈大小会动态缩放；而线程通常具有固定的栈大小。

注意：Go 语言倾向于同时执行许多小型轻量级函数或方法(通常是一次 100 个)，而不是同时运行几个线程。

协程被多路复用(组合)以在少数操作系统线程中执行，这使得一个线程能够处理数千个或更多的协程。当一个协程阻塞线程等待完成其任务时，Go 会自动启动另一个线程并将其他协程移到那里。这是自动完成的，不需要担心这些细节。相反，可以使用协程作为实现并发的一种轻量级方式，让 Go 处理线程管理。实际上，默认情况下，Go 程序中的 main 函数本身就是它自己的协程。它被称为主协程。

为理解协程的概念，让我们查看代码清单 18-1，它实现了一个协程。

代码清单 18-1　一个简单的协程

```
package main

import (
   "fmt"
)

func goroutine() {
   fmt.Println("This is my first goroutine.")
}

func main() {
   go goroutine()

   fmt.Println("main goroutine")
}
```

在这个代码中，创建了一个名为 goroutine 的函数协程，用于显示一条消息。在 main 函数中，使用关键字 go 来执行该函数，从而在 gorotine 函数调用之外创建一个协程。这种情况下，是指示 Go 同时执行 goroutine 函数和 main 函数(或主协程)。

如果运行这段代码，会看到以下输出，而不是 goroutine 函数显示的消息。

```
main goroutine
```

这是因为当启动一个协程时，Go 程序的控制流不会等待例程完成执行。相反，它会继续执行程序中的下一条语句。代码清单 18-1 中的下一条语句是 Println 语句，它立即执行并结束程序。

在程序结束之前，goroutine 函数没有时间执行。这种情况下，需要一种方法来暂停主协程的执行，以便其他协程能够运行。可以使用 time 包和 Sleep 函数来实现这一点。

代码清单 18-2 与之前的代码清单相同，但包括了一个 Sleep 指令，该指令延迟了 Println 命令的执行。

代码清单 18-2 暂停执行

```
package main

import (
   "fmt"
   "time"
)

func goroutine() {
   fmt.Println("This is my first goroutine.")
}

func main() {
   go goroutine()

   time.Sleep(4* time.Second)
   fmt.Println("main goroutine")
}
```

这次，当运行此程序时，将看到两个输出。

```
This is my first goroutine.
main goroutine
```

此程序通过 import 语句添加了 time 包。此外还添加了对 time.Sleep 函数的调用，该函数暂停执行约 4 秒。当运行此代码清单时，第一个输出和第二个输出之间存在明显的延迟。

> **注意：** 程序最初启动时会有一些延迟。可以在调用 go goroutine()之前添加一个 fmt.Println 语句，以查看程序何时开始执行 main 例程中的代码。

尽管 Sleep 函数发挥了作用，但这只是一个基本的解决方案。为了将数据从协程传递到主协程中，需要一个更好的方法。在 Go 中，可以使用通道来实现这一点。我们将在本课后面讨论通道，现在还是专注于协程。

18.4 多协程

在前面的例子中，只使用了单个协程(除了必需的主协程外)，但我们可能需要任意数量的协程。代码清单 18-3 包含了两个独立的协程。

代码清单 18-3 使用多个协程

```
package main

import (
   "fmt"
   "time"
)

func goroutine() {
   fmt.Println("This is my first goroutine.")
}

func anothergoroutine() {
   fmt.Println("This is my second goroutine.")
}

func main() {

   fmt.Println("Starting...")

   go goroutine()
   go anothergoroutine()

   time.Sleep(4* time.Second)
   fmt.Println("main goroutine")
}
```

在代码清单 18-3 中，启动了两个并发执行的协程。如你所见，它们都用 go 关键字加相应的例程形式开始执行。为了给两个协程足够的时间来执行，在此代码清单中再次包含了 4 秒的延迟，以允许 Println 指令被执行。该代码清单还添加了一个简单的 Println 语句，以便清楚地知道主程序何时开始执行。代码清单的输出如下所示。

```
Starting...
This is my second goroutine.
This is my first goroutine.
main goroutine
```

为更好地展示协程的能力，我们将实现一个函数，查看并发执行的实际效果。在代码清单 18-4 中，将两个函数(goroutine 和 anothergoroutine)更改为显示 0 到输入限制之间的数字。其技巧在于，在 goroutine 函数中使用 Sleep 函数每 250 毫秒打印一个数字和消息，而在 anothergoroutine 中使用 Sleep 函数每 400 毫秒打印相同的内容。

> **注意：** 通常有多种方式可以完成相同的任务。在本课中，我们使用 time.Sleep 函数；还可以使用 sync 包中的 sync.WaitGroup 函数来等待多个协程完成。

代码清单 18-4 使用两个定时器

```
package main

import (
  "fmt"
  "time"
)

func goroutine(limit int) {
  for i := 0;i < limit; i++ {
    time.Sleep(250 * time.Millisecond)
    fmt.Print(i)
    fmt.Println(" - calling goroutine")
  }
}

func anothergoroutine(limit int) {
  for i := 0;i < limit; i++ {
    time.Sleep(400 * time.Millisecond)
    fmt.Print(i)
    fmt.Println(" - calling anothergoroutine")
  }
}

func main() {

  fmt.Println("Starting...")
  go goroutine(10)
  go anothergoroutine(10)

  time.Sleep(6 * time.Second)
  fmt.Println("main goroutine")
}
```

代码清单 18-4 中的代码相对容易理解。两个协程大部分时间都在做相同的事情。它们都使用 for 语句循环指定次数。每次循环发生时，都会打印一个连续的数字，然后跟上一个表示正在使用哪个协程的字符串。如前所述，每个协程使用不同的毫秒数进行暂停。对于 goroutine 而言是 250，而对于 anothergoroutine 则是 400。当执行 main 函数时，可以看到两个函数同时执行并按照 Sleep 函数模式指定的频率显示数字。

```
Starting...
0 - calling goroutine
0 - calling anothergoroutine
```

```
1 - calling goroutine
2 - calling goroutine
1 - calling anothergoroutine
3 - calling goroutine
2 - calling anothergoroutine
4 - calling goroutine
5 - calling goroutine
3 - calling anothergoroutine
6 - calling goroutine
4 - calling anothergoroutine
7 - calling goroutine
8 - calling goroutine
5 - calling anothergoroutine
9 - calling goroutine
6 - calling anothergoroutine
7 - calling anothergoroutine
8 - calling anothergoroutine
9 - calling anothergoroutine
main goroutine
```

注意：如之前所见，fmt.Println 在打印时会添加一个换行符，而 fmt.Print 不会。这就是为什么字符串会和数字在同一行打印。

18.5 使用通道

协程提供了并发编程的能力。本节将学习通道的概念。通道充当连接协程的管道，允许在协程之间进行数据交换。

当声明一个变量并将其赋值给通道时，可以使用 chan 关键字定义通道。

每个通道都分配了特定的数据类型，并且给定的通道只能在协程之间传输该类型的数据。在代码清单 18-5 的例子中，定义了一个名为 myChannel 的通道，其类型为 int。由于 myChannel 的类型为 int，因此它只能传输整数数据。

代码清单 18-5 定义通道

```
package main

import "fmt"

func main() {
   var myChannel chan int

   fmt.Println(myChannel)
}
```

通道的默认值为 nil。由于在代码清单中没有为 myChannel 分配值，因此这个程序的输出将为<nil>。

18.5.1　使用 make 创建通道

可以使用 make 函数创建和初始化通道。代码清单 18-6 包含了使用 make 函数创建通道的代码。

代码清单 18-6　使用 make 创建通道

```
package main

import "fmt"

func main() {
   var myChannel = make(chan int)
   fmt.Printf("Channel Type is %T", myChannel)
}
```

这里创建了一个名为 myChannel 的变量，使用 make 函数进行初始化并传递 chan 关键字和一个类型。在本例中，将 int 类型传递给函数。结果是，创建并初始化了类型为 int 的 myChannel。打印其类型将输出如下结果。

```
Channel Type is chan int
```

18.5.2　通道和并发

如前所述，通道被协程用于发送和接收数据。然而，虽然协程由编译器自动处理，但通道会引入并发问题，这会阻止主协程完成，直到所有数据适当地通过通道传输。代码清单 18-7 提供了一个更具体的例子。

代码清单 18-7　使用并发通道

```
package main

import "fmt"

// a function that takes a channel as input
func message(ch chan string) {
   // we use ch followed by <- to write data to the channel
   ch <- "Hello World"
}

func main() {
```

```
    // create a channel that transports string
    ch := make(chan string)

    // execute the goroutine with input as the channel
    go message(ch)

    // read from the channel into a variable b
    b := <- ch
    fmt.Println(b)

    fmt.Println("This will execute last")
}
```

在这个例子中，创建了一个名为 message 的函数，它以通道 ch 作为输入，并使用以下约定向该通道写入数据。

```
channel_name <- data_to_written
```

这里，可以看到字符串"Hello World"被写入通道 ch。

```
ch <- "Hello World"
```

在主协程中，创建了一个仅接收字符串的通道 ch。然后，执行输入为 ch 的协程。接着是一个从协程读取数据到变量 b 并使用 Println 显示收到的消息的语句。

```
b := <- ch
fmt.Println(b)
```

输出结果如下。

```
Hello World
This will execute last
```

注意，主协程将等待，直到从通道中读取完毕。这是因为向通道写入和读取数据是一个阻塞调用，这意味着当向通道发送数据时，write 语句会阻塞控制，直到另一个协程从该通道读取。换句话说，由于正在将消息写入协程通道，因此主协程会在那个过程中被阻塞。

同样地，当从通道中读取时，读取动作是一个阻塞调用，直到另一个协程向该通道写入为止。这种方法意味着开发人员不必使用显式的锁来实现并发，而这在其他编程语言中可能是需要手动实现的。

18.5.3 添加延迟

可以使用 Sleep 语句在通道处理过程中包含延迟，以便更好地了解协程和通道如何以并发方式工作。在 message 协程中添加一条 Sleep 语句，如代码清单 18-8 所示。

代码清单 18-8 添加延迟

```
package main

import (
  "fmt"
  "time"
)

func message(ch chan string) {
  // add a sleep delay to the channel
  time.Sleep(6 * time.Second)
  ch <- "Hello World"
}

func main() {
  ch := make(chan string)
  go message(ch)
  b := <- ch
  fmt.Println(b)
  fmt.Println("This will execute last")
}
```

这个代码清单与之前的代码清单非常相似，只是删除了许多注释，并向 message 协程添加了一行代码。在这个版本中，message 协程会休眠 6 秒，然后向通道写入数据。不过仍然在主协程中读取通道内的数据。

```
b := <- ch
```

因此，主协程将等待直到 message 协程向通道写入数据，然后才会读取数据并完成程序的执行。换句话说，这个程序与之前的版本完全相同，只是必须等待至少 6 秒才能看到输出。

18.6 具有多个协程的通道

通道可以执行多个协程。代码清单 18-9 展示了一个执行两个协程的通道的例子。第一个协程计算数组的最大值，第二个协程计算数组的最小值。

代码清单 18-9 使用带有两个协程的通道

```
package main
```

```
import (
  "fmt"
)

// calculate the max
func computeMax(ch chan int, numbers [4]int) {
  max := numbers[0]
  for i := 0; i < len(numbers); i++ {
    if numbers[i] > max {
      max = numbers[i]
    }
  }
  ch <- max
}

// calculate the min
func computeMin(ch chan int, numbers [4]int) {
  min := numbers[0]
  for i := 0; i < len(numbers); i++ {
    if numbers[i] < min {
      min = numbers[i]
    }
  }
  ch <- min
}

func main() {
  numbers := [4]int{25, 64, 75, 5}
  fmt.Println(numbers)

  ch1 := make(chan int)
  go computeMax(ch1, numbers)
  b := <- ch1
  fmt.Printf("Max is: %v\n", b)

  ch2 := make(chan int)
  go computeMin(ch2, numbers)
  b = <- ch2
  fmt.Printf("Min is: %v\n", b)
}
```

在这个代码清单中，创建了两个协程，每个协程都接收一个通道和一个包含 4 个整数的数组。computeMax 使用 for 循环确定最大值，将其保存在变量 max 中，然后写入通道。computeMin 的实现非常相似，只是它寻找最小值并将其保存在一个名为 min 的变量中，然后写入通道。

在主例程中，创建了一个整数数组并将其打印到屏幕上。接下来，创建了一个名为 ch 的通道，该通道与 int 类型一起工作。然后，将整数数组和通道一起传递给 computeMax 协程。之后程序等待通道被写入，此时它将值分配给变量 b，然后打印。使用另一个协程 computeMin 的过程也是相同的。输出结果如下所示。

```
[25 64 75 5]
Max is: 75
Min is: 5
```

18.7　关闭通道

可以通过关闭通道来让接收器知道你不再向特定通道发送任何数据。在代码清单 18-10 中，在发送最小值和最大值后关闭了使用的通道。

代码清单 18-10　关闭通道

```
package main

import (
  "fmt"
)

func computeMax(ch chan int, numbers [4]int) {
  max := numbers[0]
  for i := 0; i < len(numbers); i++ {
    if numbers[i] > max {
      max = numbers[i]
    }
  }
  ch <- max
  close(ch)
}

func computeMin(ch chan int, numbers [4]int) {
  min := numbers[0]
  for i := 0; i < len(numbers); i++ {
    if numbers[i] < min {
      min = numbers[i]
    }
  }
  ch <- min
  close(ch)
}

func main() {
  numbers := [4]int{25, 64, 75, 5}
  fmt.Println(numbers)

  ch1 := make(chan int)
```

```
    go computeMax(ch1, numbers)
    b, ok := <- ch1
    fmt.Printf("Channel is closed: %v\n", ok)
    fmt.Printf("Max is: %v\n", b)

    ch2 := make(chan int)
    go computeMin(ch2, numbers)
    b, ok = <- ch2
    fmt.Printf("Channel is closed: %v\n", ok)
    fmt.Printf("Min is: %v\n", b)
}
```

这个代码清单与之前的类似，但添加了几个新指令。首先，在向 computeMax 或 computeMin 的通道发送数据后，使用 close 函数关闭通道。

然后，通过在读取语句中添加额外的变量 ok 来要求接收器检查通道是否已关闭。

```
b, ok := <- ch1
```

变量 ok 将包含一个布尔值。如果通道已关闭，它将返回 true，否则将返回 false。这里，输出结果如下所示。

```
[25 64 75 5]
Channel is closed: true
Max is: 75
Channel is closed: true
Min is: 5
```

如果删除 close 语句并重新运行代码清单，将看到 ok 的值为 false。

18.8　迭代通道

在前面的例子中，使用了一个固定的数字数组，但许多情况下，我们不知道程序将使用多少个值。例如代码清单 18-11 中的代码，它将从通道中读取值。

代码清单 18-11　从通道中读取值

```
package main

import (
  "fmt"
)

func numberGenerator(ch chan int,limit int) {
  for i := 0; i < limit; i++ {
```

```
        ch <- i
    }
    close(ch)
}

func main() {
    ch := make(chan int)
    go numberGenerator(ch,20)

    // read the first number
    b := <- ch
    fmt.Println("Number:", b)

    // read the second number
    b = <-ch
    fmt.Println("Number:", b)
}
```

在这个例子中，通道用于在一行中写入多个值。然而，在主协程中，需要逐个读取值，这会创建过多的代码。虽然此示例中的 numberGenerator 协程生成了 20 个值并将其发送到通道，但输出仅显示前两个，因为只有两个读取指令。

```
Number: 0
Number: 1
```

除了从通道中读取单个值，还可以使用 range 对通道进行迭代，如代码清单 18-12 所示。

代码清单 18-12 使用 range 对通道进行迭代

```
package main

import (
    "fmt"
)

func numberGenerator(ch chan int,limit int) {
    for i := 0; i < limit; i++ {
        ch <- i
    }
    close(ch)
}

func main() {
    ch := make(chan int)
    go numberGenerator(ch, 20)
    for b := range ch {
        fmt.Println("Number:", b)
    }
}
```

在这个代码清单中，可以看到使用 range 关键字和 for 循环迭代通道，并打印每个值。这是从通道中读取值的更快方法，程序输出如下所示。

```
Number: 0
Number: 1
Number: 2
Number: 3
Number: 4
Number: 5
Number: 6
Number: 7
Number: 8
Number: 9
Number: 10
Number: 11
Number: 12
Number: 13
Number: 14
Number: 15
Number: 16
Number: 17
Number: 18
Number: 19
```

18.9 本课小结

本课介绍了并发和并行的概念，以及由于编程错误可能造成的一些问题。Go 支持并发，并且可帮助处理很多后台工作。在本节课中，我们学习了如何通过创建和使用协程将并发应用于 Go 应用程序，还使用通道在协程之间进行数据传递。本课最后展示了如何使用 range 关键字轻松迭代通道返回的数据。

18.10 本课练习

下面的练习可以让你尝试本课介绍的工具和概念。对于每个练习，请编写一个满足指定要求的程序并验证程序是否按预期运行。

练习 18-1：向上和向下计数

创建一个声明两个匿名函数的程序。

- 其中一个函数从100倒数到0。
- 另外一个函数从0数到100。

就像在代码清单18-4中所做的那样，显示每个数字并为每个协程分配一个唯一标识符。用这些函数创建协程。使用定时器确保main函数不会返回，直到协程都执行完成；要求同时运行这两个进程。

练习18-2：向协程传递数据

修改练习18-1的程序，允许使用上限和下限创建协程。你仍然应该显示每个数字以及唯一的标识符，以便知道哪个协程正在显示值。

练习18-3：掷骰子

创建一个名为diceRoll的协程，使用通道返回一个1～6的随机数。在主协程中，调用你创建的协程6次。使用调用协程得到的值来计算这些数字的平均值。此外，如果6次掷出的骰子点数相同，就显示消息“Winner! ”。

> **注意：**第8课介绍了如何生成随机值。

练习18-4：掷多个骰子

在练习18-3中，协程期望每次返回一个随机数。在本练习中，创建一个名为playerRoll的协程，当调用时将生成6个骰子掷出的结果。主协程应该打印骰子掷出的结果值。它还应该打印出符合下列情况时的消息。

- 如果所有数字都一样，就显示“Winner!”。
- 如果骰子点数都不一样(即包括了1、2、3、4、5和6)，则显示Long Straight。
- 如果组中有5个数字不同，则显示Short Straight。

也可以打印其他的组合，例如6个值中有3组相同的值。可以使用range关键字从通道中获取值。

第 19 课

排序和数据处理

本课将介绍一些与数据相关的主题。前面已经导入并使用了一些包，例如将 fmt 用于打印以及使用 time 包将程序暂停一段时间。本课将深入了解 Go 提供的许多其他包，并学习如何使用它们进行排序、处理日期和时间以及使用正则表达式在字符串中执行搜索。

本课目标

- 对字符串和其他值进行排序
- 获取当前日期和时间
- 处理日期和时间
- 使用时间值执行数学运算
- 应用正则表达式

19.1 排序

Go 语言中包含 sort 包，允许对可比数据类型(如数字和字符串)执行排序操作。在代码清单 19-1 中，定义了一个存储整数的切片。然后，使用 sort 包中的 Ints 函数对切片中的值进行排序。

代码清单 19-1　对整数进行排序

```
package main

import (
    "fmt"
    "sort"
)

func main() {
    // define a slice
    numbers := []int{67, 18, 62, 60, 25, 64, 75, 5, 17, 55}
    fmt.Println("Original Numbers:", numbers)

    // use the sort.Ints function to sort the values in the slice
    sort.Ints(numbers)

    fmt.Println("Sorted Numbers:", numbers)
}
```

在这段代码中，使用 sort 包来执行 Ints 函数，该函数按升序对切片进行排序。这是通过将切片的名称传递给函数来完成的。

```
sort.Ints(numbers)
```

已排序的值被存储回原始切片中，并替换原始值的顺序。结果是一个排序后的切片，如输出所示。

```
Original Numbers: [67 18 62 60 25 64 75 5 17 55]
Sorted Numbers: [5 17 18 25 55 60 62 64 67 75]
```

还可以使用 sort 包按字母顺序对字符串进行排序，如代码清单 19-2 所示。

> **注意：**和之前一样，如果要使用包中的函数，需要记得将该包导入程序中。

代码清单 19-2　字符串排序

```
package main

import (
    "fmt"
    "sort"
)

func main() {
    // define a slice
    words := []string{"camel", "zebra", "horse", "dog", "elephant",
    "giraffe"}
    fmt.Println("Original slice:", words)
```

```
    // sort the values in the slice
    sort.Strings(words)
    fmt.Println("Sorted slice:", words)
}
```

这个程序采用与前一个例子相同的逻辑，但使用的是字符串而不是数字。要对字符串进行排序，可以使用 sort 包中的 Strings 函数。同样，排序后的值会替换切片中的原始值。输出如下所示。

```
Original slice: [camel zebra horse dog elephant giraffe]
Sorted slice: [camel dog elephant giraffe horse zebra]
```

19.1.1　检查排序后的值

要确定切片或字符串数组是否已排序，可使用 sort 包中的 StringsAreSorted 函数。如果输入的数据已排序，StringsAreSorted 将返回 true，否则返回 false。代码清单 19-3 展示了如何使用该函数。

代码清单 19-3　检查值是否已排序

```
package main

import (
    "fmt"
    "sort"
)

func main() {
    // define a slice
    words := []string{"camel", "zebra", "horse", "dog", "elephant",
    "giraffe"}
    fmt.Println("Original slice:", words)
    fmt.Println("The original values are sorted:",
    sort.StringsAreSorted(words))

    // sort the values in the slice
    sort.Strings(words)
    fmt.Println("Sorted slice:", words)
    fmt.Println("The values are sorted:",
    sort.StringsAreSorted(words))
}
```

在这个代码清单中，创建了一个单词数组并将其打印到屏幕上。然后使用 sort.StringsAreSorted 进行检查，查看单词是否已排序。在本例中，我们知道它们没有被排序，因此返回值将为 false。接着使用 sort.Strings 对之前的字符串进行排序，然后再次打印它们并检查它们是否已排序。

注意，我们前后两次检查了字符串中的单词是否被排序，一次是对原始切片，另一次是对排序后的切片。最终的输出结果如下所示。

```
Original slice: [camel zebra horse dog elephant giraffe]
The original values are sorted: false
Sorted slice: [camel dog elephant giraffe horse zebra]
The values are sorted: true
```

要确定其他类型的数据是否已排序，可以使用类似 StringsAreSorted 的函数。函数的名称类似，格式如下。

```
sort.DatatypeAreSorted( slice )
```

其中，*Datatype* 可以替换为要检查数据的类型。例如，对于整数来说，函数名为 sort.IntsAreSorted；对 float64 类型来说，函数名为 sort.Float64sAreSorted。传递的 *Slice* 需要包含相应类型的值。

19.1.2　自定义排序函数

如果你希望根据特定标准对数据进行排序，那么可以构建自己的函数并将其嵌入 sort 包中。例如，假设希望按每个单词的字符数而不是按字母顺序对一组单词进行排序。sort 包带有 Sort 接口，可以根据自己的逻辑实现该接口以创建自定义排序算法。

Sort 接口包括 3 个需要实现的方法。

- Len：Len 函数返回排序上下文中数据的长度。在本例中，希望按单词长度对单词进行排序，因此 Len 函数将返回输入单词的长度。
- Swap：sort 包在排序过程中使用 Swap 函数来交换切片或数组中的条目。该函数接收两个索引作为输入并交换这些索引处的值。
- Less：Less 函数提供比较切片或数组中两个条目的逻辑。由于你希望根据长度进行比较，因此该函数将采用你想要比较的两个条目的索引，并在第一个单词(存储在第一个索引处)的长度大于第二个单词(存储在第二个索引处)的长度时返回 true。

代码清单 19-4 实现了 sort 包的 3 个方法，从而按字符串长度对字符串值进行排序。

代码清单 19-4　按单词长度进行排序

```
package main

import (
  "fmt"
  "sort"
)

// create an alias type
type mytype []string

// implement the Len method
func (s mytype) Len() int {
  return len(s)
}

// implement the Swap method
func (s mytype) Swap(i, j int) {
  s[i], s[j] = s[j], s[i]
}

// implement the Less method
func (s mytype) Less(i, j int) bool {
  return len(s[i]) < len(s[j])
}

func main() {
  // create a slice of strings
  fruits := []string{"pear", "pineapple", "mango", "banana", "fig"}
  fmt.Println("Original slice:", fruits)

  // create a mytype variable
  myfruits := mytype(fruits)

  sort.Sort(myfruits)
  fmt.Println("Sorted by length:", myfruits)
}
```

为实现该接口，需要使用自己的自定义类型，因此首先要做的是基于一个字符串切片创建自己的别名类型 mytype。

```
type mytype []string
```

记住，在 Go 中，接收者类型的定义必须与方法在同一包中。这意味着不能将字符串数组用作方法的接收者类型，因为它与方法不在同一个包中。因此，需要创建自己的别名类型。

接下来，需要实现 Len、Swap 和 Less 这 3 个函数，每个函数都会对数组执行特定的操作。在 main 函数中，创建一个字符串切片，然后将其转换为自己的数据类型(mytype)。

最后，使用 sort 包中的 Sort 函数来根据长度对单词列表进行排序。当运行代码清单时，可以看到字符串集合确实按单词长度进行排序。

```
Original slice: [pear pineapple mango banana fig]
Sorted by length: [fig pear mango banana pineapple]
```

注意：如果要进行自定义排序，以便按照最长的在前、最短的在后的方式显示数据，则可以在 Less 函数中更改逻辑(与之前介绍的逻辑相反)。这只需要在代码清单 19-4 中将小于号(<)改为大于号(>)。

```
return len(s[i]) > len(s[j])
```

19.1.3　改变排序顺序

Go 还提供了一种方法，用于反转已使用 Sort 接口的切片的排序顺序。反转排序顺序的方法是 sort.Reverse。代码清单 19-5 展示了对一个整数数组进行反转排序。

代码清单 19-5　反转排序

```
package main

import (
   "fmt"
   "sort"
)

func main() {
   // define a slice
   numbers := []int{67, 18, 62, 60, 25, 64, 75, 5, 17, 55}
   fmt.Println("Original Numbers:", numbers)

   sort.Ints(numbers)
   fmt.Println("Sorted Numbers:", numbers)

   sort.Sort(sort.Reverse(sort.IntSlice(numbers)))
   fmt.Println("Sorted Numbers:", numbers)
}
```

在这个代码清单中，使用了在代码清单 19-1 中使用的数字切片。主要的区别是在 main 函数中添加了最后两行代码，关键的代码如下。

```
sort.Sort(sort.Reverse(sort.IntSlice(numbers)))
```

在这行代码中，数字切片被逆序排序。具体来说，将切片 numbers 传递给 sort.IntSlice。然后将结果传递给 sort.Reverse，该函数用于反转排序顺序。然而，要进行排序，需要将所有这些都传递给 sort.Sort。最终的结果是对数字进行反转排序，输出结果如下所示。

```
Original Numbers: [67 18 62 60 25 64 75 5 17 55]
Sorted Numbers: [5 17 18 25 55 60 62 64 67 75]
Reversed Numbers: [75 67 64 62 60 55 25 18 17 5]
```

如果想反转不同数据类型的数据的顺序，那么可以用一个基于要排序的数据类型的接口来替换 IntSlice。该接口的格式将如下所示。

```
sort.datatypeSlice( slice )
```

例如，要反转名为 MyStrings 的字符串切片的顺序，需要使用以下代码。

```
sort.Sort(sort.Reverse(sort.StringSlice(MyStrings)))
```

> **注意：**在前一个示例中使用的接口的实际格式如下。
>
> ```
> sort.datatypeSlice(x []datatype)
> ```
>
> 其中，*datatype* 是被排序的数据类型(例如 Int、Float64 或 String)，而 *x* 则是包含数据值的切片。

> **注意：**你可能想知道为什么可以将整数切片传递给 sort.Ints 进行排序，但不能对 sort.Reverse 这样做，并且为什么要使用 sort.Sort(sort.Reverse(sort.IntSlice()))。答案是 sort.Ints 只是 sort.IntSlice 的包装器。Go 的开发人员创建了辅助函数 sort.Ints 来简化操作，但我们没有看到像 sort.ReverseInts 这样的辅助函数。可以在 https://cs.opensource.google/go/go/+/refs/tags/go1.18:src/sort/sort.go 中查看源代码。

19.2　时间和日期操作

Go 语言提供了一个强大的 time 包，可用于操作日期和时间值。例如，可以使用代码清单 19-6 中所示的 Now 函数获取系统的当前日期和时间。

代码清单 19-6 获取当前日期和时间

```
package main

import (
   "fmt"
   "time"
)

func main() {
   // display current time
   now := time.Now()
   fmt.Println("Today's date and time:", now)
   fmt.Println("Current year:", now.Year())
   fmt.Println("Current month:", now.Month())
   fmt.Println("Current day:", now.Day())
   fmt.Println("Current hour:", now.Hour())
   fmt.Println("Current minute:", now.Minute())
   fmt.Println("Current second:", now.Second())
   fmt.Println("Current nanosecond:", now.Nanosecond())
   fmt.Println("Current location:", now.Location())
     // now.Zone() returns 2 values
   zone, zoneOffset := now.Zone()
   fmt.Println("Current zone:", zone)
   fmt.Println("Current zone offset:", zoneOffset)
   fmt.Println("Current weekday:", now.Weekday())
}
```

代码清单 19-6 导入了 time 包，以便访问多个日期和时间函数。通过使用各种函数，程序根据本地系统时钟打印所请求的信息。虽然实际输出会发生变化，但它应该看起来像下面这样。

```
Today's date and time: 2022-04-13 12:27:36.0247625 -0400 EDT
m=+0.006465401
Current year: 2022
Current month: April
Current day: 13
Current hour: 12
Current minute: 27
Current second: 36
Current nanosecond: 24762500
Current location: Local
Local: 2022-04-13 12:27:36.0247625 -0400 EDT
Current zone: EDT
Current zone offset: -14400
Current weekday: Wednesday
```

在输出的第一行中，now 对应的信息被打印出来。正如所看到的，它包含了日期、时间以及更多信息。接着是调用各个函数，这些函数返回当前日期和时间的不同部分。可以查看代码清单来了解使用了哪些函数。常用的函数如表 19-1 所示。

表 19-1　时间函数

函数	描述
Year()	显示 4 位的年份
Month()	显示月份的文本表示，例如 January
Day()	显示月份中的数字日期
Hour()	显示小时的数值表示
Minute()	显示分钟的数值表示
Second()	显示秒的数值表示
Nanosecond()	显示纳秒的数值表示
Weekday()	显示星期几的文本表示形式，例如 Monday
YearDay()	显示这一天是一年中的第几天
Local()	显示调整为本地时间的当前时间值
Location()	显示与当前时间变量关联的时区信息
Zone()	返回两个值：第一个是时区的文本表示，例如 EST；第二个是与 GMT 的持续偏移量(以秒为单位)的数字值

19.2.1　定义时间

检索系统中的日期和时间值通常很有用，但也可以定义一个日期/时间值并分析该值。代码清单 19-7 定义了特定的日期和时间，然后从该定义中检索值。

代码清单 19-7　取得日期或时间的部分值

```
package main

import (
   "fmt"
   "time"
)

func main() {
   // create custom time
   customTime := time.Date(
      2025, 05, 15, 15, 20, 00, 0, time.Local)
   fmt.Println("Custom date and time:", customTime)
```

```
    fmt.Println("Custom year:", customTime.Year())
    fmt.Println("Custom month:", customTime.Month())
    fmt.Println("Custom day:", customTime.Day())
    fmt.Println("Custom weekday:", customTime.Weekday())
    fmt.Println("Custom hour:", customTime.Hour())
    fmt.Println("Custom minute:", customTime.Minute())
    fmt.Println("Custom second:", customTime.Second())
    fmt.Println("Custom nanosecond:", customTime.Nanosecond())
    fmt.Println("Custom location:", customTime.Location())
      // Zone() returns 2 values
    zone, zoneOffset := customTime.Zone()
    fmt.Println("Custom zone:", zone)
    fmt.Println("Custom zone offset:", (zoneOffset/3600))
}
```

在这个代码清单中，不是使用当前时间(now)，而是创建了一个日期和时间，然后将这个日期和时间赋值给一个叫做 customTime 的变量。当创建这个自定义时间时会对它进行初始化。

```
customTime := time.Date( 2025, 05, 15, 15, 20, 00, 0, time.Local)
```

传递的参数中也包括 time.Local，用于指示值应该基于本地位置。一旦自定义时间创建完成，就可以通过与在前一个代码清单中为当前时间所做的相同的方式显示这些部分。输出结果如下所示。

```
Custom date and time: 2025-05-15 15:20:00 -0400 EDT
Custom year: 2025
Custom month: May
Custom day: 15
Custom weekday: Thursday
Custom hour: 15
Custom minute: 20
Custom second: 0
Custom nanosecond: 0
Custom location: Local
Custom zone: EDT
Custom zone offset: -4
```

注意，如果你位于不同的时区而不是 EDT，则 Custom date and time、Custom zone 和 Custom zone offset 值将略有不同。此处显示的输出是基于在 EDT 时区运行的程序。还要注意，程序代码将 zone offset 除以 3600。这是将保存在 zoneOffset 中的返回值转换为小时数，而不是秒数。

19.2.2　比较时间

可以使用 Go 函数比较两个时间，确定哪个时间更早。在代码清单 19-8 中，比较了一个自定义时间和当前时间来确定哪个时间更早。可以使用 time 包提供的函数来实现这一点。

代码清单 19-8　比较时间

```
package main

import (
   "fmt"
   "time"
)

func main() {
   // display current time
   now := time.Now()
   fmt.Println("Current date and time:", now)

   // create custom time
   customTime := time.Date(
      2025, 05, 15, 15, 20, 00, 0, time.Local)
   fmt.Println("Custom date and time:", customTime)

   // comparisons
   fmt.Println("The custom time is before now:",
customTime.Before(now))
   fmt.Println("The custom time is after now:", customTime.After(now))
   fmt.Println("The custom time is equal to now:",
customTime.Equal(now))
}
```

这个代码清单创建了两个时间变量。第一个叫做 now，包含当前时间。第二个叫做 customTime，包含 2025 年的日期。代码的最后 3 行调用了 3 个函数来比较时间。Before、After 和 Equal 函数通过将关联的时间(在本例中为 customTime)与传递给函数的时间(在本例中为 now)进行比较而返回布尔值。编写本课时此代码清单的输出如下所示。

```
Current date and time: 2022-01-21 16:30:24.8709676 -0500 EST
m=+0.010002901
Custom date and time: 2025-05-15 15:20:00 -0400 EDT
The custom time is before now: false
The custom time is after now: true
The custom time is equal to now: false
```

注意，可以反转代码清单 19-8 中的操作，在 now 上调用这些函数并传入 customTime 参数，如代码清单 19-9 所示。

代码清单 19-9 再次比较时间

```
package main

import (
   "fmt"
   "time"
)

func main() {
   // display current time
   now := time.Now()
   fmt.Println("Current date and time:", now)

   // create custom time
   customTime := time.Date(
      2025, 05, 15, 15, 20, 00, 0, time.Local)
   fmt.Println("Custom date and time:", customTime)

   // comparisons
   fmt.Println("The current time is before the custom time:",
now.Before(customTime))
   fmt.Println("The current time is after the custom time:", now.After
(customTime))
   fmt.Println("The current time is equal to the custom time:",
now.Equal(customTime))
}
```

反转时间变量的结果如下所示，与我们的预期相同。

```
Current date and time: 2022-01-21 16:35:10.8787301 -0500 EST
m=+0.016997501
Custom date and time: 2025-05-15 15:20:00 -0400 EDT
The current time is before the custom time: true
The current time is after the custom time: false
The current time is equal to the custom time: false
```

19.2.3 时间计算

我们还可以使用 time 包执行计算，例如日期相减、相加等。

1. 确定日期差值

通过使用减法，可以确定两个日期之间的差值。当从一个时间值中减去另一个时间值时，Go 返回这两个值之间的时间长度。可以在代码清单 19-10 中看到具体实现。

代码清单 19-10　日期相减

```
package main

import (
  "fmt"
  "time"
)

func main() {
  // display current time
  now := time.Now()
  fmt.Println("Current date and time:", now)

  // create custom time
  customTime := time.Date(
    2025, 05, 15, 15, 20, 00, 0, time.Local)
  fmt.Println("Custom date and time:", customTime)

  // subtract two times to return a duration in hours,
  // minutes, seconds
  diff := now.Sub(customTime)
  fmt.Println("Time between now and custom time:", diff)

  fmt.Println("Hours between now and custom time:", diff.Hours())
  fmt.Println("Minutes between now and custom time:", diff.Minutes())
  fmt.Println("Seconds between now and custom time:", diff.Seconds())
  fmt.Println("Nanoseconds between now and custom time:",
diff.Nanoseconds())
}
```

使用 Sub 函数可以将作为参数传递的时间从当前时间中减去。在上述代码清单中，指令如下所示。

```
diff := now.Sub(customTime)
```

这会从 now 中减去 customTime 的值，并将差值存储在 diff 变量中。在这个例子中，自定义日期在当前日期之后，因此结果为负数。如果在 2025 年 5 月 15 日之后运行此代码清单，则数字将为正数。

变量 diff 包含两个日期之间的总时间差。第 3 个 Println 语句打印 diff 的值。

```
Time between now and custom time: -27074h19m13.3341849s
```

可以看到，值包含多个组成部分，包括小时、分钟和秒，并带有小数点。针对 diff 变量使用相应函数可以访问时间差的每个组成部分。这在代码清单中的最后 4 个 Println 语句中完成，分别使用 diff.Hours()、diff.Minutes()、diff.Seconds()和 diff.Nanoseconds()函数。完整的输出取决于当前日期，但应该类似于以下内容。

```
Current date and time: 2022-04-13 13:00:46.6658151 -0400 EDT
m=+0.007016301
Custom date and time: 2025-05-15 15:20:00 -0400 EDT
Time between now and custom time: -27074h19m13.3341849s
Hours between now and custom time: -27074.320370606918
Minutes between now and custom time: -1.624459222236415e+06
Seconds between now and custom time: -9.74675533341849e+07
Nanoseconds between now and custom time: -97467553334184900
```

注意：你可能想知道为什么它不提供天数。简单地说，如果想知道天数，可以把小时数除以 24。

2. 为日期/时间添加持续时间

还可以将特定长度的时间添加到日期/时间值中，并返回所得到的日期/时间值。例如，你可能希望计算一个比给定日期晚两周或早一个月的日期。代码清单 19-11 是在前面的例子基础上构建的，并使用当前时间和自定义时间之间的“持续时间”作为 Add 函数中的值。

代码清单 19-11　添加持续时间

```go
package main

import (
  "fmt"
  "time"
)

func main() {
  // display current time
  now := time.Now()
  fmt.Println("Current date and time:", now)

  // create custom time
  customTime := time.Date(
    2025, 05, 15, 15, 20, 00, 0, time.Local)
  fmt.Println("Custom date and time:", customTime)

  // time operations
  // subtract two times to return a duration in hours, minutes, seconds
  diff := now.Sub(customTime)
  fmt.Println("Time between now and custom time:", diff)

  fmt.Println(customTime.Add(diff))
  fmt.Println(customTime.Add(-diff))
}
```

在这个代码清单中，像前一个代码清单一样，使用 Sub 函数确定当前日期(now)和自定义日期(2025 年 5 月 15 日)之间的时间长度。将此时间长度的结果存储在 diff 变量中。在编写本课时，自定义时间是未来时间，因此 diff 是一个负数。

```
Time between now and custom time: -27074h9m47.2688778s
```

然后将差值加到自定义时间上并打印出来，接着再减去差值。

```
fmt.Println(customTime.Add(diff))
fmt.Println(customTime.Add(-diff))
```

如果在 2025 年 5 月 15 日之前运行这个代码清单，得到的差值是负数。然后将自定义时间加上这个差值，将得到当前时间。将自定义时间加上差值的负数将得到比自定义时间更远的未来时间。如果在 2025 年 5 月 15 日之后运行这个代码清单，那么得到的差值将是正数。然后将自定义时间加上这个差值，将得到当前时间。将自定义时间加上差值的负数将得到比自定义时间更早的时间。

使用本课的写作日期作为当前日期(在 2025 年 5 月 15 日之前)，输出如下所示。

```
Current date and time: 2022-04-13 13:10:12.7311222 -0400 EDT
m=+0.006706501
Custom date and time: 2025-05-15 15:20:00 -0400 EDT
Time between now and custom time: -27074h9m47.2688778s
2022-04-13 13:10:12.7311222 -0400 EDT
2028-06-16 17:29:47.2688778 -0400 EDT
```

3. 小时、分钟、秒的加法

虽然前面的代码清单展示了如何获取两个日期之间的差值，以及如何使用差值来调整现有日期，但现实情况不总是这样。有时我们只想添加一个给定的小时数、分钟数或秒数。这也可以使用 Add 函数和一些常量来实现，如代码清单 19-12 所示。

代码清单 19-12　增加周、小时、分钟和秒

```
package main

import (
   "fmt"
   "time"
)
```

```
func main() {

   // Declaring time in UTC
   myTime := time.Date(2025, 5, 15, 12, 0, 0, 0, time.Local)

   date1 := myTime.Add(time.Second * 6)
   date2 := myTime.Add(time.Minute * 6)
   date3 := myTime.Add(time.Hour * 6)
   date4 := myTime.Add(time.Hour * 24 * 7)

   // Print the date/time output
   fmt.Println(myTime)
   fmt.Println(date1)
   fmt.Println(date2)
   fmt.Println(date3)
   fmt.Println(date4)
}
```

在这个代码清单中，创建一个名为 myTime 的 Time 类型，并将其初始值设置为 2025 年 5 月 15 日中午 12 点。然后使用该日期创建 4 个新日期，只调整时间部分。

对于 date1，使用 Add 函数向存储在 myTime 中的日期和时间添加 6 秒。要添加 6 秒，可以将 6 乘以常量 time.Seconds。然后以类似的方式创建 date2 和 date3；但是，对于 date2，需要通过将 6 乘以常量 time.Minute 来添加 6 分钟。对于 date3，使用 6 乘以常量 time.Hour 来添加 6 小时。

对于 date4，是希望添加一个星期。Go 暂时未提供添加星期的函数，因此，取一个星期的小时数，即 24(一天的小时数)乘以 7(一周的天数)，然后再次将其与 time.Hour 相乘。

创建了新的日期变量后，将每个变量都打印到屏幕上以验证原始日期确实如预期那样被更改。

```
2025-05-15 12:00:00 -0400 EDT
2025-05-15 12:00:06 -0400 EDT
2025-05-15 12:06:00 -0400 EDT
2025-05-15 18:00:00 -0400 EDT
2025-05-22 12:00:00 -0400 EDT
```

> **注意：**输出中显示的时区取决于程序运行时所在的本地时区。

4. 添加年、月和天数

虽然前面的代码清单显示了如何计算两个日期之间的差值，以及如何增加时间部分，但有时只是想给一个日期增加指定的天数、月数或年数。幸运的是，可以利用 AddDate 函数来实现这一点。

AddDate 函数可以应用于时间变量。该函数的格式如下。

```
AddDate(years, months, days)
```

每个参数都是一个类型为 int 的变量。要向名为 customDate 的时间变量添加两周，就像在代码清单 19-13 中所做的那样，可使用以下代码。

```
customDate.AddDate(0, 0, 14)
```

代码清单 19-13　向日期中增加年、月和天数

```
package main

import (
  "fmt"
  "time"
)

func main() {
  // display current time
  now := time.Now()
  fmt.Println("Current date and time:", now)

  newDate := now.AddDate(0, 0, 14)
  fmt.Println("Two weeks in the future:", newDate)

  // Using a custom date
  customDate := time.Date(
    2025, 05, 15, 15, 20, 00, 0, time.Local)
  fmt.Println("Custom date and time:", customDate)

  newCustomDate := customDate.AddDate(0, 0, 14)
  fmt.Println("Two weeks after custom date:", newCustomDate)
}
```

在这个代码清单中，创建了一个名为 now 的变量，它保存当前的日期和时间。然后使用 AddDate 函数将两周(14 天)添加到 now 变量，并将结果保存在一个名为 newDate 的新变量中。接着打印 newDate，这个时间表示当前时间之后的两周。

然后代码清单再次执行相同的操作，但它以先前创建的自定义日期为起始时间。该方法的效果相同，结果是打印出从自定义日期开始的两周后的日期。

> **注意：** AddDate 函数的签名表明它是一个与 Time 类型相关联的函数。签名还显示该函数接收 3 个整数(int)并返回一个 Time。签名如下所示。
>
> ```
> func (t Time) AddDate(years int, months int, days int) Time
> ```

19.2.4　解析时间

在 Go 语言中，可以使用 time.Parse 函数将字符串解析为时间值。这使得你可以通过用户输入或从数据文件接收字符串格式的日期，然后根据需要将其转换为时间值。代码清单 19-14 处理代表时间的字符串，将其解析为我们所需的各个时间部分。

代码清单 19-14　解析时间

```
package main

import (
   "fmt"
   "time"
)

func main() {

   myDate := "2025-05-21T12:50:41+00:00"
   fmt.Println(myDate)

   t1, e := time.Parse(
      time.RFC3339,
      myDate)

   fmt.Println(t1)
   fmt.Println(t1.Day())
   fmt.Println(t1.Month())

   // error if there is an error during parsing;
   // nil if there is no error
   fmt.Println(e)
}
```

这个代码清单创建了一个名为 myDate 的变量，并为其分配一个似乎是日期的字符串值。然后将该字符串传递给 time.Parse 函数以转换为实际日期，该日期将存储在 t1 中。Parse 函数还进行错误处理，其中变量 e 用来捕获可能发生的错误。

Parse 函数接收两个参数。第一个参数表示将要解析的日期的格式。第二个参数是要解析的字符串。

在代码清单中，一旦调用了 Parse 函数，将打印出解析后的结果日期，然后是日期中的日和月。程序还会打印出由 e 捕获的值，如果在解析期间发生错误，它将显示错误信息。在本例中，如输出所示，没有发生错误。

```
2025-05-21 12:50:41 +0000 +0000
21
May
<nil>
```

如前所述，传递给 Parse 的第一个参数表示字符串中的日期应遵循的格式。在本例中，使用了 RFC3339，它假定字符串使用以下格式。

```
"2006-01-02T15:04:05Z07:00"
```

表 19-2 列出了 time 包定义的许多格式。可以将常量传递给 Parse 函数(就像在代码清单 19-14 中做的那样)，也可以使用字面量形式。

表 19-2　日期格式常量

常量	字面量形式
ANSIC	"Mon Jan _2 15:04:05 2006"
UnixDate	"Mon Jan _2 15:04:05 MST 2006"
RubyDate	"Mon Jan 02 15:04:05 -0700 2006"
RFC822	"02 Jan 06 15:04 MST
RFC822Z	"02 Jan 06 15:04 -0700"
RFC850	"Monday, 02-Jan-06 15:04:05 MST"
RFC1123	"Mon, 02 Jan 2006 15:04:05 MST"
RFC1123Z	"Mon, 02 Jan 2006 15:04:05 -0700"
RFC3339	"2006-01-02T15:04:05Z07:00"
RFC339Nano	"2006-01-02T15:04:05.999999999Z07:00"
Kitchen	"3:04PM"
Stamp	"Jan _2 15:04:05"
StampMilli	"Jan _2 15:04:05.000"

(续表)

常量	字面量形式
StampMicro	"Jan _2 15:04:05.000000"
StampNano	"Jan _2 15:04:05.000000000"

19.2.5 使用 UNIX 时间

在 Go 时间函数中，还可以使用 UNIX 时间表示方式。要了解更多关于 UNIX 时间的信息，可访问 https://pubs.opengroup.org/onlinepubs/9699919799/xrat/V4_xbd_chap04.html#tag_21_04_16。代码清单 19-15 展示了两种以 UNIX 格式显示时间的方法。

代码清单 19-15 使用 UNIX 时间

```
package main

import (
   "fmt"
   "time"
)

func main() {
   now := time.Now()
   unixtime := now.Unix() // Unix time
   unixnanotime := now.UnixNano() // Unix nano time

   fmt.Println(now)
   fmt.Println(unixtime)
   fmt.Println(unixnanotime)
}
```

就像之前所做的那样，这个代码清单首先创建一个变量，并使用 Now 函数分配当前时间。然后它使用 time 包中的 Unix 和 UnixNano 函数创建了两个变量，分别包含当前的 UNIX 时间。输出结果如下所示。

```
2020-06-02 13:00:33.5876249 -0400 EDT m=+0.005984001
1591117233
1591117233587624900
```

19.2.6　格式化标准时间

另一种显示日期的选项是使用更友好的标准时间格式。代码清单 19-16 使用 RFC1123Z 标准格式化日期。

代码清单 19-16　使用其他标准

```
package main

import (
  "fmt"
  "time"
)

func main() {
  now := time.Now()
  fmt.Println(now.Format(time.RFC1123Z))
}
```

在这个代码清单中，使用 Format 函数格式化一个时间。这里是格式化存储在变量 now 中的当前时间。我们根据 time.RFC1123Z 常量中的模式进行格式化。这是之前在表 19-2 中呈现的相同常量。输出如下所示。

```
Sun, 02 Jan 2022 13:01:53 -0400
```

除使用 time.RFC1123Z 格式外，还可以使用表 19-2 中列出的其他格式。例如，如果代码清单 19-15 中的 Println 语句更改为以下内容。

```
fmt.Println(now.Format(time.Kitchen))
```

则输出结果如下所示。

```
1:01PM
```

> **注意：**可以将表 19-2 中列出的时间常量或字面字符串传递给 time.Format 函数。因此，Format(time.Kitchen)与 Format("3:04PM")相同。该字符串必须与表 19-2 中的字符串字面量匹配。自定义字符串将无法工作。

19.3　正则表达式

正则表达式(也称为 regex 或 regexp)是计算机语言中广泛使用的通用工具。

它包括标准搜索模式，允许我们在更大的字符串模式中搜索特定的字符串值。

Go 语言中有一个专门用于正则表达式的包 regexp，它允许在字符串中执行正则表达式搜索。代码清单 19-17 展示了两个使用基本的正则表达式和 MatchString 函数进行搜索的例子。

注意： 在 Go 中，可以使用反引号(`)来创建原始字符串字面量。这意味着像双引号这样的特殊字符会被包含在字符串中。例如，` "hello Mr. O' Connell " `是一个包含双引号和单引号的字符串，值为"hello Mr. O' Connell "。

代码清单 19-17 使用正则表达式

```
package main

import (
   "fmt"
   "regexp"
)

func main() {
   // check if string starts with C and ends with n
   m1,err1 := regexp.MatchString("^C([a-z]+)n$", "Catelyn")
   fmt.Println(m1)
   fmt.Println(err1)

   // check if string contains at least one digit
   m2,err2 := regexp.MatchString("[0-9]", "jonathan6smith")
   fmt.Println(m2)
   fmt.Println(err2)
}
```

在第一个示例中，使用以下模式作为搜索字符串。

```
C([a-z]+)n
```

regexp 包将此解释为以 C 开头，包含任意数量的字母，并以 n 结尾的字符串。名称 Catelyn 符合此模式，因此程序返回 true。可以看到 MatchString 函数包括错误检查，因此在 m1 中捕获 true 或 false 返回值以及返回给 err1 的任何错误信息。

在第二个示例中，使用以下模式。

```
[0-9]
```

这让程序去搜索字符串中任意位置的数字字符。由于用户名 jonathan6smith

包含数字字符，因此也会返回 true。运行代码清单的完整输出如下所示。

```
true
<nil>
true
<nil>
```

注意：可以在线研究正则表达式，以找到它包含的一些搜索模式。以下网站提供了很多有帮助的信息，由于正则表达式是一种标准工具，因此还有许多其他资源可供使用。

- GoLang 的 regexp 包——https://pkg.go.dev/regexp。
- Regular Expression Library——https://regexlib.com。
- Geeks for Geeks 中的文章 How to write Regular Expressions——www.geeksforgeeks.org/write-regular-expressions。

除了使用 MatchString 函数，还可以使用 Compile 函数来解析正则表达式，然后使用结果来执行匹配。代码清单 19-18 展示了如何使用 Compile 函数。

代码清单 19-18　使用 Compile 函数

```
package main

import (
   "fmt"
   "regexp"
)

func main() {
   r, _ := regexp.Compile("[0-9]")
   fmt.Println("Search term:", r)

   // check if the string contains digits
   fmt.Println("S54366456SDfhdgstf7986:",
r.MatchString("S54366456SDfhdgstf7986"))
   fmt.Println("It's five o'clock now:", r.MatchString("It's five
o'clock now"))

   // return the first match
      fmt.Println("The phone number is 555-9980:",
      r.FindString("The phone number is 555-9980"))
   fmt.Println("Alexander Hamilton:", r.FindString("Alexander
Hamilton"))
}
```

使用 Compile 函数分别定义搜索项和搜索操作，并将该操作保存到一个变量中。然后，可以对任意字符串重用该变量，而不必为每个操作重新定义搜索。这里将下面的表达式传递给 Compile。

```
[0-9]
```

如前所述，这将匹配 0～9 之间的任何数字。这个表达式被赋值给变量 r。当打印 r 时，会发现它将包含这个范围作为搜索项。

MatchString 函数根据搜索是否成功返回布尔值。在代码清单 19-18 中，对 r 使用 MatchString。与之前的代码清单不同，这次只包括要搜索的字符串。搜索模式已经是 r 的一部分。当搜索字符串"S54366456SDfhdgstf7986"时，会找到一个数字，因此返回值为 true。当搜索字符串"It's five o'clock now"时，没有找到数字，因此返回 false。

还可以在代码清单中使用 FindString 函数。FindString 函数返回搜索的第一个匹配实例，而不考虑搜索项可能出现在原始字符串中的次数，如果搜索不成功，则返回空值。在输出中，可以看到对 r 使用 MatchString 和 FindString 函数进行搜索得到的结果。

```
Search term: [0-9]
S54366456SDfhdgstf7986: true
It's five o'clock now: false
The phone number is 555-9980: 5
Alexander Hamilton:
```

19.4 本课小结

本课介绍了一些预构建的例程，可以通过导入 sort、 time 或 regexp 包来使用它们。通过导入这些包，可以用函数对数据进行轻松排序、使用各种日期和时间函数处理时间问题并通过正则表达式进行搜索。

19.5 本课练习

下面的练习可以让你尝试本课介绍的工具和概念。对于每个练习，请编写一个满足指定要求的程序并验证程序是否按预期运行。

练习 19-1：对浮点数排序

本课学习了如何使用 sort.Ints 对整数进行排序以及如何使用 sort.Strings 对字符串进行排序。我们还可以使用 sort.Float64s 方法对 Float64 值进行排序。请编写一个程序，使用 sort.Float64s 对 10 个浮点数值进行排序。仅在值未按指定顺序排序时才调用 sort 函数。

练习 19-2：对学生成绩排序

下面是一个名为 Student 的结构体，包含学生姓名和成绩字段。

```
Type Student struct {
  Name string
  Grade int
}
```

创建一个包含 Student 结构体并声明一个 Students 集合的程序。

```
type Students []Student
```

在这个程序中，创建一个班级学生的数组，并为每个学生指定名字和成绩。创建一个自定义排序函数，根据学生的成绩从高到低进行排序。排序应该在你创建的学生切片上进行。

练习 19-3：获取当前时间

创建一个程序，显示如下内容。

- 当前的时间和日期；
- 当前的年份；
- 当前的月份；
- 当前是这一年的第多少周；
- 当前是星期几；
- 当前是这一年的第多少天；
- 当前是这个月的第多少天；
- 当前是本周的第多少天。

练习 19-4：处理日期

编写一个程序，以一个日期开头，完成下列任务。

- 打印昨天、今天和明天的日期。
- 打印从今天开始的未来 5 天的日期。
- 将当前时间增加 5 秒并显示结果。
- 计算给出的日期到 2000 年 1 月 1 日之间的天数(确保结果是一个正数)。
- 确定输入的日期所在的年份是否是闰年。

练习 19-5：字符串搜索

从选择的一个字符串开始，创建一个程序，在原始字符串中搜索以下 5 种不同的字符串模式。

- 找出同一个单词的两个或两个以上的变体，例如 gray/grey(灰色)。
- 找到格式正确的电子邮件地址。
- 找出任意 3 个字母组成的单词，它们首字母相同，尾字母相同，但中间可能有不同的字母，例如 cat 或 cot。
- 查找包含任意一组已定义字符的单词，例如值 a、e、i、o、u。
- 查找包含双字母的单词。

一定要测试原始字符串中不存在的字符串以及存在的字符串。可以自由地包括其他功能，例如提示用户输入原始字符串和搜索项，并在搜索失败时包含适当的反馈消息。

练习 19-6：高级字符串搜索

编写一个程序，让用户输入一个字符串。使用正则表达式检查这个字符串，并给出一个响应，指出该字符串符合下列哪一种情况。

- 字符串只能包含字母和数字(a～z、A～Z 和 0～9)。
- 字符串包含字母 i，后跟零个或多个字母 n 的实例。
- 字符串包含字母 i，后跟一个或多个字母 n 的实例。
- 字符串包含字母 i，后跟一个或两个字母 n 的实例。

- 字符串只包含数字(0～9)。
- 字符串只包含字母(a～z 和 A～Z)。

练习 19-7：日期-时间计算器

这个练习是一个更大的挑战，需要用到本书到目前为止学到的很多知识。在这个练习中，应该构建几个不同的日期-时间计算器，它们执行不同的计算。每个计算器都应该接收相应的用户输入，并使用该输入执行指定的计算。

对于每个计算器来说，有如下要求。

- 定义用户输入值时应该使用的格式，但这种格式必须让用户易于理解。如果用户没有输入预期格式的数据，程序应该显示适当的消息并提示用户再试一次。
- 创建适当的函数、类和方法来简化代码。
- 用户必须能够在任何时候清除所有输入以重新开始。
- 用户必须能够在任何时候退出程序。

对于用户输入可以通过将其分解为离散值来进行简化。例如，程序不要求用户输入完整的日期(因为日期可能有多种格式)，它可以提示输入单独的日、月、年份值。这会在后端增加更多的工作量，因为程序必须能够将这些不同的值转换为标准的日期，但它可以使程序更少出现错误。

把下面所有的计算器放在一个程序中，让用户选择他们想要使用哪一个。

计算器 1：持续时间计算

对两个不同长度的时间进行加减运算。

- 计算器必须包含天、时、分和秒。
- 用户可以选择对这两个时间是使用加法还是减法。
- 输出必须以多种形式显示结果。
  - 天数、小时数、分钟数和秒数；
  - 天数；
  - 小时数；
  - 分钟数；
  - 秒数。

例如，如果用户输入 3 天、5 小时、15 分钟和 0 秒，并加上 7 天、20 小时、50 分钟和 10 秒，结果将如下所示。

- 11 天 2 小时 2 分 10 秒；
- 11.084838 天；
- 266.03611 小时；
- 15 962.167 分钟；
- 957 730 秒。

作为挑战，在初始版本的计算器可以正常运行后，将周作为输入值和输出结果的额外单位。

计算器 2：在日期中加上或减去特定时间

给定日期和时间，添加或减去输入的时间长度，并显示结果日期和时间。

- 计算器的输入和输出必须包括天、时、分和秒。
- 用户必须能够在加法和减法之间进行选择。

例如，如果用户输入 December 1, 2021, 12:04:00 PM，并想要减去 5 天、3 小时和 30 分钟，结果将是 November 25, 2021, 08:34:00 PM。

作为挑战，在输出中包含星期几(Monday、Tuesday 等)。

计算器 3：年龄计算器

给定开始日期和结束日期，计算这两个日期之间经过的时间，以年、月、周、天、时、分和秒显示。例如，假设开始日期是 1994 年 9 月 1 日，结束日期是 2021 年 12 月 1 日，结果将为如下形式。

- 25 年 3 个月 10 天；
- 303 个月 10 天；
- 1 318 周 6 天；
- 9 232 天；
- 221 568 小时；
- 13 294 080 分钟；
- 797 644 800 秒。

作为挑战，更新计算器，使其在每个日期中包含具体的时间。

第 20 课

文件 I/O 和 OS 操作

到目前为止，我们一直在程序中处理数据，这些数据要么是我们在代码中创建的，要么是用户输入的。在工作中，保存和检索数据也很重要。本课将介绍 Go 中提供的文件功能，通过这些功能可以将数据输入程序中，也可以将程序运行的结果保存到文件中。本课还将介绍通过 Go 语言操作文件系统中的目录。最后将介绍如何使用命令行参数来运行 Go 程序。

本课目标

- 将数据从文件读入内存
- 从文件中的特定区域查找数据
- 处理文件时使用缓冲读取器
- 应用 defer 语句
- 在计算机系统中使用目录
- 访问和使用命令行参数

20.1 读取文件

在 Go 中，可以使用 io/ioutil 包对文件执行标准输入/输出(I/O)操作。该包提供了执行读取和写入文件等标准 I/O 操作的例程。代码清单 20-1 中的示例将名为 flatland01.txt 的文件读入内存，并将其内容显示为字符串。

> **注意：**本课中的代码示例使用名为 flatland01.txt 的文件。该示例文件是从 Edwin A. Abbott 的小说 *Flatland* 中提取的，可以从 Project Gutenberg(www.gutenberg.org)下载。该文件允许公开访问，可以从以下网址下载。
>
> ```
> https://the-software-guild.s3.amazonaws.com/golang/v1-2006/data-files/flatland01.txt
> ```
>
> 我们还将文件的副本包含在 JRGoSource.zip 的数据文件夹中，可以从 Wiley.com 网站下载该文件。当然也可以选择使用不同的文本文件。

代码清单 20-1　将整个文件读入内存中

```
package main

import (
   "fmt"
   "io/ioutil"
)

func main() {
   // use the ReadFile from ioutil package to read the
   // entire file in memory

   data, err := ioutil.ReadFile("flatland01.txt")

   // feedback message in case of error
   if err != nil {
      fmt.Println(err)
   }

   // convert the file contents to a string and display them
   fmt.Print(string(data))
}
```

要让这段代码正常运行，必须将 flatland01.txt 文件下载到与源文件相同的文件夹中。如果查看此代码，可发现它相对简单。首先，导入包含要使用的 I/O 函数的 io/ioutil 包。

然后从系统当前目录中读取 flatland01.txt 文件。注意，也可以从其他位置读取文件。可以将相对或绝对路径包含在传递给 ReadFile 函数的字符串中。不过，Go 需要使用正斜杠(/)来分隔目录。例如，以下代码将从名为 datafiles 的子文件夹中读取文件。

```
data, err := ioutil.ReadFile("./datafiles/flatland01.txt")
```

调用 ReadFile 函数时包含错误处理。任何错误都将返回到第二个变量 err

中。文件数据本身将返回到第一个变量 data 中。

在代码清单中，调用 ReadFile 函数后，将进行测试以查看是否在读取过程中出现错误。如果文件读取没有任何问题，则将错误值(err)设置为 nil。如果 err 不为 nil，则会显示从文件读取时出现的错误。

最后，将文件内容转换为字符串并将其显示给用户。假设文件路径正确，输出看起来应像下面这样。

```
FLATLAND

PART 1

THIS WORLD

SECTION 1  Of the Nature of Flatland

I call our world Flatland, not because we call it so, but to make its
nature clearer to you, my happy readers, who are privileged to live
in Space.

Imagine a vast sheet of paper on which straight Lines, Triangles,
Squares, Pentagons, Hexagons, and other figures, instead of remaining
fixed in their places, move freely about, on or in the surface, but
without the power of rising above or sinking below it, very much like
shadows--only hard with luminous edges--and you will then have a pretty
correct notion of my country and countrymen.  Alas, a few years ago,
I should have said "my universe:"  but now my mind has been opened to
higher views of things.


In such a country, you will perceive at once that it is impossible that
there should be anything of what you call a "solid" kind; but I dare
say you will suppose that we could at least distinguish by sight the
Triangles, Squares, and other figures, moving about as I have described
them.  On the contrary, we could see nothing of the kind, not at least
so as to distinguish one figure from another.  Nothing was visible,
nor could be visible, to us, except Straight Lines; and the necessity of
this I will speedily demonstrate.
```

20.1.1　panic 函数

在处理文件时，需要注意可能会出现问题，例如找不到预期的文件。可以使用 panic 函数来指示程序中的错误或意外行为。panic 主要用于在不确定如何处理错误时通知程序失败。例如，在代码清单 20-2 中，使用 ReadFile 函数通过文件名读取文件。如果出现错误，则使用 panic 函数使程序失败。

代码清单 20-2 使用 panic 函数

```
package main

import (
   "os"
   "fmt"
)

func main() {
   data, err := ioutil.ReadFile("badFileName.txt")
   if err != nil {
      panic(err)
   }

   // Won't get here if there is an error reading file
   fmt.Print(string(data))
}
```

此代码清单的运行结果应该如下所示。

```
panic: open badFileName.txt: The system cannot find the file specified.

goroutine 1 [running]:
main.main()
      C:/Users/User/Documents/GoLang/abc.go:14 +0x97
exit status 2
```

基本上，当程序遇到错误时，它并不一定会停止运行。可以使用 panic 函数强制停止程序，以允许其优雅地退出。

20.1.2 读取文件的一部分

许多情况下，我们不需要使用整个文件。Go 提供了只检索文件一部分的选项。在现代计算机系统中，每个字符串字符由一个字节表示。可以使用此单位从文本文件中检索字符集。

在代码清单 20-3 中，没有读取整个文件，而是从文件中检索了前 5 个字母。注意，这里依旧使用与 Go 程序相同的文件夹中的 flatland01.txt 文件。

代码清单 20-3 从文件中读取部分内容

```
package main

import (
   "fmt"
```

```
    "os"
)

func main() {
    f, err := os.Open("flatland01.txt")

    if err != nil {
        fmt.Println(err) // if there is an error, print it
    }

    //  create a slice of bytes
    b1 := make([]byte, 5)
    data, err := f.Read(b1)

    // feedback message in case of error; otherwise nil
    if err != nil {
        fmt.Println(err) // if there is an error, print it
    }

    // display the slice
    fmt.Println(string(b1[:data]))

    // close the file after completing the operations
    f.Close()
}
```

如果在打开或读取文件时没有出现任何错误，则输出将看起来像下面这样。

```
FLATL
```

这里与代码清单 20-1 中的示例有一些不同。首先，使用的是 os 库而不是 io/ioutil 库。os 库包括文件管理工具。在调用 Open 函数时会看到这一点。

```
f, err := os.Open("flatland01.txt")
```

在这个代码清单中，从文件中检索前 5 个字节的数据。由于这是一个文本文件，这些字节是文件中的字符。在代码清单中，创建了一个长度为 5 的字节切片，并将其命名为 b1。然后，使用这个切片从文件中读取数据。

```
b1 := make([]byte, 5)
data, err := f.Read(b1)
```

在读取文件后，将检查是否有错误(err != nil)。如果是，则打印错误。在检查错误后，将显示切片的内容。

最后一个操作是关闭打开的文件。可以通过调用文件的 Close 方法来做到这一点。

```
f.Close()
```

当使用 flatland01.txt 文件执行该代码清单时，前 5 个字符显示如下。

```
FLATL
```

20.1.3 defer 语句

在代码清单 20-3 中，程序退出之前关闭了文件。在打开文件后，一定要记得关闭文件。然而，在较长的代码清单中，在到达关闭语句之前可能会发生一些事情，导致程序过早退出。这意味着文件没有被正常关闭，可能会引起问题。为确保文件被关闭，可以使用 defer 语句。

defer 语句将函数的执行推迟到周围的函数返回(无论是正常退出还是通过 panic)。这意味着延迟的函数将在主函数中最后执行，而不管这些函数在程序中出现的顺序如何。代码清单 20-4 展示了一个使用 defer 的简单示例。

代码清单 20-4 使用 defer

```
package main

import (
   "fmt"
)

func main() {
   defer fmt.Println("Hello")
   fmt.Println("World")
}
```

因为输出"Hello"的 Println 命令被延迟执行，所以输出看起来像下面这样。

```
World
Hello
```

通过使用 defer 语句，可以在打开或创建文件之后而不是稍后在代码清单中添加一个文件关闭语句。这将确保如果发生意外情况，则会关闭文件。我们将在本课后面的代码清单中看到它的使用。

20.1.4 从特定的起点读取文件

虽然文件的前几个字符可能有助于确定文件的内容，但通常需要检索文件的特定部分。Seek 函数允许指定文件中的起始位置并从那里开始读取文件。代码清单 20-5 使用 os.Seek 函数执行 100 字节的偏移量。然后，从该点读取 20

个字符。

代码清单 20-5　使用 Seek 函数

```
package main

import (
   "fmt"
   "os"
)

func main() {
   f, err := os.Open("flatland01.txt")
   if err != nil {
      fmt.Println(err)
   }

   // Close the file when program is done
   defer f.Close()

   // skip the first 100 bytes
   s, err := f.Seek(100, 0)

   if err != nil {  // if there is an error, print it
      fmt.Println(err)
   }

   // display the offset
   fmt.Println(s)

   // read 20 bytes starting from the offset
   data := make([]byte, 20)
   n, err := f.Read(data)

   if err != nil {  // if no error, then err is nil
      fmt.Println(err) // if there is an error, print it
   }

   fmt.Println("Bytes read", n)
   fmt.Println("Reading starting from byte >>", s, ":",
string(data[:n]))
}
```

因为这个代码清单没有错误，所以输出结果如下所示。

```
100
bytes read 20
Reading starting from byte 100>> : d, not because we ca
```

在这个代码清单中，使用 Seek 函数将读取的起始位置移动到第 100 个字节(在本例中为字符)。通过将 100 传递给 Seek，将在文件中向前移动 100 个字符。通过将第二个参数的值设置为0，表示Seek应该从文件的开头进行移动。

调用Seek函数后，需要验证是否存在错误。如果有，则打印错误。然后，打印从Seek函数返回的s值，这表示文件内的当前偏移量，在本例中为100。移动文件读取的起始位置后，调用Read函数将数据读取到定义的变量data中。最后，在关闭文件并结束程序之前，打印所需信息。

注意，通过将0作为Seek函数的第二个参数传递，将从文件的开头开始移位。也可以使用1将起始位置移动到当前位置，或使用2将起始位置移动到文件末尾。

20.1.5 缓冲读取器

如果处理非常大的文件，在将数据从一个地方读取到另一个地方(如从一个文件读取到另一个文件)时，缓存数据是很有用的。这允许你在等待CPU移动数据时将读取的数据放在安全的地方。缓冲操作在Go语言的bufio包中实现。

代码清单20-6使用了bufio.NewReader函数，用于创建一个缓冲读取器。然后它使用Peek函数访问数据文件中的前5个字符。

代码清单20-6 使用缓冲读取器

```
package main

import (
   "bufio"
   "fmt"
   "os"
)

func main() {
   f, err := os.Open("flatland01.txt")
   if err != nil {
      panic(err)
   }

   br := bufio.NewReader(f)  // create a buffered reader
   data, err2 := br.Peek(5)  // read 5 bytes

   if err2 != nil {
      fmt.Println(err)
   }

   // display the peeked data
   fmt.Println(string(data))
}
```

Peek 函数是快速查看文件的一种方法，它不要求完全打开文件。在此代码清单中，再次打开文件，然后通过将文件句柄传递给 bufio.NewReader 来创建一个缓冲读取器。之后，可以使用此缓冲读取器和 Peek 函数从文件中读取数据。在本例中，将 5 传递给 br.Peek，它将读取前 5 个字节，然后进行打印。

```
FLATL
```

20.1.6　按行读取文件

我们还可以通过行来分析文件中的数据。一行是从文件的一边到另一边的一个文本字符串。在普通文本文件中，行通常是任意长度的，因为它们主要对应于创建文件的编辑器窗口的宽度。对于其他文件类型，行的长度可能很重要。例如，在 CSV 文件中，每行通常表示一条数据记录。

代码清单 20-7 包括使用 bufio.ScanLines 函数逐行读取现有文件的步骤，该函数将行存储在切片中。然后，可以读取切片的内容以查看行中的内容。

代码清单 20-7　读取文件中的行

```
package main

import (
   "bufio"
   "fmt"
   "os"
)

func main() {
  file, err := os.Open("flatland01.txt")
  if err != nil {
    // if error is not nil, panic
    panic("File not found")
  }

  // Close the file when program is done
  defer file.Close()


  // create a scanner to read from file and split text based on lines
  scanner := bufio.NewScanner(file)
  scanner.Split(bufio.ScanLines)

  // create a slice, which will contain the lines read from file
  var lines []string
```

```
    // use Scan to iterate through the file
    for scanner.Scan() {
      // append the current line to the slice lines
      lines = append(lines, scanner.Text())
    }

    // iterate through lines
    for _, line := range lines {
      fmt.Println("line:", line)
    }
}
```

上述代码清单的运行结果如下所示。

```
line: FLATLAND
line:
line: PART 1
line:
line: THIS WORLD
line:
line: SECTION 1  Of the Nature of Flatland
line:
line: I call our world Flatland, not because we call it so, but to make its
line: nature clearer to you, my happy readers, who are privileged to live in
line: Space.
line:
line: Imagine a vast sheet of paper on which straight Lines, Triangles,
line: Squares, Pentagons, Hexagons, and other figures, instead of remaining
line: fixed in their places, move freely about, on or in the surface, but
line: without the power of rising above or sinking below it, very much like
line: shadows--only hard with luminous edges--and you will then have a pretty
line: correct notion of my country and countrymen. Alas, a few years ago, I
line: should have said "my universe:" but now my mind has been opened to
line: higher views of things.
line:
line: In such a country, you will perceive at once that it is impossible that
line: there should be anything of what you call a "solid" kind; but I dare
line: say you will suppose that we could at least distinguish by sight the
line: Triangles, Squares, and other figures, moving about as I have described
line: them.  On the contrary, we could see nothing of the kind, not at least
line: so as to distinguish one figure from another.  Nothing was visible, nor
line: could be visible, to us, except Straight Lines; and the necessity of
line: this I will speedily demonstrate.
```

注意：在输出中，没有内容的行被读取为单独的行。

在这段代码中，再次使用 os.Open 函数打开文件并创建一个名为 file 的句柄，以便访问文件。由于要逐行读取文件，因此需要创建一个扫描器来从文件中读取。可以通过将打开的文件句柄传递给 bufio.NewScanner 函数来实现这一点。然后，可以使用 Split 函数并传递 bufio.ScanLines 作为参数将扫描器拆分为行。

```
scanner.Split(bufio.ScanLines)
```

现在，文件已按行进行拆分，可以通过调用 scanner 的 Scan 函数来逐行读取文件内容。在上面的代码清单中，使用 for 循环遍历文件，扫描每行并将其添加到名为 lines 的切片中。将文件中的所有行添加到 lines 切片后，关闭文件。在代码清单的结尾部分，执行另一个 for 循环遍历 lines 切片，并在打印每行时在前面添加文本“line：”。

20.2 向文件写入数据

除读取现有文件外，通常还需要将数据写入新文件。为此，可以使用 ioutil.WriteFile 函数。代码清单 20-8 以一个字符串开始，将字符串中的字符转换为 UTF-8 格式，然后将数据写入新文件，再读取这个新文件。

代码清单 20-8 将数据写入文件

```
package main

import (
  "fmt"
  "io/ioutil"
)

func main() {
  // create a slice of bytes (UTF-8 code) from an input string
  data := []byte("Hello, world!")

  fmt.Println(data) // display the slice

  // feedback message in case of error
  err := ioutil.WriteFile("new_file.txt", data, 0644)
  if err != nil {
    panic("cannot write file: " + err.Error())
  }

  new_file, err := ioutil.ReadFile("new_file.txt")

  // feedback message in case of error
  if err != nil {
    panic("cannot read file: " + err.Error())
  }
```

```
    // convert the file contents to a string and display them
    fmt.Print(string(new_file))
}
```

这段代码有几点需要注意。首先，创建一个名为 data 的切片。该切片仅包含 UTF-8 字节值，用于表示原始字符串中的字符。当打印 data 切片时，会看到字符的值。

```
[72 101 108 108 111 44 32 119 111 114 108 100 33]
```

接着使用 WriteFile 函数在指定路径中创建文件。如果文件不存在，则会创建它。如果文件已存在，则现有文件将被覆盖。在函数中，将 data 指定为源，因此 Go 将把 data 中的数据写入新文件。还需要将文件的权限设置为 0644。这将为当前用户提供读写访问权限，但对于任何其他用户来说只具有读访问权限。

> **注意：** 可以在本书附录中找到更多有关文件权限的信息。

然后将新文件读入一个名为 new_file 的变量中。注意，当读取文件时，UTF-8 字节会重新转换为字符串字符。当将 new_file 作为字符串打印时，会看到文件的内容。上述代码清单的完整输出应如下所示。

```
[72 101 108 108 111 44 32 119 111 114 108 100 33]
Hello, world!
```

> **注意：** 这个代码清单假定文件被写入现有的文件夹或目录。由于这里是写入当前文件夹，因此说明该文件夹存在。如果尝试将文件写入不存在的文件夹，则会发生错误。例如，如果子文件夹 datafiles 不存在，并且尝试执行以下操作，则会引发错误。
>
> ```
> err := ioutil.WriteFile("./datafiles/new_file.txt", data, 0644)
> ```
>
> 本课后面将介绍如何创建目录。

20.2.1 创建新文件

在前面的示例中，使用 WriteFile 函数在同一操作中创建了新文件并向该文件写入数据。某些情况下，只是想创建一个新文件，稍后再向其中添加数据。为达到这个目的，可以使用 os.Create 函数。在代码清单 20-9 中，创建了一个新文件，然后通过单独的步骤向其中写入数据。

代码清单 20-9　对文件分别进行创建和写入

```
package main

import (
  "fmt"
  "os"
)

func main() {
  data := "Hello, world!"
  fmt.Println("data string:", data)

  // create a new file
  f, err := os.Create("another_file.txt")

  // display the new file
  if err != nil {
    panic("cannot create file: " + err.Error())
  }

  // Close the file when program is done
  defer f.Close()

  fmt.Println("new file:", f)

  // write the string to the new file
  n, err := f.WriteString(data)
  if err != nil {
    panic("cannot write to file: " + err.Error())
  }
  fmt.Println("characters in file:", n)
}
```

在这个例子中，os.Create 函数在指定路径下创建了一个新文件，如果该路径下已经存在同名文件，则会截断并替换现有文件。此函数会自动为新文件分配权限 0666。

然后在文件创建完成后向其写入数据。在本例中，通过将名为 data 的字符串传递给 WriteString 函数来向文件写入字符串。输出结果如下所示。

```
data string: Hello, world!
new file: &{0xc0000cc780}
characters in file: 13
```

> **注意：** new file 的打印值将是地址，因此你所看到的将与此处显示的结果不同。

20.2.2 缓冲写入器

如之前介绍的，可以使用缓冲区在从一个地方传输数据到另一个地方时暂时存储读取的数据。我们也可以缓冲将要写入的数据。在代码清单 20-10 中，创建了一个字符串和一个新文件，然后使用缓冲写入器将该字符串添加到文件中。

代码清单 20-10 使用缓冲写入器

```
package main

import (
  "bufio"
  "fmt"
  "os"
  "io/ioutil"
)

func main() {
  data :="Hello, world!!!"
  fmt.Println("original string:", data)

  // create a new file
  f, err := os.Create("another_file.txt")
  if err != nil {
    panic("cannot create file: " + err.Error())
  }

  // Close the file when program is done
  defer f.Close()

  // create a buffered writer that we can use to write data to the new file
  bw := bufio.NewWriter(f)

  // write the data to the buffered writer
  n, err := bw.WriteString(data)

  if err != nil {
    panic("cannot write string: " + err.Error())
  }

  // display the number of bytes written
  fmt.Println("bytes written:", n)

  // flush flushes/submits the data to the underlying io.Writer
  bw.Flush()

  newFile, err := ioutil.ReadFile("another_file.txt")

  // feedback message in case of error
```

```
    if err != nil {
        panic("cannot read file: " + err.Error())
    }

    // convert the file contents to a string and display it
    fmt.Print("file contents: ", string(newFile))
}
```

执行这个代码清单时，输出应该如下所示。

```
original string: Hello, world!!!
bytes written: 15
file contents: Hello, world!!!
```

在这个程序中，创建了一个名为 data 的字符串并为其分配了一个值。然后将该字符串显示出来以确认它已被分配给变量。

接着，使用 os.Create 创建文件。像之前一样，如果出现错误，将显示错误并退出程序。然后，使用 bufio.NewWriter 创建一个缓冲写入器，并传递文件句柄 f。接下来，使用缓冲写入器的 WriteString 函数写入数据。在本例中，将存储在 data 中的字符串传递给该函数。

```
n, err := bw.WriteString(data)
```

此时，字符串已写入缓冲区。WriteString 函数将返回写入的字符数和错误代码(如果没有错误，则为 nil)。程序运行结果将显示写入的字符数，即 15 个字符。最后，使用 Flush 将数据从缓冲区传输到新文件中。

在代码清单的其余部分中，使用 ReadFile 函数读取文件并显示其内容，以确认数据确实写入了文件。

> **注意：** 重要的是要理解，通过使用缓冲，直到执行 Flush 函数之前，新文件中不会添加任何数据。

20.3 使用目录

除了创建文件，os 包还允许处理目录。可以通过它执行各种操作，包括以下内容。

- 创建目录；
- 删除目录；
- 创建目录树；

- 列出目录内容；
- 更改目录。

本节将分别举例介绍上述每个操作。然后，将把所有内容整合到一个示例中。

20.3.1 创建目录

首先从如何创建新目录或文件夹开始。这可以使用 os.Mkdir 函数来完成。在代码清单 20-11 中，在当前目录中创建了一个新目录。

> **注意：**“文件夹”和“目录”这两个词可以互换使用。

代码清单 20-11 创建目录

```
package main

import (
   "os"
)

func main() {
   // create a directory
   err := os.Mkdir("./test_directory", 0755) // will throw an error
if the directory exists

   // if there is an error then panic to fail program
   if err != nil {
      panic(err)
   }
}
```

在该代码清单中，使用 os.Mkdir 函数创建一个名为 test_directory 的目录，该目录将位于当前目录内。程序为新目录分配了 0755 访问权限。如果构建并运行此代码，则会在计算机文件管理系统中看到新创建的目录。

然而需要注意的是，不能使用 Mkdir 覆盖现有目录。如果第二次运行此程序，则会收到一个错误。

```
panic: mkdir ./test_directory: Cannot create a file when that file
already exists.
```

> **注意：**这里是在当前目录中创建目录。如本课开头所述，也可以使用不同的路径来创建目录。例如，可以在操作系统的 Documents 文件夹下创建一个新目录，如/Users/*username*/Documents/new_directory，其中 *username* 是你的用户名。

20.3.2　删除目录

可以使用 os.RemoveAll 删除现有目录，这将删除目录及目录内的所有内容。如果在前面程序的一开始添加此命令，则可以多次运行该程序，因为它将在重新创建之前删除目录。代码清单 20-12 包括了此更改。

代码清单 20-12　删除现有目录

```
package main

import (
  "os"
)

func main() {
  // delete directory and all contents
  os.RemoveAll("./test_directory")

  // create a directory
  err := os.Mkdir("./test_directory", 0755)

  // if there is an error then panic to fail program
  if err != nil {
    panic(err)
  }
}
```

这个代码清单与代码清单 20-10 相同，只不过增加了下面这行代码。

```
os.RemoveAll("./test_directory")
```

这行代码删除传入的目录(在本例中是./test_directory)。如果目录不存在，程序将继续执行。

> **注意：** 能力越大，责任越大。当删除一个目录时，它的内容也会被删除。因此应该确保知道所删除的内容。

20.3.3　创建目录树

前面已经了解如何创建单个新目录，实际还可以使用 os.MkdirAll 函数创建一系列嵌套目录(如代码清单 20-13 所示)。

代码清单 20-13　创建一系列目录

```
package main

import (
  "os"
)

func main() {
  // delete directory and all contents
  os.RemoveAll("./test_directory")

  // create a directory
  err := os.Mkdir("./test_directory", 0755)
  // if there is an error then panic to fail program
  if err != nil {
    panic(err)
  }


  // MkdirAll creates a tree of directories
  err = os.MkdirAll("./test_directory/another_directory/third_
directory", 0755)
  // if there is an error then panic to fail program
  if err != nil {
    panic(err)
  }
}
```

运行这个程序后，可检查计算机上创建的嵌套目录树。应该会在程序执行所在的目录中看到这些目录。

20.3.4　列出目录内容

ioutil.ReadDir 函数检索目录/文件夹中的项列表。代码清单 20-14 展示了通过 ReadDir 列出本课中创建的 test_directory 中的文件。

代码清单 20-14　列出目录中的内容

```
package main

import (
  "os"
  "io/ioutil"
  "fmt"
)

func main() {
  // delete directory and all contents
```

```
    os.RemoveAll("./test_directory")

    // create a directory
    err := os.Mkdir("./test_directory", 0755)
    // if there is an error then panic to fail program
    if err != nil {
      panic(err)
    }

   // MkdirAll creates a tree of directories
   err = os.MkdirAll("./test_directory/another_directory/third_
directory", 0755)
   // if there is an error then panic to fail program
   if err != nil {
     panic(err)
   }

   // list content of a directory
   content, err := ioutil.ReadDir("./")
   // if there is an error then panic to fail program
   if err != nil {
    panic(err)
   }
   // iterate through content
   for _, item := range content {
    fmt.Println(" ", item.Name(), item.IsDir())
   }
}
```

在这个例子中，代码清单的第一部分与上一个代码清单相同。在删除和创建目录后，添加调用 ioutil.ReadDir 的代码。然后传递当前目录(./)的路径；实际可以传递系统上任何目录的路径。将从读取目录返回的列表保存到一个名为 content 的变量中，然后使用 for 循环对其中的内容进行迭代显示。除使用 Name 函数显示每个项外，还使用 IsDir 函数判断该项是否为目录。这是一个布尔检查，它将根据该项是否为目录而返回 true 或 false。下面是输出的一个示例。

```
another_file.txt false
datafiles true
flatland01.txt false
new_file.txt false
test_directory true
```

20.3.5 更改目录

到目前为止，大多数示例都使用当前活动的目录作为编写文件或创建目录的起点。可以使用 os.Chdir 函数更改程序中正在使用的活动目录，如代码清单 20-15 所示。

代码清单 20-15 更改活动目录

```
package main

import (
   "os"
   "io/ioutil"
   "fmt"
)

func main() {
   // delete directory and all contents
   os.RemoveAll("./test_directory")

  // MkdirAll creates a tree of directories
  if err := os.MkdirAll("./test_directory/another_directory/third_
directory", 0755); err != nil {
     panic(err)   // if there is an error then panic to fail program

  }

  // change the working directory
  if err := os.Chdir("./test_directory/another_directory/third_
directory"); err != nil {
    panic(err)    // if there is an error then panic to fail program

  }

  // create a file in this directory
   data := []byte("Hello, world!")
   if err := ioutil.WriteFile("new_file.txt", data, 0644); err != nil {
     panic(err)  // if there is an error then panic to fail program
   }

  // list content of a directory
  content, err := ioutil.ReadDir("./")
  // if there is an error then panic to fail program
  If err != nil {
    panic(err)    // if there is an error then panic to fail program

  }
  // iterate through content
  for _, item := range content {
    fmt.Println(" ", item.Name(), item.IsDir())
  }
}
```

这个代码清单使用了很多在前面的课时中提到的内容。首先，删除 test_directory 及其内部包含的所有内容，然后像之前那样创建目录树。接着，使用 os.Chdir 更改工作目录。结果是，将当前目录切换到 test_directory 的 another_directory 的 third_directory 中。

虽然这段代码说明我们修改了当前目录，但这个清单仍然使用 WriteFile 创建了一个名为 new_file.txt 的文件。如果使用计算机的文件管理器，那么可以在 third_directory 中找到这个新文件。

在代码清单中，继续以与先前相同的方式列出目录中的文件。结果是刚创建的新文件将被显示出来。因为刚刚创建了新目录并导航到该目录中，刚创建的新文件将是唯一列出的内容。

```
new_file.txt false
```

20.3.6　临时文件和临时目录

在前面的代码清单中，创建了一个测试文件。因为代码清单运行后并不需要这个文件，所以可以再调用一次 os.RemoveAll 删除创建的目录和文件。

```
os.RemoveAll("./test_directory")
```

像这样创建临时文件在程序中很常见。因为这种需求非常常见，所以有一种方法可以创建临时文件和目录，并由操作系统处理。操作系统会根据系统设置自动删除这些临时文件。

代码清单 20-16 展示了 ioutil.TempFile 和 ioutil.TempDir 的示例，它们分别用于创建临时文件和临时目录。

代码清单 20-16　创建临时文件和临时目录

```
package main

import (
   "fmt"
   "io/ioutil"
   "os"
)

func main() {
   // create a new temporary file
   f, err := ioutil.TempFile("./", "file")
   if err != nil {
      panic(err)
   }
```

```
    // The OS will clean up this temporary file by itself
    // at some point but we can do it anyway for safety
    defer os.Remove(f.Name())

    // we can see the pattern added to the end of the temp filename
    fmt.Println("File name:", f.Name())

    // add data to the file
    f.WriteString("Hello!\n")
    f.WriteString("This file will be deleted once the program is done
executing.\n")
    f.WriteString("The advantage of using temp files is that they don't
pollute the file system.\n")
    f.WriteString("Don't use temp files to persist data because they
will be deleted by the OS at some point.\n")

    // read the new file
    tempContents, _ := ioutil.ReadFile(f.Name())
    fmt.Print(string(tempContents))

    // create a new temporary directory
    d, err := ioutil.TempDir("./", "tempdir")
    if err != nil {
      panic(err)
    }

    // The OS will delete temp directory at some point but we
    // can do it anyway
    defer os.RemoveAll(d)

    // print the temporary directory name
    fmt.Println("Directory name:", d)
}
```

TempFile 函数在指定路径中创建一个新的临时文件，并打开该文件以进行读取和写入。文件名为 file 后面跟随一个随机数字字符串。可以像使用任何其他文件一样使用此文件，包括添加新内容和读取其中的内容。

TempDir 函数使用与创建临时文件非常相似的步骤来创建一个新的临时目录，包括使用命名结构。目录名称将以 tempdir 开头，后面跟着一个数字字符串。

由于这些项是作为临时对象创建的，因此操作系统将在某个时刻自动删除它们。但是，也可以使用 Remove 或 RemoveAll 函数随时删除它们。

如果构建并运行这个程序，会看到类似于下面这样的输出。

```
File name: ./file623023391
Hello!
This file will be deleted once the program is done executing.
```

```
The advantage of using temp files is that they don't pollute the file
system.
Don't use temp files to persist data because they will be deleted by
the OS at some point.
Directory name: ./tempdir824820722
```

20.4　命令行参数

许多程序允许用户在运行程序时包含特定的参数。这些参数可以控制程序的运行方式，但不包含在程序本身中。常见的例子包括以管理员身份运行程序(而不是以默认用户身份运行)或者为程序指定工作目录或其他外部变量，例如存储文件的位置。

通常，使用命令行来运行支持其他参数的程序。代码清单 20-17 展示了一个包括命令行参数的程序的例子，这些参数使用 os.Args 函数进行定义。

代码清单 20-17　使用命令行参数

```
package main

import (
   "fmt"
   "os"
)

func main() {
   args := os.Args
   programName := args[0]
   arguments := args[1:]
   fmt.Println(programName)
   fmt.Println(arguments)
}
```

此程序旨在处理命令行参数。在代码清单中，使用 os.Args 获取参数并将其放入一个切片中。该切片将包含程序本身的名称和一个附加参数(其值将在运行时传递给程序)。

在上面的代码清单中，将 args 切片的第一个元素分配给一个名为 programName 的变量，因为我们知道它包含程序名称及其路径。切片中剩余的任意命令行参数将位于索引位置 1 处到切片的末尾。然后，将这些值赋给一个名为 arguments 的变量，并打印出上述两个变量的值。

如果从命令行运行此程序，不带任何参数，输出将显示程序名称。要完全测试它，可使用类似下面的语句从命令行运行它并带几个参数。

```
go run program_name.go argument1 argument2 argument3
```

这里，program_name.go 应该是给程序提供的名称。Go 将按照提供的顺序映射参数(从程序名称开始)，并在运行程序时使用这些值。其输出将类似于以下内容。

```
C:\Users\username\AppData\Local\Temp\go-build1651887209\b001\exe\
program_name.exe
[argument1 argument2 argument3]
```

20.5 本课小结

本课展示了如何读取和写入文件、如何在操作系统中处理目录和文件、如何创建和使用临时文件，以及如何使用命令行参数与程序交互。通过将数据持久化到文件中，可以使 Go 程序更好地与用户进行交互。当然，在使用目录和文件夹时需要注意的一件事是，不要覆盖或删除打算保留的内容。因此，在将代码应用到生产环境之前，要做好充分的测试。

20.6 本课练习

下面的练习可以让你尝试本课介绍的工具和概念。对于每个练习，请编写一个满足指定要求的程序并验证程序是否按预期运行。

练习 20-1：操作文本文件

查找或创建一个文本文件，并使用本课学到的各种方法练习读取文件内容。

- 添加一个提示，允许用户在程序运行时输入文件路径。
- 将字符串函数(如更改大小写)应用于文本，并将数据写入新文件。
- 尝试读取一个非文本文件，查看会显示什么。
- 尝试其他纯文本文件格式，如 CSV 和 JSON。

> **注意：** Project Gutenberg(地址为 www.gutenberg.org)是一个非常棒的网站，它提供公共领域的文本文件，适合用于试验数据处理。不过，许多文件相当大，因此你可能希望将它们编辑成更易于管理的大小。

练习 20-2：随机读取

重写代码清单 20-5，完成下列任务。每个任务都可以是一个单独的程序。

- 以文件开始位置为起始点，从位置 200 处开始，读取 20 个字符。
- 从位置 100 处开始，读取 20 个字符到文件中，但之后还要从文件的位置 200 处开始读取另外 20 个字符。对于第二次读取，从当前位置(在读取 20 个字符后)开始查找，而不是从文件的开头进行查找。第二次读取的 20 个字符是否与从前一个任务中返回的字符一致？
- 从文件倒数 100 的位置开始，读取 20 个字符。
- 读取文件的前 10 个字符，然后跳过接下来的 10 个字符。对整个文件重复此操作，直到每个包含 10 个字符的组都显示出来为止。

练习 20-3：数字母

编写一个程序读取 flatlands01.txt 文件。在读取文件后，打印出每个字母出现的次数。忽略大小写，因此 a 和 A 将被一起计入。结果应列出每个字母及其出现次数。

练习 20-4：复制文件

创建一个名为 copyfile 的程序，它接收一个命令行参数。该参数应为文件名。程序应读取文件并生成文件的副本。副本应与之前文件同名，但包括扩展名.copy。例如，假设在运行程序时传递了 flatland01.txt 文件。

```
Copyfile flatland01.txt
```

那么在程序运行后，将生成名为 flatland01.txt.copy 的文件。这个新文件应是源文件的完全复制。

练习 20-5：复制文件(进阶版)

修改前一个练习中的代码清单，使得在命令行中传入两个文件名时，新文件使用传入的第二个文件名作为名称。

练习 20-6：汉堡店

修改第 16 课中的汉堡店程序，让它将所有完成的订单保存到文件 OrderHistory.txt 中。在将每个订单写入文件之前，写入一行表示新订单开始。可以使用类似下面的方法来实现。

```
<NEWORDER_#####_DateAndTime>
```

其中#####为不断增加的订单序列号，*DateAndTime* 为订单生成的日期和时间。

第 21 课
综合练习：Go 语言中的单词分析

本课将应用到目前为止所学知识，使用 Go 语言进行常见的文本分析。具体而言，会编写一个程序，对电子商务评论数据集进行分析，计算每个单词出现的次数。

本课目标

- 读取一个包含在线电子商务评论列表的 JSON 文件。
- 对数据集内的每条评论进行分词。
- 计算数据集中每条评论的字数。

21.1 检查数据

在开始任何数据分析工作时，第一步是确保数据格式符合系统要求并确保数据可用。对于我们的项目，需要下载数据。这里将使用 Julian McAuley 的 Amazon 产品数据网站上的数字音乐评论集，该数据集位于 http://jmcauley.ucsd.edu/data/amazon 上。reviews.json 文件也可以在本书的网站中找到，网址为 www.wiley.com/go/jobreadygo。数据位于文件 reviews_Digital_ Music_5.json.gz 中，需要在下载后对文件进行提取。

> **注意：**在使用下载的文件之前，必须先提取它。在 macOS 或 Linux 上，打开文件即可自动提取。对于 Windows 用户，我们建议使用 7-zip 来提取文件；可以在 www.7-zip.org 找到 7-zip 的安装文件。

该文件采用修改后的 JSON 格式。如果使用任何文本编辑器打开提取后的文件，会看到前两条记录如下所示。


```
{"reviewerID": "A3EBHHCZO6V2A4", "asin": "5555991584", "reviewerName":
"Amaranth \"music fan\"", "helpful": [3, 3], "reviewText": "It's hard
to believe \"Memory of Trees\" came out 11 years ago;it has held up
well over the passage of time.It's Enya's last great album before the
New Age/pop of \"Amarantine\" and \"Day without rain.\" Back in
1995,Enya still had her creative spark,her own voice.I agree with the
reviewer who said that this is her saddest album;it is melancholy,
bittersweet,from the opening title song.\"Memory of Trees\" is
elegaic&majestic.;\"Pax Deorum\" sounds like it is from a Requiem Mass,
it is a dark threnody.Unlike the reviewer who said that this has a
\"disconcerting\" blend of spirituality &sensuality;,I don't find it
disconcerting at all.\"Anywhere is\" is a hopeful song,looking to
possibilities.\"Hope has a place\" is about love,but it is up to the
listener to decide if it is romantic, platonic,etc.I've always had a
soft spot for this song.\"On my way home\" is a triumphant ending about
return.This is truly a masterpiece of New Age music,a must for any Enya
fan!", "overall": 5.0, "summary": "Enya's last great album",
"unixReviewTime": 1158019200, "reviewTime": "09 12, 2006"}
{"reviewerID": "AZPWAXJG9OJXV", "asin": "5555991584", "reviewerName":
"bethtexas", "helpful": [0, 0], "reviewText": "A clasically-styled and
introverted album, Memory of Trees is a masterpiece of subtlety. Many
of the songs have an endearing shyness to them - soft piano and a lovely,
quiet voice. But within every introvert is an inferno, and Eny lets
that fire explode on a couple of songs that absolutely burst with an
expected raw power. If you've never heard Enya before, you might want
to start with one of her more popularized works, like Watermark, just
to play it safe. But if you're already a fan, then your collection is
not complete without this beautiful work of musical art.", "overall":
5.0, "summary": "Enya at her most elegant", "unixReviewTime": 991526400,
"reviewTime": "06 3, 2001"}
```


每条记录都用花括号({})括起来，并且记录之间用换行符分隔。在标准的 JSON 中，每条记录将用方括号([])括起来。当导入要分析的数据时，代码需要考虑这一点。

每个记录中的字段包括名称和值，使用冒号(:)作为分隔符。

```
"reviewerID": "A3EBHHCZO6V2A4"
```

字段之间使用逗号进行分隔。

```
"reviewerID": "A3EBHHCZO6V2A4", "asin": "5555991584"
```

在本分析示例中，我们最感兴趣的是评论本身。第一条记录的评论看起来如下所示。

```
"reviewText": "It's hard to believe \"Memory of Trees\" came out 11
years ago;it has held up well over the passage of time.It's Enya's last
great album before the New Age/pop of \"Amarantine\" and \"Day without
rain.\" Back in 1995,Enya still had her creative spark,her own voice.
I agree with the reviewer who said that this is her saddest album;it
is melancholy,bittersweet,from the opening title song.\"Memory of
Trees\" is elegaic&majestic.;\"Pax Deorum\" sounds like it is from a
Requiem Mass,it is a dark threnody.Unlike the reviewer who said that
this has a \"disconcerting\" blend of spirituality&sensuality;,I don't
find it disconcerting at all.\"Anywhere is\" is a hopeful song,looking
to possibilities.\"Hope has a place\" is about love,but it is up to
the listener to decide if it is romantic,platonic,etc.I've always had
a soft spot for this song.\"On my way home\" is a triumphant ending
about return.This is truly a masterpiece of New Age music,a must for
any Enya fan!"
```

可以看到，除单词外，文本还包括标点符号。虽然可以将空格用作数据中单词之间的分隔符，但也可以使用标点符号作为分隔符。

由于本项目的重点是统计单词出现的次数，因此在原始数据中存在另一个问题。有些单词首字母大写，而有些则不是。记住，Go 是区分大小写的，因此还需要对文本进行规范化，使其全部小写，这样 hope 和 Hope 将被视为相同的单词。

> **注意：**前述下载页面包含多个链接，可用于下载各种 Amazon 评论数据集。我们选择 5-core Digital Music 链接进行下载，其中包含一个名为 Digital_Music_5.json 的 JSON 文件。如果点击不同的链接，则会得到具有相同结构但不同文件名的文件。在本课中，需要确保在代码中传递的文件名与下载的文件名匹配。

21.2　读取评论数据

现在我们已经查看了数据并确定了代码要做的事情，接下来可以开始编写代码。

在之前的课时中，我们不必了解如何读取 JSON 文件，但其实读取 JSON 文件与读取文本文件非常相似。首先查看代码清单 21-1 中的 read_json_file 函数。

代码清单 21-1 read_json_file 函数

```
func read_json_file(filepath string) {
  // read the json file using the os package
  content, err := os.Open(filepath)
  // if we have an error, we log the error and exit the program
  if err != nil {
    log.Fatal(err)
  }
  // defer closing the file until the read_json_file function finishes
  defer content.Close()
  // create a scanner variable that we will use to iterate through the reviews
  scanner := bufio.NewScanner(content)
  // split the content of the file based on lines (each line is a review)
  scanner.Split(bufio.ScanLines)
}
```

read_json_file 函数以文件路径作为输入。该函数使用 os 包中的 Open 函数来读取文件。

接着，代码检查是否发生了错误。如果发生了错误，将记录并显示错误，然后终止程序。否则，文件有效，可以继续读取它。

由于打开了文件，因此还希望确保它被正常关闭。代码清单将延迟关闭文件，直到函数执行完毕。

为读取文件，这里利用 bufio 包中的 NewScanner 函数创建一个名为 scanner 的扫描器。如果仔细观察，会发现 JSON 文件的结构是这样的：JSON 文件中的每条评论都在单独的一行上。因此，需要使用 scanner 的 Split 函数基于行对文本进行拆分。

目前，该函数所做的只是读取文件并根据换行符拆分 JSON 文件。下一步将迭代并扫描文本中的行。将代码清单 21-2 中显示的代码添加到同一个 read_json_file 函数中。

代码清单 21-2 扩展 read_json_file 函数

```
func read_json_file(filepath string) {
  // read the json file using the os package
  content, err := os.Open(filepath)
  // if we have an error, we log the error and exit the program
  if err != nil {
    log.Fatal(err)
  }
  // defer closing the file until the read_json_file function finishes
```

```
    defer content.Close()
    // create a scanner variable that we will use to iterate
    //  through the reviews
    scanner := bufio.NewScanner(content)
    // split the content of the file based on lines (each line is a review)
    scanner.Split(bufio.ScanLines)
    for scanner.Scan() {
       // We can iterate through and display each review
       //fmt.Println(scanner.Text())// This is commented; otherwise, it will
                                    // print the entire file, which will take
                                    // a while. Uncomment if you want to see
                                    // the content of the file.

    }
}
```

上述代码添加了一个使用 Scan 函数迭代和扫描每行的 for 循环，然后打印每行。注意，在代码清单中，已经注释掉了 Println 函数。需要取消注释(删除//)才能看到实际打印的数据。删除注释后，整个文件的内容将被打印出来，这可能需要一些时间。

需要注意的是，目前仍然将每条评论读取为字符串。该字符串以 JSON 格式展示评论的内容。必须将其转换为一个有效表示形式，以便轻松访问所有评论属性。这种情况下，使用结构体听起来是最好的选择。可按照代码清单 21-3 所示，使用结构体对 JSON 评论进行建模。

代码清单 21-3　使用结构体对 JSON 数据进行建模

```
type Review struct {
   ReviewerID      string   `json:"reviewerID"`
   Asin            string   `json:"asin"`
   ReviewerName    string   `json:"reviewerName"`
   Helpful         [2]int   `json:"helpful"`
   ReviewText      string   `json:"reviewText"`
   Overall         float32  `json:"overall"`
   Summary         string   `json:"summary"`
   UnixReviewTime  int64    `json:"unixReviewTime"`
   ReviewTime      string   `json:"reviewTime"`
}
```

正如代码清单 21-3 所示，Review 结构体表示 JSON 评论中的不同字段。对于每个字段，都要使用适当的数据类型。例如，helpful 字段必须是[2]int 才能正确解析(如果将它设定为字符串，则 JSON 将无法解析)。

回到评论，每条评论被如下定义。

```
var review Review
```

现在的目标是将 JSON 评论的字符串表示转换为定义的 Review 结构体。这就是 json 包发挥作用的地方。json 包允许对 JSON 对象进行编码和解码。在本示例中，它将允许把字符串转换为代码清单 21-3 中定义的有效评论，以 Review 结构体的形式表示。

为此，需要使用 Unmarshal 函数，其格式如下。

```
json.Unmarshal(data []byte, v interface{}) error
```

可以看到，Unmarshal 函数的输入是要解组的数据。该函数将解析 JSON 数据并将结果存储在 v 的值中。在本例中，v 是评论(或者本例中早先定义的结构体)。v 的类型是一个空接口。空接口类型是一个至少实现零个或多个方法的接口，并通过 interface{}进行定义。

注意：在 Go 中，编组是基于 Go 对象生成 JSON 字符串的过程，而解组则是将 JSON 解析为 Go 对象的过程。

由于 Go 中的所有类型都实现了零个或多个方法，因此可以使用前面定义的 Review 结构体作为 Unmarshal 函数的输入(这种情况下与面向对象编程[OOP]概念有些相似)。

需要注意的一点是，数据必须是字节切片，因此需要将评论的字符串表示转换为相应的字节表示。方便的是，可以在初始化字节切片时传递文本数据来实现这一点，如下所示。

```
[]byte(scanner.Text())
```

回到 Unmarshal 函数，可以使用以下代码将评论解析为早先定义的结构体。

```
var review Review
json.Unmarshal([]byte(scanner.Text()), &review)
```

这段代码将解析 JSON 编码的评论，并将其存储在 Review 类型的变量中。注意，要使用 json.Unmarshal 函数，必须将"encoding/json"添加到当前导入列表中。

```
import (
   "bufio"
   "encoding/json"
   "fmt"
   "log"
   "os"
)
```

回到 read_json_file 函数，需要对每行文本执行此过程。代码清单 21-4 将此过程添加到函数中。

代码清单 21-4　向 read_json_file 函数添加解组过程

```
func read_json_file(filepath string) {
   // read the json file using the os package
   content, err := os.Open(filepath)
   // if we have an error, we log the error and exit the program
   if err != nil {
      log.Fatal(err)
   }
   // defer closing the file until the read_json_file function finishes
   defer content.Close()
   // create a scanner variable that we will use to iterate through the reviews
   scanner := bufio.NewScanner(content)
   // split the content of the file based on lines (each line is a review)
   scanner.Split(bufio.ScanLines)
   for scanner.Scan() {
      // We can iterate through and display each review
      //fmt.Println(scanner.Text()) // Remove comment to print
      var review Review
      err := json.Unmarshal([]byte(scanner.Text()), &review)
      if err != nil {
         log.Fatal(err)
         return
      }
   }
}
```

代码清单 21-4 在 for 循环中添加了几行代码，让代码扫描每一行，并转换为 Review 类型。它还检查 Unmarshal 函数返回的错误，如果发生错误，它将记录错误并退出函数。

现在，可以通过添加代码清单 21-5 中的代码来显示评论的各个属性。

代码清单 21-5　在 read_json_file 函数中显示单个属性

```
func read_json_file(filepath string) {
   // read the json file using the os package
   content, err := os.Open(filepath)
   // if we have an error, we log the error and exit the program
   if err != nil {
      log.Fatal(err)
   }
   // defer closing the file until the read_json_file function finishes
   defer content.Close()
   // create a scanner variable that we will use to iterate through the reviews
   scanner := bufio.NewScanner(content)
   // split the content of the file based on lines (each line is a review)
```

```
    scanner.Split(bufio.ScanLines)
    for scanner.Scan() {
        // We can iterate through and display each review
        //fmt.Println(scanner.Text()) // Remove comment to print review line
        var review Review
        err := json.Unmarshal([]byte(scanner.Text()), &review)
        if err != nil {
            log.Fatal(err)
            return
        }
        fmt.Println(review.Asin)
    }
}
```

在代码清单 21-5 中，只是显示每条评论的 asin 属性。让我们查看代码的实际运用。代码清单 21-6 展示了使用 read_json_file 函数的完整代码清单。

代码清单 21-6　截至目前的完整代码清单

```
package main

import (
    "fmt"
    "os"
    "bufio"
    "encoding/json"
    "log"
)

func main() {
    read_json_file("./Digital_Music_5.json")
}

type Review struct {
    ReviewerID      string  `json:"reviewerID"`
    Asin            string  `json:"asin"`
    ReviewerName    string  `json:"reviewerName"`
    Helpful         [2]int  `json:"helpful"`
    ReviewText      string  `json:"reviewText"`
    Overall         float32 `json:"overall"`
    Summary         string  `json:"summary"`
    UnixReviewTime  int64   `json:"unixReviewTime"`
    ReviewTime      string  `json:"reviewTime"`
}

func read_json_file(filepath string) {
    // read the json file using the os package
    content, err := os.Open(filepath)
    // if we have an error, we log the error and exit the program
    if err != nil {
        log.Fatal(err)
    }
```

```
    // defer closing the file until the read_json_file function finishes
    defer content.Close()
    // create a scanner variable that we will use to iterate through the reviews
    scanner := bufio.NewScanner(content)
    // split the content of the file based on lines (each line is a review)
    scanner.Split(bufio.ScanLines)
    for scanner.Scan() {
        // We can iterate through and display each review
        //fmt.Println(scanner.Text()) // Remove comment to print review line
        var review Review
        err := json.Unmarshal([]byte(scanner.Text()), &review)
        if err != nil {
            log.Fatal(err)
            return
        }
        fmt.Println(review.Asin)
    }
}
```

> **注意：** 记得将 main 函数中的文件名更改为与本课开始时下载的文件相匹配。如果下载了 digital music 5-core 文件，则名称(Digital_Music_5.json)应与代码清单匹配。

执行此代码清单时，代码将读取文件，迭代文件中的每一行，将每行数据解析为 Review 类型，并显示 asin 属性。注意，是将评论文件的位置传递给 read_json_file 函数。在代码清单 21-6 中，JSON 文件与 Go 程序在同一目录中。如果将 JSON 文件保存在不同的目录中，则需要相应地调整路径。如果从 Amazon 下载了不同的评论文件，则还需要更改 JSON 文件名以进行匹配。

返回评论

现在讨论 read_json_file 函数应该返回什么内容。理想情况下，我们希望返回评论的切片。换句话说，read_json_file 应该返回以下类型。

```
[]Review
```

如你所见，切片包含类型为 Review 的元素。通过这种方式，可以遍历整个文件，解析每条评论，并将其附加到评论切片中，然后在函数执行完成时返回该切片。

代码清单 21-7 对之前的代码作了一些修改。

代码清单 21-7　调整 read_json_file 函数以返回评论切片

```
func read_json_file(filepath string) []Review {
    // read the json file using the os package
    content, err := os.Open(filepath)
    // if we have an error, we log the error and exit the program
    if err != nil {
        log.Fatal(err)
    }
    // defer closing the file until the read_json_file function finishes
    defer content.Close()
    // create a scanner variable that we will use to iterate through the reviews
    scanner := bufio.NewScanner(content)
    // split the content of the file based on lines (each line is a review)
    scanner.Split(bufio.ScanLines)

    var reviews []Review
    for scanner.Scan() {
        // We can iterate through each review
        var review Review
        err := json.Unmarshal([]byte(scanner.Text()), &review)
        if err != nil {
            log.Fatal(err)
        }
        reviews = append(reviews, review)
    }
    return reviews
}
```

代码清单 21-7 在 read_json_file 函数中添加了一些内容。

- 函数签名中的返回类型。read_json_file 函数现在返回一个切片，其中每个元素都是 Review 类型。
- 创建了一个名为 reviews 的切片，它将保存 JSON 文件中的所有评论。
- 在 for 循环中，一旦解析了评论内容，就将其附加到 reviews 切片中。
- 在完成对文件的遍历后，返回 reviews 切片。

现在让我们运行这段代码。用代码清单 21-8 中显示的代码更新 main 函数。同样，如果有必要，请记得调整所使用的文件名和路径。

代码清单 21-8　用一个新的 main 函数打印前两条评论

```
func main() {
    reviews := read_json_file("./Digital_Music_5.json")
    fmt.Println(reviews[0].ReviewText)
    fmt.Println("----------")
    fmt.Println(reviews[1].ReviewText)
}
```

这个新的 main 函数使用最新的 read_json_file 函数读取 JSON 文件，并将输出存储在一个名为 reviews 的切片中。接着，使用一组短横线来分隔文件中的两条评论，程序运行结果如下所示。

```
It's hard to believe "Memory of Trees" came out 11 years ago;it has
held up well over the passage of time.It's Enya's last great album before
the New Age/pop of "Amarantine" and "Day without rain." Back in
1995,Enya still had her creative spark,her own voice.I agree with the
reviewer who said that this is her saddest album;it is
melancholy,bittersweet,from the opening title song."Memory of Trees"
is elegaic&majestic.;"Pax Deorum" sounds like it is from a Requiem
Mass,it is a dark threnody.Unlike the reviewer who said that this has
a "disconcerting" blend of spirituality & sensuality;,I don't find it
disconcerting at all."Anywhere is" is a hopeful song,looking to
possibilities."Hope has a place" is about love,but it is up to the listener
to decide if it is romantic,platonic,etc.I've always had a soft spot for
this song."On my way home" is a triumphant ending about return.This is
truly a masterpiece of New Age music,a must for any Enya fan!
----------
A clasically-styled and introverted album, Memory of Trees is a
masterpiece of subtlety. Many of the songs have an endearing shyness
to them - soft piano and a lovely, quiet voice. But within every introvert
is an inferno, and Enya lets that fire explode on a couple of songs
that absolutely burst with an expected raw power.If you've never heard
Enya before, you might want to start with one of her more popularized
works, like Watermark, just to play it safe. But if you're already a
fan, then your collection is not complete without this beautiful work
of musical art.
```

注意：这些例子中使用的评论数据来自人们发布在网上的内容。这些文本内容没有被修改，因此可能包含语法错误等问题。

21.3 对输入字符串进行分词

我们需要将评论拆分为单独的单词，以便进行统计计数。一般的分词函数都可以满足我们的需求。该函数可以接收一个字符串作为输入，并返回一个列表，该列表表示字符串中的单词，并且保留了单词的原有顺序。这个函数应该根据空格或标点符号将字符串分割为若干个单词。

为简化这个问题，首先识别字符串中的标点符号，并用空格替换它。然后可以单独基于空格对字符串进行拆分。例如，考虑下面的例子。

```
"Hello, Sean! -How are you?"
```

第一步是用空格替换标点符号。这将得到以下字符串。

```
Hello   Sean    How are you
```

接下来，可以使用 split 函数基于空格拆分字符串，并获取字符串中的单词列表，结果如下所示。

```
[hello sean how are you]
```

这个函数的逻辑如下。

(1) 识别字符串中的标点符号并将其替换为空格。

(2) 将输入的文本字符串转换为小写。

(3) 基于空格将字符串分割为单词。

21.3.1　识别标点符号并使用空格进行替换

首先，让我们关注第(1)步。要识别标点符号并使用空格进行替换，需要利用正则表达式，第 19 课中对这项技术进行了介绍。正则表达式是开发人员在进行字符串搜索时经常使用的一种技术。事实上，大多数现代搜索引擎都将正则表达式作为其匹配过程的标准部分。我们将利用正则表达式来识别标点符号，并用空格对它们进行替换。

> **注意：**本书不可能详细地涵盖正则表达式的每一个细节。我们可以找到其他关于正则表达式的书籍，例如 Andrew Watt 的 *Beginning Regular Expressions* (Wiley, 2005)，或者也可以查阅在线资源，如 www.regexlib.com 或 https://github.com/google/re2/wiki/Syntax。

在本例中，将使用 Go 语言中的 regexp 包来搜索标点符号，并使用 ReplaceAllString 函数将这些标点符号替换为空格。让我们查看代码清单 21-9 中的代码。

代码清单 21-9　使用 regexp

```
package main

import (
   "fmt"
   "regexp"
)

func main() {
   text := "Hello, Sean! -How are you?"
```

```
    fmt.Println("original string: " + text)

    // The following is regex for the punctuation list. This
    // means that any of the punctuation in the list will be
    // replaced by a space.
    re := regexp.MustCompile(`[.,!?\-_#^()+=;/&'"]`)

    // Use the ReplaceAllString to replace any punctuation with a space
    w := re.ReplaceAllString(text, " ")

    fmt.Println("string after replacing punctuation with a space: " + w)
}
```

首先，使用 MustCompile 函数，向它传递一个正则表达式。这个正则表达式将自动用于后续使用 regexp 包完成的操作。注意，如果需要应用其他正则表达式，则必须再次进行编译。在这个代码清单中，正则表达式是一个列表，其中包含所有需要用空格替换的标点符号([., !?\-_#^()+=;/&'"])。

记住，如果输入的正则表达式无效，MustCompile 将出错。这意味着如果正则表达式抛出错误，则应该仔细对它进行检查。

下一步是使用 ReplaceAllString 函数将任何已识别的标点符号替换为空格。由于在上一步中编译了正则表达式，因此不需要在 ReplaceAllString 函数中指定正则表达式。

最后，显示替换前后的两个字符串以进行比较。正如所见，任意标点符号都被替换为空格。结果如下所示。

```
original string: Hello, Sean! -How are you?
string after replacing punctuation with a space: Hello   Sean     How are you
```

注意：在代码清单 21-9 的正则表达式中，我们想要替换的特定字符以原始字符串的形式列出，并用反引号(`)括起来。一个更简单的替代方案是使用标点符号类，如下所示。

```
re := regexp.MustCompile(`[[:punct:]]`)
```

`[[:punct:]]`正则表达式将匹配以下字符。

```
! " # $ % & ' ( ) * + , - . / : ; < = > ? @ [ \ ] ^ _ ` { | } ~
```

21.3.2　将输入文本转换为小写

对文本进行分词的下一步是将字符串转换为小写。代码清单 21-10 在 main

函数中添加了相关代码。

代码清单 21-10 将输入转换为小写

```
package main

import (
   "fmt"
   "regexp"
   "strings"
)

func main() {
   text := "Hello, Sean! -How are you?"
   fmt.Println("original string: " + text)

   re := regexp.MustCompile(`[[:punct:]]`)

   w := re.ReplaceAllString(text, " ")

   fmt.Println("string after replacing punctuation with a space: " + w)

   w = strings.ToLower(w)  // convert to lowercase
}
```

这个代码清单引入了一行额外的代码，该行代码调用 strings 的 ToLower 函数。为使用此函数，还需要将 strings 包导入程序中。strings.ToLower 函数将接收到的字符串(在本例中为 w)转换为小写并返回它。在本例中，将转换为小写的字符串再次赋值给 w。此外，对于正则表达式采用了前面提到的标点符号类。

21.3.3 将字符串分割为单词

最后，需要通过空格对字符串进行拆分，并获取表示不同单词(按顺序)的字符串切片。为此，可以使用来自 strings 包的内置函数 Fields。

Fields 函数使用一个或多个连续空白字符对输入字符串进行拆分。需要注意的是，可以将多个空格组合在一起。因为用空格替换了标点符号，所以如果有两个连续的标点符号，那么就会出现两个空格。Fields 函数允许基于任意数量的连续空格对字符串进行分割。让我们在前面的代码中再添加一条指令，如代码清单 21-11 所示。

代码清单 21-11 分割字符串

```
package main
```

```
import (
  "fmt"
  "regexp"
  "strings"
)

func main() {
  text := "Hello, Sean! --How are you?"
  fmt.Println("original string: " + text)

  re := regexp.MustCompile(`[[:punct:]]`)

  w := re.ReplaceAllString(text, " ")

  fmt.Println("string after replacing punctuation with a space: " + w)

  w = strings.ToLower(w)      //  convert to lowercase
  // Use the Fields function from the strings package to split
  // the string w around each instance of one or more consecutive
  // whitespace characters
  tokens := strings.Fields(w)

  fmt.Print("Tokens: ")
  fmt.Println(tokens)
}
```

在这段代码中，添加了对 Fields 函数的调用，将字符串 w 转换为由不同单词组成的切片。最后，将切片中的内容显示出来。运行这段代码会得到以下结果。

```
original string: Hello, Sean! --How are you?
string after replacing punctuation with a space: Hello   Sean       How
are you
Tokens: [hello sean how are you]
```

21.4　创建一个分词函数

现在我们已经有了满足需求的代码，可以创建一个函数，对任何输入的字符串进行分词。创建一个名为 tokenize 的函数，如代码清单 21-12 所示。

代码清单 21-12　tokenize 函数

```
func tokenize(text string) []string {

  // Set up the regexp to use a punctuation list
  re := regexp.MustCompile(`[[:punct:]]`)

  // use the ReplaceAllString to replace any punctuation with a space
  w := re.ReplaceAllString(text, " ")
```

```
    w = strings.ToLower(w)          // convert to lowercase

    // Use the Fields function from the strings package to split
    // the string w around each instance of one or more consecutive
    // whitespace characters
    tokens := strings.Fields(w)

    // return the slice, which represents the list of tokens in
    // order from the input string
    return tokens
}
```

在这个代码清单中，将前面的代码包装到一个名为 tokenize 的函数中，该函数接收一个字符串作为输入，并返回由该字符串中的单词组成的切片。

21.4.1 对评论内容进行分词

让我们利用 tokenize 函数对 JSON 文件中的评论进行分词处理。用代码清单 21-13 中的代码替换代码清单 21-8 中使用的 main 函数。

代码清单 21-13 评论程序中的新 main 函数

```
func main() {
    reviews := read_json_file("./Digital_Music_5.json")
    tokens := tokenize(reviews[0].ReviewText)
    fmt.Print("tokens: ")
    fmt.Println(tokens)

}
```

在这段代码中，使用 read_json_file 函数读取包含评论内容的 JSON 文件。接着，调用 tokenize 函数对第一条评论的文本进行分词，并显示分词后的结果。

注意，除了用代码清单 21-13 中的代码更新 main 函数外，还必须将代码清单 21-12 中的 tokenize 函数添加到程序中，并在导入的包列表中包含"strings"和"regexp"。对于更新后的代码，其输出应该类似于下面这样。

```
tokens: [it s hard to believe memory of trees came out 11 years ago
it has held up well over the passage of time it s enya s last great
album before the new age pop of amarantine and day without rain back
in 1995 enya still had her creative spark her own voice i agree with
the reviewer who said that this is her saddest album it is melancholy
bittersweet from the opening title song memory of trees is elegaic
majestic pax deorum sounds like it is from a requiem mass it is a dark
threnody unlike the reviewer who said that this has a disconcerting
blend of spirituality sensuality i don t find it disconcerting at all
anywhere is is a hopeful song looking to possibilities hope has a place
```

```
is about love but it is up to the listener to decide if it is romantic
platonic etc i ve always had a soft spot for this song on my way home
is a triumphant ending about return this is truly a masterpiece of new
age music a must for any enya fan]
```

21.4.2　对整个数据集进行分词

最后一步是实现代码，该代码将遍历整个数据集并对每条评论进行分词。首先，让我们从代码清单 21-14 中的基本代码开始。

代码清单 21-14　对整个数据集进行分词

```
func main() {

  reviews := read_json_file("./Digital_Music_5.json")

  for i := range reviews {
    tokenize(reviews[i].ReviewText) // tokenize review
  }
}
```

这里，打开并读取 JSON 文件，然后遍历所有评论并对它们进行分词。该程序目前没有输出结果。

21.5　对每条评论中的单词进行计数

现在数据集中的每条评论都已经完成分词，可以继续计算每条评论中的单词计数。单词计数是指评论中每个唯一单词出现的频率。

为实现这一点，我们将采用与分词步骤相同的逻辑。也就是说，将构建一个函数，该函数计算输入的单词列表的单词计数。此函数(如代码清单 21-15 所示)以单词列表作为输入，并对输入的数据进行迭代，计算输入列表中每个唯一单词的出现频率。

代码清单 21-15　对单词列表进行计数

```
func count_words(words []string) map[string]int {

  word_count := make(map[string]int)

  for i := range words {
```

```
        if _, ok := word_count[words[i]]; ok {
            word_count[words[i]] = word_count[words[i]] + 1
        } else {
            word_count[words[i]] = 1
        }
    }

    return word_count
}
```

count_words 函数以字符串切片作为输入并返回一个映射。在返回的映射中，键是字符串，表示切片中的唯一单词；值是整数，表示相应单词的出现频率。

在 count_words 函数中，首先创建了一个空映射，该映射将保存单词以及对应的出现频率。然后，对单词切片进行遍历。下面的代码将检查切片中的当前单词是否已存在于映射中。

```
if _, ok := word_count[words[i]]; ok {
```

如果这个单词在映射中，则表示该单词以前出现过，因此需要将当前的计数增加 1。

```
word_count[words[i]] = word_count[words[i]] + 1
```

如果这个单词没有出现在映射中，那就意味着这是第一次看到这个单词。这种情况下，需要将计数初始化为 1。

```
word_count[words[i]] = 1
```

遍历整个切片后，返回 word_count 映射。

注意： 在以下代码行中，单词计数增加了 1。

```
word_count[words[i]] = word_count[words[i]] + 1
```

这行代码可以通过使用递增运算符进行简化。

```
word_count[words[i]]++
```

21.6 对评论进行分词并计数

写好 word_count 函数后，可以将它与 tokenize 函数一起添加到评论代码清单中。代码清单 21-16 是对所有评论代码的整合。

代码清单 21-16　对每条评论进行分词和计数

```
package main

import (
   "os"
   "bufio"
   "encoding/json"
   "log"
   "regexp"
   "strings"
)

func main() {

   reviews := read_json_file("./Digital_Music_5.json")

   for i := range reviews {
      tokens := tokenize(reviews[i].ReviewText) // tokenize review
      count_words(tokens)
   }
}

type Review struct {
    ReviewerID      string   `json:"reviewerID"`
    Asin            string   `json:"asin"`
    ReviewerName    string   `json:"reviewerName"`
    Helpful         [2]int   `json:"helpful"`
    ReviewText      string   `json:"reviewText"`
    Overall         float32  `json:"overall"`
    Summary         string   `json:"summary"`
    UnixReviewTime  int64    `json:"unixReviewTime"`
    ReviewTime      string   `json:"reviewTime"`
}

func read_json_file(filepath string) []Review {
    // read the json file using the os package
    content, err := os.Open(filepath)
    // if we have an error, we log the error and exit the program
    if err != nil {
       log.Fatal(err)
    }
    // defer closing the file until the read_json_file function finishes
    defer content.Close()
    // create a scanner variable that we will use to iterate through the reviews
    scanner := bufio.NewScanner(content)
    // split the content of the file based on lines (each line is a review)
    scanner.Split(bufio.ScanLines)

    var reviews []Review
    for scanner.Scan() {
        // We can iterate through each review
        var review Review
```

```
        err := json.Unmarshal([]byte(scanner.Text()), &review)
        if err != nil {
            log.Fatal(err)
        }
        reviews = append(reviews, review)
    }
    return reviews
}

func tokenize(text string) []string {

    // Set up the regexp to use a punctuation list
    re := regexp.MustCompile("[.,!?\\-_#^()+=;/&'\"]")

    // use the ReplaceAllString to replace any punctuation with a space
    w := re.ReplaceAllString(text, " ")

    w = strings.ToLower(w)        // convert to lowercase

    // Use the Fields function from the strings package to split
    // the string w around each instance of one or more consecutive
    // whitespace characters
    tokens := strings.Fields(w)

    // return the slice, which represents the list of tokens in
    // order from the input string
    return tokens
}

func count_words(words []string) map[string]int {

    word_count := make(map[string]int)

    for i := range words {
        if _, ok := word_count[words[i]]; ok {
            word_count[words[i]] = word_count[words[i]] + 1
        } else {
            word_count[words[i]] = 1
        }
    }

    return word_count
}
```

这个代码清单与之前的差别在于 main 函数。在 main 函数中，可以看到分词和单词计数操作已结合在一起。

当执行此清单时，屏幕上没有任何显示；然而，每条评论都会被读取并进行分词操作，然后计算每个单词出现的次数。

注意： 如果想在代码清单执行过程中查看程序运行的情况，那么可以将 fmt 包添加到导入语句中，并在 main 函数中包含几行代码以打印反馈信息。以下对 main 函数的更新显示了处理开始和停止的时间，并在每次读取评论且对其进行分词操作时打印一个点(.)。

```
func main() {
   fmt.Println("Starting")

   reviews := read_json_file("./Digital_Music_5.json")

   for i := range reviews {
      fmt.Print(".")
      tokens := tokenize(reviews[i].ReviewText) // tokenize review
      count_words(tokens)
   }
   fmt.Println("Complete")
}
```

21.7　改进设计

到目前为止，所编写的代码满足我们最初设计的程序需求。不过，可以对其进行一些微调，使其更优雅并可重复使用。以下是可以执行的一些更改。

- 优化结构体；
- 添加自定义错误和异常处理；
- 优化分词；
- 优化单词计数。

21.7.1　改进 1：优化结构体

如果仔细观察代码，会发现到目前为止，还没有在任何地方存储单词或单词计数。跟踪这些数据是有必要的。为此，我们将利用结构体对数据进行跟踪。首先修改 Review 结构体，如代码清单 21-17 所示。

代码清单 21-17 修改 Review 结构体

```
type Review struct {
  ReviewerID       string        `json:"reviewerID"`
  Asin             string        `json:"asin"`
  ReviewerName     string        `json:"reviewerName"`
  Helpful          [2]int        `json:"helpful"`
  ReviewText       string        `json:"reviewText"`
  Overall          float32       `json:"overall"`
  Summary          string        `json:"summary"`
  UnixReviewTime   int64         `json:"unixReviewTime"`
  ReviewTime       string        `json:"reviewTime"`
  Tokens           []string
  WordCount        map[string]int
}
```

在这个更新的 Review 结构体中，包含了两个额外的字段(Tokens 和 WordCount)。这意味着在 review 变量中有一个地方可以存储每条评论的单词和相应的计数。

接下来，添加代码清单 21-18 所示的 Dataset 结构体。

代码清单 21-18 Dataset 结构体

```
type Dataset struct {
  filepath string
  reviews  []Review
}
```

Dataset 结构体包含两个属性。

- filepath：表示数据集文件的路径。
- reviews：这是一个切片，其中每个元素都是 Review 类型。

1. 更新 read_json_file 函数

有了这两个结构体，可以对代码库进行一些修改。可以将 read_json_file 重构为 Dataset 类型的接收器。例如，让我们考虑代码清单 12-19 中呈现的 read_json_file 函数。由于具有不同的函数签名，因此可以将此 read_json_file 函数添加到当前 read_json_file 函数所在的同一文件中。

代码清单 21-19 第二个 read_json_file

```
func (dataset *Dataset) read_json_file() {
  // read the json file using the os package
  content, err := os.Open(dataset.filepath)
  // if we have an error, we log the error and exit the program
```

```
    if err != nil {
       log.Fatal(err)
    }

    // defer closing the file until the read_json_file function finishes
    defer content.Close()

    // create a scanner variable that we will use to iterate
    // through the reviews
    scanner := bufio.NewScanner(content)

    // split the content of the file based on lines (each line is a review)
    scanner.Split(bufio.ScanLines)
    for scanner.Scan() {
       // we can iterate through and display each review
       // fmt.Println(scanner.Text()) // This is commented otherwise, it
       // will print the entire file, which will take a while. Uncomment
       // if you want to see the content of the file.
        var review Review
        err := json.Unmarshal([]byte(scanner.Text()), &review)
        if err != nil {
           log.Fatal(err)
        }
        dataset.reviews = append(dataset.reviews, review)
    }
}
```

新的 read_json_file 函数中的代码与原来的 read_json_file 函数类似，不同之处在于以下两点。

- 新函数包含一个 Dataset 类型的接收器，它允许通过 Dataset 类型来执行函数(现在称为方法)。
- 将 review 变量添加到数据集的 reviews 列表中。

让我们查看新的 read_json_file 函数是如何工作的。在 main 函数中，添加代码清单 21-20 中的代码。

代码清单 21-20　更新 main 函数

```
func main() {
   dataset := Dataset{filepath: "./Digital_Music_5.json"}
   dataset.read_json_file()
   fmt.Println(dataset.reviews[1].ReviewText)
   fmt.Println(dataset.reviews[2].ReviewText)
```

在此代码中，创建了一个类型为 Dataset 的变量，并使用要读取的 JSON 文件来初始化 filepath。接着，执行 read_json_file 函数，该函数将原始评论从 JSON 文件读取到数据集类型的字段 reviews 中。最后，显示数据集内的第二和第三条评论。

2. 更新 tokenize 函数

与 read_json_file 类似，我们可以实现一个分词函数，它将允许对整个数据集进行分词。让我们查看代码清单 21-21 中的 tokenize 函数。注意，目前可以保留其他 tokenize 函数。

代码清单 21-21 使用数据集的 tokenize 函数

```
func (dataset *Dataset) tokenize() {
   for i := range dataset.reviews {
      dataset.reviews[i].Tokens = tokenize(dataset.reviews[i].
ReviewText)
   }
}
```

这个 tokenize 函数非常简单。首先，它的签名中包括一个类型为 Dataset 的接收器。函数体包括一个 for 循环，它对评论进行迭代，并使用早先构建的 tokenize 函数对每条评论进行分词。

3. 更新 main 函数

代码清单 21-22 向 main 函数中添加了更多代码，以便可以看到新 tokenize 函数是如何运行的。

代码清单 21-22 更新 main 函数以使用新 tokenize 函数

```
func main() {
   dataset := Dataset{filepath: "./Digital_Music_5.json"}
   dataset.read_json_file()
   dataset.tokenize()
   fmt.Println(dataset.reviews[1].ReviewText)
   fmt.Println("---")
   fmt.Println(dataset.reviews[1].Tokens)
   fmt.Println("---")
   fmt.Println(dataset.reviews[2].ReviewText)
   fmt.Println("---")
   fmt.Println(dataset.reviews[2].Tokens)
}
```

在这个更新后的代码中，首先使用 read_json_file 函数读取数据集，然后执行 tokenize 函数，该函数对整个数据集进行分词。最后，显示第二和第三条评论以及它们的相应分词结果。输出结果将先显示评论文本，然后显示具体分词。

```
A clasically-styled and introverted album, Memory of Trees is a
masterpiece of subtlety. Many of the songs have an endearing shyness to
```

```
them - soft piano and a lovely, quiet voice.  But within every introvert
is an inferno, and Enya lets that fire explode on a couple of songs that
absolutely burst with an expected raw power.If you've never heard Enya before,
you might want to start with one of her more popularized works, like Watermark,
just to play it safe.  But if you're already a fan, then your collection
is not complete without this beautiful work of musical art.
---
[a clasically styled and introverted album memory of trees is a masterpiece
of subtlety many of the songs have an endearing shyness to them soft piano
and a lovely quiet voice but within every introvert is an inferno and enya
lets that fire explode on a couple of songs that absolutely burst with
an expected raw power if you ve never heard enya before you might want
to start with one of her more popularized works like watermark just to
play it safe but if you re already a fan then your collection is not complete
without this beautiful work of musical art]
---
I never thought Enya would reach the sublime heights of Evacuee or Marble
Halls from 'Shepherd Moons.' 'The Celts, Watermark and Day...' were all
pleasant and admirable throughout, but are less ambitious both lyrically
and musically. But Hope Has a Place from 'Memory...' reaches those heights
and beyond.  It is Enya at her most inspirational and comforting.  I'm
actually glad that this song didn't get overexposed the way Only Time
did.  It makes it that much more special to all who own this album.
---
[i never thought enya would reach the sublime heights of evacuee or
marble halls from shepherd moons the celts watermark and day were all
pleasant and admirable throughout but are less ambitious both lyrically
and musically but hope has a place from memory reaches those heights
and beyond it is enya at her most inspirational and comforting i m
actually glad that this song didn t get overexposed the way only time
did it makes it that much more special to all who own this album]
```

4. 更新 count_words 函数

最后，为 Dataset 结构体实现 count_words 函数。这个函数允许对整个数据集内每条评论中的唯一单词进行计数。

让我们考虑代码清单 21-23 中简单实现的 count_words 函数。该函数遍历数据集中的评论并对每条评论执行单词计数。

代码清单 21-23　对数据集中的每条评论进行单词计数

```
func (dataset *Dataset) count_words() {
   for i := range dataset.reviews {
      dataset.reviews[i].WordCount = count_words(dataset.reviews[i].
Tokens)
   }
}
```

有了这段代码，可以更新 main 函数，让它在评论数据集上执行 count_words

函数。更新代码以使用代码清单 21-24 中的 main 函数。

代码清单 21-24 更新后的 main 函数

```
func main() {
  dataset := Dataset{filepath: "./Digital_Music_5.json"}
  dataset.read_json_file()
  dataset.tokenize()
  dataset.count_words()
  fmt.Println(dataset.reviews[1].ReviewText)
  fmt.Println("---")
  fmt.Println(dataset.reviews[1].Tokens)
  fmt.Println("---")
  fmt.Println(dataset.reviews[1].WordCount)
  fmt.Println("----------")

  fmt.Println(dataset.reviews[2].ReviewText)
  fmt.Println("---")
  fmt.Println(dataset.reviews[2].Tokens)
  fmt.Println("---")
  fmt.Println(dataset.reviews[2].WordCount)
}
```

如上述代码清单所示，添加了 count_words 方法的执行，然后显示第二和第三条评论的单词计数。

21.7.2 改进 2：添加自定义错误和异常处理

到目前为止，我们已经实现了基本的错误和异常处理。接下来研究如何改进程序以处理意外错误和异常。

首先，要为方法添加适当的错误处理，用代码清单 21-25 中的代码替换现有的 read_json_file 方法。

代码清单 21-25 更新 read_json_file 方法

```
func (dataset *Dataset) read_json_file() (bool, error) {
  // read the json file using the os package
  content, err := os.Open(dataset.filepath)
  // if we have an error, we log the error and exit the program
  if err != nil {
    return true, err
  }

  // defer closing the file until the read_json_file function finishes
  defer content.Close()

  // create a scanner variable that we will use to iterate
```

```
    // through the reviews
    scanner := bufio.NewScanner(content)

    // split the content of the file based on lines (each line is a review)
    scanner.Split(bufio.ScanLines)

    for scanner.Scan() {
       // we can iterate through and display each review
       //fmt.Println(scanner.Text()) // This is commented; otherwise, it
                                     // will print the entire file, which
                                     // will take a while. Uncomment if you
                                     // want to see the content of the file.
       var review Review
       err := json.Unmarshal([]byte(scanner.Text()), &review)
       if err != nil {
          return true, err
       }
       dataset.reviews = append(dataset.reviews, review)
    }
    return false, nil
}
```

与先前的 read_json_file 实现相比，没有太多变化。第一个变化是该方法现在返回一个布尔值和一个错误类型。如果发生错误，则布尔值为 true，否则为 false。如果发生错误，则错误类型返回错误描述。然后，需要确定可能发生错误的位置。在本例中，有两种可能的异常。

第一种异常可能是由于无法打开文件，因为文件已损坏或路径错误。

```
if err != nil {
   return true, err
}
```

第二种异常可能是由于解析 JSON 数据时遇到文件错误导致的。这种异常会在将 JSON 数据解组为 Go 对象时发生。

Unmarshal 函数返回一个错误类型，因此这是一个传播错误的问题。

```
err := json.Unmarshal([]byte(scanner.Text()), &review)
if err != nil {
   return true, err
}
```

最后，如果函数完成执行(意味着一切顺利)，则只需要返回没有错误。

```
return false, nil
```

21.7.3 改进 3：优化分词

如果在读取 JSON 数据之前执行 tokenize 方法会怎么样？这意味着正在对一个空数据集进行分词。在本例中，如果有人在不先读取 JSON 数据的情况下执行 tokenize 函数，则需要向他们显示一个错误消息。

要做到这一点，首先需要添加代码清单 21-26 中所示的方法。名为 empty 的方法通过检查评论切片是否为空来检查数据集是否为空。

代码清单 21-26 empty 函数

```
func (dataset *Dataset) empty() bool {
   if len(dataset.reviews) == 0 {
      return true
   }
   return false
}
```

在程序中添加此函数后，需要更新 tokenize 方法。代码清单 21-27 包含了新代码。

代码清单 21-27 带有 empty 检查的 tokenize 函数

```
func (dataset *Dataset) tokenize() (bool, error) {
   if dataset.empty() {
      return true, errors.New("Dataset is empty. Please read data from
json first.")
   }

   for i := range dataset.reviews {
      dataset.reviews[i].Tokens = tokenize(dataset.reviews[i].Review
Text)
   }
   return false, nil
}
```

在这个更新中，我们在 tokenize 方法中添加了一些内容。首先，现在将返回一个布尔值和一个错误类型。此外，在执行任何分词操作之前，会检查数据集是否为空。如果数据集为空，则返回 true 和一个自定义消息，指示用户在执行分词操作之前读取数据。如果没有错误，则对数据集执行分词操作。最后，返回 false 和 nil，这意味着没有发生错误。

要看到这些自定义错误在程序运行中的效果，可用代码清单 21-28 中的代码更新 main 函数。还必须包括 errors 包，因此在代码清单的导入语句中添加 "errors"。

代码清单 21-28　测试新的 tokenize 代码

```
func main() {
   dataset := Dataset{filepath: "./Digital_Music_5.json"}
   _, err := dataset.tokenize()
   if err != nil {
      log.Fatal(err.Error())
   }
}
```

如果查看代码清单 21-28 中的代码，将注意到 tokenize 方法在读取任何数据之前被执行，这是错误的。这应该触发在先前代码清单中实现的自定义异常处理。

```
2022/02/09 19:16:53 Dataset is empty. Please read data from json first.
exit status 1
```

21.7.4　改进 4：优化单词计数

如果在执行 tokenize 方法之前执行 count_words 方法，则意味着没有对评论文本进行分词，因此将在空切片上执行单词计数，这不是我们想要的。例如，让我们查看代码清单 21-29 中的代码。

代码清单 21-29　没有进行分词就进行单词计数操作

```
func main() {
   dataset := Dataset{filepath: "./Digital_Music_5.json"}
   _, err := dataset.read_json_file()
   if err != nil {
      log.Fatal(err.Error())
   }

   //dataset.tokenize()

   dataset.count_words()

   fmt.Println(dataset.reviews[1].ReviewText)
   fmt.Println(dataset.reviews[1].Tokens)
   fmt.Println(dataset.reviews[1].WordCount)
}
```

这段代码将不会出现任何问题。然而，它在执行分词之前运行了 count_

words 方法。这导致代码在空切片上执行单词计数，返回一个空的 word_count。可以在输出中看到这一点。

```
A clasically-styled and introverted album, Memory of Trees is a masterpiece
of subtlety. Many of the songs have an endearing shyness to them - soft
piano and a lovely, quiet voice. But within every introvert is an inferno,
and Enya lets that fire explode on a couple of songs that absolutely burst
with an expected raw power.If you've never heard Enya before, you might
want to start with one of her more popularized works, like Watermark, just
to play it safe. But if you're already a fan, then your collection is
not complete without this beautiful work of musical art.
[]
map[]
```

让我们首先通过检查分词切片是否为空来解决这个问题。如果切片为空，则先执行分词操作。这样 word_count 就可以对有意义的分词切片进行单词计数。用代码清单 21-30 中的代码更新 count_words 方法。

代码清单 21-30　更新 count_words 方法以检查分词问题

```
func (dataset *Dataset) count_words() (bool, error) {
    if dataset.empty() {
        return true, errors.New("Dataset is empty. Please read data from
json first.")
    }

    for i := range dataset.reviews {
        if len(dataset.reviews[i].Tokens) == 0 {
            dataset.reviews[i].Tokens = tokenize(dataset.reviews[i].
ReviewText)
        }
        dataset.reviews[i].WordCount = count_words(dataset.reviews[i].
Tokens)
    }
    return false, nil
}
```

现在，只需要检查数据集是否为空。如果数据集为空，则返回错误消息。否则，将迭代每条评论，首先执行如下检查判断分词数量是否为 0。

```
if len(dataset.reviews[i].Tokens) == 0 {
}
```

如果分词数为 0，则意味着尚未执行任何分词操作。这种情况下，程序会强制该方法在执行单词计数之前执行分词操作。

```
if len(dataset.reviews[i].Tokens) == 0 {
    dataset.reviews[i].Tokens = tokenize(dataset.reviews[i].
```

```
    ReviewText)
}
```

21.8　进一步的改进

目前，已经有一个可以读取 JSON 文件并对数据进行分词和单词计数的程序。我们已进行了一些改进，但还有许多其他可改进之处。其他可能的改进包括如下。

- 支持从 CSV 文件读取评论。
- 对整个数据集执行单词计数。这意味着在完成每条评论的单词计数后，将所有结果合并为整个数据集的单词计数。

21.9　最终代码清单

最终代码将取决于你如何添加本课中的各种建议。代码清单 21-31 是一个完整的代码清单，包含两个版本的 tokenize 和 count_words。

代码清单 21-31　完整的评论代码清单

```
package main

import (
   "fmt"
   "os"
   "bufio"
   "encoding/json"
   "log"
   "regexp"
   "strings"
   "errors"
)

type Review struct {
   ReviewerID       string    `json:"reviewerID"`
   Asin             string    `json:"asin"`
   ReviewerName     string    `json:"reviewerName"`
   Helpful          [2]int    `json:"helpful"`
   ReviewText       string    `json:"reviewText"`
   Overall          float32   `json:"overall"`
   Summary          string    `json:"summary"`
   UnixReviewTime   int64     `json:"unixReviewTime"`
```

```
    ReviewTime        string   `json:"reviewTime"`
    Tokens            []string
    WordCount         map[string]int
}

type Dataset struct {
    filepath string
    reviews  []Review
}

func (dataset *Dataset) empty() bool {
    if len(dataset.reviews) == 0 {
        return true
    }
    return false
}

func (dataset *Dataset) read_json_file() (bool, error) {
    // read the json file using the os package
    content, err := os.Open(dataset.filepath)
    // if we have an error, we log the error and exit the program
    if err != nil {
        return true, err
    }

    // defer closing the file until the read_json_file function finishes
    defer content.Close()

    // create a scanner variable that we will use to iterate
    // through the reviews
    scanner := bufio.NewScanner(content)

    // split the content of the file based on lines (each line is a review)
    scanner.Split(bufio.ScanLines)

    for scanner.Scan() {
        // we can iterate through and display each review
        //fmt.Println(scanner.Text()) // This is commented; otherwise, it
                                      // will print the entire file, which
                                      // will take a while. Uncomment if you
                                      // want to see the content of the file.
        var review Review
        err := json.Unmarshal([]byte(scanner.Text()), &review)
        if err != nil {
            return true, err
        }
        dataset.reviews = append(dataset.reviews, review)
    }
    return false, nil
}

func tokenize(text string) []string {
    // Set up the regexp to use a punctuation list
```

```
  re := regexp.MustCompile(`[[:punct:]]`)

  // use the ReplaceAllString to replace any punctuation with a space
  w := re.ReplaceAllString(text, " ")

  w = strings.ToLower(w)        // convert to lowercase

  // Use the Fields function from the strings package to split
  // the string w around each instance of one or more consecutive
  // whitespace characters
  tokens := strings.Fields(w)

  // return the slice, which represents the list of tokens in
  // order from the input string
  return tokens
}

func (dataset *Dataset) tokenize() (bool, error) {
   if dataset.empty() {
     return true, errors.New("Dataset is empty. Please read data from
json first.")
   }

   for i := range dataset.reviews {
     dataset.reviews[i].Tokens = tokenize(dataset.reviews[i].
ReviewText)
   }
   return false, nil
}

func count_words(words []string) map[string]int {
   word_count := make(map[string]int)

   for i := range words {
     if _, ok := word_count[words[i]]; ok {
       word_count[words[i]] = word_count[words[i]] + 1
     } else {
       word_count[words[i]] = 1
     }
   }

   return word_count
}

func (dataset *Dataset) count_words() (bool, error) {
   if dataset.empty() {
     return true, errors.New("Dataset is empty. Please read data from
json first.")
   }
   for i := range dataset.reviews {
     if len(dataset.reviews[i].Tokens) == 0 {
       dataset.reviews[i].Tokens = tokenize(dataset.reviews[i].
ReviewText)
```

```
        }
        dataset.reviews[i].WordCount = count_words(dataset.reviews[i].
Tokens)
    }
    return false, nil
}

func main() {
    dataset := Dataset{filepath: "./Digital_Music_5.json"}
    _, err := dataset.read_json_file()
    if err != nil {
        log.Fatal(err.Error())
    }

    _, err = dataset.tokenize()
    if err != nil {
        log.Fatal(err.Error())
    }

    dataset.count_words()

    fmt.Println(dataset.reviews[0].ReviewText)
    fmt.Println("---")
    fmt.Println(dataset.reviews[0].Tokens)
    fmt.Println("---")
    fmt.Println(dataset.reviews[0].WordCount)
}
```

运行此清单将对 JSON 文件进行分词并打印第一条评论。首先打印评论的内容，然后打印分词，最后打印单词计数。

21.10　本课小结

本课应用了到目前为止所学的知识，从头开始使用内置的 Go 包实现了分词器和单词计数器。分词和单词计数是许多数据分析任务中使用的重要概念，例如主题检测。本课创建了一个程序，它执行以下操作。

- 读取包含在线电子商务评论列表的 JSON 文件。
- 对数据集中的每条评论进行分词。
- 计算数据集内每条评论中的单词计数。

第 IV 部分

Go 开发的高级主题

第 22 课

测　试

为确保 Go 应用程序可以正常运行，在程序正式上线前应该进行全面的测试。本课将不仅介绍关于测试驱动开发的信息，而且还介绍行为驱动开发。作为附加奖励，我们将通过一个测试驱动的案例进行讲解。

本课目标

- 了解测试驱动开发的基础知识
- 了解 4 个测试级别
- 了解测试驱动开发工作流
- 使用测试包
- 定义行为驱动开发过程
- 对行为驱动开发过程和测试驱动开发过程进行比较
- 认识团队可用于支持行为驱动开发过程的工具
- 定义可以在行为驱动开发过程中使用的用户故事

22.1　测试驱动开发

传统的编码过程涉及编写代码，然后运行和测试代码以查看结果。如果代码出错，则需要重写程序并再次尝试执行。如果它没有错误，则可以继续进行下一个程序。然而，这种方法可能会浪费时间，因为在测试之前通常需要花费大量时间编写代码，并且如果代码失败，则需要更多时间来找到错误并进行纠正。从许多方面看，测试代码与编写代码同样重要，这样就可以在发现错误时立即进行更正。

22.2 测试级别

可以通过多个测试级别来测试软件。这些测试级别允许软件开发人员测试程序中的所有单元(从最小的单元到更大更复杂的单元)。

4 个主要的测试级别如下。

- 单元测试；
- 集成测试；
- 系统测试；
- 验收测试。

单元测试是针对软件程序中可编译和执行的最小组件进行的测试。当设计和开发大型、复杂的软件包时，开发过程通常涉及将软件分成组件，每个组件都可以由独立的开发团队单独开发。在团队开发这些组件的过程中，重要的是要测试每个组件。这种类型的测试是由软件开发人员在整个软件开发过程中并在将软件交给测试团队之前完成的。单元测试的目标是隔离软件中的每个单元(组件)并单独测试它们。

开发过程中的下一步是将独立的组件整合成一个单一的最终解决方案。在这个整合过程中，使用集成测试来确定各个组件如何协同工作是至关重要的。

系统测试是针对整个软件进行的测试。在将不同的单元整合成一个最终的软件包后，下一步是测试集成的程序，以确保其表现符合预期。系统测试是软件测试的第一级别，在这个过程中将测试整个软件。

最后，质量保证(QA)团队将执行验收测试，以确保在软件开发生命周期(SDLC)的早期阶段建立的需求得到满足。此时，测试的重点在于质量和性能要求，使用预编写的测试用例来确保软件表现符合预期。

> **注意：**在较小的组织中，开发团队也可能是质量保证团队。

测试金字塔

另一种测试方法是“测试金字塔”，它包括开发周期中的大量测试，但较高级别上的测试较少。有关这种测试驱动开发方法的更多信息，请参阅 Ham Vocke 的文章 The Practical Test Pyramid，地址为 https://martinfowler.com/articles/practical-test-pyramid.html。

22.3 TDD 工作流

如果在整个软件开发过程中使用测试，则说明正在使用一种称为测试驱动开发(TDD)的方法。这种工作流涉及首先编写测试单元，然后编写尽可能简单的代码以通过这些测试。当代码通过单元测试时，通常会回过头来重构代码，以使其更高效，同时确保仍然能够通过这些测试。

TDD 是在开发应用程序之前(在编写任何代码之前)开发和执行自动化测试的过程。因此，TDD 也被称为“测试优先开发”。

TDD 的目标是关注需求而不是编写和验证代码(测试)。实际上，TDD 允许开发人员在编写任何功能代码之前专注于需求。TDD 的过程始于为每个代码块、函数、类等设计和实现测试。换句话说，先开发测试来验证代码将执行什么操作，然后才编写代码。

TDD 与传统测试在许多方面存在差异，包括如下。

- TDD 使开发人员对正在开发的系统更有信心，因为他们编写的代码符合需求。
- TDD 注重生成高质量的代码，而传统的测试更注重测试用例的设计。
- 通过使用 TDD，可以实现 100%的测试覆盖率：代码中的每一行都可以进行测试。

22.3.1 TDD 过程

TDD 对开发中的程序的每个部分都采用了相同的标准步骤。

(1) 在实现任何代码之前，需要为打算编写的代码编写自动化测试。要编写自动化测试，必须确定代码将执行的所有可能方面，包括输入、错误和输出。

(2) 运行自动化测试，它将执行失败，因为还没有编写任何代码。

(3) 实现将通过自动化测试的代码。如果测试继续失败，则说明代码不完整或不正确。必须修复并重新测试代码，直到它通过测试。

(4) 在代码通过自动化测试之后，可以开始重构步骤，目标是提高代码的质量，同时仍然能够通过自动化测试。

(5) 一旦对代码的质量感到满意(并且代码通过自动化测试)，就可以转向下一组需求并再次重复整个过程。

22.3.2　TDD 的优点

相较于仅在编写代码后进行测试的传统测试方法，TDD 具有以下优点。

- 在开发代码之前，开发人员必须了解预期的结果。
- 开发人员必须先完成程序中的一个组件，然后才能进行下一个组件，因为只要当前测试失败，他们就无法进行下一步工作。
- 单元测试将贯穿开发过程的每个步骤，为开发人员提供持续的反馈，以确保所有代码都能正常工作。如果一个组件因新组件而失败，开发人员将立即收到反馈，因为单元测试将失败。
- 开发人员可以在开发过程中的任何时候重构代码，测试单元可确保软件仍然能够正常工作。
- 开发人员可以创建测试来识别缺陷，然后修改代码以通过单元测试。
- 由于测试是开发过程的组成部分，因此软件开发生命周期中的测试阶段通常较短。

22.4　测试包

Go 提供了一个测试包，其中包含各种可用来编写单元测试的工具。首先，当想将 Go 文件作为测试单元执行时，应该在文件名末尾添加_test。例如，如果有一个名为 Hello.go 的文件，则需要为测试创建一个名为 Hello_test.go 的文件。

此文件包含主程序的测试。测试文件本质上定义了期望程序生成的输出，并将其与实际输出进行比较。

22.4.1 创建程序

让我们创建一个计算输入数字平方的程序。首先创建一个名为Square.go的文件并添加如代码清单22-1所示代码。

代码清单22-1 Square.go程序

```
package main

import "fmt"

// calculate the square of input value
func Square(a int) int {
   return a * a
}

func main(){
   fmt.Println("main function")
   fmt.Println(Square(2))
}
```

这是一个简短的代码清单，它使用Square函数计算输入数字的平方，该函数接收int类型的数字并返回该数字的平方(也是int类型)。

22.4.2 编写测试

编写完程序后，现在可以创建一个测试文件。输入代码清单22-2中的代码并保存在与Square.go相同的目录中，文件名为Square_test.go。

代码清单22-2 Square_test.go测试程序

```
package main

import (
   "fmt"
   "testing"
)

// test if the Square function produces the correct output
//   for a particular scenario a = 2
// *testing.T is a type passed to Test functions to manage
//   test state and support formatted test logs

func TestSquare(t *testing.T) {
   ans := Square(2)
```

```
    if ans != 4 {
      // we use t to record the testing error
      t.Errorf("Square(2) = %d; Should be 4", ans)
    }
}

// use table-driven testing to test the function in various
//    situations

func TestSquareTableDriven(t *testing.T) {
    var tests = []struct {
      a int
      expect int
    }{
      // the first input is a = 0 and the expected output is 0
      {0, 0},
      // the second input is a = 1 and the expected output is 1 * 1 = 1
      {1, 1},
      // the third input is a = 2 and the expected output is 2 * 2 = 4
      {2, 4},
      {6, 36},
      {5, 25},
    }

    // iterate through each test table entry
    for _, tt := range tests {
      // display the value to be tested
      testname := fmt.Sprintf("%d", tt.a)
      // use t.Run method to execute the test for the current table entry
      t.Run(testname, func(t *testing.T){
        // The second argument of Run is a function that simply calls the
        // Square function and compares it against the expected output
        ans := Square(tt.a)
        if ans != tt.expect {
          // use t (type testing.T) to record the error.
          t.Errorf("got %d, want %d", ans, tt.expect)
        }
      })
    }
}
```

该程序包括两个测试：TestSquare 和 TestSquareTableDriven。按照惯例，任何用于测试目的的函数名称都以 Test 开头。

在 TestSquare 中，测试了单个输入的函数。TestSquare 以 testing.T 类型的指针作为输入。这是测试包中的内置类型，允许在测试过程中管理测试状态并记录错误。

TestSquareTableDriven 是一个更健壮的测试，它使用表驱动测试，其中提供了各种场景/期望输出。我们建议尽可能使用这种类型的测试。在表驱动测试中，创建一个结构体(称为tests)，其中包含要测试的各种场景及其期望输出。

该结构体包括两个字段，在本例中命名为a和expect。a代表可能的输入值，而expect则代表基于a的期望输出。可以在结构体的初始化中提供几个场景和相应的期望输出。可以根据需要添加任意数量的场景。

测试遍历结构体表，将输入与期望输出进行比较。如果遇到错误，它会输出适当的消息。

22.4.3　运行测试

在命令行中运行测试有两种选择。第一种是在命令行中运行以下命令。

```
go test
```

此选项运行测试并对整个程序给出简单的PASS/FAIL响应。它可以告诉你程序正在按预期工作，但仅显示所有失败的情况，而不显示所有通过的情况。

例如，在目前的程序中，go test的输出如下。

```
PASS
ok      _/C_/Users/username/Documents/Go/testing   3.935s
```

注意，如果程序及其测试程序与其他程序位于同一文件夹中，则在运行测试时需要为文件命名。

```
go test Square.go Square_test.go
```

如果想要更详细的输出，可以使用-v选项。

```
go test -v
```

此选项将为每个测试提供反馈(无论是通过还是失败)，如下所示。

```
=== RUN   TestSquare
--- PASS: TestSquare (0.00s)
=== RUN   TestSquareTableDriven
=== RUN   TestSquareTableDriven/0
=== RUN   TestSquareTableDriven/1
=== RUN   TestSquareTableDriven/2
=== RUN   TestSquareTableDriven/6
=== RUN   TestSquareTableDriven/5
--- PASS: TestSquareTableDriven (0.01s)
    --- PASS: TestSquareTableDriven/0 (0.00s)
    --- PASS: TestSquareTableDriven/1 (0.00s)
    --- PASS: TestSquareTableDriven/2 (0.00s)
    --- PASS: TestSquareTableDriven/6 (0.00s)
    --- PASS: TestSquareTableDriven/5 (0.00s)
```

```
PASS
ok      _/C_/Users/username/Documents/Go/testing    0.070s
```

同样，如果程序及其测试程序与其他程序位于同一文件夹中，则在运行测试时需要为文件命名。

```
go test -v Square.go Square_test.go
```

22.5　教程：测试驱动开发

前面介绍了一个基本的测试驱动开发示例。现在让我们将所学知识应用到更大型的例子中。在接下来的小节中，将使用测试驱动开发来实现代表美元货币的 Dollar 对象。

要使用 TDD 开发软件，须遵循以下指导原则。

- 尽量不要提前阅读或思考。
- 循序渐进地工作，一次只做一件事。

在这个简短的教程中，我们将通过示例逐步添加需求，一次只关注一个步骤。这个特殊的例子在解决方案上似乎很简单，但请记住，我们关注的是过程，而不是解决方案，这样才可以了解如何使用 TDD 进行开发。

22.5.1　第一个测试：美元金额的字符串表示

使用 TDD 时，首先要定义想测试的内容，然后构建想测试的代码。因此，第一步是创建测试。这让你可以先专注于希望程序做什么，然后再编写符合预期的代码。如果一开始就有一个明确定义的结果，那么编写产生该结果的代码所花费的时间就会更少。

1. 添加一个测试

在解决方案中，第一个要求是需要能够创建 Dollar 对象并获得它们的字符串表示，如"USD 2.00"。为此，需要编写代码清单 22-3 所示的测试程序并将其命名为 Dollar_test.go。

代码清单 22-3 Dollar_test.go

```
package main

import (
   "testing"
)
func TestFormatAmount(t *testing.T) {
   ans := FormatAmount(2.00)
   if ans != "USD 2.00" {
     // we use t to record the testing error
     t.Errorf("FormatAmount(2.00) = %s; Should be 2.00", ans)
   }
}
```

这个测试定义了数字输出的格式(USD 2.00)。如果输出不是这种格式，测试将失败。

2. 编写程序

现在可以编写 Dollar.go 程序并对它进行测试。这个程序如代码清单 22-4 所示。

代码清单 22-4 Dollar.go

```
package main

import "fmt"

// function formats the output
func FormatAmount(a float64) string {
   return "USD 2.00"
}

func main(){
   fmt.Println("main function")
   fmt.Println(FormatAmount(2.00))
}
```

这个程序非常简单，因为它包含一个名为 FormatAmount 的函数，返回一个格式化为字符串的 float64 值。main 函数打印一条消息，然后将值 2.00 进行格式化并打印。

至此，实现的代码已经可以通过代码清单 22-3 中创建的测试，这是迄今为止创建的唯一一个测试。美元金额被硬编码到程序中，显然，如果给定不同的金额，程序将会失败。

3. 运行测试

让我们运行测试，查看会发生什么。为此，可在代码清单所在的命令行中输入以下命令。

```
go test -v Dollar.go Dollar_test.go
```

因为我们的程序只有一个可能的结果，而测试是为了检验这个结果，所以程序通过测试并不是一件令人惊讶的事情。

```
=== RUN   TestFormatAmount
--- PASS: TestFormatAmount (0.00s)
PASS
ok      command-line-arguments  1.214s
```

22.5.2 第二个测试：使用其他值进行测试

现在，已经确定了 FormatAmount 函数创建的输出 USD 2.00 与测试中定义的 USD 2.00 相等。然而，当预期它们会失败时，测试函数是否真的会失败很重要。现在查看如果我们有另一个值而不是 2.00 会发生什么。

1. 添加一个测试

在 Dollar_test.go 程序中添加另一个测试。代码清单 22-5 包含了一个更新版本。

代码清单 22-5 添加了第二个测试的 Dollar_test.go

```
package main

import (
   "testing"
)

func TestFormatAmount(t *testing.T) {
   ans := FormatAmount(2.00)
   if ans != "USD 2.00" {
      t.Errorf("FormatAmount(2.00) = %s; Should be 2.00", ans)
   }
}

func TestFormatAmount2(t *testing.T) {
   ans := FormatAmount(4.00)
   if ans != "USD 4.00" {
      t.Errorf("FormatAmount(2.00) = %s; Should be 2.00", ans)
```

```
    }
}
```

在这个更新中，添加了一个名为 TestFormatAmount2 的函数，以查看调用 FormatAmount 的结果是否等于"USD 4.00"。我们预期程序在这个测试中会失败，因为 2.00 不等于 4.00。当再次运行测试时，可以确认这一点。

```
=== RUN   TestFormatAmount
--- PASS: TestFormatAmount (0.00s)
=== RUN   TestFormatAmount2
    TestFormatAmount2: Dollar_test.go:17: FormatAmount(2.00) = USD
2.00; Should be 2.00
--- FAIL: TestFormatAmount2 (0.00s)
FAIL
FAIL    command-line-arguments  1.725s
FAIL
```

> **注意：**如果你不确定为什么前一个代码清单中的测试会失败，那么请记住，在 Dollar.go 中测试的 FormatAmount 程序此时无论传递给它的值是什么，都只返回"USD 2.00"。

2. 重新配置测试

在解决导致失败的问题之前，需要首先重新配置测试以处理小数值。这里添加一个名为 TestFormatAmount3 的测试，它将测试小数值。使用代码清单 22-6 中添加的测试更新 Dollar_test.go 程序。

代码清单 22-6　添加第三个测试的 Dollar_test.go

```
package main

import (
   "testing"
)

func TestFormatAmount(t *testing.T) {
   ans := FormatAmount(2.00)
   if ans != "USD 2.00" {
      t.Errorf("FormatAmount(2.00) = %s; Should be 2.00", ans)
   }
}

func TestFormatAmount2(t *testing.T) {
   ans := FormatAmount(4.00)
   if ans != "USD 4.00" {
      t.Errorf("FormatAmount(4.00) = %s; Should be 4.00", ans)
   }
```

```
}

func TestFormatAmount3(t *testing.T) {
   ans := FormatAmount(5.10)
   if ans != "USD 5.10" {
      t.Errorf("FormatAmount(5.10) = %s; Should be 5.10", ans)
   }
}
```

TestFormatAmount3 测试与前两个测试类似。然而，这次将值 5.10 传递给 FormatAmount 函数进行测试。

3. 重新配置程序

Dollar.go 程序中的 FormatAmount 函数必须能够处理任何美元金额，因此需要更新它以使其更具灵活性。具体而言，希望它能够接收任意 float64 值，返回值使用前缀 USD 并取两位小数。我们将使用 fmt.Sprintf 函数，该函数将数字转换为字符串，并使用格式说明符%.2f 将原始值四舍五入到两位小数。代码清单 22-7 中通过对 FormatAmount 的更改来更新 Dollar.go。

代码清单 22-7　更新 Dollar.go 中的 FormatAmount

```
package main

import (
   "fmt"
)

func FormatAmount(a float64) string {
   // use %.2f for precision 2 which is adequate to represent
   // dollar amounts for now
   return "USD " + fmt.Sprintf("%.2f", a)
}

func main(){
   fmt.Println("main function")
   fmt.Println(FormatAmount(2.00))
}
```

可以看到代码清单的更改针对的是 FormatAmount 函数的返回值。使用"%.2f "来表示需要两位小数的精度，这对于目前表示美元金额来说已经足够。使用这个精度对传入函数的值进行格式化，这样将不再返回值"USD 2.00"。

4. 运行测试

再次运行测试以验证每个测试都可以通过。结果应该如下所示。

```
=== RUN   TestFormatAmount
--- PASS: TestFormatAmount (0.00s)
=== RUN   TestFormatAmount2
--- PASS: TestFormatAmount2 (0.00s)
=== RUN   TestFormatAmount3
--- PASS: TestFormatAmount3 (0.00s)
PASS
ok      command-line-arguments  1.246s
```

至此已成功编写了允许在程序中使用任意 float64 值的测试。可以在程序中更改值以进行测试。

22.5.3 第三个测试：运算并输出结果

除了希望程序格式化数字，我们还希望它能够对两个数字执行数学运算，并格式化该运算的输出结果。因为使用的是 TDD，所以首先要为这个新功能编写测试。

1. 添加一个测试

使用代码清单 22-8 中显示的新测试更新 Dollar_test.go。

代码清单 22-8 带有针对 Subt ractFormatAmount 的新测试的 Dollar_ test.go

```
package main

import (
  "testing"
)

func TestFormatAmount(t *testing.T) {
  ans := FormatAmount(2.00)
  if ans != "USD 2.00" {
    t.Errorf("FormatAmount(2.00) = %s; Should be 2.00", ans)
  }
}
func TestFormatAmount2(t *testing.T) {
  ans := FormatAmount(4.00)
  if ans != "USD 4.00" {
    t.Errorf("FormatAmount(4.00) = %s; Should be 4.00", ans)
  }
}
```

```
func TestFormatAmount3(t *testing.T) {

  ans := FormatAmount(5.10)
  if ans != "USD 5.10" {
    t.Errorf("FormatAmount(5.10) = %s; Should be 5.10", ans)
  }
}

func TestSubtractFormatAmount(t *testing.T) {
  ans := SubtractFormatAmount(4.00, 2.00)
  if ans != "USD 2.00" {

    t.Errorf("FormatAmount(4.00, 2.00) = %s; Should be USD 2.00", ans)
  }
}
```

新测试使用两个硬编码值和通过这些值应看到的格式化结果来执行 Dollar.go 中的 SubtractFormatAmount 函数。然而，如果在此时运行测试，它将失败，因为尚未创建 SubtractFormatAmount 函数。但请记住，这就是 TDD 的要点：编写测试，让测试失败，实现让测试通过的最少代码，进行重构，成功通过测试，然后重复上述步骤。

2. 重新配置程序

让我们实现可以通过新测试的最简代码。代码清单 22-9 更新了 Dollar.go 程序，其中包含一个非常基本的 SubtractFormatAmount 函数。

代码清单 22-9　带有 SubtractFormatAmount 的 Dollar.go

```
package main

import (
  "fmt"
)

func FormatAmount(a float64) string {
  // use %.2f for precision 2 which is adequate to represent
  // dollar amounts for now
  return "USD " + fmt.Sprintf("%.2f", a)
}

func SubtractFormatAmount(a, b float64) string {
  return "USD 2.00"
}

func main(){
  fmt.Println("main function")
  fmt.Println(FormatAmount(2.00))
```

```
    fmt.Println(SubtractFormatAmount(2.00, 1.14))
}
```

注意，SubtractFormatAmount 函数实际上并没有在此处执行减法运算。此代码清单使用了最小可行输出，可以确保测试工作正常进行并通过有效输入测试。

3. 运行测试

现在运行测试以检查它是否可以通过。应该可以看到类似下面的输出。

```
=== RUN   TestFormatAmount
--- PASS: TestFormatAmount (0.00s)
=== RUN   TestFormatAmount2
--- PASS: TestFormatAmount2 (0.00s)
=== RUN   TestFormatAmount3
--- PASS: TestFormatAmount3 (0.00s)
=== RUN   TestSubtractFormatAmount
--- PASS: TestSubtractFormatAmount (0.00s)
PASS
ok      command-line-arguments  1.294s
```

4. 测试新的测试

我们还想检查在预期它会失败时，测试是否真将发生失败。为此目的，在 Dollar_test.go 中添加另一个将失败的测试，如代码清单 22-10 所示。

代码清单 22-10 使用将发生失败的测试更新 Dollar_test.go

```
package main

import (
   "testing"
)

func TestFormatAmount(t *testing.T) {
   ans := FormatAmount(2.00)
   if ans != "USD 2.00" {
      t.Errorf("FormatAmount(2.00) = %s; Should be 2.00", ans)
   }
}
func TestFormatAmount2(t *testing.T) {
   ans := FormatAmount(4.00)
   if ans != "USD 4.00" {
      t.Errorf("FormatAmount(4.00) = %s; Should be 4.00", ans)
   }
}

func TestFormatAmount3(t *testing.T) {
```

```
    ans := FormatAmount(5.10)
    if ans != "USD 5.10" {
        t.Errorf("FormatAmount(5.10) = %s; Should be 5.10", ans)
    }
}

func TestSubtractFormatAmount(t *testing.T) {
    ans := SubtractFormatAmount(4.00, 2.00)
    if ans != "USD 2.00" {
        t.Errorf("FormatAmount(4.00,2.00) = %s; Should be USD 2.00", ans)
    }
}

func TestSubtractFormatAmount2(t *testing.T) {
    ans := SubtractFormatAmount(3.00, 1.12)
    if ans != "USD 1.88" {
        t.Errorf("FormatAmount(3.00,1.12) = %s; Should be USD 1.88", ans)
            // we use t to record the testing error.
    }
}
```

此测试是验证使用 SubtractFormatAmount 函数从 3.00 中减去 1.12 的结果为 1.88。现在运行测试。因为我们知道 SubtractFormatAmount 函数在此时会返回一个硬编码值"USD 2.0"，所以预期该测试会失败。当测试运行时，应该看到它确实会失败。

```
=== RUN   TestFormatAmount
--- PASS: TestFormatAmount (0.00s)
=== RUN   TestFormatAmount2
--- PASS: TestFormatAmount2 (0.00s)
=== RUN   TestFormatAmount3
--- PASS: TestFormatAmount3 (0.00s)
=== RUN   TestSubtractFormatAmount
--- PASS: TestSubtractFormatAmount (0.00s)
=== RUN   TestSubtractFormatAmount2
    TestSubtractFormatAmount2: Dollar_test.go:38:
FormatAmount(3.00,1.12) = USD 2.00; Should be USD 1.88
--- FAIL: TestSubtractFormatAmount2 (0.00s)
FAIL
FAIL    command-line-arguments  1.262s
FAIL
```

5. 重构 SubtractFormatAmount

接下来，要重构 SubtractFormatAmount 函数，使用添加到 FormatAmount 函数中的格式进行设置，让它能够处理任何 float64 类型的值。这个更新如代码清单 22-11 所示。

代码清单 22-11　更新 SubtractFormatAmount 后的 Dollar.go

```
package main

import (
  "fmt"
)

func FormatAmount(a float64) string {
  // use %.2f for precision 2 which is adequate to represent
  // dollar amounts for now
  return "USD " + fmt.Sprintf("%.2f", a)
}

func SubtractFormatAmount(a, b float64) string {
  return "USD " + fmt.Sprintf("%.2f", a - b)
}

func main(){
  fmt.Println("main function")
  fmt.Println(FormatAmount(2.00))
  fmt.Println(SubtractFormatAmount(2.00, 1.14))
}
```

6. 运行测试

在对程序进行更新后，再次运行测试来检查它是否可以通过。应该看到它已经通过了测试。

```
=== RUN   TestFormatAmount
--- PASS: TestFormatAmount (0.00s)
=== RUN   TestFormatAmount2
--- PASS: TestFormatAmount2 (0.00s)
=== RUN   TestFormatAmount3
--- PASS: TestFormatAmount3 (0.00s)
=== RUN   TestSubtractFormatAmount
--- PASS: TestSubtractFormatAmount (0.00s)
=== RUN   TestSubtractFormatAmount2
--- PASS: TestSubtractFormatAmount2 (0.00s)
PASS
ok      command-line-arguments  1.222s
```

22.5.4　对测试进行检查

有时仅运行一个测试(即使是使用详细选项)并不能告诉我们所有需要知道的事情。例如，我们可能想知道被测试的代码有多少，并且可能想与团队中的其他人分享这些信息。

1. 测试覆盖率

可以在从命令行运行测试程序时使用-cover 标志来获取测试覆盖率。

```
go test -cover Dollar.go Dollar_test.go
```

应该看到一个类似于下面这样的结果。

```
ok      command-line-arguments  0.051s  coverage: 40.0% of statements
```

在这个例子中，40%的代码被测试。被测试代码的比例应该尽可能高，但并不总是需要达到 100%的覆盖率。测试覆盖率的计算方法如下。

```
测试覆盖率 = (B/A)×100
```

其中 A 是正在测试的软件部分的总代码行数，B 是所有测试用例目前执行的代码行数。

2. 覆盖率报告

也可以使用以下命令创建详细的覆盖率报告。

```
go test -cover -coverprofile=c.out Dollar.go Dollar_test.go
go tool cover -html=c.out -o coverage.html
```

第一个命令会创建一个有关测试覆盖率的文本文件，包括哪些行被测试以及哪些行没有被测试。第二个命令将该文件格式化为 HTML 文件，使信息更易于查看。这两个文件将在命令提示符指定的目录中出现，类似于图 22-1 中所示的内容。

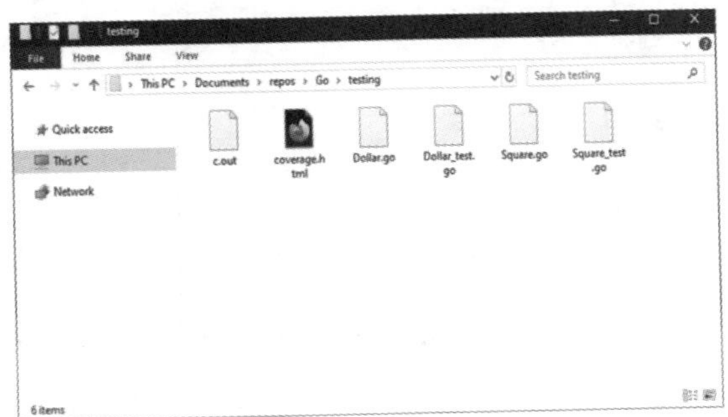

图 22-1　Windows 文件夹包括 c.out、coverage.html、Dollar.go、Dollar_test.go、Square.go 和 Square_test.go 这些文件

HTML 文件看起来类似于图 22-2。

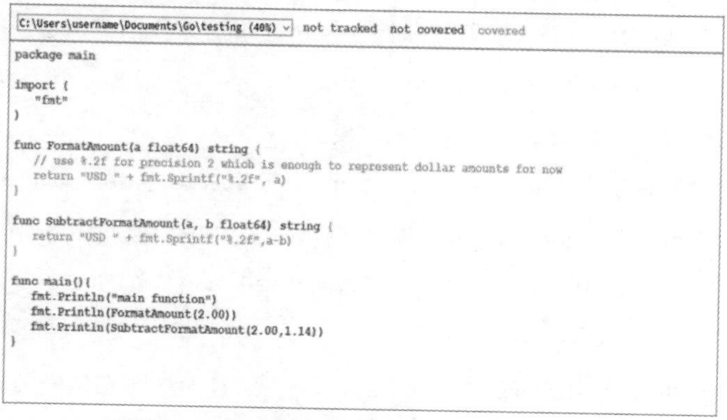

```
C:\Users\username\Documents\Go\testing (40%)  not tracked  not covered  covered

package main

import (
   "fmt"
)

func FormatAmount(a float64) string {
   // use %.2f for precision 2 which is enough to represent dollar amounts for now
   return "USD " + fmt.Sprintf("%.2f", a)
}

func SubtractFormatAmount(a, b float64) string {
   return "USD " + fmt.Sprintf("%.2f",a-b)
}

func main(){
   fmt.Println("main function")
   fmt.Println(FormatAmount(2.00))
   fmt.Println(SubtractFormatAmount(2.00,1.14))
}
```

图 22-2　网页中显示了通过颜色区分的代码行

原始的 CSS 设置使用黑色背景，使得内容难以阅读。可以编辑此文件以删除背景样式并改善其外观。此外，未跟踪、未覆盖和覆盖的代码分别以不同的颜色呈现，以便于轻松查看覆盖率。

正如此报告所示，只有函数内部的代码行被覆盖，这是我们所期望的。测试忽略了整个主函数以及导入语句。

22.5.5　第四个测试：包含减法

现在回到我们的程序，继续开发测试。具体来说，需要让 SubtractFormatAmount 包含一个减法运算。

1. 添加一个测试

这里测试当数值相减并且 a<b 时会发生什么。可以预期结果将为负数。将测试添加到 Dollar_test.go 文件中，如代码清单 22-12 所示。

代码清单 22-12　添加 TestSubtractFormatAmount3 的 Dollar_test.go

```
package main

import (
  "testing"
)
```

```
func TestFormatAmount(t *testing.T) {
  ans := FormatAmount(2.00)
  if ans != "USD 2.00" {
    t.Errorf("FormatAmount(2.00) = %s; Should be 2.00", ans)
  }
}

func TestFormatAmount2(t *testing.T) {
  ans := FormatAmount(4.00)
  if ans != "USD 4.00" {
    t.Errorf("FormatAmount(4.00) = %s; Should be 4.00", ans)
  }
}

func TestFormatAmount3(t *testing.T) {
  ans := FormatAmount(5.10)
  if ans != "USD 5.10" {
    t.Errorf("FormatAmount(5.10) = %s; Should be 5.10", ans)
  }
}

func TestSubtractFormatAmount(t *testing.T) {
  ans := SubtractFormatAmount(4.00, 2.00)
  if ans != "USD 2.00" {
    t.Errorf("FormatAmount(4.00,2.00) = %s; Should be USD 2.00", ans)
  }
}

func TestSubtractFormatAmount2(t *testing.T) {
  ans := SubtractFormatAmount(3.00, 1.12)
  if ans != "USD 1.88" {
    t.Errorf("FormatAmount(3.00,1.12) = %s; Should be USD 1.88", ans)
  }
}

func TestSubtractFormatAmount3(t *testing.T) {
  ans := SubtractFormatAmount(1.00, 1.12)
  if ans != "Impossible operation" {
    t.Errorf("FormatAmount(1.00, 1.12) cannot be performed")
  }
}
```

2. 重构程序

如果现在运行测试，新测试将失败，因为 SubtractFormatAmount 没有设置如何处理 a<b 的情况。通过更新 SubtractFormatAmount 函数(如代码清单 22-13 所示)来解决这个问题。

代码清单 22-13　更新 SubtractFormatAmount 后的 Dollar.go

```
package main

import (
   "fmt"
)

func FormatAmount(a float64) string {
   // use %.2f for precision 2 which is adequate to represent
   // dollar amounts for now
   return "USD " + fmt.Sprintf("%.2f", a)
}

func SubtractFormatAmount(a, b float64) string {
   if a >= b{
      return "USD " + fmt.Sprintf("%.2f",a - b)
   }
   return "Impossible operation"
}

func main(){
   fmt.Println("main function")
   fmt.Println(FormatAmount(2.00))
   fmt.Println(SubtractFormatAmount(2.00,1.14))
}
```

如你所见，SubtractFormatAmount 函数现在在返回格式化的字符串之前检查 a 是否大于或等于 b。如果 a 未通过检查(即 a<b 时)，则会返回 Impossible operation 消息。

3. 运行测试

这里执行带有覆盖率的测试。记住，可以使用以下命令进行操作。

```
go test -v -cover Dollar.go Dollar_test.go
```

结果表明覆盖率得到了提升。

```
=== RUN   TestFormatAmount
--- PASS: TestFormatAmount (0.00s)
=== RUN   TestFormatAmount2
--- PASS: TestFormatAmount2 (0.00s)
=== RUN   TestFormatAmount3
--- PASS: TestFormatAmount3 (0.00s)
=== RUN   TestSubtractFormatAmount
--- PASS: TestSubtractFormatAmount (0.00s)
=== RUN   TestSubtractFormatAmount2
--- PASS: TestSubtractFormatAmount2 (0.00s)
=== RUN   TestSubtractFormatAmount3
```

```
--- PASS: TestSubtractFormatAmount3 (0.00s)
PASS
coverage: 57.1% of statements
ok      command-line-arguments  0.069s  coverage: 57.1% of statements
```

22.5.6 最终测试：查看输入值

测试有助于确定程序可能出错的地方，并且我们希望大部分代码都经过测试。现在让我们查看其他可以改进测试并增加覆盖率的方法。

1. 添加一个测试

在处理表示金钱的值时，通常希望使用正数。如果输入值中有一个为负数，该如何处理呢？在使用 FormatAmount 时也应该考虑同样的情况。如果输入 a 为负数，也需要妥善处理。

2. 更新测试

代码清单 22-14 中的代码展示了处理负值情况所需的更新。

代码清单 22-14 添加负值测试的 Dollar_test.go

```
package main

import (
  "testing"
)

func TestFormatAmount(t *testing.T) {
  ans := FormatAmount(2.00)
  if ans != "USD 2.00" {
    t.Errorf("FormatAmount(2.00) = %s; Should be 2.00", ans)
  }
}

func TestFormatAmount2(t *testing.T) {
  ans := FormatAmount(4.00)
  if ans != "USD 4.00" {
    t.Errorf("FormatAmount(4.00) = %s; Should be 4.00", ans)
  }
}

func TestFormatAmount3(t *testing.T) {
  ans := FormatAmount(5.10)
  if ans != "USD 5.10" {
    t.Errorf("FormatAmount(5.10) = %s; Should be 5.10", ans)
  }
```

```
}

// test if input value is negative
func TestFormatAmount4(t *testing.T) {
   ans := FormatAmount(-5.10)
   if ans != "Impossible operation" {
      t.Errorf("FormatAmount(-5.10) cannot be performed")
   }
}

func TestSubtractFormatAmount(t *testing.T) {
   ans := SubtractFormatAmount(4.00, 2.00)
   if ans != "USD 2.00" {
      t.Errorf("FormatAmount(4.00,2.00) = %s; Should be USD 2.00", ans)
   }
}

func TestSubtractFormatAmount2(t *testing.T) {
   ans := SubtractFormatAmount(3.00, 1.12)
   if ans != "USD 1.88" {
      t.Errorf("FormatAmount(3.00,1.12) = %s; Should be USD 1.88", ans)
   }
}

func TestSubtractFormatAmount3(t *testing.T) {
   ans := SubtractFormatAmount(1.00, 1.12)
   if ans != "Impossible operation" {
      t.Errorf("FormatAmount(1.00, 1.12) cannot be performed")
   }
}

// test if both input values are negative
func TestSubtractFormatAmount4(t *testing.T) {
   ans := SubtractFormatAmount(-1.00, -1.12)
   if ans != "Impossible operation" {
      t.Errorf("FormatAmount(-1.00, -1.12) cannot be performed")
   }
}

// test if b is negative
func TestSubtractFormatAmount5(t *testing.T) {
   ans := SubtractFormatAmount(1.00,-1.12)
   if ans != "Impossible operation" {
      t.Errorf("FormatAmount(1.00, -1.12) cannot be performed")
   }
}
```

在这个更新中，已经添加了一些针对输入负值情况的测试用例，新增了两个测试用例：TestSubtractFormatAmount4 和 TestSubtractFormatAmount5。每个测试用例都用于检查输入是否为负数。

3. 重构程序

现在将更新程序本身，从而处理这些情况。代码清单 22-15 展示了可以处理负数的更新后程序。

代码清单 22-15　最终版的 Dollar.go

```
package main

import (
  "fmt"
)

func FormatAmount(a float64) string {
  // handle when a is negative
  if a < 0 {
    return "Impossible operation"
  }
  // use %.2f for precision 2 which is adequate to represent dollar
amounts for now
  return "USD " + fmt.Sprintf("%.2f", a)
}

func SubtractFormatAmount(a, b float64) string {
  // if a is negative
  if a < 0 {
    return "Impossible operation"
  }
  // if b is negative
  if b < 0 {
    return "Impossible operation"
  }
  if a >= b {
    return "USD " + fmt.Sprintf("%.2f", a - b)
  }
  // if 0 < a < b
  return "Impossible operation"
}

func main(){
  fmt.Println(FormatAmount(0.00))
  fmt.Println(FormatAmount(-10.00))

  fmt.Println(SubtractFormatAmount(0.03 , 0.42))
  fmt.Println(SubtractFormatAmount(-0.03 , -0.42))
}
```

关于这个更新后的清单，有几点需要注意。在 SubtractFormatAmount 函数中，有单独的语句来确定 a 或 b 是否为负数。可以使用单个 OR 语句代替。

```
if ((a < 0) || (b < 0))...
```

在同一个函数中，对小于 0 的每个可能的值组合使用 if 语句可简化代码，并且仅当 a 大于或等于 b 时执行该函数。还有一个默认返回值处理方法，仅当 a 小于 b 但两个值都不小于 0 时才运行。

4. 运行测试

在更新程序和测试后，再次运行测试。所有测试都应该通过，并且覆盖率应该更高。

```
=== RUN   TestFormatAmount
--- PASS: TestFormatAmount (0.00s)
=== RUN   TestFormatAmount2
--- PASS: TestFormatAmount2 (0.00s)
=== RUN   TestFormatAmount3
--- PASS: TestFormatAmount3 (0.00s)
=== RUN   TestFormatAmount4
--- PASS: TestFormatAmount4 (0.00s)
=== RUN   TestSubtractFormatAmount
--- PASS: TestSubtractFormatAmount (0.00s)
=== RUN   TestSubtractFormatAmount2
--- PASS: TestSubtractFormatAmount2 (0.00s)
=== RUN   TestSubtractFormatAmount3
--- PASS: TestSubtractFormatAmount3 (0.00s)
=== RUN   TestSubtractFormatAmount4
--- PASS: TestSubtractFormatAmount4 (0.00s)
=== RUN   TestSubtractFormatAmount5
--- PASS: TestSubtractFormatAmount5 (0.00s)
PASS
coverage: 71.4% of statements
ok      command-line-arguments  0.468s  coverage: 71.4% of statements
```

22.6 行为驱动开发

行为驱动开发(BDD)专注于整个软件开发过程中的用户需求，使用简洁的语言和用户故事来定义软件应该做什么，而不是用编程代码来验证软件在开发过程中是否符合预期。

22.6.1 行为驱动开发的目标

行为驱动开发是一种从测试驱动开发发展而来的方法论，其重点在于在编写代码的同时对软件进行测试。首先需要定义代码应该做什么，然后为这些需求创建测试，最后编写可以通过测试的代码。

BDD 使用用户故事来描述正在开发的软件的行为。这些故事是用通俗易懂的语言书写的，可以被参与开发过程的所有相关方理解，包括没有编程经验的人。例如，BDD 规则的起点可能是"当用户搬家时，他们必须能够更新地址"。

BDD 的目标如下。

- 促进对客户、产品和需求的更好理解。
- 促进客户和开发人员之间的持续沟通。
- 在团队成员之间架起沟通的桥梁。

这些目标通过使用可加强软件开发过程中涉及的不同利益方之间的沟通的工具和资源来完成。

22.6.2　避免失败

软件开发项目失败的最常见原因之一是，不同的团队或个人对软件应有的行为有不同的理解。BDD 通过以下几点强调识别正确需求的重要性。

- 推导出软件的不同行为示例。
- 让开发人员用参与的每个人(包括客户)都能理解的通俗语言编写这些示例。
- 与客户一起验证示例，以确保需求正确。
- 在整个开发过程中关注示例(或需求)。
- 使用示例作为测试，以确保软件中的需求可以正确实现。
- 只实现对业务结果有直接贡献的行为。

正如之前提到的，BDD 是 TDD 的扩展。与 TDD 一样，在 BDD 中，需要先编写测试单元，然后实现代码以通过该测试。然而，BDD 在以下方面与 TDD 不同。

- 使用简单的文字来表述测试，这样每个人都能理解。
- 测试被解释为正在开发的应用程序的行为。
- 测试更以客户为核心。
- 通过示例来阐明需求。
- 比起测试，更关注行为。

在采用 BDD 软件开发方法时，开发团队可以使用 Cucumber(https://cucumber.io)、SpecFlow(https://specflow.org)和 behave(https://behave.readthedocs.io)等工具。这些工具允许开发团队以业务可读的、特定领域的语言编写软件规范和需

求，然后开发人员可以将它们转换为Java和.NET等编程语言形式的单元测试。用业务可读的语言编写需求意味着非技术方(如项目经理和外部客户)可以在整个开发过程中理解和验证它们。

这些规范也作为文档使用。因此，BDD 工具在单个步骤中解决了与确定需求、创建自动化测试和生成文档相关的问题，从而节省了时间和开发成本。

22.6.3 行为规范

与TDD不同，BDD严重依赖像Cucumber和SpecFlow这样的工具，这些工具使用DSL(领域特定语言)来描述正在开发的软件的行为。行为规范使用标准的敏捷框架"用户故事"进行编写。这些用户故事的典型语法如下所示。

```
As a [role] I want [feature] so that [benefit]
```

验收标准以场景的形式编写。

```
Given [initial context] when [event occurs], then [outcomes]
```

为更好地理解BDD的原则，让我们看一个具体的例子。假设你正在构建一个用户门户，用户可以查看各种信息，例如天气、股票市场报告、新闻等类似内容。来自全世界的用户都将使用此软件，因此该软件必须支持用户本身使用的不同语言。你需要对语言进行测试，从而确保为每个用户选择的语言是正确的。为简化起见，假定用户将仅使用两种语言中的一种：英语和法语。

首先考虑网站的登录功能。当用户无法登录时，应该能够以他们的母语显示一个错误消息。

- 英语：Invalid Login。
- 法语：Le login est invalide。

让我们考虑下面这3个用户。

- 来自美国的Kate(语言：英语)。
- 来自英国的Brittney(语言：英语)。
- 来自法国的Jean(语言：法语)。

故事：登录失败。

特性：作为用户，我希望看到用自己的语言表达的信息，这样我就可以理解这些信息。

现在考虑以下场景。注意使用 Given、When 和 Then 来定义验证过程的每个步骤。

场景 1：登录失败。

Given：Kate 登录失败。

When：网站发送错误消息。

Then：错误消息应该是 Invalid Login。

场景 2：登录失败。

Given：Jean 登录失败。

When：网站发送错误消息。

Then：错误消息应该是 Le login est invalide。

像 Cucumber 中的 Given-When-Then 场景这样的工具使得可以相对容易地定义这样的场景，并测试以确保在代码中可以满足每个场景。

22.6.4 定义用户故事

通常，BDD 包括两个主要活动：规范研讨会和可执行规范。

1. 规范研讨会

规范研讨会的目的是召集参与软件开发的团队，并就软件的行为达成共识。在这些研讨会上，参与会议的团队会创建像之前展示的那样的用户故事，以及描述业务规则和验收标准的确切示例。

这些示例定义了软件的行为方式。通过进行规范研讨会，团队可以避免对软件行为或需求的混淆或误解。此外，规范研讨会还可以让业务利益相关者确保在开始构建软件之前开发人员已了解软件的需求。

2. 可执行规范

一旦团队确定了规范，下一步是将这些规范转换为可执行的软件规范(单元测试)，这将验证实现的软件与在规范研讨会中确定的行为方式是否相同。

Cucumber 是一个可以将规范转换为可执行规范的工具的例子。这种情况下，我们只需要提供 Given-When-Then 场景(就像之前登录示例中的那样)，然后 Cucumber 将创建可执行规范。这些可执行规范在整个开发过程中为开发人员提供了即时反馈，从而降低了缺陷发生的可能性。

22.7 本课小结

这是本书中最长的一节课，但涵盖了很多内容。测试是软件开发中的一个重要部分，因为它有助于确保应用程序正常运行。在本课中，我们学习了测试驱动开发(TDD)以及如何使用它来随同代码创建测试。我们还了解了行为驱动开发(BDD)——它与 TDD 类似，但重点更关注用户需求。

22.8 本课练习

下面的练习可以让你尝试本课介绍的工具和概念。对于每个练习，请编写一个满足指定要求的程序并验证程序是否按预期运行。

练习 22-1：更改 Square 函数

代码清单 22-1 和代码清单 22-2 中呈现的代码实现了想要的功能，因此所有测试都通过了。构建这两个程序(在同一个文件夹中)，并验证程序通过所有测试。一旦它可以正常运行，就更改 main 程序中的 Square 函数，使其执行不同的计算，例如加法而不是乘法。保存更改并再次运行测试以查看结果。

在更改和测试 main 程序中的函数后，将测试更改为与新函数的预期输出匹配，并再次运行测试。

练习 22-2：扩充 Dollar 程序

更新 Dollar 程序并进行测试，以包括一个函数，该函数将输入值相加并以与当前程序使用的相同格式对结果进行格式化。编写适用于该函数的适当测试。

一旦拥有一个通过所有测试的完整程序，请重构该程序以包括以下内容。

- 用户输入 a 和 b。
- 允许程序根据用户输入对输出应用其他货币格式。

> **注意：** 对于这个练习，可以将代码清单 22-14 和代码清单 22-15 作为基础。

第 23 课

API 开发教程

本课是一个教程，我们将在其中创建一个完整的 REST API，该 API 使用 GET、POST、PUT 和 DELETE 这 4 种 HTTP 请求来执行 CRUD(创建、读取、更新和删除)操作。作为教程，本课重点是编写代码以开发一个有效的解决方案。

本课目标

- 理解 REST 基础知识和相关术语
- 创建一个返回处理程序
- 创建一个请求处理程序
- 使用 GET、POST、PUT 和 DELETE 操作
- 使用 REST 在数据集上执行创建、读取、更新和删除操作

23.1 概述和要求

REST 是 Representational State Transfer 的缩写。可以使用 REST 来公开 Web 应用程序中的信息，并允许其他应用程序访问该信息。REST 本质上是一种可用于让 Web 应用程序访问资源以及另一个系统上资源状态信息的架构。通过使用 RESTful API，可以与其他服务器和系统进行交互。

本课将介绍如何创建一些有助于处理远程进程的元素。

- 请求：在本课的上下文中，请求是 HTTP 请求。API 内部的所有请求都是以 HTTP 请求的形式进行的。

- 处理程序：处理程序是一个处理客户端传入请求的函数。每种类型的请求都应该有一个适当的处理程序进行处理，并向该请求提供响应。
- 路由器：路由器是一个将 API 的端点映射到相应的处理程序的函数。

我们的目标是创建一个完整的 RESTful API，该 API 使用 GET、POST、PUT 和 DELETE 这 4 种 HTTP 请求来创建、读取、更新和删除数据(完成数据的 CRUD 操作)。CRUD 操作对应的 HTTP 请求如下。

- POST：向数据集中添加新数据。
- GET：检索现有数据。
- PUT：更新现有数据。
- DELETE：删除现有数据。

本教程使用 Postman(一个用于构建和使用 API 的应用)。如果你的计算机上尚未安装 Postman，则可以从 Postman.com/downloads 下载并安装它。Postman 要求设置一个免费的用户账户；然而，下载或使用 Postman 时并不一定需要账户。一旦完成下载，安装就非常简单。

> **注意：**本课中使用的是微软 Windows 版本的 Postman 应用。此外还有一个 Web 版本，或者可以使用 macOS 和 Linux 的桌面客户端。

23.2　第一步：创建数据集和一个简单的 API

第一步是规划基本元素并将其添加到程序中。要构建 API，需要使用以下包。

- encoding/json：这个包可以把从请求中接收到的 JSON 数据解析为 Go 数据，反之亦然。
- log：log 包允许为 API 实现日志功能，例如记录请求中的错误。
- net/http：这个包允许接收、解析和发送 HTTP 请求。

创建一个新程序并添加所需的包，如代码清单 23-1 所示。

代码清单 23-1　新程序与所需的导入包

```
package main

import (
    "encoding/json"
    "fmt"
```

```
    "log"
    "net/http"
)
```

该代码清单还包括 fmt 包，这个包将用于输出操作。

23.2.1　定义数据集

下一步是定义将对其执行 CRUD 操作的数据集。对于这个简单的例子，我们希望从以下字段开始。

- Number：账户编号。
- Balance：当前账户余额。
- Desc：账户类型。

这个数据集的定义将作为一个基本表示，但如果有必要，可以包括其他字段。可以将这些字段映射到 JSON 数据集中的相应字段。将代码清单 23-2 中的结构体添加到代码清单 23-1 创建的代码中(放在 import 语句之后)。

代码清单 23-2　Account 结构体

```
type Account struct {
    Number string    `json:"AccountNumber"`
    Balance string   `json:"Balance"`
    Desc string      `json:"AccountDescription"`
}
```

我们还将创建一个账户数据集并将其存储在一个切片中。因为有多个不同的函数来访问此数据集，所以在 main 函数之外将它定义为全局变量。直接在结构体之后添加这个变量。

```
var Accounts []Account
```

另一种选择是将 Accounts 数据集创建为局部变量，然后将其传递给每个函数。但对于本教程来说，全局变量是更好的选择，并且通常比局部变量效率更高。

23.2.2　homePage 函数

homePage 函数如代码清单 23-3 所示，它以 http.ResponseWriter 和 HTTP 请求指针作为输入。一个接收 ResponseWriter 和 HTTP 请求作为参数的函数(例如 homePage)被称为处理程序。这是因为 Handler 是 Go 中的接口，其表示为如下。

```
type Handler interface {
    ServeHTTP(http.ResponseWriter, *http.Request)
}
```

正如所看到的，接口Handler包括一个名为ServeHTTP的方法。该方法的目的是回答/响应HTTP请求。该方法的签名与homePage函数相同。在示例中，我们在homePage函数中实现ServeHTTP方法，这使homePage成为一个处理程序。

在homePage中，使用http.ResponseWriter来为应用程序创建初始消息。API立即向客户端返回某些内容(参见代码清单23-3)。

代码清单23-3 homePage函数

```
func homePage(w http.ResponseWriter, r *http.Request){
    fmt.Fprintf(w, "Welcome to our bank!")
    fmt.Println("Endpoint: /")
}
```

23.2.3 返回处理程序

我们希望应用以JSON格式返回数据集中的账户，因此需要创建returnAllAccounts函数来处理此过程。正如在代码清单23-4中看到的那样，returnAllAccounts函数也是一个处理程序。

代码清单23-4 returnAllAccounts函数

```
func returnAllAccounts(w http.ResponseWriter, r *http.Request){
    json.NewEncoder(w).Encode(Accounts)
}
```

在这个函数中，使用Encode函数将JSON编码的账户信息转换为JSON对象。

23.2.4 对传入的请求进行处理和路由

接下来，需要一种处理传入的HTTP请求并将其路由到适当的处理程序(到目前为止创建的两个)的方法。如果客户端发送一个请求来访问所有账户，则会将请求路由到适当的处理程序。换句话说，是将API的端点映射到相应的处理程序。在示例中，到目前为止有两个端点(/和/accounts)。这里将使用 handleRequests 函数来进行处理，如代码清单 23-5 所示。

代码清单 23-5　handleRequests 函数

```
func handleRequests() {
  http.HandleFunc("/", homePage)
  http.HandleFunc("/accounts", returnAllAccounts)
  log.Fatal(http.ListenAndServe(":10000", nil))
}
```

handleRequests 函数为 API 中的不同端点分配处理程序。通常，API 包括它可以支持的不同端点，并且你需要根据输入请求调用适当的处理程序，以便处理请求并返回应发送回客户端的适当响应/数据。

在我们的例子中，到目前为止 API 只能处理两个请求(两个端点)。第一个请求是 homepage，类似于 API 的登录页，允许客户端知道 API 已启动并准备好接收请求。第二个请求是/accounts，用于检索可用账户列表。handleRequests 函数使用 HandleFunc 函数分配适当的处理程序。随着你开发更多的处理程序，你将在这里添加它们，从而支持传入的请求。

我们使用 log 包来记录与 API 相关的错误。http 包带有 ListenAndServe 函数，可以使用它来监听在 10000 端口上传入的请求。nil 表示使用自定义路由器，这将在稍后详细介绍。

通过使用此函数，可以在程序运行时通过 http://localhost:10000 访问该 API。

23.2.5　添加数据

在 main 函数中，为 Accounts 数据集创建虚拟数据并执行 handleRequests 函数。代码清单 23-6 展示了一个可作为起点的 main 函数。

代码清单 23-6　创建测试数据

```
func main() {
   Accounts = []Account{
      Account{Number: "C45t34534", Balance: "24545.5", Desc: "Checking
Account"},
      Account{Number: "S3r53455345", Balance: "444.4", Desc: "Savings
Account"},
   }
}
```

23.2.6　执行请求处理程序

最后，按代码清单 23-7 中更新的 main 函数所示执行请求处理程序。这将启动 API，可以使用为本地主机定义的 URL 访问它。

代码清单 23-7　执行请求处理程序

```
func main() {
  // initialize the dataset
   Accounts = []Account{
      Account{Number: "C45t34534", Balance: "24545.5", Desc: "Checking
Account"},
      Account{Number: "S3r53455345", Balance: "444.4", Desc: "Savings
Account"},
   }

   handleRequests()
}
```

此时，程序应该与代码清单 23-8 类似。

代码清单 23-8　截至目前的完整代码清单

```
package main

import (
    "encoding/json"
    "fmt"
    "log"
    "net/http"
)

type Account struct {
    Number string `json:"AccountNumber"`
    Balance string `json:"Balance"`
    Desc string `json:"AccountDescription"`
}

var Accounts []Account

func homePage(w http.ResponseWriter, r *http.Request){
    fmt.Fprintf(w, "Welcome to our bank!")
    fmt.Println("Endpoint: /")
}

func returnAllAccounts(w http.ResponseWriter, r *http.Request){
    json.NewEncoder(w).Encode(Accounts)
}

func handleRequests() {
```

```
    http.HandleFunc("/", homePage)
    http.HandleFunc("/accounts", returnAllAccounts)
    log.Fatal(http.ListenAndServe(":10000", nil))
}

func main() {
  // initialize the dataset
   Accounts = []Account{
     Account{Number: "C45t34534", Balance: "24545.5", Desc: "Checking
Account"},
     Account{Number: "S3r53455345", Balance: "444.4", Desc: "Savings
Account"},
   }

   handleRequests()
}
```

23.2.7　运行程序

添加完所有代码后，检查一切是否正常运行。像往常一样运行程序。由于此程序使用 HTTP GET 请求显示信息(而不是直接将输出发送到控制台)，因此应使用 Postman 检查结果。

在运行程序且不关闭命令行界面的情况下，打开 Postman，这样就可以向应用程序创建一个请求。可以在 Postman 中单击右边的 Create a request 链接，如图 23-1 所示。

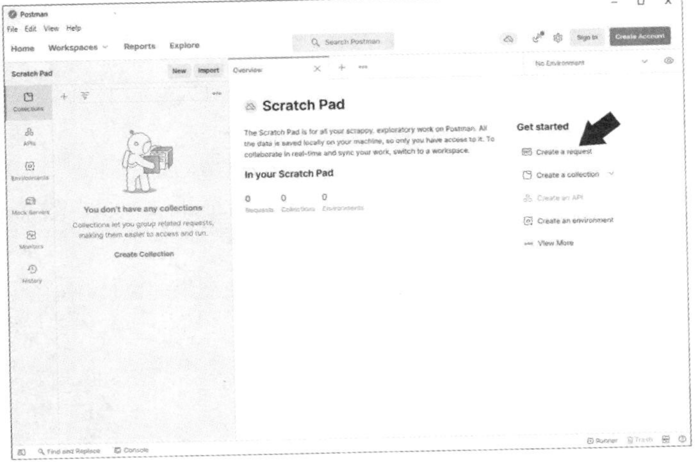

图 23-1　创建一个请求

> **注意：**可以通过从 View 菜单中选择 Toggle Sidebar 来打开或关闭 Postman 屏幕的左边部分。

打开请求页面，可以向地址 http://localhost:10000 发送 GET 请求。通过在图 23-2 中显示的位置输入 URL 并单击 Send 按钮，即可执行此操作。

Postman 将连接到 API，该 API 将执行 handleRequests 函数。由于正在使用 API 的根地址，因此它将返回主页的定义。注意图 23-2 中显示的以下内容。

- 在窗口的顶部看到一个对 URL 的 GET 请求。Send 按钮会通过 API 发送请求。
- API 返回为主页定义的文本并在窗口底部的 Body 选项卡中显示该文本。

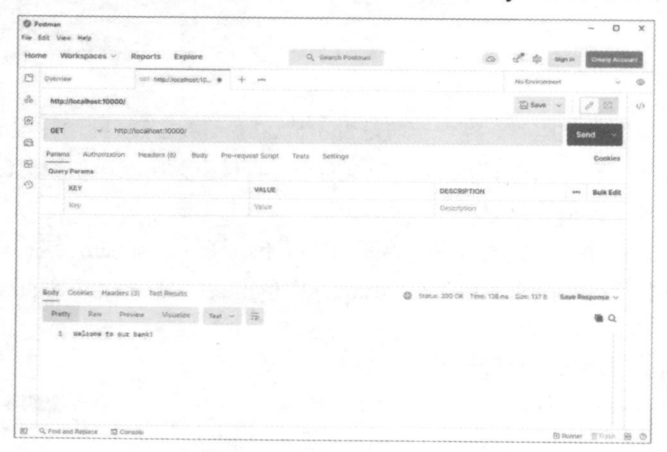

图 23-2　发送 GET 请求

这告诉你 API 正在机器上运行，Postman 可以访问它。但是，你真正想看的是数据集中的数据。将 GET 请求更新为 http://localhost:10000/accounts 并再次发送请求，如图 23-3 所示。

Body 选项卡现在在 main 函数中显示添加到数据集的记录，每条记录都以 JSON 格式显示。

此时，验证程序是否按预期工作。你应该能够使用 Postman 检索主页和账户列表。你可能还希望向数据集中添加更多的记录，以验证 GET 请求检索了数据集中的所有数据。准备进入下一步时，可以在启动应用程序的命令窗口中按 Ctrl+C 键停止当前 API。

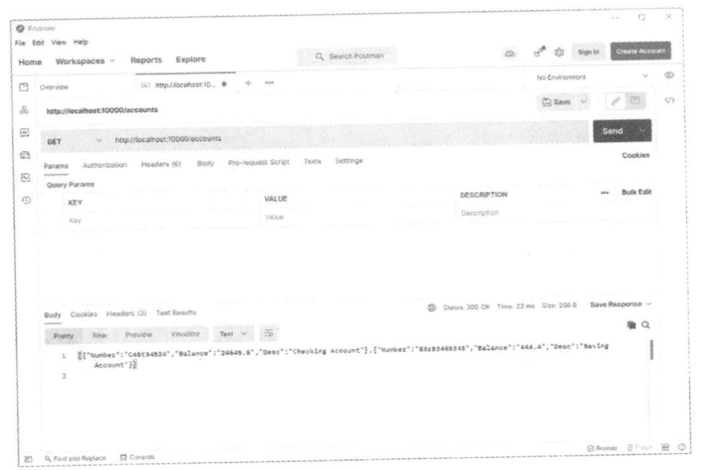

图 23-3　获取账户信息的 GET 请求

23.3　第二步：添加 Gorilla Mux 路由器

到目前为止，一直在使用 handleRequests 函数中的内置函数将传入的请求路由到对应的处理程序，该处理程序将处理这些请求并为它们构建响应。对于没有任何输入数据的请求，这是可以的。

我们的 API 目前不接收客户端的任何输入数据。例如，如果客户端发送一个账户 ID，而 API 返回该特定账户(如果存在)的数据，那将非常棒。这就是 gorilla/mux 包的用处所在。

Gorilla Mux 使得创建一个路由器类型变得很容易，该类型可以将请求映射到适当的处理程序，并从客户端请求中解析输入数据。

要安装 Gorilla Mux，可在命令提示符中运行以下命令。

```
go get -u github.com/gorilla/mux
```

这将从 GitHub 存储库中获取 gorilla/mux 包并安装到 Go 包中。在安装好包后，可向程序的导入包中添加以下内容。

```
"github.com/gorilla/mux"
```

最后，需要更新 handleRequests 函数以包含 Gorilla Mux 路由器，如代码清单 23-9 所示。

代码清单 23-9　更新 handleRequests 函数

```
func handleRequests() {
   // create a router to handle our requests from the mux package.
   router := mux.NewRouter().StrictSlash(true)
   router.HandleFunc("/", homePage)
   router.HandleFunc("/accounts", returnAllAccounts)
   log.Fatal(http.ListenAndServe(":10000", router))
}
```

在新代码中，StrictSlash 定义了新路由的尾部斜杠行为。初始值为 false。当设置为 true 时，如果路由路径是"/path/"，访问"/path"将执行到前者的重定向，反之亦然。本质上，这保证了应用程序始终看到路由中指定的路径。

如你所见，代码清单 23-9 使用 gorilla/mux 包中的 NewRouter 函数创建了一个路由器类型，它将保存 API 的所有映射。

我们使用新的 router 变量来处理 API 请求，而不是使用内置的 http 包。此外还更新了代码，将 mux 路由器用作 ListenAndServe 函数的自定义处理程序。

在更新代码后，运行更新的程序并根据需要进行故障排除。代码清单 23-10 包含了完整程序供参考。现在仍然可以向主页和账户列表发送 GET 命令，并检索到与上一步末尾相同的数据。

> **注意：** 代码清单 23-10 添加了额外的注释。

代码清单 23-10　添加了路由器的完整代码

```
package main

import (
   "encoding/json"
   "fmt"
   "log"
   "net/http"
   "github.com/gorilla/mux"
)

// create a type Account that will be used to represent a bank account
type Account struct {
   Number string   `json:"AccountNumber"`
   Balance string  `json:"Balance"`
   Desc string     `json:"AccountDescription"`
}
```

```
// we use Accounts as a global variable because it is used by
// several functions in the code
var Accounts []Account

// implement the homePage
// we use the ResponseWriter w to display some text when
// we visit the home page
func homePage(w http.ResponseWriter, r *http.Request){
   fmt.Fprintf(w, "Welcome to our bank!")
  // we can use a print command to log the request or we
  // can log it to a file, etc.
   fmt.Println("Endpoint: /")
}

// return the dataset Accounts in a JSON format
func returnAllAccounts(w http.ResponseWriter, r *http.Request){
   // we use the Encode function to convert the Account slice into a json object
   json.NewEncoder(w).Encode(Accounts)
}

// handleRequests will process HTTP requests and redirect them to
// the appropriate Handle function
func handleRequests() {
   // create a router to handle our requests from the mux package.
   router := mux.NewRouter().StrictSlash(true)
   // access root page
   router.HandleFunc("/", homePage)
   // returnAllAccounts
   router.HandleFunc("/accounts", returnAllAccounts)
   // define the localhost
   log.Fatal(http.ListenAndServe(":10000", router))
}

func main() {
  // initialize the dataset
   Accounts = []Account{
      Account{Number: "C45t34534", Balance: "24545.5", Desc: "Checking
Account"},
      Account{Number: "S3r53455345", Balance: "444.4", Desc: "Savings
Account"},
   }

   // execute handleRequests, which will kick off the API
   // we can access the API using the URL defined above
   handleRequests()
}
```

> **注意：** 有关 gorilla/mux 的更多信息，可查看 gorilla/mux 的 GitHub 存储库中的 README 页面：https://github.com/gorilla/mux。

23.4　第三步：检索记录

现在准备开始使用 API 来管理数据集中的数据，包括创建新数据、检索现有数据、更新数据和删除数据。如前所述，CRUD 操作对应的 HTTP 请求如下所示。

- POST：向数据集中添加新数据。
- GET：检索现有数据。
- PUT：更新现有数据。
- DELETE：删除现有数据。

这里将使用 gorilla/mux 提供的额外函数来帮助在这些过程中解析数据。

23.4.1　检索特定记录

在这一步骤中，将修改 API 以便检索与特定账户编号相关联的记录。例如，如果向 http://localhost:10000/account/C45t34534 这个 URL 发送 GET 请求，则应仅返回与该账户相关联的数据。

在程序中添加一个名为 returnAccount 的新全局函数，如代码清单 23-11 所示。此函数应添加在 returnAllAccounts 函数之后。

代码清单 23-11　returnAccount 函数

```
func returnAccount(w http.ResponseWriter, r *http.Request){
   vars := mux.Vars(r)
   key := vars["number"]
   for _, account := range Accounts {
      if account.Number == key {
         json.NewEncoder(w).Encode(account)
      }
   }
}
```

这个函数完成了很多事情。首先，它访问从 mux 路由器发送的请求(r)中的变量并将它们分配给 vars。然后，该函数访问 HTTP 请求中发送的账户编号值。这里的约定是参数名称为"number"。最后，该函数遍历数据集，当找到具有相应账户编号的账户时，将以 JSON 格式编码该账户信息，并将数据写入名为 w 的 HTTP ResponseWriter。

还需要更新handleRequests函数以包含新的函数。这个更新如代码清单23-12所示。

代码清单 23-12　更新 handleRequests 函数

```
func handleRequests() {
   router := mux.NewRouter().StrictSlash(true)
   router.HandleFunc("/", homePage)
   router.HandleFunc("/accounts", returnAllAccounts)
   router.HandleFunc("/account/{number}", returnAccount)
   log.Fatal(http.ListenAndServe(":10000", router))
}
```

这里，添加一个新的 HandleFunc 调用来处理账户检索。通过 mux 可以很方便地检索特定记录。

23.4.2　对更新进行测试

使用 Postman 发送一个新的 GET 请求到 http://localhost:10000/account/C45t34534，从而对更新进行测试。如果一切设置正确，应该看到一个与 URL 中的账户编号对应的单条记录，如图 23-4 所示。也可以用程序中创建的其他账户进行测试。

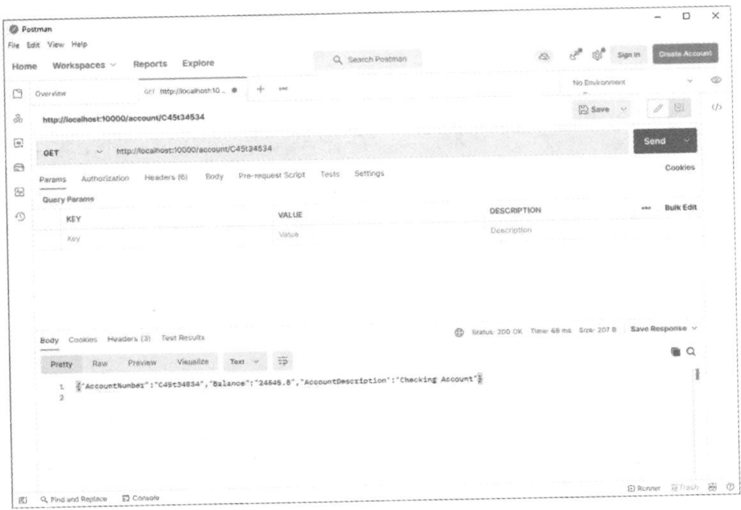

图 23-4　对特定记录请求的测试

现在完整的代码(添加了注释)如代码清单 23-13 所示。

代码清单 23-13　截至目前的完整代码

```
package main

import (
   "encoding/json"
   "fmt"
   "log"
   "net/http"
   "github.com/gorilla/mux"
)

// we create a type Account that will be used to represent a bank account
type Account struct {
   Number string `json:"AccountNumber"`
   Balance string `json:"Balance"`
   Desc string `json:"AccountDescription"`
}

// we use Accounts as a global variable because it is used by
// several functions in the code
var Accounts []Account

// implement the homePage
// we use the ResponseWriter w to display some text when we visit the home page
func homePage(w http.ResponseWriter, r *http.Request){
   fmt.Fprintf(w, "Welcome to our bank!")
  // we can use a print command to log the request or we can log it
to a file, etc.
   fmt.Println("Endpoint: /")
}

// handleRequests will process HTTP requests and redirect them to
// the appropriate Handle function
func handleRequests() {
   // create a router to handle our requests from the mux package.
   router := mux.NewRouter().StrictSlash(true)
   // access root page
   router.HandleFunc("/", homePage)
   // returnAllAccounts
   router.HandleFunc("/accounts", returnAllAccounts)
   // return requested account
   router.HandleFunc("/account/{number}", returnAccount)
   // define the localhost
   log.Fatal(http.ListenAndServe(":10000", router))
}

// return the dataset Accounts in a JSON format
func returnAllAccounts(w http.ResponseWriter, r *http.Request){
   // we use the Encode function to convert the Account slice into a
```

```
json object
   json.NewEncoder(w).Encode(Accounts)
}

func returnAccount(w http.ResponseWriter, r *http.Request){
   vars := mux.Vars(r)
   key := vars["number"]
   for _, account := range Accounts {
      if account.Number == key {
         json.NewEncoder(w).Encode(account)
      }
   }
}

func main() {
   // initialize the dataset
   Accounts = []Account{
      Account{Number: "C45t34534", Balance: "24545.5", Desc: "Checking
Account"},
      Account{Number: "S3r53455345", Balance: "444.4", Desc: "Savings
Account"},
   }

   // execute handleRequests, which will kick off the API
   // we can access the API using the URL defined above
   handleRequests()
}
```

23.5　第四步：添加新记录

在这个步骤中，将实现 POST 功能，这将允许创建新账户并将其添加到 Accounts 数据集中。由于是写入新数据，因此必须在此时导入 io/ioutil 包。目前的 import 语句应该如下所示。

```
import (
   "encoding/json"
   "fmt"
   "log"
   "net/http"
   "github.com/gorilla/mux"
   "io/ioutil"
)
```

然后创建一个名为 createAccount 的处理程序函数，该函数将处理创建新账户所需的步骤并将其添加到数据集中。这个函数如代码清单 23-14 所示。注意在 returnAccount 函数之后添加新函数。

代码清单 23-14 createAccount 函数

```
func createAccount(w http.ResponseWriter, r *http.Request) {
   reqBody, _ := ioutil.ReadAll(r.Body)
   var account Account
   json.Unmarshal(reqBody, &account)
   Accounts = append(Accounts, account)
   json.NewEncoder(w).Encode(account)
}
```

createAccount 函数执行多个步骤。它首先通过调用 ioutil.ReadAll 并将 r.Body 传递进去来获取 POST 请求的正文。这返回包含请求正文的字符串响应，该响应存储在 reqBody 中。在创建一个名为 account 的 Account 变量后，使用 json.Unmarshal 函数将 JSON 转换为 account 类型。接着，将新账户附加到全局账户列表中。在 createAccount 函数的最后一行中，作为响应返回了新账户。

添加新记录的最后一步是更新 handleRequests 函数，以包含新的请求类型。更新的代码如代码清单 23-15 所示。

代码清单 23-15 更新后的 handleRequests 函数

```
func handleRequests() {
   router := mux.NewRouter().StrictSlash(true)
   router.HandleFunc("/", homePage)
   router.HandleFunc("/accounts", returnAllAccounts)
   router.HandleFunc("/account/{number}", returnAccount)
   router.HandleFunc("/account", createAccount).Methods("POST")
   // our API will be accessible at http://localhost:10000/
   // we add the router as a handler in the ListenAndServe function
   log.Fatal(http.ListenAndServe(":10000", router))
}
```

这将指示 mux 路由器处理新的服务，并将其转发到 createAccount 函数。如果所有更新都已正确添加，则应该能够向数据集内添加新记录。

运行已更新的应用程序，使用 Postman 中的 GET 请求查看所有账户并验证连接。你应该会看到像之前步骤中那样的所有现有记录。

要测试是否可以添加新记录，可在 Postman 中执行以下步骤。

- 将 Postman 中的请求类型改为 POST(而不是 GET)。
- 将 URL 设置为 http://localhost:10000/account(单数形式表示一个账户，末尾没有斜杠)。
- 在地址栏下单击 Body 选项卡。
- 在 Body 选项卡上选择 raw 选项。

- 因为提供的新记录是 JSON 格式的，所以从 binary 选项右侧的下拉菜单中选择 JSON。
- 在 Body 面板的第一行中添加以下记录。

```
{"AccountNumber": "C3234535", "Balance": "100.5", "AccountDescription":
"Checking Account"}
```

此时(在单击 Send 之前)，Postman 窗口应该如图 23-5 所示。

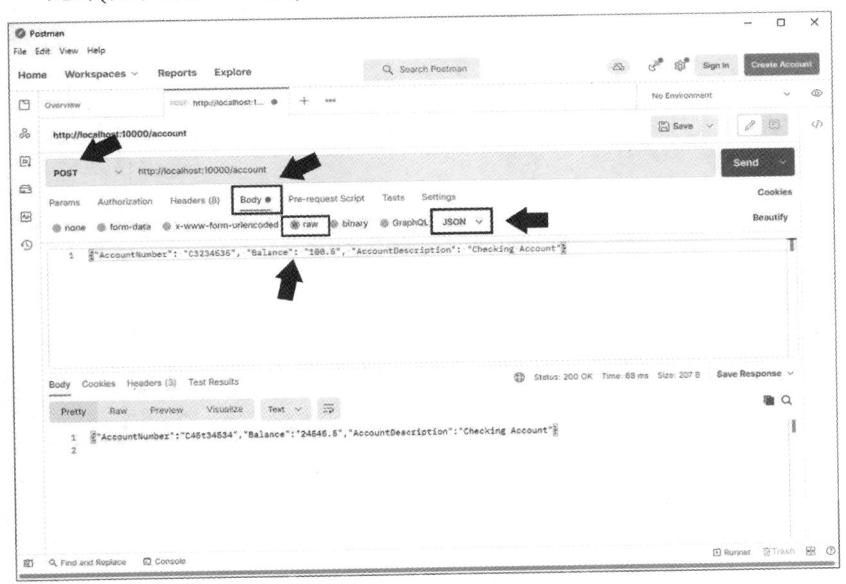

图 23-5　将 Postman 设置为 POST 一个新账户

当所有设置显示正确时，单击 Send 按钮。如果一切正常，Postman 会在窗口底部的返回窗格中返回新记录(如图 23-6 所示)，同时看到状态消息 200 OK。

如图 23-7 所示，运行 GET 请求来查看新数据集并验证它是否包含新记录。

代码清单 23-16 显示了截至目前的完整代码并添加了额外的注释。请确认你的代码可以顺利执行。如果你的代码有问题，可以将它与这个代码清单进行比较。

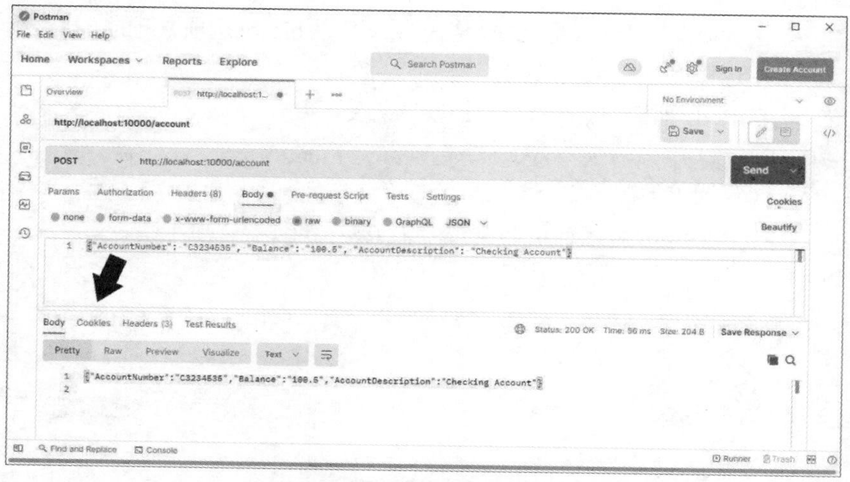

图 23-6　Postman 中的返回窗格

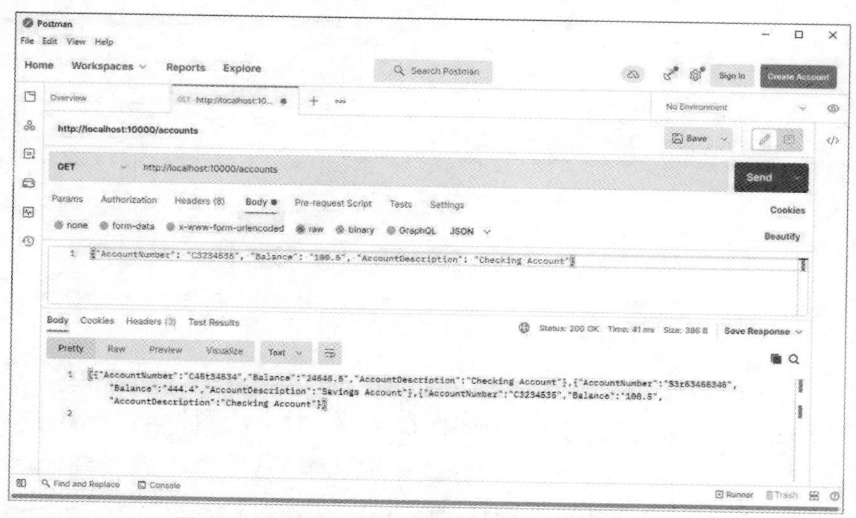

图 23-7　运行一个 GET 请求来验证新记录是否被添加

代码清单 23-16　截至目前的完整代码

```
package main

import (
   "encoding/json"
   "fmt"
```

```
    "log"
    "net/http"
    "github.com/gorilla/mux"
    "io/ioutil"
)

// we create a type Account that will be used to represent a bank account
type Account struct {
    Number string `json:"AccountNumber"`
    Balance string `json:"Balance"`
    Desc string `json:"AccountDescription"`
}

// we use Accounts as a global variable because it is used by
// several functions in the code
var Accounts []Account

// implement the homePage
// we use the ResponseWriter w to display some text when we visit the home page
func homePage(w http.ResponseWriter, r *http.Request){
    fmt.Fprintf(w, "Welcome to our bank!")
   // we can use a print command to log the request or we can log it
to a file, etc.
    fmt.Println("Endpoint: /")
}

// handleRequests will process HTTP requests and redirect them to
// the appropriate Handle function
func handleRequests() {
    // create a router to handle our requests from the mux package.
    router := mux.NewRouter().StrictSlash(true)
    // access root page
    router.HandleFunc("/", homePage)
    // returnAllAccounts
    router.HandleFunc("/accounts", returnAllAccounts)
    // return requested account
    router.HandleFunc("/account/{number}", returnAccount)
    // create new account
    router.HandleFunc("/account", createAccount).Methods("POST")
    // define the localhost
    log.Fatal(http.ListenAndServe(":10000", router))
}

// return the dataset Accounts in a JSON format
func returnAllAccounts(w http.ResponseWriter, r *http.Request){
    // we use the Encode function to convert the Account slice into a json object
    json.NewEncoder(w).Encode(Accounts)
}

// return a single account
func returnAccount(w http.ResponseWriter, r *http.Request){
    vars := mux.Vars(r)
```

```
    key := vars["number"]
    for _, account := range Accounts {
       if account.Number == key {
          json.NewEncoder(w).Encode(account)
       }
    }
}

// create a new account
func createAccount(w http.ResponseWriter, r *http.Request) {
    reqBody, _ := ioutil.ReadAll(r.Body)
    var account Account
    json.Unmarshal(reqBody, &account)
    Accounts = append(Accounts, account)
    json.NewEncoder(w).Encode(account)
}

func main() {
  // initialize the dataset
    Accounts = []Account{
       Account{Number: "C45t34534", Balance: "24545.5", Desc: "Checking
Account"},
       Account{Number: "S3r53455345", Balance: "444.4", Desc: "Savings
Account"},
    }

  // execute handleRequests, which will kick off the API
  // we can access the API using the URL defined above
    handleRequests()
}
```

23.6 第五步：删除记录

现在需要更新程序，以便通过 API 删除数据集内的数据。首先，需要一个新的函数来删除记录。将代码清单 23-17 中显示的全局函数 deleteAccount 添加到程序中。

代码清单 23-17 deleteAccount 函数

```
func deleteAccount(w http.ResponseWriter, r *http.Request) {
    // use mux to parse the path parameters
    vars := mux.Vars(r)
    // extract the account number of the account we wish to delete
    id := vars["number"]
    // we then need to loop through the dataset
    for index, account := range Accounts {
       // if our id path parameter matches one of our
       // account numbers
```

```
            if account.Number == id {
                // updates our dataset to remove the account
                Accounts = append(Accounts[:index], Accounts[index + 1:]...)
            }
        }
    }
```

在这个函数中，可看到以下内容。

- 和 CREATE 函数一样，使用 mux 来解析路径参数。
- 因为想使用账户编号来标识要删除的账号，所以使用解析器在数据集中标识该值。
- 遍历数据集，直到找到请求的账号。
- 当通过循环找到账号时，更新数据集以删除账号。

和之前一样，还需要把这个函数添加到 handleRequests 函数中。可以在代码清单 23-18 中看到 handleRequests 中添加的 deleteAccount 函数。

代码清单 23-18　更新后的 handleRequests 函数

```
func handleRequests() {
    router := mux.NewRouter().StrictSlash(true)
    router.HandleFunc("/", homePage)
    router.HandleFunc("/accounts", returnAllAccounts)
    router.HandleFunc("/account/{number}", returnAccount)
    router.HandleFunc("/account", createAccount).Methods("POST")
    router.HandleFunc("/account/{number}", deleteAccount).Methods
("DELETE")
    log.Fatal(http.ListenAndServe(":10000", router))
}
```

添加新代码后，可以回到 Postman，并确保可以删除一个账户。要做到这一点，在 Postman 中需要遵循以下步骤。

(1) 将请求设置为 DELETE(而不是 GET 或 POST)。

(2) 输入一个现有账户的 URL：http://localhost:10000/account/C3234535。

(3) 发送请求。

如果一切按预期运行，将看到状态为 200 OK 的消息，但正文不再包含账户 C3234535。如果遇到问题，那么可以将你的代码与代码清单 23-19 进行比较。该代码清单是本课的最终代码清单，还包括额外的注释。

代码清单 23-19　本课的最终代码

```
package main
```

```
import (
   "encoding/json"
   "fmt"
   "log"
   "net/http"
   "github.com/gorilla/mux"
   "io/ioutil"
)

// we create a type Account that will be used to represent a bank account
type Account struct {
   Number string `json:"AccountNumber"`
   Balance string `json:"Balance"`
   Desc string `json:"AccountDescription"`
}

// we use Accounts as a global variable because it is used by
// several functions in the code
var Accounts []Account

// implement the homePage
// we use the ResponseWriter w to display some text when we visit the home page
func homePage(w http.ResponseWriter, r *http.Request){
   fmt.Fprintf(w, "Welcome to our bank!")
  // we can use a print command to log the request or we can log it
to a file, etc.
   fmt.Println("Endpoint: /")
}

// handleRequests will process HTTP requests and redirect them to
// the appropriate Handle function
func handleRequests() {
   // create a router to handle our requests from the mux package
   router := mux.NewRouter().StrictSlash(true)
   // access root page
   router.HandleFunc("/", homePage)
   // returnAllAccounts
   router.HandleFunc("/accounts", returnAllAccounts)
   // return requested account
   router.HandleFunc("/account/{number}", returnAccount)
   // create requested account
   router.HandleFunc("/account", createAccount).Methods("POST")
   // delete requested account
   router.HandleFunc("/account/{number}", deleteAccount).Methods
("DELETE")
   // define the localhost
   log.Fatal(http.ListenAndServe(":10000", router))
}

// return the dataset Accounts in a JSON format
func returnAllAccounts(w http.ResponseWriter, r *http.Request){
   // we use the Encode function to convert the Account slice into a json object
```

```
    json.NewEncoder(w).Encode(Accounts)
}

func returnAccount(w http.ResponseWriter, r *http.Request){
    vars := mux.Vars(r)
    key := vars["number"]
    for _, account := range Accounts {
        if account.Number == key {
            json.NewEncoder(w).Encode(account)
        }
    }
}

func createAccount(w http.ResponseWriter, r *http.Request) {
    reqBody, _ := ioutil.ReadAll(r.Body)
    var account Account
    json.Unmarshal(reqBody, &account)
    Accounts = append(Accounts, account)
    json.NewEncoder(w).Encode(account)
}

func deleteAccount(w http.ResponseWriter, r *http.Request) {
    // use mux to parse the path parameters
    vars := mux.Vars(r)
    // extract the account number of the account we wish to delete
    id := vars["number"]
    // we then need to loop through the dataset
    for index, account := range Accounts {
        // if our id path parameter matches one of our
        // account numbers
        if account.Number == id {
            // updates our dataset to remove the account
            Accounts = append(Accounts[:index], Accounts[index + 1:]...)
        }
    }
}

func main() {
    // initialize the dataset
    Accounts = []Account{
        Account{Number: "C45t34534", Balance: "24545.5", Desc: "Checking
Account"},
        Account{Number: "S3r53455345", Balance: "444.4", Desc: "Savings
Account"},
    }

    // execute handleRequests, which will kick off the API
    // we can access the API using the URL defined above
    handleRequests()
}
```

23.7　本课小结

本课是一个教程，逐步介绍了如何创建一个使用 REST 的应用程序，该应用程序可以从远程数据源创建、读取、更新和删除数据(对数据进行 CRUD 操作)。我们创建了 HTTP 请求处理程序，并使用自定义路由将传入的请求路由到 API 的相应处理程序。

23.8　本课练习

下面的练习可以让你尝试本课介绍的工具和概念。对于每个练习，请编写一个满足指定要求的程序并验证程序是否能按预期运行。

练习 23-1：学生

本练习重复本课所做的事情，但不是使用 Account 结构体，而是使用 Students 结构体。确保包括添加或删除以及检索一个或所有学生的功能。该结构体应包含以下字段。

- 学号
- 名字
- 姓氏
- 平均成绩
- 成绩等级

练习 23-2：学生名字

修改为练习 23-1 编写的解决方案，让它通过学生的名字而不是学号来检索学生。

练习 23-3：局部化

本课介绍的应用程序使用了全局数据源。Account 结构体和 Accounts 列表都是全局变量，这使得它们更容易从各种函数中访问。

全局声明数据和数据源通常不是最好的解决方案。相反，应该将它们局部化，并传递引用以供使用。更新本课中的代码，使 Account 和 Accounts 都在 main 函数中声明。然后根据需要将适当的变量传递给代码清单中的各个函数。

第 24 课

使用 gRPC

在过去的十年中，REST API 已成为应用程序和系统之间通信的标准选项。然而，2015 年，Google 推出了现代开源远程过程调用 gRPC 的概念，它提供了与 REST API 相同的功能，且具有更快、更轻量级和更灵活的服务和通信。因此，现在大多数编程语言都支持 Google Remote Procedure Call(gRPC)。本课将介绍如何在 Go 中使用 gRPC。

本课目标

- 使用 gRPC
- 创建 gRPC 服务器
- 构建聊天服务
- 创建客户端
- 同时运行服务器和客户端

24.1 使用 gRPC

简单地说，gRPC 是一个现代、开源的远程过程调用(RPC)框架，可以在任何地方运行。RPC 是应用程序中的一种函数，可以通过另一个应用程序远程执行。它在分布式系统中尤其常见，其中一台计算机想要调用分布式系统中另一台机器上的方法或函数。

gRPC 与 REST API 类似，都是将托管在服务器上的服务暴露给客户端。

gRPC 和 REST 之间存在一些差异。

- gRPC 使用 HTTP/2，而 REST 使用 HTTP 1.1。这使得 gRPC 能够利用 HTTP/2 的特性，如服务器端和客户端的流式传输。
- gRPC 使用 Protocol Buffers(Protobuf)数据格式，而 REST 使用 JSON。
- 在传统的 REST API 设置中，客户端使用标准的 HTTP 请求(GET、POST、PUT 和 DELETE)与服务器通信，而 gRPC 通过 Protobuf 使用一种更抽象的层次来允许更灵活地通信。

为更详细地说明这些概念，本课将使用 gRPC 实现一个聊天服务。具体来说，将创建一个 gRPC 服务器和客户端，并使用 Protobuf 来创建双方之间的聊天服务。

24.2 设置服务

本课需要额外的服务，这些服务未包含在典型的 Go 安装中。我们需要下载和安装以下应用程序以及创建一个用户目录。

- Git
- gRPC
- Protobuf
- protoc

24.2.1 Git

Git 是一个分布式版本控制工具。要在命令行提示符中验证是否已在计算机上安装了 Git，可输入以下命令。

```
git --version
```

如果系统已经安装了 Git，则此命令将返回当前版本。如果系统尚未安装 Git，可通过 Git 的下载页面 https://git-scm.com/downloads 获取下载和安装说明。

> **注意：** Go 在后台也使用了 Git，因此我们可能并不总是知道何时使用它。

24.2.2 gRPC

我们还需要在系统上安装 gRPC。可以使用以下命令从命令行安装 gRPC 服务。

```
go get -u google.golang.org/grpc
```

如果安装成功，当运行此命令时，不会在命令提示符中看到任何内容。图24-1显示当前 Microsoft Windows 系统已安装 Git，并显示了安装 gRPC 的过程。安装这些服务时没有显示太多的内容。

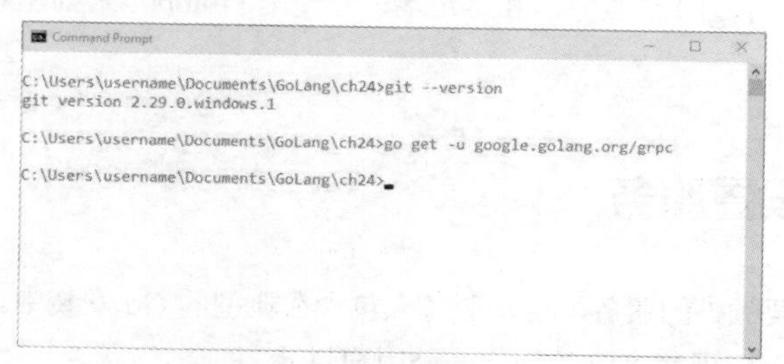

图24-1 在Go中验证Git的安装并安装gRPC

24.2.3 Protobuf

Protobuf 是一种由 Google 开发的开源跨平台机制，用于将结构化数据进行序列化。可以将 Protobuf 视为 XML 的更轻量级和更快版本。与 XML 一样，我们可以决定数据的结构(使用 proto 文件；稍后会详细介绍)，然后使用 Protobuf 将结构化数据读写到各种流中。通常，Protobuf 被程序用于存储数据或与其他应用程序通信。

可使用以下命令安装 Go 的协议编译器插件(protoc-gen-go)。

```
go get github.com/golang/protobuf/protoc-gen-go
```

这个 go get 指令将下载并保存文件到计算机上的新目录。如果使用的是 macOS 或 Linux，则可以输入以下命令设置路径，以便插件可以找到代码文件。

```
export PATH="$PATH:$(go env GOPATH)/bin"
```

如果使用 Windows 并通过提供的 MSI 文件安装了 Go，则此设置应该已经完成。

接下来，检查文件是否已安装。可以通过导航到该目录并查看 pkg/mod 子目录来完成此操作。默认目录如下。

- Windows：C:\Users\%*USERNAME*%\Go。
- macOS 或 Linux：Users/<*username*>/go。

24.2.4 protoc

安装协议缓冲区编译器(protoc)，需要使用版本 3 或以上版本。

- 详细的安装说明可在 Protobuf 的 GitHub 存储库中找到，网址为 https://github.com/protocolbuffers/protobuf。还可以在该页面上找到适用于 macOS 和 Linux 的终端命令。
- 对于 Windows 用户或者对终端命令有疑问者，可从 Protobuf 存储库的 Releases 文件夹中下载适用于你系统的二进制文件。查找名称以 win32 或 win64 结尾的文件，并下载适合你操作系统的版本(大多数 Windows 用户应该选择 win64)。例如，截至本书编写时，该文件名为 protoc-3.19.4-win64.zip。

下载文件后，打开压缩文件夹，将 bin 和 include 子目录复制到你的 *user*/Go 文件夹中。这将向你的 Go 安装中添加 protoc。你将在 Go 中看到一个现有的 bin 子目录；将新版本粘贴到相同的位置。如果需要，可以对这些文件夹进行合并。

24.2.5 用户目录

对于本课，所有程序文件应保存到通过下载文件创建的 usr/Go/src 位置。

- 在 Linux 或 macOS 上，可能的位置是/usr/local/go/src。
- 在 Windows 上，位置为 C:\Users\%*USERNAME*%\Go\src。

请确认此文件夹是否在你的计算机上。另外还要检查 bin 子目录是否包括以下两个文件。

- protoc.exe
- protoc-gen-go.exe

24.3 创建服务器

一旦设置好一切，并确认用户目录已创建且包含适当的文件，就可以继续后续工作。在第一步中，将使用 net 包创建一个简单的服务器，该服务器将在端口 10000 上监听 TCP 连接。这是服务器的最基本版本。

创建一个名为 server.go 的新文件并将其保存到 src 文件夹中。将代码清单 24-1 中的代码添加到新文件中。

代码清单 24-1　go/src/server.go

```
package main

import (
   "fmt"
   "log"
   "net"
)

func main() {
   listener, err := net.Listen("tcp", ":10000")
   fmt.Println(listener)

   if err != nil {
      log.Fatalf("failed to listen: %v", err)
   }
}
```

此时代码并没有做太多事情。它使用 net.Listen 函数在本地网络地址上监听。net.Listen 的第一个输入是网络类型(在本例中为 tcp)，第二个参数是端口或地址，在本例中为 10000。注意，网络类型必须是以下值之一。

- tcp
- tcp4
- tcp6
- unix
- unixpacket

程序应该无错误地运行并打开服务器连接。它将打印类似于以下的监听器值，但不会发生其他事情。

```
C:\Users\MRBRADLEYL\go\src>go run server.go
&{0xc00014ea00 {<nil> 0}}
```

24.4　创建 gRPC 服务器

现在，将使用先前下载的 grpc 包来修改前面创建的服务器为 gRPC 服务器，如代码清单 24-2 所示。

代码清单 24-2　添加 grpc 包后的 go/src/server.go

```
package main

import (
   "fmt"
   "google.golang.org/grpc" // import the grpc package
   "log"
   "net"
)

func main() {
   fmt.Println("Our first gRPC server ")
   listener, err := net.Listen("tcp", ":10000")

   if err != nil {
      log.Fatalf("failed to listen: %v", err)
   }

   // create a new grpc server
   grpcServer := grpc.NewServer()
   err = grpcServer.Serve(listener)

   if err != nil {
      log.Fatalf("failed to serve: %s", err)
   }
}
```

server.go 程序在代码清单 24-2 中进行了更新，作了一些更改。首先，在导入语句中添加 grpc 包。然后添加一些输出文本，从而指示正在连接到服务器。最后，使用 grpc.NewServer 创建 gRPC 服务器。同时使用之前创建的监听器，在通过现有的 TCP 连接提供服务之前，注册要公开的端点。

此时，如果保存并运行程序，应该能看到确认连接的打印输出。

```
Our first gRPC server
```

注意：在终端或命令窗口中按 Ctrl+C 键可以停止服务器。

24.5 创建聊天服务

到目前为止，我们的服务器仍然没有什么作用。我们需要公开一些客户端可用来与服务器通信的服务。如前所述，gRPC 使用 Protobuf 数据格式支持应用程序之间的通信。在上一步中，我们创建了 gRPC 服务器应用程序。现在将创建一个 Protobuf 文件，用来定义其他应用程序如何与刚刚创建的服务器进行通信。

创建一个名为 chat.proto 的文件(proto 是 Protobuf 文件的扩展名)，包含代码清单 24-3 所示的代码。将这个文件保存到代码清单 24-2 中的服务器文件所在的文件夹中。

代码清单 24-3 go/src/chat.proto

```
syntax = "proto3";
package chat;
option go_package=".;chat";

message Message {
  string body = 1;
}

service ChatService {
  rpc SayHello(Message) returns (Message) {}
}
```

proto 文件公开了 gRPC 将提供的服务。首先，定义文件中使用的语法。在本例中，使用的是 proto3。

```
syntax = "proto3";
```

注意： 关于 proto3 语言的细节不在本课的介绍范围之内，它的使用很容易理解。有关 proto3 的更多信息，可参见 Google 的 proto3 语言指南(https://developers.google.com/protocol-buffers/docs/proto3)。

然后定义要创建的包的名称。在本例中，包名为 chat。

```
package chat;
```

接下来，确定新服务被托管的位置——在本例中是一个名为 chat 的子目录，稍后将创建该目录。最后，定义一个名为 message 的消息类型和一个名为

ChatService 的服务。这个服务调用 SayHello 的 rpc，它接收一个消息作为输入并返回该消息。

然后在当前目录(代码文件所在目录)中添加一个名为 chat 的子目录，在命令提示符中运行以下命令。

```
protoc --go_out=plugins=grpc:chat chat.proto
```

运行这个命令后，在 chat 子目录中应该会看到一个名为 chat.pb.go 的文件。命令窗口本身不会有任何输出。

24.6　更新服务器代码以添加聊天服务

现在已经有了聊天服务所需的文件，接下来需要指示 gRPC 服务器公开该服务。更新服务器程序，加入代码清单 24-4 中的新代码。

代码清单 24-4　带有聊天服务的 go/src/server.go

```
package main

import (
   "fmt"
   "google.golang.org/grpc" // import the grpc package
   "log"
   "net"
   "chat" // call the chat service that was defined
)

func main() {
   fmt.Println("Our first gRPC server ")
   listener, err := net.Listen("tcp", ":10000")

   if err != nil {
      log.Fatalf("failed to listen: %v", err)
   }

   // create a new grpc server
   grpcServer := grpc.NewServer()
   ch := chat.Server{}
   chat.RegisterChatServiceServer(grpcServer, &ch)

   // register the endpoints you want to expose before serving this
   // over the existing TCP connection defined above
   err = grpcServer.Serve(listener)

   //display error in case of an error
```

```
    if err != nil {
      log.Fatalf("failed to serve: %s", err)
    }
  }
```

这个新代码创建了一个聊天服务并将服务暴露给 gRPC 服务器。RegisterChatServiceServer 函数引用了上一步使用 protoc 创建的自动生成的 chat.pb.go 文件中的一个函数。protoc 自动生成所需的函数是使用此工具的优势之一。

如果尝试运行此程序，将收到反馈消息表明 chat 未定义。

```
# command-line-arguments
.\server.go:22:10: undefined: chat.Server
```

接下来创建 chat。

24.7　创建 chat 包

在这一步中，要实现在代码清单 24-3 的 proto3 文件中定义的 SayHello 方法。这个方法将接收来自客户端的消息。

在 chat 子目录中，创建一个名为 chat.go 的文件，其中包含代码清单 24-5 中的代码。

代码清单 24-5　go/src/chat/chat.go

```
package chat

import (
  "log"
  "golang.org/x/net/context"
)

type Server struct {

}

func (s *Server) SayHello(ctx context.Context, in *Message) (*Message,
error) {
  log.Printf("Receive message body from client: %s", in.Body)
  return &Message{Body: "Hello from the Server!"}, nil
}
```

这段代码执行了几个步骤。首先，创建一个可被其他程序引用的 chat 包。然后，导入 log 和 context 包。我们使用 log 来记录客户端发送的消息。之所以使用 context 包，是因为 SayHello 函数将接收一个 Context 类型和一个 Message 类型的输入，这些类型都在此包中提供。

然后，创建一个没有字段的结构体类型 Server，该类型代表 SayHello 方法的接收器参数。在运行时，它将是 gRPC 服务器。

SayHello 方法以 Message 类型作为输入，并返回一个 Message 类型。如果出现错误，它还将返回一个 error 类型。在 SayHello 方法内部，将记录收到的消息(in 是类型为 Message 的变量，in.Body 是文本)。

每次收到一条消息时，理想情况下，都希望向客户端发送一条消息作为回复。在本例中，返回一个新的消息变量，其中包含文本"Hello from the Server! "，并将 error 设置为 nil。

本质上，这段代码将在服务器收到消息时将消息"Hello from the Server!"发送回客户端。可以通过在 proto 文件中添加定义并在 chat.go 函数中使用相同的模式来实现更多的服务。

24.8　创建客户端

建立服务器后，现在需要构建客户端。在这个步骤中，将创建一个可与先前创建的服务器进行通信的客户端。client.go 的代码如代码清单 24-6 所示。

代码清单 24-6　go/src/client.go

```
package main

import (
   "chat"
   "google.golang.org/grpc"
   "log"
   "golang.org/x/net/context"
)

func main() {

   var conn *grpc.ClientConn
   conn, err := grpc.Dial(":10000", grpc.WithInsecure())
   if err != nil {
      log.Fatalf("did not connect: %s", err)
   }
   defer conn.Close() // this will execute last
```

```
    c := chat.NewChatServiceClient(conn)

    response, err := c.SayHello(context.Background(),
&chat.Message{Body: "Hello from the Client!"})
    if err != nil {
        log.Fatalf("Error when calling SayHello: %s", err)
    }

    // display the response from the server
    log.Printf("Response from server: %s", response.Body)

}
```

client.go 中的代码执行了多个任务。它首先创建一个名为 conn 的客户端连接变量。

```
var conn *grpc.ClientConn
```

然后，使用该变量调用 grpc.Dial 方法，创建到本地地址上的 10000 端口的连接。

```
conn, err := grpc.Dial(":10000", grpc.WithInsecure())
```

错误检查将验证连接是否已创建并且未返回错误。如果返回错误(err 不等于 nil)，则使用 log.Fatalf 函数记录错误。然后提供确保连接关闭的代码。关闭是延迟执行的，以便在完成使用连接之前不会关闭它。

一旦连接建立，就可以从聊天服务创建客户端。NewChatServiceClient 函数是从 proto 文件自动生成的。将连接 conn 传递给它，这样将建立客户端 c。

使用 SayHello 从客户端(c)向服务器发送一条消息，消息内容为"Hello from the Client! "。在调用 SayHello 时，还将 context.Background()作为第一个参数进行传递，因为 context.Background()意味着 Background 返回一个非 nil 的空上下文。它永远不会被取消，没有值，也没有截止日期。它通常用于 main 函数、初始化和测试，并作为传入请求的顶级上下文使用。

另一个可以使用的上下文是 context.Package()。context 包定义了 Context 类型，它在 API 边界和进程之间传递截止日期、取消信号和其他请求范围的值。对服务器的传入请求应该创建一个 Context，对服务器的传出调用应该接收一个 Context。

在使用 SayHello 发送"Hello from the Client! "消息后，将在变量 response 中接收到响应和错误代码。然后，将从服务器打印此响应。

24.9　运行服务器和客户端

在一个终端上运行服务器，同时查找它，并显示消息，这样就能确认它正在运行。然后在另一个终端窗口中运行客户端，查看应用程序之间的通信。我们应该会看到类似图 24-2 的结果。

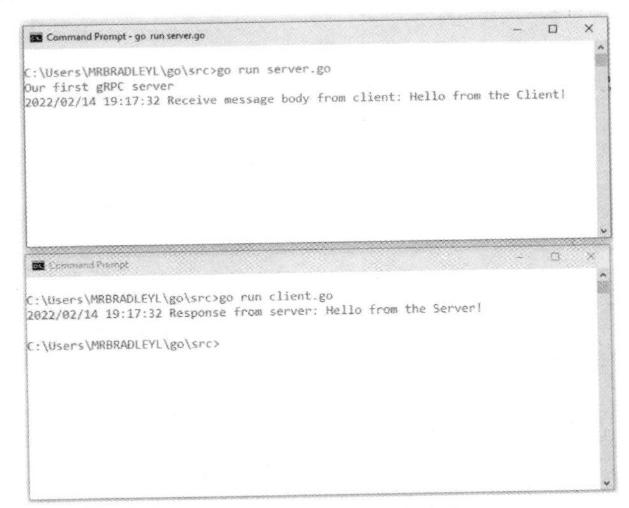

图 24-2　运行服务器和客户端

24.10　本课小结

本课展示了如何使用 gRPC 实现服务器和客户端之间的消息共享。正如所看到的，gRPC 比 REST 服务更轻量级且更具灵活性。gRPC 被大多数编程语言支持，包括 Go。以本课代码为基础，我们可以去构建自己的交互式服务器和客户端。

注意：本课的练习要求你扩展所学知识，创建一个更有意义的程序。

24.11 本课练习

下面的练习可以让你尝试本课介绍的工具和概念。对于每个练习，请编写一个满足指定要求的程序并验证程序是否按预期运行。

练习 24-1：聊天助手

使用本课中开发的代码，创建一个聊天助手，其中客户端可以发送关键词请求，服务器提供适当的响应。例如

- 如果客户端发送的关键字是 weather，则服务器将回复与天气有关的消息。
- 如果客户端发送的关键字是 market，则服务器将回复与股票市场有关的消息。

作为第一次尝试，先专注于一个功能并将其做好。之后可以添加其他功能。

练习 24-2：实时天气

以练习 24-1 为基础，更新解决方案。利用 REST API 知识，添加一个功能，使得当客户端询问天气时，服务器将查询位于 www.weatherapi.com 的天气 API。

练习 24-3：添加股票信息

以练习 24-1 为基础，更新解决方案，添加实时股票报价。使用公共可用的 API 访问个股价格。当客户端向服务器发送股票代码时，服务器应返回该股票的价格。

第 25 课

综合练习：使用智能数据

在本课中，将整合前面所学知识，使用 Go 创建一个强大的应用程序。我们将构建一个 API，允许用户从第三方 API 检索数据。

本课目标

- 构建一个应用程序来访问第三方 API
- 通过 RPC 和 API 处理地理位置数据
- 通过 API 访问股票信息
- 将 gRPC 应用到实际的解决方案中

> **注意：** 本课代码是在 Go 的 1.17.2 版本下创建和运行的。在以后的版本中，可能需要进行一些更改。

25.1 项目概要

本课将构建一个处理地理位置和金融信息的 API。具体来说，将实现如下功能。

- 地理位置。当发送一个物理地址(世界上的任何地方)时，API 将返回该地址的纬度/经度以及其他地理编码信息。
- 金融。当发送一个股票、共同基金、交易所交易基金(ETF)等的代码时，API 将返回相应的报价。

乍一看，这个应用程序可能很复杂，因为我们没有相对于地址的纬度/经度数据库。此外，没有一个能够提供准确金融报价的实时数据库。幸运的是，第三方网站提供了一种通过API访问这些信息的简单方法。

对于创建访问地理位置数据的API函数，Google Maps API允许根据输入地址检索纬度/经度数据。对于访问金融数据，Yahoo Finance API允许根据输入股票或基金代码检索相应的报价。

换句话说，我们的API将利用其他第三方API来聚合不同类型的数据，例如地图数据和金融数据。这个API的一个应用是用于构建一个仪表板应用程序，用户可以查看他们关注的股票的当前信息、他们的当前位置以及其他相关信息。此API的其他用途可能包括根据输入地址检索天气数据或根据兴趣列表检索新文章列表。

现在，让我们关注之前建立的两个功能(地理位置和金融)。我们将继续设计我们的API。

25.2 设计我们的API

如前所述，我们将利用两个不同的第三方API (Yahoo和Google)在我们的API中创建两个服务。这两个API都很容易使用。但是，正如稍后将看到的，这两个API提供了不同的数据检索方法。

注意：使用的API来自第三方。如果编写本课之后API发生了变化，则可能需要调整本课提供的信息。

我们的API必须从另两个API中获取数据，因此应该考虑隔离它与每个其他API之间的交互。换句话说，我们的API应该将获取地理位置和金融数据的工作委托给另一个应用程序。这样做，我们的API将主要集中在处理客户端的输入请求，并将信息检索委托给其他两个应用程序，它们将分别查询Yahoo Finance API和Google Maps API。这样可以针对Yahoo Finance API和Google Maps API分别使用两个不同的应用程序进行交互。每个应用程序都是完全独立的。由于依赖第三方API，因此重要的是将两者分开，以便如果一个应用程序出现故障，仍然可以从第二个API中获取数据。从宏观角度看，我们的应用程序的架构将类似于图 25-1。

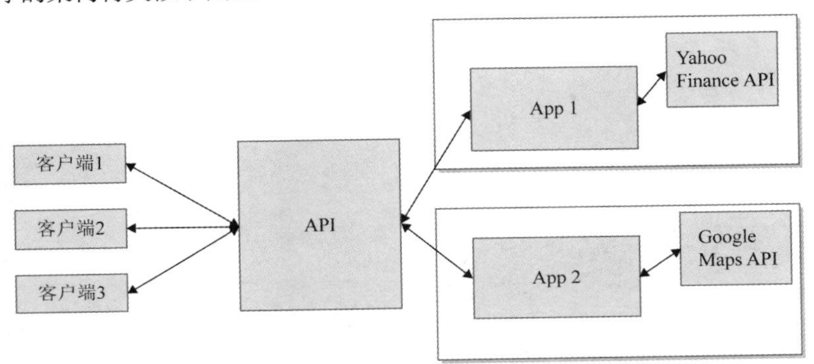

图 25-1　我们的智能数据应用的架构

客户端将能够向我们的 API 发送请求以获取地理位置和金融数据。我们的 API 将处理来自客户端的输入请求，并将请求委托给适当的应用程序，该应用程序将处理与第三方 API 的交互。

这就是 gRPC 发挥作用的地方。图 25-1 中显示的 App 1 和 App 2 应用程序可以通过 gRPC 实现。这样，将为每个应用程序提供一个服务器，该服务器将处理与第三方 API 之间的通信。这还将允许在同时运行两个服务器时单独实现每个服务器。

总的来说，需要实现以下应用程序。

- API：这个 API 应用程序有 3 个端点。
    - 主页：这是我们 API 的一个简单的登录端点。
    - 检索地理位置：此端点将处理与地理位置相关的请求。
    - 检索报价：此端点将处理与金融数据相关的请求。
- gRPC 服务器：gRPC 服务器负责处理与第三方 API 的通信。
    - 服务器 1(地理位置服务器)：这个 gRPC 服务器将专门处理与 Google Maps API 的通信。该服务器将包含一个 RPC，用于处理与第三方 API 的通信。
    - 服务器 2(金融服务器)：这个 gRPC 服务器将专门处理与 Yahoo Finance API 的通信。该服务器将包含一个 RPC，用于处理与第三方 API 的通信。

- 我们的 API 将能够远程执行 RPC 以检索数据并将数据返回给客户端。

我们的架构如图 25-2 所示。

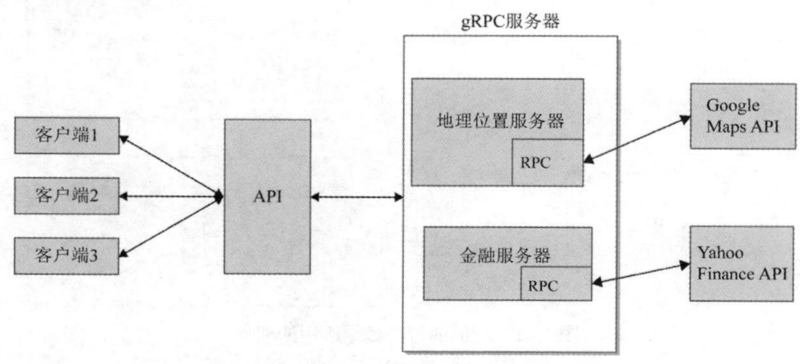

图 25-2　我们的新应用程序架构

如图 25-2 所示，外部客户端将能够向我们的 API 发送请求。此外，我们的 API 将连接到 gRPC 服务器并远程执行 RPC，这将允许从 Google Maps API 和 Yahoo Finance API 检索数据。如预期的那样，gRPC 服务器将包括两个服务器——地理位置服务器和金融服务器。

25.3　实现 gRPC 服务器

首先介绍如何实现 gRPC 服务器。虽然两个底层服务器将服务于两种不同类型的数据，并且两者的实现也不同，但设计步骤是相似的。

大致按如下步骤操作。

(1) 创建一个基本的 gRPC 服务器。

(2) 创建地理位置服务器并将其注册到 gRPC 服务器。

　(a) 访问 Google Maps API 网站，获得对 API 的访问并熟悉 API。

　(b) 在地理位置服务器的 RPC 中实现调用 Google Maps API 和检索地理位置信息所需的代码。

(3) 创建金融服务器并将其注册到 gRPC 服务器。

　(a) 访问 Yahoo Finance API 网站，获得对 API 的访问并熟悉 API。

　(b) 在金融服务器的 RPC 中实现调用 Yahoo finance API 和检索报价信

息所需的代码。

> **注意：** 第 24 课介绍过创建 gRPC，本课还会用到它。

如上所述，我们将拥有一个注册了地理位置服务器和金融服务器的单一 gRPC 服务器。可以将两个服务器都注册到我们的 gRPC 服务器以监听传入的请求。利用第 24 课的代码，可得到 gRPC 服务器代码的初稿，如代码清单 25-1 所示。将此代码保存为 main.go 文件并放在项目的根目录中。

代码清单 25-1　gRPC 服务器代码初稿：main.go

```
package main

import (
  "fmt"
  "google.golang.org/grpc"
  "log"
  "net"
)

func main() {
  fmt.Println("Smart Data Server ")
  listener, err := net.Listen("tcp", ":9997")
  if err != nil {
    log.Fatalf("failed to listen: %v", err)
  }
  grpcServer := grpc.NewServer()
  err = grpcServer.Serve(listener)
  if err != nil {
    log.Fatalf("failed to serve: %s", err)
  }
}
```

在这段代码中，创建了一个 gRPC 服务器，监听 9997 端口上的传入请求。由于代码还很简单，接下来丰富它的内容。

前面提到需要实现两个服务器：一个用于地理位置数据，另一个用于金融数据。地理位置服务器将处理与 Google Maps API 的通信，金融服务器将处理与 Yahoo Finance API 的通信。每个服务器都与其他服务器完全独立。让我们首先为这两个服务器创建外壳。

25.3.1　地理位置服务器外壳

要创建地理位置服务器外壳，首先在项目根目录中创建代码清单 25-2 中所示的 proto 文件。如在代码中所看到的，这里只是定义了 GeoLocationService，其中包括一个名为 getGeoLocationData 的 RPC 方法。该方法将处理对 Google API 的请求，并将返回结果发送给在代码清单 25-1 中创建的 gRPC 服务器。

代码清单 25-2　geolocation.proto

```
syntax = "proto3";
package geolocation;
option go_package="./geolocation";
message Message {
  string body = 1;
}
service GeoLocationService {
  rpc getGeoLocationData(Message) returns (Message) {}
}
```

接着，在根目录下创建一个名为 geolocation 的新目录。在根目录下运行以下命令生成地理位置服务器的样板代码。

```
protoc --go_out=plugins=grpc:geolocation geolocation.proto
```

此命令将在 geolocation/geolocation 目录下生成一个名为 geolocation.pb.go 的文件。该代码包括了地理位置服务器和客户端的样板代码。

然后通过将刚刚创建的服务器添加到在代码清单 25-1 中创建的 main.go 文件中来注册该服务器。更新的代码显示在代码清单 25-3 中。

代码清单 25-3　更新 main.go 以注册新服务器

```
package main

import (
  "./geolocation/geolocation"
  "fmt"
  "google.golang.org/grpc"
  "log"
  "net"
)

func main() {
  fmt.Println("Smart Data Server ")
  listener, err := net.Listen("tcp", ":9997")
  if err != nil {
     log.Fatalf("failed to listen: %v", err)
  }
  grpcServer := grpc.NewServer()
  // adding geolocation server
  ch1 := geolocation.Server{}
```

```
    geolocation.RegisterGeoLocationServiceServer(grpcServer, &ch1)

    err = grpcServer.Serve(listener)
    if err != nil {
      log.Fatalf("failed to serve: %s", err)
    }
  }
```

仔细观察可见，main.go 文件除了添加两个指令外没有改变。在第一个指令中，创建了一个名为 ch1 的地理位置服务器。在第二个指令中，将其注册为 gRPC 的一部分。记住，此时如果想运行 main.go 代码，它将抛出错误，因为还需要实现来自 proto 文件的 RPC 方法以及 Server 结构体。

在 geolocation.pb.go 文件所在的 geolocation 目录中，将代码清单 25-4 中的代码添加到一个新的 geolocation.go 文件中。

代码清单 25-4　geolocation 目录中的 geolocation.go 文件

```
package geolocation

import (
  "golang.org/x/net/context"
  "log"
)

type Server struct {
}

func (s *Server) GetGeoLocationData(ctx context.Context, in *Message)
(*Message, error) {
  log.Println("Incoming GeoLocation Request")
  return &Message{Body: "Hello"}, nil
}
```

这里只是为Server类型创建了一个空结构体，并对RPC方法 GetGeoLocationData 给出了一个非常基本的实现。在本例中，返回一个"Hello"消息。此时，main.go 文件中的所有错误都应该清除了。

> **注意：** 后面将互换使用“函数”和 RPC 来称呼 GetGeoLocationData，因为 Go 中的 RPC 实现是使用函数完成的。

要查看所有操作，可为我们的 gRPC 创建一个基本的客户端。在根目录中，创建一个 client_geolocation.go 文件，并将代码清单 25-5 中的代码添加到该文件中。

代码清单 25-5 根目录中的 client_geolocation.go

```
package main

import (
  "./geolocation/geolocation"
  "golang.org/x/net/context"
  "google.golang.org/grpc"
  "log"
)

func main() {
  var conn *grpc.ClientConn
  conn, err := grpc.Dial(":9997", grpc.WithInsecure())
  if err != nil {
     log.Fatalf("did not connect: %s", err)
  }
  defer conn.Close()
  c := geolocation.NewGeoLocationServiceClient(conn)
  response, err := c.GetGeoLocationData(context.Background(),
&geolocation.Message{Body: "Hello"})
  if err != nil {
     log.Fatalf("Error when retrieving GeoLocation Data: %s", err)
  }
  // display the response from the server
  log.Printf("Response from server: %s", response.Body)

}
```

在这个代码中，利用了前一课中的相同代码来创建一个基本的客户端。该客户端连接到 9997 端口，然后创建一个新的地理位置服务客户端(使用在 geolocation.pb.go 文件中生成的样板代码)。最后，在 gRPC 服务器上执行 RPC 方法 GetGeoLocationData。这里，发送一条消息"Hello"(且也会收到回复的"Hello")。最后，记录来自 gRPC 服务器的响应。

首先运行 main.go 文件，然后运行 client_geolocation.go 文件。如果一切顺利，应该从 gRPC 服务器看到"Hello"消息，如图 25-3 所示。

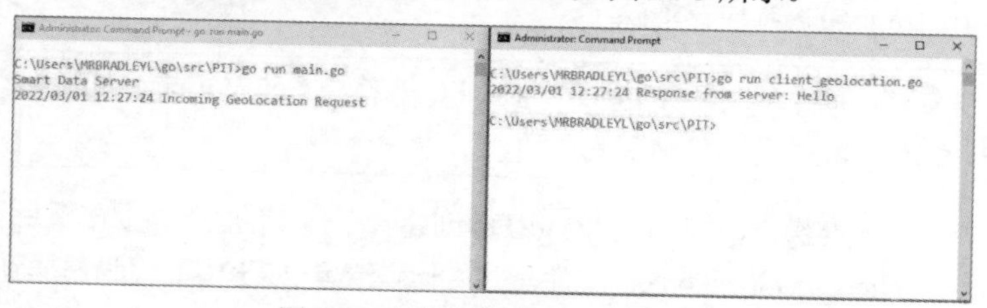

图 25-3 运行中的客户端和服务器

1. 访问 Google 位置数据

到目前为止，我们只实现了一个非常基本的 gRPC 服务器，它的功能非常有限。我们要改变这一点。如之前介绍的，地理位置 RPC 将从客户端接收地址，并查询 Google Maps API 以检索有关输入地址的地理位置信息。

首先，获取对 Google Maps API 的访问权限。换句话说，为查询地图 API，需要生成一个 API 密钥，该密钥将授权访问 API 并允许与它交互。要生成 API 密钥，可访问 https://developers.google.com/maps/get-started#api-key，并按照其中的步骤进行操作。

请妥善保管 API 密钥。生成的 API 密钥将授予访问 Google Maps API 的权限。对地图 API 的请求需要付费，因此要保护好 API 密钥。截至编写本书时，注册 Google Cloud 账户需要付费 200 美元。

现在，已经有了一个 API 密钥，让我们检查如何通过 Go(换句话说，通过我们的 RPC) 以编程方式与地图 API 交互。幸运的是，Go 通过一个名为 googlemaps.github.io/maps 的包提供对 Google Maps API 的支持。GitHub 上提供了如何使用该包的示例，地址为 https://github.com/googlemaps/googlemaps-services-go。

可以使用 go get 下载该软件包。在命令行中输入以下代码。

```
go get googlemaps.github.io/maps
```

2. 更新 geolocation.go

接下来，更新 geolocation.go 文件，代码如代码清单 25-6 所示。

代码清单 25-6　调用 Google Maps API 的 geolocation.go 文件

```
package geolocation

import (
  "encoding/json"
  "errors"
  "golang.org/x/net/context"
  "googlemaps.github.io/maps"
  "log"
)

type Server struct {
}
```

```
var GOOGLE_API_KEY string = "XXXXXXXXXXXXXXXXXXXXXXXXXXXXXXXXXXXXXXX"
var STD_ERROR = errors.New("Unable to retrieve GeoLocation Data from
the Google Maps API. Please check the address or try again later.")

func (s *Server) GetGeoLocationData(ctx context.Context, in *Message)
(*Message, error) {
  log.Println("Incoming GeoLocation Request")
  c, err := maps.NewClient(maps.WithAPIKey(GOOGLE_API_KEY))
  if err != nil {
    return &Message{Body: "Error"}, STD_ERROR
  }
  r := &maps.GeocodingRequest{
    Address: in.GetBody(), // you retrieve the address from the
                           // Message in body
  }
  geocode, err := c.Geocode(context.Background(), r)
  if err != nil {
    return &Message{Body: "Error"}, STD_ERROR
  }
  if len(geocode) < 1 { // the geocode result returned is empty due
                        // to erroneous address
    return &Message{Body: "Error"}, STD_ERROR
  }
  geocodeJson, err := json.Marshal(geocode) // convert the geocode result to
                                            // json string so you can return it.
  if err != nil {
    return &Message{Body: "Error"}, STD_ERROR
  }
  return &Message{Body: string(geocodeJson)}, nil
}
```

注意：代码清单25-6中高亮显示的字符串需要替换为之前获得的密钥。

代码清单25-6添加了一些内容，稍后将逐步讨论。首先，导入maps包，这将允许与Google Maps API进行交互。

接着，创建两个变量。第一个是API密钥，其中硬编码了在上一步中从地图API生成的API密钥。需要将分配给GOOGLE_API_KEY的字符串替换为你自己的密钥。第二个变量是标准错误。需要注意的是，我们的RPC主要接收来自我们自己的API(将在稍后开发)的请求，然后与Google Maps API通信以获取请求所需的数据，并将其发送回我们的API。为了将来自Google Maps API的错误隔离到我们自己的API中，如果出现问题，将返回一个标准消息给我们的API。

在GetGeoLocationData方法中，执行了多个操作。首先，使用我们的API密钥启动一个新的地图客户端。这个客户端将允许查询地图API(只要API密钥有效)。如果从客户端捕获到错误(API 密钥无效或 Maps API 故障)，则返回一个带有正文 Error 和先前创建的标准错误的消息。

然后，在 GetGeoLocationData 方法中，使用地图客户端创建一个地理编码请求。输入的地址存储在输入消息的正文中。只需要将该值传递给来自地图客户端的 GeocodingRequest 函数即可。

在下一步中，使用 Geocode 函数执行地理编码请求。该函数将请求发送到 API，检索与输入地址相关联的数据并将其作为响应返回。像往常一样，需要检查是否存在任何错误。如果有错误，则返回一个错误消息。

继续执行代码，接下来检查地理编码结果是否为空(如果地址无效，结果将为空)。如果结果为空，则返回标准错误。如果没有抛出任何错误，则将地理编码结果转换为 JSON 字符串，以便可以返回到消息的正文中。如果由于数据编组发生任何错误，则返回标准错误。

最后，返回包含正文的有效消息，包括地理编码的结果。

3. 更新 client_geolocation.go

现在，更新 client_geolocation.go 文件，以便在将发送到 RPC 的消息正文中包含实际地址。使用代码清单 25-7 中的代码更新 client_geolocation.go 文件。

代码清单 25-7　更新 client_geolocation.go

```
package main

import (
  "./geolocation/geolocation"
  "golang.org/x/net/context"
  "google.golang.org/grpc"
  "log"
)

func main() {
  var conn *grpc.ClientConn
  conn, err := grpc.Dial(":9997", grpc.WithInsecure())
  if err != nil {
    log.Fatalf("did not connect: %s", err)
  }
  defer conn.Close()
  c := geolocation.NewGeoLocationServiceClient(conn)
  response, err := c.GetGeoLocationData(context.Background(),
&geolocation.Message{Body: "123 Main Street Louisville"})
  if err != nil {
    log.Fatalf("Error when retrieving GeoLocation Data: %s", err)
```

```
    }
    // display the response from the server
    log.Printf("Response from server: %s", response.Body)

}
```

这段代码与之前的版本相比没有太大变化。这里将要发送的正文为"Hello"的消息替换为实际要进行地理编码的地址。在本例中，发送的是地址"123 Main Street Louisville"。这样，RPC将访问该地址并查询地图API，然后在响应消息中返回地理编码结果。

让我们先运行main.go文件，然后再运行client_geolocation.go文件进行测试。运行客户端的结果如下所示。正如所看到的，可以JSON格式接收地理编码结果。

```
2022/02/19 18:38:01 Response from server:
[{"address_components":[{"long_name":"123","short_name":"123",
"types":["street_number"]},{"long_name":"West Main Street","short_name":
"W Main St","types":["route"]},{"long_name":"Downtown","short_name":
"Downtown","types":["neighborhood","political"]},{"long_name":
"Louisville","short_name":"Louisville","types":["locality",
"political"]},{"long_name":"Jefferson County","short_name":
"Jefferson County","types":["administrative _area_level_2",
"political"]},{"long_name":"Kentucky","short_name":"KY","types":
["administrative_area_level_1","political"]},{"long_name":"United
States","short_name":"US","types":["country","political"]},
{"long_name":"40202","short_name":"40202","types":["postal_code"]},
{"long_name":"1343","short_name":"1343","types":["postal_code_
suffix"]}],"formatted_address":"123 W Main St, Louisville, KY 40202,
USA","geometry":{"location": {"lat":38.2564611,"lng":-85.7526251},
"location_type":"ROOFTOP","bounds":{"northeast":{"lat":38.2566211,
"lng":-85.7525723},"southwest":{"lat":38.2563198,"lng":-85.752714}},
"viewport": {"northeast":{"lat":38.2577519302915,"lng":
-85.75129416970849},"southwest":{"lat":38.2550539697085,"lng":-85.
75399213029151}}, "types":null},"types":["premise"],"place_id":
"ChIJodFBbbxyaYgRwIcceIGSRWI","partial_match":false,"plus_code":
{"global_code":"","compound_code":""}}]
```

如果将输入地址替换为无效地址(例如，将Louisville地址替换为"Hello how are you")，则会看到以下错误消息。

```
2022/02/19 18:43:31 Error when retrieving GeoLocation Data: rpc error:
code = Unknown desc = Unable to retrieve GeoLocation Data from the Google
Maps API. Please check the address or try again later.
exit status 1
```

此时，已经有了一个基本的gRPC服务器，它能够查询Google Maps API并检索输入地址的地理编码结果。可以在代码中输入其他地址以查看实际效果。

如果运行程序时遇到问题

如果在使用地理位置数据运行程序时遇到问题，则首先要确认你的代码与本课中的代码清单是否匹配。如果它们匹配，那么请确保使用的 API 密钥是正确的。

如果使用了正确的 API 密钥且仍然遇到问题(例如“未经授权的应用”错误)，则请确保已启用用于获取 API 的 Google 账户。需要确保已激活计费，这包括添加计费信息(尽管 Google 表示他们不会收费)。如果还有问题，请确保在用于获取 API 的 Google 账户的仪表板中启用了 Google Geocoding API。

25.3.2　金融服务器外壳

接下来，将为金融服务器执行相同的步骤。首先，在根目录中创建 finance.proto 文件，该文件显示在代码清单 25-8 中。在此代码中，定义了 FinanceService 函数，其中包括一个名为 getQuoteData 的 rpc 方法。此方法将处理对 Yahoo Finance API 的请求，并将返回结果发送给早先创建的 gRPC 服务器。

代码清单 25-8　finance.proto

```
syntax = "proto3";
package finance;
option go_package="./finance";
message Message {
 string body = 1;
}
service FinanceService {
  rpc getQuoteData(Message) returns (Message) {}
}
```

接着，在根目录下创建一个新目录，命名为 finance。当创建完目录后，通过运行以下命令来生成金融服务器的样板代码。

```
protoc --go_out=plugins=grpc:finance finance.proto
```

此命令将在 finance/finance 目录下生成 finance.pb.go 文件。该代码包括服务器的样板代码。

现在，可以将刚刚创建的服务器添加到先前创建的 main.go 文件中。使用代码清单 25-9 中的代码更新 main.go 文件。

代码清单 25-9　使用金融服务器代码更新 main.go

```
package main

import (
  "./finance/finance"
  "./geolocation/geolocation"
  "fmt"
  "google.golang.org/grpc"
  "log"
  "net"
)

func main() {
  fmt.Println("Smart Data Server ")
  listener, err := net.Listen("tcp", ":9997")
  if err != nil {
     log.Fatalf("failed to listen: %v", err)
  }
  grpcServer := grpc.NewServer()
  // adding geolocation server
  ch1 := geolocation.Server{}
  geolocation.RegisterGeoLocationServiceServer(grpcServer, &ch1)
  // adding finance server
  ch2 := finance.Server{}
  finance.RegisterFinanceServiceServer(grpcServer, &ch2)
  err = grpcServer.Serve(listener)
  if err != nil {
     log.Fatalf("failed to serve: %s", err)
  }
}
```

此更新添加了两条指令。在第一条指令中，创建一个金融服务器，而在第二条指令中，将该服务器注册到 gRPC 中。注意，此时我们的 gRPC 服务器既注册了金融服务器，也注册了地理位置服务器。

记住，如果此时运行 main.go 文件将会出现错误，因为还需要实现来自 proto 文件的 rpc 方法和 Server 结构体。

在 finance 目录中，将代码清单 25-10 中的代码添加到一个新的 finance.go 文件中。

代码清单 25-10　finance.go

```
package finance

import (
  "golang.org/x/net/context"
  "log"
)
```

```
type Server struct {
}

func (s *Server) GetQuoteData(ctx context.Context, in *Message)
(*Message, error) {
  log.Println("Incoming Quote Request")
  return &Message{Body: "Hello"}, nil
}
```

此代码实现了空的 Server 结构体并为 GetQuoteData 提供了基本实现。在本例中，从 GetQuoteData 方法返回一个简单的"Hello"消息。

此时，main.go 文件中的所有错误都应该消失了。要看到所有内容的运行效果，可为第二个 RPC 创建一个基本客户端。在根目录中创建一个 client_finance.go 文件并添加代码清单 25-11 中的代码。

代码清单 25-11　client_finance.go

```
package main

import (
  "./finance/finance"
  "golang.org/x/net/context"
  "google.golang.org/grpc"
  "log"
)

func main() {
  var conn *grpc.ClientConn
  conn, err := grpc.Dial(":9997", grpc.WithInsecure())
  if err != nil {
    log.Fatalf("did not connect: %s", err)
  }
  defer conn.Close()
  c := finance.NewFinanceServiceClient(conn)
  response, err := c.GetQuoteData(context.Background(),
&finance.Message{Body: "Hello"})
  if err != nil {
    log.Fatalf("Error when retrieving the Quote Data: %s", err)
  }
  // display the response from the server
  log.Printf("Response from server: %s", response.Body)
}
```

在 client_finance.go 文件中，创建了一个基本客户端。该客户端连接到 9997 端口，然后使用 finance.pb.go 中的样板代码创建了一个新的金融服务客户端。最后，在 gRPC 服务器上执行 RPC 方法 GetQuoteData。在本例中，发送了一条"Hello"消息(并且将收到一条"Hello"回复)。最后，记录了来自 gRPC 服务器的响应。

首先运行 main.go 文件，然后运行 client_finance.go 文件。如果一切顺利，应该会从 gRPC 服务器看到"Hello"。

1. 访问 Yahoo 金融数据

金融服务器目前能完成的事情有限，因此让我们来了解如何添加必要的代码以允许 GetQuoteData 查询 Yahoo Finance API 并检索金融信息。例如，如果 GetQuoteData 向 Yahoo Finance API 发送 AAPL，它应该返回与苹果公司有关的所有相关股票信息。

为实现这一点，首先需要了解 Yahoo Finance API 的工作原理。可以通过访问 www.yahoofinanceapi.com 来了解这一点，如图 25-4 所示。

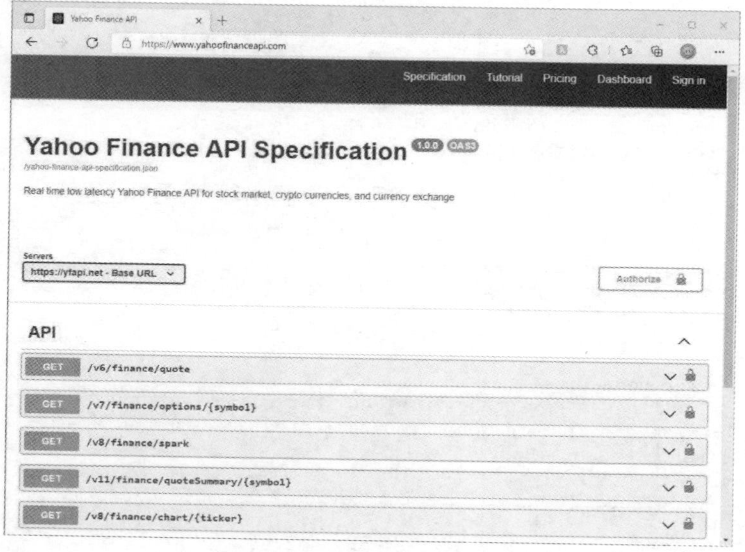

图 25-4 Yahoo Finance API 规范

应该看到一个类似于图 25-4 的页面，该页面展示了 Yahoo Finance API 的工作原理并包括了 API 的链接。点击/v6/finance/quote 以展开该部分，如图 25-5 所示。

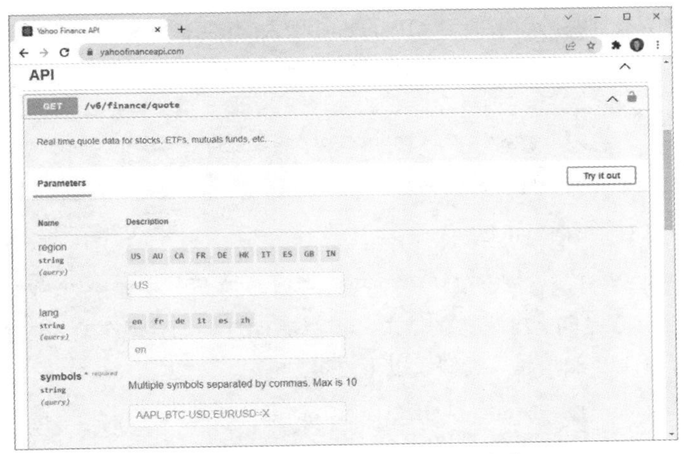

图 25-5　展开的/v6/finance/quote 选项

如果看到图 25-5 中的 Try it out 按钮，则单击它。这将打开端点，从而可以更改它们。quote 端点允许根据股票代码列表、区域和语言检索报价。为简单起见，我们将专注于把美国和英语作为区域和语言，但你也可以自由尝试其他地区和语言以查看结果。

在 symbols 字段中，删除除 AAPL 外的所有信息，如图 25-6 所示。然后单击 Execute 按钮。

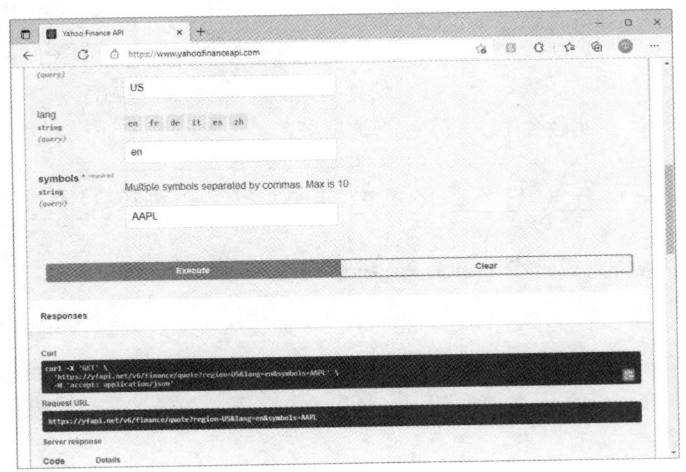

图 25-6　修改股票代码(只保留 AAPL)

正如所看到的，用于调用 API 的 curl 请求(类似于 Postman 的命令行版本)已经显示出来。可能需要向下滚动才能看到 curl 语句。

```
curl -X 'GET' \
  'https://yfapi.net/v6/finance/quote?region=US&lang=en&symbols=
  AAPL' \
  -H 'accept: application/json'
```

还可以看到请求 URL。

```
https://yfapi.net/v6/finance/quote?region=US&lang=en&symbols=AAPL
```

这个 URL 是向 API 发出的请求，类型是 GET。如果现在输入这个 URL，将收到来自 API 的消息，类似于以下内容。

```
{"message":"Forbidden","hint":"Sign up for API key
www.yahoofinanceapi.com/tutorial"}
```

为使用 API，需要在 Yahoo 中创建一个密钥。在此之前，可以进一步向下滚动以查看 API 将返回的响应示例。

2. 注册以获取 Yahoo Finance API 密钥

要使用 Yahoo Finance API，需要一个密钥。必须注册才能创建密钥。截至编写本书时，可以使用自己的密钥每天发起最多 100 个请求，而无需任何费用。对这课而言，这足够了。

要创建一个密钥，必须先创建一个账户。可以通过单击 Sign in 按钮并选择 Create Account 选项卡来完成此操作。你将被要求输入用户名(电子邮件地址)及密码。一旦确认了新账户，将看到一个页面，显示 API 密钥和基本方案，如图 25-7 所示(在此截图中，API 密钥被屏蔽)。

> **注意：**一旦生成 API 密钥，请妥善保管该密钥，以便在你的 RPC 中使用它。

3. 以编程方式查询 Yahoo Finance API

下一步是弄清楚如何在我们的 RPC 中通过编程方式查询 Yahoo Finance API。在地理位置 RPC 中，我们利用 Go 中实现的 maps 包来查询 Google Maps API。遗憾的是，对于 Yahoo Finance API 来说，没有这样的东西，因此需要我们自己编程来实现。

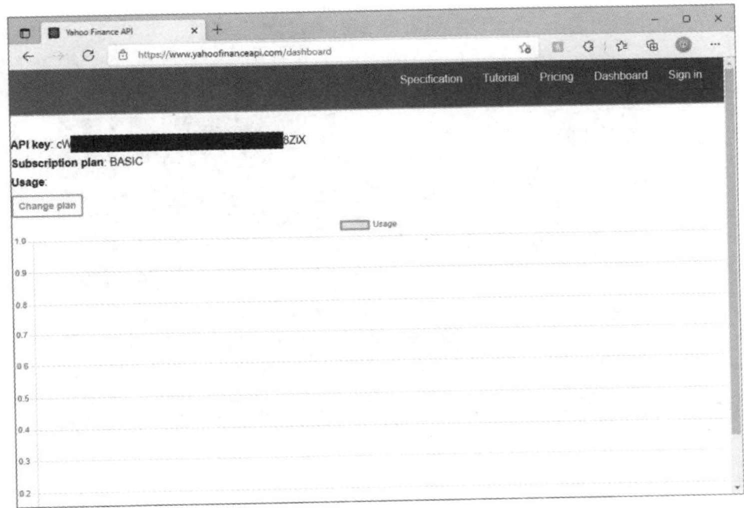

图 25-7　Yahoo Finance API 的基本订阅方案

如前所述，已经有了用于检索有关苹果公司股票报价的 Yahoo Finance 请求的 curl 命令。如果回到 www.yahoofinanceapi.com 页面并再次展开/v6/finance/quote API)，执行请求以获取 AAPL 报价信息，将看到 curl 命令中已经包含你的密钥。

```
curl -X 'GET' \
  'https://yfapi.net/v6/finance/quote?region=US&lang=en&symbols=
  AAPL' \
  -H 'accept: application/json' \
  -H 'X-API-KEY: XXXXXXXXXXXXXXXXXXXXXXXXXXXXXXXXXXXXXXXX'
```

注意： 需要将 XXXXXXXXXXXXXXXXXXXXXXXXXXXXXXXXXXXXXXXX 字符串替换为你自己的密钥。

此外，如果再次将股票代码更改为 AAPL 并单击 Execute 按钮，则这次将看到调用 API 时显示的实际响应，如图 25-8 所示，而不是示例。

图 25-8 是 Yahoo Finance API 的输出。这个来自 quote API 端点的响应可以满足我们程序的需求。在 RPC 中，把这个股票代码发送给 Yahoo Finance API，然后就可以从浏览器中以 JSON 格式获取结果，如图 25-8 所示。

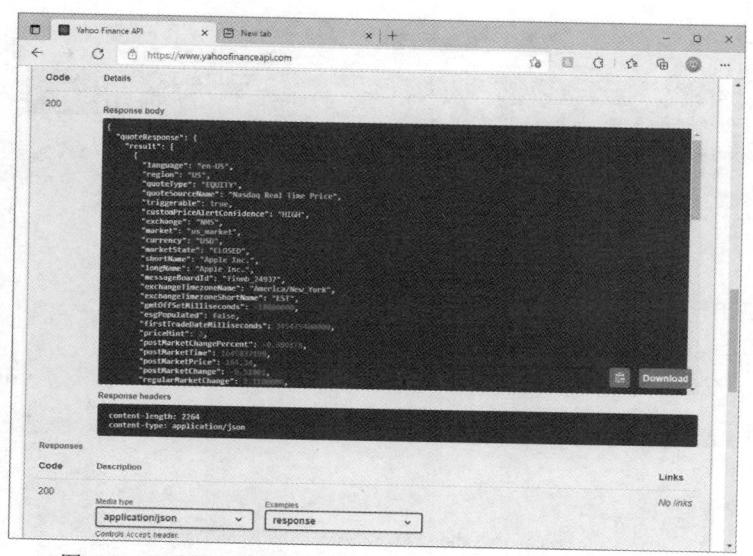

图25-8 浏览器中通过RPC调用qutote API得到的JSON格式响应

如果在终端(对于macOS或Linux来说)或PowerShell(对于Microsoft Windows来说)上安装了curl，则可以在终端中运行curl/HTTP命令，会收到以下JSON结果。

```
User % curl -X 'GET' \
  'https://yfapi.net/v6/finance/quote?region=US&lang=en&symbols=
  AAPL' \
  -H 'accept: application/json' \
  -H 'X-API-KEY: XXXXXXXXXXXXXXXXXXXXXXXXXXXXXXXXXXXXXXXX'
{"quoteResponse":{"result":[{"language":"en-US","region":"US",
"quoteType":"EQUITY","quoteSourceName":"Delayed Quote",
"triggerable": true,"currency":"USD","exchange":"NMS","shortName":
"Apple Inc.", "longName":"Apple Inc.","messageBoardId":"finmb_24937",
"exchangeTimezoneName":"America/New_York","exchangeTimezoneShortName":
"EST","gmtOffSetMilliseconds":-18000000,"market":"us_market",
"esgPopulated":false,"tradeable":false,"firstTradeDateMilliseconds":
345479400000,"priceHint":2,"postMarketChangePercent":-0.47818473,
"postMarketTime":1645232400,"postMarketPrice":166.5,"postMarketChange":
-0.80000305,"regularMarketChange":-1.5800018,"regularMarketChangePercent":
-0.93557656,"regularMarketTime":1645218002,"regularMarketPrice":
167.3,"regularMarketDayHigh":170.5413,"regularMarketDayRange":
"166.19 - 170.5413","regularMarketDayLow":166.19, "regularMarketVolume":
82772674,"regularMarketPreviousClose":168.88,"bid":166.37,"ask":
166.59,"bidSize":9,"askSize":8,"fullExchangeName":"NasdaqGS",
"financialCurrency":"USD","regularMarketOpen":169.82,
"averageDailyVolume3Month":101533156,"averageDailyVolume10Day":
```

```
77665000,"fiftyTwoWeekLowChange":51.090004,
"fiftyTwoWeekLowChangePercent":0.4396352,"fiftyTwoWeekRange":
"116.21 - 182.94", "fiftyTwoWeekHighChange":-15.639999,
"fiftyTwoWeekHighChangePercent":-0.08549251,"fiftyTwoWeekLow":
116.21,"fiftyTwoWeekHigh":182.94,"dividendDate":1644451200,
"earningsTimestamp":1643301000,"earningsTimestampStart":1651003200,
"earningsTimestampEnd":1651521600,"trailingAnnualDividendRate":
0.865,"trailingPE":27.8138,"trailingAnnualDividendYield":0.00512198,
"epsTrailingTwelveMonths":6.015,"epsForward":6.56,"epsCurrentYear":
6.16,"priceEpsCurrentYear":27.159092,"sharesOutstanding":16319399936,
"bookValue":4.402,"fiftyDayAverage":172.4622,"fiftyDayAverageChange":
-5.162201,"fiftyDayAverageChangePercent":-0.029932361,
"twoHundredDayAverage":151.1004,"twoHundredDayAverageChange":
16.1996,"twoHundredDayAverageChangePercent":0.10721084,"marketCap":
2730235789312,"forwardPE":25.50305,"priceToBook":38.005455,
"sourceInterval":15,"exchangeDataDelayedBy":0,"pageViewGrowthWeekly":
0.052849803,"averageAnalystRating":"1.8 - Buy",
"marketState":"CLOSED","displayName":"Apple","symbol":"AAPL"}],
"error":null}}%
                                                    User %
```


可以使用 Go 构建一个 HTTP 请求，该请求执行与此 curl 命令相同的操作。可以利用 net 包构建自己的 HTTP 请求并查询 Yahoo Finance API。为理解需要做什么，可以查看代码清单 25-12 中的 BuildYahooRequest 函数。

代码清单 25-12　BuildYahooRequest 函数

```
var YAHOO_API_KEY string = "XXXXXXXXXXXXXXXXXXXXXXXXXXXXXXXX XXXXXXXX"
var URL = "https://yfapi.net/v6/finance/quote?region=US&lang=en&symbols="


func BuildYahooRequest(symbol string) (*http.Response, error) {
  req, err := http.NewRequest("GET", URL+symbol, nil)
  if err != nil {
     return nil, err
  }
  req.Header.Set("Accept", "application/json")
  req.Header.Set("X-Api-Key", YAHOO_API_KEY)
  resp, err := http.DefaultClient.Do(req)
  if err != nil {
     return nil, err
  }
  return resp, nil

}
```

代码清单 25-12 展示了 BuildYahooRequest 函数，它接收一个股票代码作为输入。这个函数返回一个 HTTP 响应和一个错误类型。在创建该函数之前，硬编码上一步生成的 Yahoo API 密钥以及 Yahoo Finance API 的 URL(不含股票代码)。我们需要用自己的 API 密钥替换赋值给 YAHOO_API_KEY 的字符串。

通过 http.NewRequest，使用 Yahoo Finance API Web 地址创建一个 GET HTTP 请求(类似于生成的 curl 命令)。在创建新请求时，还将股票代码附加到 URL 中。如果检测到任何错误，就返回 nil 并生成错误。

然后，在新请求的头中，添加请求的其他参数。在本例中，指定可以接收 JSON 作为输出。此外还添加了常量 YAHOO_API_KEY 中定义的 API 密钥，这是本课前面生成的密钥。

接着，使用 Do 函数执行 HTTP 请求，并收到响应类型和错误类型。如果返回的错误为 nil，函数返回 nil 的同时也返回 Yahoo Finance API 的响应信息。如果错误不为 nil，则返回错误信息。

代码清单 25-12 中的这个版本的 BuildYahooRequest 函数非常简单，但是应该能够返回所要检索的金融信息。

4. 更新 GetQuoteData

让我们回到 finance.go 文件并对 GetQuoteData 函数进行必要的更新，以便开始查询 Yahoo Finance API。用代码清单 25-13 中的代码替换 finance.go 文件。

代码清单 25-13　带有更新后的 GetQuoteData 函数的 finance.go 文件

```
package finance

import (
  "errors"
  "golang.org/x/net/context"
  "io/ioutil"
  "log"
  "net/http"
)

type Server struct {
}

var YAHOO_API_KEY string = "XXXXXXXXXXXXXXXXXXXXXXXXXXXXXXXXXX XXXX"
var URL = "https://yfapi.net/v6/finance/quote?region=US&lang=en&symbols="
var STD_ERROR = errors.New("Unable to retrieve quote from the Yahoo
API. Please check the symbol or try again later.")

func BuildYahooRequest(symbol string) (*http.Response, error) {
  req, err := http.NewRequest("GET", URL+symbol, nil)
  if err != nil {
    return nil, err
  }
```

```
    req.Header.Set("Accept", "application/json")
    req.Header.Set("X-Api-Key", YAHOO_API_KEY)
    resp, err := http.DefaultClient.Do(req)
    if err != nil {
        return nil, err
    }
    return resp, nil

}

func (s *Server) GetQuoteData(ctx context.Context, in *Message)
(*Message, error) {
    log.Println("Incoming Quote Request")
    symbol := in.GetBody()
    resp, err := BuildYahooRequest(symbol)
    if err != nil {
        return &Message{Body: "Error"}, STD_ERROR
    }
    body, err := ioutil.ReadAll(resp.Body)
    if err != nil {
        return &Message{Body: "Error"}, STD_ERROR
    }
    return &Message{Body: string(body)}, nil
}
```

在代码清单 25-13 中，执行了多个操作。我们将 BuildYahooRequest 函数添加到文件中；还使用新的代码更新了 GetQuoteData 函数，该函数将通过 RPC 向 Yahoo Finance API 发送请求(使用 BuildYahooRequest 函数)。

在 GetQuoteData 函数中，首先从输入消息的正文中检索股票代码。然后将解析后的股票代码提供给 BuildYahooRequest 函数以查询 Yahoo Finance API，该函数返回响应类型和错误。如果有错误，则返回标准错误消息；否则，继续在该函数内部执行。

接着，将响应(resp.Body)中的正文放入名为 body 的变量中，该变量类型为[]byte。如果在此操作期间出现错误，则返回标准错误消息。如果没有错误，则继续在该函数内部执行。

最后，返回一个包含在上一步中检索到的正文的消息。注意，这里使用 string()将 body 中的字节值转换为字符串。

5. 测试我们的股票报价 RPC

现在，已准备好测试所有内容。首先，更新 client_finance.go 文件以发送一个有效的股票代码(而不是"Hello"消息)。使用代码清单 25-14 中的代码更新 client_finance.go 文件。

代码清单 25-14　更新 client_finance.go 文件以发送股票代码

```
package main

import (
  "./finance/finance"
  "golang.org/x/net/context"
  "google.golang.org/grpc"
  "log"
)

func main() {
  var conn *grpc.ClientConn
  conn, err := grpc.Dial(":9997", grpc.WithInsecure())
  if err != nil {
    log.Fatalf("did not connect: %s", err)
  }
  defer conn.Close()
  c := finance.NewFinanceServiceClient(conn)
  response, err := c.GetQuoteData(context.Background(),
&finance.Message{Body: "AAPL"})
  if err != nil {
    log.Fatalf("Error when retrieving the Quote Data: %s", err)
  }
  // display the response from the server
  log.Printf("Response from server: %s", response.Body)
}
```

除了消息正文中发送苹果公司的股票代码("AAPL")外，client_finance.go 文件没有太多变化。要查看代码的执行情况，可运行 main.go 文件，然后在单独的终端窗口中运行 client_finance.go。如果一切正常，应该会看到与以下类似的结果(尽管不会看到相同的值)。

```
2022/02/19 20:28:03 Response from server:
{"quoteResponse":{"result":[{"language":"en-US","region":"US","quo
teType":"EQUITY","quoteSourceName":"Delayed Quote","triggerable":
true,"currency":"USD","firstTradeDateMilliseconds":345479400000,"p
riceHint":2,"postMarketChangePercent":-0.47818473,"postMarketTime"
:1645232400,"postMarketPrice":166.5,"postMarketChange":-0.80000305
,"regularMarketChange":-1.5800018,"regularMarketChangePercent":-0.
93557656,"regularMarketTime":1645218002,"regularMarketPrice":167.3
,"regularMarketDayHigh":170.5413,"regularMarketDayRange":"166.19 -
170.5413","regularMarketDayLow":166.19,"regularMarketVolume":82772
674,"regularMarketPreviousClose":168.88,"bid":166.37,"ask":166.59,
"bidSize":9,"askSize":8,"fullExchangeName":"NasdaqGS","financialCu
rrency":"USD","regularMarketOpen":169.82,"averageDailyVolume3Month
":101533156,"averageDailyVolume10Day":77665000,"fiftyTwoWeekLowCha
nge":51.090004,"fiftyTwoWeekLowChangePercent":0.4396352,"fiftyTwoW
eekRange":"116.21 - 182.94","fiftyTwoWeekHighChange":-15.639999,
"fiftyTwoWeekHighChangePercent":-0.08549251,"fiftyTwoWeekLow":116.
21,"fiftyTwoWeekHigh":182.94,"dividendDate":1644451200,"marketStat
```

```
e":"CLOSED","tradeable":false,"exchange":"NMS","shortName":"Apple
Inc.","longName":"Apple Inc.","messageBoardId":"finmb_24937",
"exchangeTimezoneName":"America/New_York","exchangeTimezoneShortNa
me":"EST","gmtOffSetMilliseconds":-18000000,"market":"us_market",
"esgPopulated":false,"earningsTimestamp":1643301000,"earningsTimes
tampStart":1651003200,"earningsTimestampEnd":1651521600,"trailingA
nnualDividendRate":0.865,"trailingPE":27.8138,"trailingAnnualDivid
endYield":0.00512198,"epsTrailingTwelveMonths":6.015,"epsForward":
6.56,"epsCurrentYear":6.16,"priceEpsCurrentYear":27.159092,"shares
Outstanding":16319399936,"bookValue":4.402,"fiftyDayAverage":172.4
622,"fiftyDayAverageChange":-5.162201,"fiftyDayAverageChangePercen
t":-0.029932361,"twoHundredDayAverage":151.1004,"twoHundredDayAver
ageChange":16.1996,"twoHundredDayAverageChangePercent":0.10721084,
"marketCap":2730235789312,"forwardPE":25.50305,"priceToBook":38.00
5455,"sourceInterval":15,"exchangeDataDelayedBy":0,"
pageViewGrowthWeekly":0.052849803,"averageAnalystRating":"1.8 -
Buy","displayName":"Apple","symbol":"AAPL"}],"error":null}}
```


如你所见，客户端能够从 gRPC 服务器成功执行 RPC 方法 GetQuoteData。

25.4　创建 API

在前面几节中，我们创建了应用程序所需的 gRPC 服务器。总而言之，需要构建一个包含两个端点的 API。

- 第一个端点将接收来自外部客户端的地理位置请求。API 将利用先前创建的地理位置服务器来检索数据。换句话说，我们的 API 将成为 gRPC 服务器的客户端。
- 第二个端点将接收来自外部客户端的报价请求。API 将利用先前创建的金融服务器来检索数据。同样，我们的 API 将成为 gRPC 的客户端。

让我们继续创建 API，它将向外部世界暴露之前构建的功能。在项目的根目录中创建另一个文件 api.go。此文件将包含我们 API 需要的所有代码，如代码清单 25-15 所示。

代码清单 25-15　初始的 api.go 文件

```
package main

import (
  "fmt"
  "github.com/gorilla/mux"
  "log"
  "net/http"
```

```
)

func homePage(w http.ResponseWriter, r *http.Request) {
  fmt.Fprintf(w, "Welcome to our API for Smart Data!")
  fmt.Println("Endpoint: /")
}


func getGeoLocationData(w http.ResponseWriter, r *http.Request) {
  log.Println("Incoming API GeoLocation Request")

}
func getQuote(w http.ResponseWriter, r *http.Request) {
  log.Println("Incoming API Quote Request")
}

// handleRequests will process HTTP requests and redirect them to
// the appropriate Handle function
func handleRequests() {
  // create a router to handle our requests from the mux package.
  router := mux.NewRouter().StrictSlash(true)
  // access root page
  router.HandleFunc("/", homePage)
  router.HandleFunc("/getGeoLocationData/{address}", getGeoLocationData)
  router.HandleFunc("/getQuote/{symbol}", getQuote)
  log.Fatal(http.ListenAndServe(":11112", router))
}
func main() {
  handleRequests()
}
```

这是最精简的代码，但它确实使我们的 API 有 3 个端点。首先，让我们查看 handleRequests 函数。该函数利用之前的课时中使用的 mux 路由器来创建我们 API 的路由器。注意，有如下端点。

- /：这是我们 API 的一个简单的登录页面。
- /getGeoLocationData：这个端点将处理传入的地理位置请求。此端点需要一个地址作为输入。
- /getQuote：这个端点将处理传入的金融请求。此端点的输入是一个股票代码。

handleRequests 函数的最后一行是使服务器连接到 11112 端口。

然后，查看 homePage 函数。这个函数非常简单，用于显示欢迎消息。另外两个函数(getGeoLocationData 和 getQuote)基本上是空的。每次收到请求时，都会记录有一个新的请求进来。下一步将是实现这两个函数。

25.4.1　实现 getGeoLocationData 端点

我们项目的最后一步是实现两个端点：getGeoLocationData 和 getQuote。如前所述，这两个端点将在之前开发的 gRPC 服务器上调用其相应的 RPC。具体而言，getGeoLocationData 将调用我们 gRPC 服务器上的地理位置 RPC。换句话说，我们的 API 端点将作为 gRPC 服务器的客户端。因此，可以利用先前构建的客户端代码(client_geolocation.go)来创建 getGeoLocationData 的代码。代码清单 25-16 中的代码展示了 getGeoLocationData 函数的一个示例。

代码清单 25-16　getGeoLocationData 函数

```
func getGeoLocationData(w http.ResponseWriter, r *http.Request) {
  log.Println("Incoming API GeoLocation Request")
  vars := mux.Vars(r)
  address := vars["address"]
  var conn *grpc.ClientConn
  conn, err := grpc.Dial(":9997", grpc.WithInsecure())
  defer conn.Close()
  if err != nil {
    fmt.Fprintln(w, "Error. Please try again later")
    return
  }
  c := geolocation.NewGeoLocationServiceClient(conn)
  response, err := c.GetGeoLocationData(context.Background(),
&geolocation.Message{Body: address})
  if err != nil {
    fmt.Fprintln(w, err)
    return
  }
  fmt.Fprintln(w, response.Body)
}
```

在这段代码中，进行了几项操作。首先，使用 mux 包从传入请求 r 中获取地址信息。接着，建立了与 gRPC 服务器的连接。需要注意的是，这里推迟了关闭连接的操作，直到函数执行完成。在检查错误时，如果发现错误，就会在响应 w 中返回标准错误，然后提前结束函数的执行。

如果没有出现任何错误，将使用 NewGeoLocationServiceClient 函数创建一个 Geolocation 客户端。接着，执行 RPC 方法 GetGeoLocationData。需要注意的是，GetGeoLocationData 被定义为 Go 中的一个函数，但它仍被视为一个 RPC，即从客户端(我们的 API)执行的远程过程，该过程在 gRPC 服务器上。

注意，在输入消息的主体中传递了先前解析的地址。在执行 RPC 时，会检查是否存在错误，如果出现任何问题，就会在端点的响应 w 中返回一个错误消息。

最后，将 RPC 调用返回的结果(来自 Google Maps API 的地理位置数据)写入端点 getGeoLocationData 的响应中。

25.4.2 实现 getQuote 端点

getQuote 函数将调用我们 gRPC 服务器中的 GetQuoteData RPC。换句话说，我们的 API 端点将作为 gRPC 服务器的客户端。因此，可以利用之前构建的客户端代码(client_finance.go)来创建 getQuote 的代码。代码清单 25-17 中的代码展示了 getQuote 函数的一个示例。

代码清单 25-17　getQuote 函数

```
func getQuote(w http.ResponseWriter, r *http.Request) {
  log.Println("Incoming API Quote Request")
  vars := mux.Vars(r)
  symbol := vars["symbol"]
  var conn *grpc.ClientConn
  conn, err := grpc.Dial(":9997", grpc.WithInsecure())
  defer conn.Close()
  if err != nil {
    // issues with connecting to gRPC
    fmt.Fprintln(w, "Error. Please try again later") //provide
                // standard error messages instead of technical errors
    return
  }
  c := finance.NewFinanceServiceClient(conn)
  response, err := c.GetQuoteData(context.Background(),
&finance.Message{Body: symbol})
  if err != nil {
    // issues with the symbol (symbol doesn't exist) or the Yahoo
    // API is not working.
    fmt.Fprintln(w, err)
    return
  }
  fmt.Fprintln(w, response.Body) //return the quote in the body of the response
}
```

这段代码遵循与之前端点(getGeoLocationData)相同的逻辑。首先解析用于检索报价的输入股票代码。接着，与 gRPC 服务器建立连接。如果出现任何问题，将在响应中返回错误。

如果没有错误，则继续在该函数内执行，并建立一个新客户端，该客户端将用于执行 RPC 方法 GetQuoteData。这样将从 gRPC 获取响应，并将 gRPC 响应的主体传递给端点 getQuote 的响应 w。

25.4.3　更新 api.go 文件

将前两个代码清单中的代码更新到 api.go 文件中。最终的 api.go 代码应该如代码清单 25-18 所示。

代码清单 25-18　更新后的 api.go 文件

```
package main

import (
  "./finance/finance"
  "./geolocation/geolocation"
  "fmt"
  "github.com/gorilla/mux"
  "golang.org/x/net/context"
  "google.golang.org/grpc"
  "log"
  "net/http"
)

func homePage(w http.ResponseWriter, r *http.Request) {
  fmt.Fprintf(w, "Welcome to our API for Smart Data!")
  fmt.Println("Endpoint: /")
}

func getGeoLocationData(w http.ResponseWriter, r *http.Request) {
  log.Println("Incoming API GeoLocation Request")
  vars := mux.Vars(r)
  address := vars["address"]
  var conn *grpc.ClientConn
  conn, err := grpc.Dial(":9997", grpc.WithInsecure())
  defer conn.Close()
  if err != nil {
     fmt.Fprintln(w, "Error. Please try again later")
     return
  }
  c := geolocation.NewGeoLocationServiceClient(conn)
  response, err := c.GetGeoLocationData(context.Background(),
&geolocation.Message{Body: address})
  if err != nil {
     fmt.Fprintln(w, err)
     return
  }
  fmt.Fprintln(w, response.Body)
}
```

```
func getQuote(w http.ResponseWriter, r *http.Request) {
  log.Println("Incoming API Quote Request")
  vars := mux.Vars(r)
  symbol := vars["symbol"]
  var conn *grpc.ClientConn
  conn, err := grpc.Dial(":9997", grpc.WithInsecure())
  defer conn.Close()
  if err != nil {
    // issues with connecting to gRPC
    fmt.Fprintln(w, "Error. Please try again later") //provide
                      // standard error messages instead of technical errors
    return
  }
  c := finance.NewFinanceServiceClient(conn)
  response, err := c.GetQuoteData(context.Background(),
&finance.Message{Body: symbol})
  if err != nil {
    // issues with the symbol (symbol doesn't exist) or the Yahoo API
is not working.
    fmt.Fprintln(w, err)
    return
  }
  fmt.Fprintln(w, response.Body) //return the quote in the body of the response
}

// handleRequests will process HTTP requests and redirect them to
// the appropriate Handle function
func handleRequests() {
  // create a router to handle our requests from the mux package.
  router := mux.NewRouter().StrictSlash(true)
  // access root page
  router.HandleFunc("/", homePage)
  router.HandleFunc("/getGeoLocationData/{address}", getGeoLocationData)
  router.HandleFunc("/getQuote/{symbol}", getQuote)
  log.Fatal(http.ListenAndServe(":11112", router))
}
func main() {
  handleRequests()
}
```

现在，先运行main.go程序，它将启动gRPC服务器。然后，在单独的终端窗口中运行api.go文件，如图25-9所示。

接下来，使用浏览器(或Postman)向API发送请求。首先，让我们尝试登录端点，如图25-10所示。通过用带有指定端口的默认本地URL(localhost:11112)加载浏览器来访问此端点。

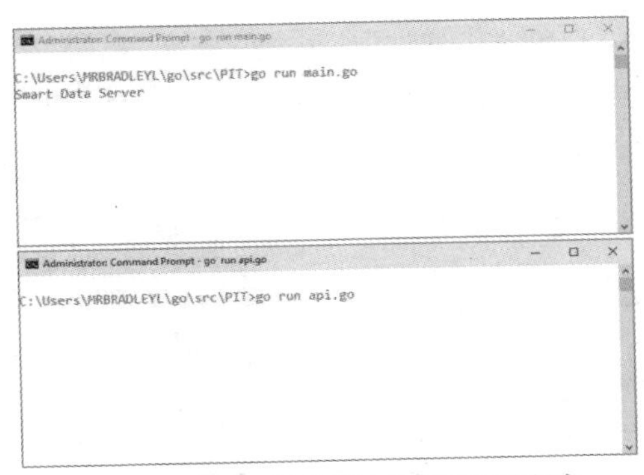

图 25-9　在不同的终端上运行我们的程序

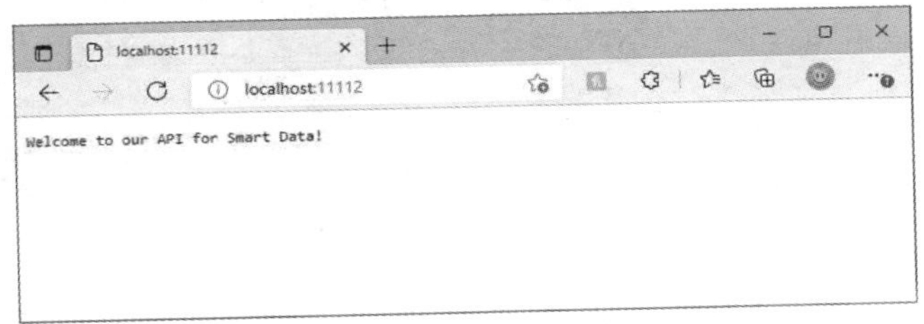

图 25-10　我们 API 的登录端点

也可以尝试 getQuote 端点，输入 AAPL。当输入 localhost:11112/getQuote/AAPL 这个 URL 时，会在浏览器中看到 JSON 响应，如图 25-11 所示。

图 25-11　使用 getQuote 端点

可以更改 URL 以包含其他股票代码。图 25-12 展示了将股票代码更改为 TSLA(表示 Tesla)的结果。URL 为 localhost:11112/getQuote/TSLA，返回的 JSON 将包含 TSLA 的信息。

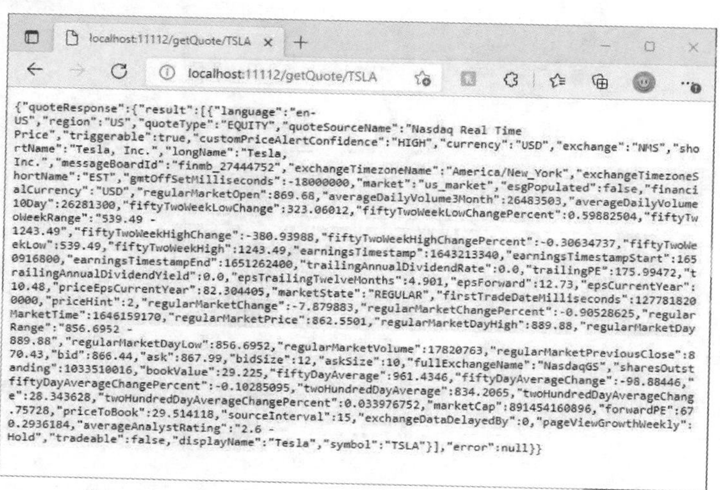

图 25-12 通过 getQuote 获取股票代码 TSLA 对应的信息

还可以尝试其他端点，如 getGeoLocationData。使用地址 19 rue jean jaures paris 调用 getGeoLocationData 的结果显示在图 25-13 中。可以看到，使用了相同的 URL 结构来调用该端点，即 localhost:11112/getGeoLocationData/19 rue jean jaures paris。

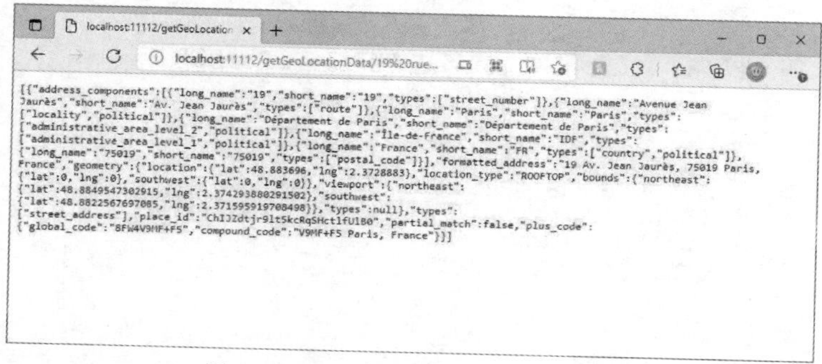

图 25-13 调用 getGeoLocationData 端点

最后，图 25-14 还展示了调用 getGeoLocationData 的结果。这一次使用肯塔基州路易斯维尔的地址并呈现了 JSON 结果。

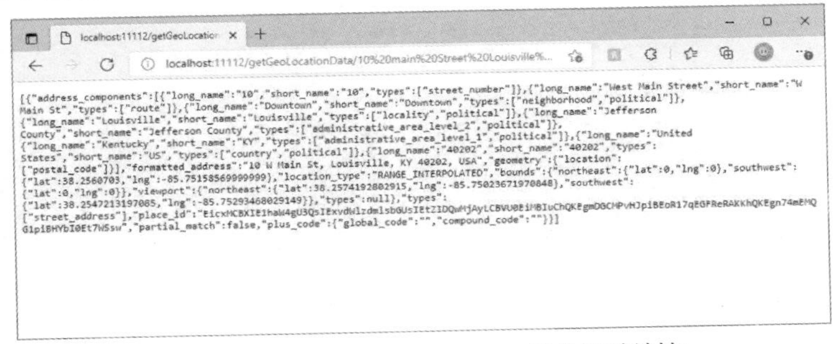

图 25-14　调用 getGeoLocationData 端点(更改地址)

25.5　本课小结

本课完成了很多工作，构建了一个包含两个服务器的 gRPC 服务器。第一个服务器通过 Google Maps API 处理地理位置数据。第二个服务器通过 Yahoo Finance API 处理金融数据。

我们构建了一个 API，它将构建的服务暴露给外部世界。该 API 利用 gRPC 获取有关地理位置和金融的实时数据。

如果想构建处理其他类型数据的服务器，则过程基本相同，即设计和开发将处理 gRPC 服务器上的数据的新服务器和 RPC。然后，向 API 添加另一个端点，以处理外部请求并将其委托给 gRPC 服务器。

可以在不使用 gRPC 服务器的情况下构建 API，并直接通过我们的 API 从 Yahoo 和 Google 获取数据。然而，对于由不同团队负责 API 的非常大的项目来说，这个过程可能会很烦琐且不可扩展。这种情况下，拥有独立于从第三方 API 获取数据的自定义 API 将允许在不同的开发人员/团队之间分配工作。此外，我们构建两个服务器(地理位置和金融)的过程非常相似(尽管它们有不同的实现方式)，这样可以获得一个标准的开发新服务器的过程并扩展 API 的功能。

第 26 课

使用模块

模块很重要，因为它们允许将相关的代码文件组织到同一个包中，并以一种提高简单性和可重用性的方式组织代码。本课介绍设置和使用模块所需的步骤。

本课目标

- 创建一个包含自己函数的 Go 模块
- 测试 Go 模块中的函数
- 从其他程序调用 Go 模块中的函数

26.1 开始使用模块

从代码的角度看，模块是 Go 包和文件以及名为 go.mod 的文件的集合。在接下来的步骤中，将学习如何创建模块，然后使用它。

26.2 第一步：创建项目目录

首先，创建一个与模块同名的目录。在本例中，使用了名为 mymodule 的模块和目录。在$GOPATH/src 下创建此目录。在我们的系统中，将是/opt/homebrew/Cellar/go/1.17.6/libexec/src/mymodule。在 Linux 中，可以通过在命令行中输入如下命令来创建目录。

```
user src % mkdir mymodule
user src % cd mymodule
user mymodule % ls
user mymodule %
```

在 Windows 系统中，可以在命令窗口中创建新的 mymodule 目录，如下所示。

```
C:\User\YourName\go\src> md mymodule
C:\User\YourName\go\src> cd mymodule
C:\User\YourName\go\src> dir
Directory of C:\Users\YourName\go\src\mymodule

04/20/2022 11:22 AM    <DIR>          .
04/20/2022 11:22 AM    <DIR>          ..
```

26.3 第二步：创建程序

接下来，创建一个名为 utilities.go 的文件，代码如代码清单 26-1 所示。这是一个示例文件，我们用它来说明模块的使用。

代码清单 26-1 utilities.go

```
package mymodule

func RepeatString(text string, count int) string {
  if count < 2 { //even if user enters negative value or 0, we return
the text by default
     return text
  }
  out := ""
  for i := 0; i < count; i++ {
     out = out + text
  }
  return out
}
```

代码清单 26-1 定义了一个名为 RepeatString 的函数，它接收一个名为 text 的字符串和一个名为 count 的 int 作为输入。该函数将原始文本按照 count 指定的次数重复来创建一个新字符串。例如，如果字符串中包含"Help"，而 count 为 3，那么返回值就是 HelpHelpHelp。

26.4 第三步：创建测试程序

在同一个目录中，创建一个文件，该文件将对刚刚在 utilities.go 中实现的函数进行测试。在同一目录中创建一个名为 utilities_test.go 的文件，其中包含代码清单 26-2 中的代码。

代码清单 26-2 utilities_test.go

```
package mymodule

import "testing"

func TestRepeatString(t *testing.T) {
  expected := "AA"
  result := RepeatString("A", 2)
  if result != "AA" {
    t.Errorf("Error: Expected = %s, Result = %s", expected, result)
  }
}
```

在代码清单 26-2 中，测试 RepeatString 函数以确保输出正确。在这个例子中，向 RepeatString 函数发送了字母 A 以及计数 2。预期的结果应该是字符串 "AA"。如果函数是正确的，它应该通过这个测试。

26.5 第四步：创建 go.mod 文件

接下来，使用以下命令在相同目录中创建一个 go.mod 文件。

```
go mod init mymodule
```

此命令将在相同目录中创建一个名为 go.mod 的文件并包含以下内容。

```
module mymodule
go 1.17
```

> **注意：** 1.17 是目前使用的 Go 版本。你可能会看到不同的版本号。

26.6　第五步：对模块进行测试

运行测试以确保一切正常。可以通过在命令行中运行 go test 命令来执行此操作，这应该会显示测试已通过，如下所示。

```
haythem@Haythems-Air mymodule % go test
PASS
ok      mymodule    0.102s
```

26.7　第六步：使用模块

最后，创建另一个项目，其中可以导入和使用你创建的模块。在 src 目录之外创建一个名为 project 的新目录。在 project 目录中创建一个 Go 程序，该程序将调用第二步中创建的模块。可以包括代码清单 26-3 中的代码。

代码清单 26-3　测试通过程序来调用模块

```
package main

import (
  "fmt"
  "mymodule"
)

func main() {

  fmt.Println(mymodule.RepeatString("Hello", 5))

}
```

可以看到，前面创建的包 mymodule 被调用。这里使用了 mymodule 模块中的 RepeatString 函数，将字符串"Hello"显示 5 次。输出如下。

```
HelloHelloHelloHelloHello
```

26.8　命名模块函数

在使用 Go 模块时，要注意函数的命名。只有以大写字母开头的函数才能被其他程序访问。例如，如果在第二步中使用小写 r 而不是大写 R 来命名函数 RepeatString，那么当在第六步中尝试从模块中使用该函数时，将收到一个类似于以下错误的信息。

```
# command-line-arguments
.\myprog.go:10:15: cannot refer to unexported name mymodule.repeatString
```

这里假设将所有 3 个代码清单中的 RepeatString 函数重命名为使用小写的 r 版本。

26.9　本课小结

本课介绍了如何使用 Go 创建自己的模块，以及如何测试和使用它们。现在，你应该能够按照这些步骤创建自己的模块，然后在程序中使用模块中的函数。你的模块可以包含任何你可能要共享的函数。

26.10　本课练习

下面的练习可以让你尝试本课介绍的工具和概念。对于每个练习，请编写一个满足指定要求的程序并验证程序是否按预期运行。

练习 26-1：大声强调

在社交媒体或短信中全部使用大写字母编写文本被认为是在大声强调。请更新代码清单 26-1 中创建的 utilities.go 程序，以包括一个名为 ShoutText 的函数，该函数接收一个字符串并返回该字符串的所有大写字母。

练习 26-2：测试 ShoutText 函数

创建一个名为 TestShoutText 的测试函数，以确认 ShoutText 函数是否正确运行。将此新的测试函数添加到代码清单 26-2 中创建的代码中。运行测试以确认其是否正确运行。

练习 26-3：使用 ShoutText 函数

在另一个目录中创建一个使用新 ShoutText 函数的程序。多次调用该函数并包括以下文本字符串。

- How now brown cow?
- Let’s count from 1 to 10
- I AM ALREADY SHOUTING!
- 1 2 3 4 5 6 7 8 9 10

练习 26-4：动手练习

查看本书中的所有内容并找出你创建的一些函数。添加你认为可能对新模块有用的那些函数。

附录 A

文件权限和访问权限

第 20 课介绍了文件的使用，其中包括设置文件权限。在本附录中，我们将提供有关文件权限和访问权限的额外信息。

一般来说，每个文件都有相关的权限，这些权限定义了用户如何与文件进行交互。例如，在类似 UNIX 的操作系统(如 Linux)中，文件有 3 种不同的访问权限。

- 读：允许用户在不做任何更改的情况下读取文件。
- 写：允许用户对文件进行更改，包括删除文件本身。要对文件具有写权限，用户必须对父目录也具有写权限。
- 执行：允许用户执行二进制文件和 shell 命令。

每个文件的访问权限与三类用户有关。

- 文件所有者：这通常是创建文件的用户，尽管所有权可以在用户之间转移。所有者用字母 u 表示(表示 user)。
- 用户所属的组：在 Linux 中，可以创建一组用户，这些用户应该具有相同的访问权限。例如，可以定义一个管理员组，该组成员可以执行命令，再定义一个用户组，他们只能查看服务器上的文件，组用字母 g 表示(表示 group)。
- 所有其他用户：其他用户用字母 o 表示(表示 other)。

在 Linux 下，可以使用 ls 命令显示每个用户的访问权限。使用带-l 选项的 ls 命令显示用户对当前目录中每个对象的访问权限。为了解其工作原理，图 A-1 给出了根目录下一个名为 file.txt 的 Linux 文件示例。这显示了在命令行输入以下命令的结果。

```
ls -l
```

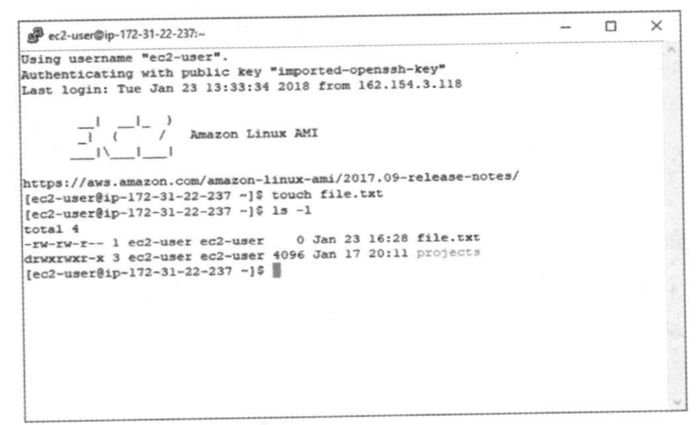

图 A-1　在 Linux 中查看文件权限

在图 A-1 中的文件名左侧，可以看到文件权限定义如下。

```
-rw-rw-r--
```

第一个破折号表示文件类型。普通文件用-(连字符)表示，目录用 d 表示。字符 c 表示字符设备文件，b 表示块设备文件，s 表示本地套接字，p 表示命名管道，l 表示符号链接。

-rw-rw-r--中各值表示前面提到的 3 种类型的用户的读、写和执行。

```
rw- rw- r--
uuu ggg ooo
```

- rw- (uuu)：以文件或目录的所有者的身份进行读、写和执行。这种情况下，用户可以读取和写入(用 r 和 w 表示)，短横线表示用户没有执行权限。
- rw- (ggg)：以所有者所属的组的身份进行读、写和执行。这种情况下，该组具有读写权限(用 r 和 w 表示)，最后的短横线表示没有执行权限。
- r-- (ooo)：只读。写和执行都由一个短横线表示。

A.1 修改其他用户的访问权限

在 Linux 中，chmod 命令可用于更改文件和目录的访问权限。该命令可用于通过为 o(表示 other)提供空访问权限来删除其他用户的全部访问权限，如从-rwxr--r--更改为-rwxr-----。通过此更改，file.txt 不再可被其他用户访问。

还可以为不同类型的用户组合访问权限。例如，输入下面的命令可以得到图 A-2 所示的结果。

```
chmod og=r file.txt
```

在这个例子中，我们将读访问权限分配给组和其他用户。注意，file.txt 的权限设置从-rwxr-----更改为-rwxr--r--。

```
ec2-user@ip-172-31-22-237:~
total 4
-rw-rw-r-- 1 ec2-user ec2-user    0 Jan 24 13:12 file.txt
drwxrwxr-x 3 ec2-user ec2-user 4096 Jan 17 20:11 projects
[ec2-user@ip-172-31-22-237 ~]$ chmod u=rwx file.txt
[ec2-user@ip-172-31-22-237 ~]$ ls -l
total 4
-rwxrw-r-- 1 ec2-user ec2-user    0 Jan 24 13:12 file.txt
drwxrwxr-x 3 ec2-user ec2-user 4096 Jan 17 20:11 projects
[ec2-user@ip-172-31-22-237 ~]$ chmod g=r file.txt
[ec2-user@ip-172-31-22-237 ~]$ ls -l
total 4
-rwxr--r-- 1 ec2-user ec2-user    0 Jan 24 13:12 file.txt
drwxrwxr-x 3 ec2-user ec2-user 4096 Jan 17 20:11 projects
[ec2-user@ip-172-31-22-237 ~]$ chmod o= file.txt
[ec2-user@ip-172-31-22-237 ~]$ ls -l
total 4
-rwxr----- 1 ec2-user ec2-user    0 Jan 24 13:12 file.txt
drwxrwxr-x 3 ec2-user ec2-user 4096 Jan 17 20:11 projects
[ec2-user@ip-172-31-22-237 ~]$ chmod og=r file.txt
[ec2-user@ip-172-31-22-237 ~]$ ls -l
total 4
-rwxr--r-- 1 ec2-user ec2-user    0 Jan 24 13:12 file.txt
drwxrwxr-x 3 ec2-user ec2-user 4096 Jan 17 20:11 projects
[ec2-user@ip-172-31-22-237 ~]$
```

图 A-2　在 Linux 中添加多种访问权限

A.2 权限的数字表示

可以使用表 A-1 所示的数字表示权限值。例如，文本文件的权限-rw-rw-r 可以表示为 664。

- 6 表示当前用户的权限(读写：rw-)。
- 6 表示用户所属组的权限(读写：rw-)。
- 4 表示所有其他用户的权限(读：r--)。

表 A-1　权限的数字表示

数字	权限	符号
0	没有权限	---
1	执行	--x
2	写	-w-
3	执行+写	-wx
4	读	r--
5	读+执行	r-x
6	读+写	rw-
7	读+写+执行	rwx